CHINA SCIENCE POPULARIZATION STATISTICS

中国科普统计

2022年版

中华人民共和国科学技术部

科学技术文献出版社
SCIENTIFIC AND TECHNICAL DOCUMENTATION PRESS

·北京·

图书在版编目（CIP）数据

中国科普统计 = CHINA SCIENCE POPULARIZATION STATISTICS：2022 年版 / 中华人民共和国科学技术部著. —北京：科学技术文献出版社，2023.2

ISBN 978-7-5235-0000-2

Ⅰ. ①中… Ⅱ. ①中… Ⅲ. ①科普工作—统计资料—中国—2022 Ⅳ. ① N4-66

中国国家版本馆 CIP 数据核字（2023）第 024128 号

中国科普统计 2022 年版

策划编辑：周国臻　　责任编辑：李　鑫　　责任校对：王瑞瑞　　责任出版：张志平

出 版 者　科学技术文献出版社
地　　址　北京市复兴路 15 号　邮编　100038
编 务 部　（010）58882938，58882087（传真）
发 行 部　（010）58882868，58882870（传真）
邮 购 部　（010）58882873
官方网址　www.stdp.com.cn
发 行 者　科学技术文献出版社发行　全国各地新华书店经销
印 刷 者　中煤（北京）印务有限公司
版　　次　2023 年 2 月第 1 版　2023 年 2 月第 1 次印刷
开　　本　787×1092　1/16
字　　数　439 千
印　　张　26
书　　号　ISBN 978-7-5235-0000-2
定　　价　108.00 元

前　言

习近平总书记在2016年全国科技创新大会上指出："科技创新、科学普及是实现创新发展的两翼，要把科学普及放在与科技创新同等重要的位置。没有全民科学素质普遍提高，就难以建立起宏大的高素质创新大军，难以实现科技成果快速转化。"《中华人民共和国科学技术普及法》（以下简称《科普法》）规定，科学普及是国家和社会普及科学技术知识、倡导科学方法、传播科学思想、弘扬科学精神的活动。

2022年8月，科技部、中央宣传部、中国科协联合发布《"十四五"国家科学技术普及发展规划》（以下简称《规划》）；9月，中共中央办公厅、国务院办公厅印发《关于新时代进一步加强科学技术普及工作的意见》。两份文件均明确提出加强科普调查统计等基础工作的要求。

科普统计作为国家科技统计的重要组成部分，是贯彻落实《科普法》的重要举措，也是落实科技部监督检查科普职责、实现《规划》要求的手段之一。《中国科普统计》编制的相关数据和分析结果为各级政府管理部门制定科普规划与政策、部署科普工作提供支持，是各类机构普遍引用的权威信息，以及社会各界认识和评价我国科普事业发展状况的重要窗口，对于我国科普工作监测和评价体系建设具有重要意义。

2022年全国科普统计涉及全国31个省（自治区、直辖市）、新疆生产建设兵团，以及科技、教育等31个部门的中央部门级、省级、地市级、县级四级单位。统计时间为2021年1月1日至2021年12月31日。统计内容覆盖科普人员、科普场地、科普经费、科普传媒、科普活动的相关指标。

全国科普统计自2004年试统计开始，处于不断完善的过程中。为了更加真实、有效地反映全国科普事业的发展状况，科普统计方案、统计范围和统计指标处于适度调整、变动的过程之中。上述变动会造成数据分析中有关变化率的计算并非基于相同的统计口径，因此在解读、引用此类数据时须注意相关信息。此外，本书中因小数点后位数取舍而产生的误差均未做配平处理。

由于水平和时间所限，书中难免存在错误和疏漏之处，欢迎广大读者、各界人士批评指正。

目　录

CONTENTS

综　　述

一、全国科普工作总体表现

2021 年是我国开启全面建设社会主义现代化国家新征程、向第二个百年奋斗目标进军的第一年，是“十四五”新发展的开局之年，是新冠感染疫情防控的关键之年。各部门、各地区围绕科普工作重点，稳中快进，确保为“十四五”时期我国科普事业的发展开好局、起好步。

2021 年，全国科普工作经费筹集额共计 189.07 亿元，科普专、兼职人员队伍规模达到 182.75 万人，科技馆和科学技术类博物馆数量共计 1677 个。各地形式新颖、呈现方式多样的科普活动蓬勃开展，以“百年回望：中国共产党领导科技发展”为主题的全国科技活动周、以“百年再出发，迈向高水平科技自立自强”为主题的全国科普日、以“好奇探索未知，科学连接未来”为主题的中国科学院第四届科学节等全国性重大科普活动成功举办。通过线上线下不同形式——科普（技）讲座、科普（技）展览、科普（技）竞赛及全国科技活动周，共吸引全国 49.04 亿人次踊跃参与。

1. 全国科普经费增长显著，公共财政投入继续发挥引领作用

2021 年全国科普经费筹集规模为 189.07 亿元，与 2020 年相比增长显著，增幅达到 10.10%[1]，为“十四五”时期科普工作良好的开局提供了有力支撑。其中，各级政府部门拨款 150.29 亿元，比 2020 年增长 8.59%，占当年全部经费筹集额的 79.49%，占比比 2020 年下降 1.1 个百分点。2019—2021 年政府投入占比

[1] 本书中增长（减少）比例、占比等数值是以四舍五入前的统计数据计算得出，结果可能与四舍五入后的数值计算结果存在差异。

基本稳定在 80%左右，我国科普事业投入持续保持以公共财政投入为引领的格局。政府拨款科普经费中，科普专项经费规模为66.47亿元，比2020年增长13.00%。全国人均科普专项经费 4.71 元，比 2020 年增加 0.54 元。捐赠共计 1.62 亿元，比 2020 年增长 161.61%。自筹资金 37.17 亿元，比 2020 年增长 50.10%（表 1）。

表 1　2017—2021 年全国科普经费筹集额及构成　　单位：亿元

年份	2017	2018	2019	2020	2021
筹集额	160.05	161.14	185.52	171.72	189.07
政府拨款	122.96	126.02	147.71	138.39	150.29
捐赠	1.87	0.73	0.81	0.62	1.62
自筹资金[1]	28.81	26.09	28.49	24.76	37.17
其他收入	6.38	8.30	8.51	7.95	—

2021 年全国科普经费使用额为 189.54 亿元，比 2020 年上升 10.23%。其中，行政支出 34.41 亿元，比 2020 年增长 9.93%，占当年科普经费使用额的 18.16%。科普活动支出 83.85 亿元，比 2020 年增长 2.72%，占当年科普经费使用额的 44.24%，是科普经费支出中最多的类目。科普场馆基建支出 33.36 亿元[2]，比 2020 年增长 12.25%，占当年科普经费使用额的 17.60%。科普展品、设施支出 19.34 亿元，比 2020 年增长 65.14%，占当年科普经费使用额的 10.20%。其他支出 18.58 亿元，比 2020 年增长 5.63%，占当年科普经费使用额的 9.80%。

2. 科普人员队伍建设稳步向前，人员构成进一步优化

2021 年全国科普专、兼职人员数量为 182.75 万人，比 2020 年增长 0.80%。每万人口拥有科普人员 12.94 人[3]，比 2020 年增加 0.10 人。其中，科普专职人员 26.43 万人，比 2020 年增长 6.30%，占当年科普人员总数的 14.46%；科普兼职人员 156.31 万人，比 2020 年减少 0.07%，占当年科普人员总数的 85.54%。科普兼职人员共投入工作量 3454.94 万人天，比 2020 年减少 5.80%[4]；科普兼职人员人均投入工作量为 22.10 天，比 2020 年减少 1.34 天。

---

[1] 2022 年起，全国科普统计不再单独统计“其他收入”指标项，相关数据纳入“自筹资金”指标项合并统计。

[2] 2022 年起，全国科普统计中“科普展品、设施支出”不再分列于“科普场馆基建支出”项下，而是单独进行统计。

[3] 根据国家统计局网站 2022 年 10 月发布数据，截至 2021 年底，全国总人口为 141260 万人。

[4] 此处增速是将 2020 年“当年实际投入工作量”指标值×21 后换算为人天计算所得。

2021 年全国中级职称及以上或大学本科及以上学历的科普人员共计 111.55 万人，比 2020 年增长 9.47%，占当年科普人员总数的 61.04%。其中，中级职称及以上或大学本科及以上学历的科普专职人员 17.05 万人，占当年科普专职人员总数的 64.51%；中级职称及以上或大学本科及以上学历的科普兼职人员 94.50 万人，占当年科普兼职人员总数的 60.45%。

2021 年全国女性科普人员共计 80.27 万人，比 2020 年增长 8.63%，占当年科普人员总数的 43.92%。其中，女性科普专职人员 10.97 万人，占当年科普专职人员总数的 41.51%；女性科普兼职人员 69.30 万人，占当年科普兼职人员总数的 44.33%。

2021 年全国农村科普人员共计 44.81 万人，比 2020 年减少 6.15%，占当年科普人员总数的 24.52%。其中，农村科普专职人员 7.21 万人，占当年科普专职人员总数的 27.28%；农村科普兼职人员 37.60 万人，占当年科普兼职人员总数的 24.05%。2021 年全国每万农村人口拥有科普人员数达到 8.99 人，比 2020 年减少 0.38 人。

2021 年全国从事科普创作与研发的人员数量继续增长。专职科普创作（研发）人员达到 2.24 万人，比 2020 年大幅增长，增幅为 20.79%，占当年科普专职人员的 8.46%；同时，专、兼职科普讲解（辅导）人员规模与 2020 年相比，也均大幅增加。2021 年专职科普讲解（辅导）人员 4.92 万人，比 2020 年增长 18.41%，占当年科普专职人员的 18.60%；兼职科普讲解（辅导）人员 31.03 万人，比 2020 年增长 13.65%，占当年科普兼职人员的 19.85%。

2021 年在各部门的努力下，全国注册科普（技）志愿者队伍规模达到 483.74 万人，比 2020 年增长 22.79%，连续 3 年保持了 20%以上的增幅。

3. 科普场馆建设持续推进，参观人数明显回升

2021 年科技馆和科学技术类博物馆数量增加较为显著，全国共计 1677 个，比 2020 年增加 152 个，建筑面积增长 10.49%，展厅面积增长 13.03%。1677 个场馆中，科技馆 661 个，比 2020 年增加 88 个；科学技术类博物馆 1016 个，比 2020 年增加 64 个（表 2）。2021 年尽管新冠感染疫情仍在持续，但由于科技馆和科学技术类博物馆采取了更加灵活、有序且规范的管理与接待措施，因此参观人数明显回升，全年参观人数共计 1.63 亿人次，比 2020 年增长 42.42%。

表2　2017—2021年全国科普场馆数量　　单位：个

年份	2017	2018	2019	2020	2021
科技馆	488	518	533	573	661
科学技术类博物馆	951	943	944	952	1016
合计	1439	1461	1477	1525	1677

2021年全国科技馆建筑面积合计505.94万平方米，比2020年增长10.53%；展厅面积合计261.82万平方米，比2020年增长12.83%；参观人数共计5789.99万人次，比2020年增长47.16%。

2021年全国科学技术类博物馆建筑面积合计774.79万平方米，比2020年增加10.46%；展厅面积合计359.45万平方米，比2020年增长13.18%；参观人数共计1.06亿人次，比2020年增长39.94%。

2021年全国共有青少年科技馆站576个，比2020年增加9个。全国范围内共有城市社区科普（技）专用活动室4.78万个，比2020年减少4.06%；农村科普（技）活动场地19.45万个，比2020年减少1.25%；科普宣传专用车1160辆，比2020年小幅增长1.13%；流动科技馆站1476个；科普宣传专栏22.05万个，全年更新内容27.24万次。

4. 各方力量积极发力，科普活动受众广泛

2021年全国各方面力量积极发力，通过科技活动周、科普（技）讲座、科普（技）展览、科普（技）竞赛等多种形式，并充分挖掘线上科普潜力，引导广大公众相信科学、依靠科学、运用科学。组织线上线下科普（技）讲座103.82万次，吸引33.80亿人次参加，与2020年相比增长108.24%；举办线上线下科普（技）专题展览10.07万次，共有2.05亿人次参观，比2020年减少35.91%；举办线上线下科普（技）竞赛3.68万次，参加人数达7.26亿人次，比2020年增长294.22%。科普（技）讲座与科普（技）竞赛参与人数大幅增加的原因主要在于农业农村部门、工业和信息化部门、应急管理部门、广播电视部门等的相关单位举办了数次大型线上活动，吸引公众广泛参与。

科技活动周是全国公众参与度最高、覆盖面最广、社会影响力最大的群众性科技活动。2021年全国科技活动周以“百年回望：中国共产党领导科技发展”为主题，通过“科技自力更生”“科技自立自强”“北京创新成果”三大板块，重点展示了党的十八大以来我国科技创新取得的重大进展和突出成就。活动周

期间，全国共举办线下线上各类科普专题活动 11.16 万次，参加人数达 5.93 亿人次，比 2020 年增长 21.26%（表 3）。本年度全国科技活动周经费支出 3.43 亿元，比 2020 年减少 9.55%。

表 3　2017—2021 年全国科技活动周主要数据

年份	2017	2018	2019	2020	2021
科普专题活动次数/次	115999	116828	118937	109011	111563
参加人数/万人次	16434	16102	20158	48891	59287
每万人口参加人数/人次	1182	1154	1440	3463	4197

2021 年全国共建设青少年科技兴趣小组 14.03 万个，比 2020 年减少 11.23%；参加人数达 1088.69 万人次，较 2020 年小幅减少 2.94%。共举办青少年科技夏（冬）令营活动 6849 万次，参加人数为 175.68 万人次，较 2020 年大幅减少 95.83%。

2021 年新冠感染疫情影响持续，全国科研机构和大学的场所开放受到不同程度的限制，向社会开放情况仍呈现下降态势。全年开放单位数量 7377 个，比 2020 减少 11.42%。但部分单位通过线上访问方式促进了接待人数增加，全国共接待访问人数 1471.15 万人次，比 2020 年增长 27.32%。

2021 年全国共举办重大科普活动 1.20 万次，比 2020 年减少 7.94%。举办线上线下科普国际交流活动 817 次，参加人数为 2007.29 万人次，比 2020 年增长 250.08%。

5. 媒体传播线下线上双线并行，网络渠道建设有所放缓

近年来，信息通信技术的进步和应用场景的不断拓宽，催生了网络科普传播的迅速发展。尤其是新冠感染疫情出现以后，人与人面对面直接交流的机会大幅减少，促使科普传播工作必须依赖于传统传播渠道和网络媒体传播渠道的双重发力。

2021 年全国广播电台播出科普（技）节目总时长为 14.60 万小时，比 2020 年增长 13.76%。电视台播出科普（技）节目总时长为 17.75 万小时，比 2020 年增长 7.81%。出版科普图书 1.11 万种，比 2020 年增长 3.34%；发行量为 8559.89 万册，比 2020 年减少 13.13%。出版科普期刊 1100 种，比 2020 年减少 11.58%；发行量为 8834.67 万册，比 2020 年减少 32.59%。发行科技类报纸 9462.12 万份，比 2020 年减少 39.94%。发放科普读物和资料共计 4.98 亿份，比 2020 年减少 18.55%。

2021 年网络科普传播继续发挥尖兵作用，但建设力度整体有所放缓。全国共建设科普网站 1867 个，比 2020 年减少 31.66%。建设科普类微博 1669 个，比 2020 年减少 49.15%；发文量 133.31 万篇，比 2020 年减少 3.81%。建设科普类微信公众号 7949 个，比 2020 年减少 7.91%；发文量达到 177.55 万篇，比 2020 年增长 10.95%。

二、地方科普工作发展

1. 不同地区科普资源投入

2021 年各省、自治区和直辖市（以下简称“省”）继续通过经费、人员等资源配置推动本省科普工作不断发展。

科普经费投入方面，2021 年全国 31 个省中，21 个省的科普经费筹集额比 2020 年有所增长。北京、上海、广东、浙江 4 个省的筹集额均超过 10 亿元，山东、江苏、湖北等 10 个省的筹集额为 5 亿~10 亿元，广西、安徽、贵州等 16 个省的筹集额为 1 亿~5 亿元。湖南、广东、山东等 22 个省的科普专项经费投入和人均拥有科普专项经费均有所增加。北京、上海、西藏、青海 4 个省人均拥有科普专项经费均超过 10 元，但也有 3 个省人均拥有科普专项经费低于 2 元。

专兼职人员投入方面，2021 年浙江、广东、四川 3 个省的科普人员队伍均超过 10 万人；江苏、河南、湖北、云南、山东等 16 个省的科普人员队伍为 5 万~10 万人；山西、辽宁、甘肃等 10 个省的科普人员队伍为 1 万~5 万人；另有 2 个省科普人员队伍不足 1 万人。全国每万人口拥有科普人员数量超过 20 人的省共 6 个，包括天津、北京、上海、青海、重庆、云南；少于 10 人的省有 7 个。与 2020 年相比，2021 年重庆、山西、安徽、广东、山东等 15 个省的科普人员数量规模和每万人口拥有科普人员数量均有所增加。

全国 31 个省中，2021 年人均科普专项经费和万人科普人员数两个方面同时实现增长的有天津、黑龙江、安徽、山东等 11 个省（表 4）。

将各省科普经费筹集额占本省地区生产总值的比例定义为科普经费强度，2021 年全国共有 13 个省的科普经费强度高于 2‱，与 2020 年相比，增加 2 个。这些省既包括北京、上海、重庆等经济发达地区，也包括青海、宁夏、西藏等经济欠发达地区。4 个省的科普经费强度低于 1‱，比 2020 年减少 2 个（表 5）。

科普经费强度最大的省与最小的省之间相差 4.95‱，相较 2020 年 5.17‱的相差值，地方间科普经费强度差距整体有所缩小。与 2020 年相比，31 个省中 14 个省的科普经费强度有所上升；16 个省的科普经费强度出现下降。

表 4　2020—2021 年各省人均科普专项经费和万人科普人员数

地区	2020 年		2021 年	
	人均科普专项经费/元	万人科普人员数/人	人均科普专项经费/元	万人科普人员数/人
北京	34.54	25.85	37.51	24.41
天津	2.84	22.87	3.18	27.30
河北	1.71	10.31	1.90	8.29
山西	2.31	9.15	2.22	12.70
内蒙古	4.09	16.31	4.21	13.96
辽宁	1.58	11.61	1.57	9.91
吉林	3.49	9.72	3.07	8.98
黑龙江	1.22	7.06	1.84	8.10
上海	15.70	22.78	18.00	21.59
江苏	4.69	12.40	5.06	11.69
浙江	5.46	24.14	5.64	18.69
安徽	2.30	10.04	2.85	11.33
福建	5.39	15.77	5.44	14.47
江西	2.58	12.12	3.04	11.99
山东	1.48	7.28	4.62	7.51
河南	2.02	9.74	2.15	10.01
湖北	3.13	17.53	3.48	16.75
湖南	2.90	11.29	3.25	10.34
广东	4.24	6.59	4.32	9.50
广西	2.99	12.70	3.62	13.09
海南	5.64	9.27	5.61	8.65
重庆	4.86	15.90	6.35	20.59
四川	4.20	13.12	4.67	13.87
贵州	3.39	11.75	2.88	14.27
云南	7.16	18.81	7.43	20.54
西藏	12.33	8.73	11.45	10.03
陕西	4.83	17.60	4.08	17.47

续表

地区	2020年		2021年	
	人均科普专项经费/元	万人科普人员数/人	人均科普专项经费/元	万人科普人员数/人
甘肃	3.01	19.03	4.07	16.68
青海	12.03	19.54	11.70	20.61
宁夏	5.66	17.89	7.92	18.34
新疆[1]	4.08	15.22	4.03	15.09

表5　2020—2021年各省科普经费强度　　单位：‰

地区	2020年	2021年	地区	2020年	2021年
北京	5.66	5.66	湖北	1.83	1.89
天津	2.15	2.48	湖南	1.30	1.19
河北	0.99	0.78	广东	1.00	1.08
山西	1.16	1.44	广西	1.71	1.79
内蒙古	1.00	0.83	海南	3.24	4.52
辽宁	0.78	0.71	重庆	1.93	2.53
吉林	2.16	1.78	四川	1.64	1.59
黑龙江	0.80	1.26	贵州	2.16	2.02
上海	4.22	3.70	云南	2.95	3.17
江苏	0.88	0.84	西藏	2.78	2.50
浙江	1.59	1.41	陕西	1.52	1.18
安徽	0.87	1.01	甘肃	2.86	2.81
福建	1.86	1.39	青海	5.95	4.90
江西	1.75	2.42	宁夏	3.69	3.81
山东	0.89	1.20	新疆	1.82	2.14
河南	1.89	1.02			

注：科普经费强度=各省科普经费筹集额/本省地区生产总值。

2. 不同区域主要科普指标表现

科普经费投入方面，2021 年东部、中部和西部地区的科普经费筹集额占全国筹集总额的比例分别为 53.46%、21.13%和 25.41%。与 2020 年相比，东部地区和中部地区的占比均略有下降，西部地区的占比出现小幅上升。

[1] 本书中的新疆相关数据包括新疆生产建设兵团数据。

科普人员队伍建设方面，2021 年东部、中部和西部地区的专、兼职科普人员占全国总量的比例分别为 40.29%、26.23%和 33.48%。与 2020 年相比，东部地区的占比有所下降，中部和西部地区的占比均有所上升。

科普场馆建设方面，2021 年东部、中部和西部地区的科技馆数量分别占全国总量的 43.12%、26.48%和 30.41%。与 2020 年相比，东部地区的占比有所下降，中部地区和西部地区的占比均有所上升。东部、中部和西部地区科学技术类博物馆数量分别占全国总量的 48.13%、20.37%和 31.50%。与 2020 年相比，东部地区占比出现下降，中部地区和西部地区的占比均有所上升。

科普活动参与情况方面，2021 年东部、中部和西部地区开展科技活动周专题活动的参加人数分别占全国总参与人数的 85.61%、7.53%和 6.86%。与 2020 年相比，东部和中部地区的占比呈上升态势，西部地区的占比出现下降。东部、中部和西部地区举办科普（技）讲座、科普（技）展览、科普（技）竞赛 3 类主要科普活动的参加人数分别占全国总参与人数的 84.76%、6.48%和 8.76%。与 2020 年相比，东部和西部地区的占比有所上升，中部地区的占比有所下降。

主要科普传媒发展方面，2021 年东部、中部和西部地区的科普期刊、科普图书发行量分别占全国总量的 74.11%、14.87%和 11.02%。与 2020 年相比，东部和中部地区的占比均有所上升，西部地区的占比下降较为明显。东部、中部和西部地区的科普类网站、微博、微信建设数量分别占全国总量的 51.47%、22.39%和 26.15%。与 2020 年相比，东部、西部地区的占比均有所上升，中部地区的占比下降比较明显。

2021 年，从东部、中部和西部地区各省在科普经费、科普人员、科普场馆、主要科普活动受众、科普传媒方面主要科普指标的平均值表现来看（表 6），呈现东部、中部和西部地区依次递减的态势。3 个地区中东部地区省的优势整体较为明显，在举办的科技活动周专题活动参加人数，三类主要科普活动参加人数，期刊、图书发行量方面，相比中部和西部地区，东部地区表现出了数量级上的差别。3 个地区中相对而言，西部与中部地区的差距小于中部与东部地区的差距。

对东部、中部、西部 3 个地区的部分科普统计指标数据进行复合测算，结果显示 2021 年东部和西部地区各自拥有部分优势（表 7）。在万人拥有科普人员数、科普经费占 GDP 比例 2 个指标表现上，西部地区领先于其他两个地区；在人均科普专项经费、万人拥有科普场馆展厅面积 2 个指标的表现上，东部地区均超过中部和西部地区。中部地区 4 个指标的表现全部落后于其他两个地区，且与领先地区的差距较大。与 2020 年相比，西部地区 4 个指标的表现全部为增长态势；中部地区除科普经费占 GDP 比例外，其余 3 个指标的表现有所上升；东部地区人均科普专项经费和万人拥有科普场馆展厅面积 2 个指标的表现有所上升，但另外 2 个指标的表现出现下滑。

表 6　2021 年东部、中部和西部地区各省主要科普指标平均值

地区	东部	中部	西部
科普经费筹集额/亿元	9.19	4.99	4.00
科普人员数/万人	6.69	5.99	5.10
科普场馆[1]数/个	70	48	43
科技活动周专题活动参加人数/万人次	4614	558	339
三类主要科普活动[2]参加人数/万人次	33218	3490	3149
期刊、图书发行量/万册	1172	323	160
网络媒体[3]建设数量/个	537	321	250

表 7　2021 年东部、中部和西部地区部分科普指标相对值

地区	万人拥有科普人员数/人	科普经费占 GDP 比例/‰	人均科普专项经费/元	万人拥有科普场馆展厅面积/平方米
东部	12.10	1.63	5.96	50.70
中部	11.43	1.44	2.74	31.52
西部	15.98	2.00	4.89	47.18

三、部门科普工作发展

《科普法》规定：国务院行政部门按照各自的职责范围，负责有关的科普工作；科学技术协会是科普工作的主要社会力量。2021 年，各部门结合本部门业务特点，因地制宜地开展相关科普工作。

科普经费投入方面，科协组织、科技管理部门、教育部门、卫生健康部门的经费筹集额均超过 10 亿元，4 个部门的经费投入占全国总筹集经费的 67.18%。自然资源部门、文化和旅游部门、农业农村部门等 15 个部门的科普经费筹集额

[1] 指科技馆、科学技术类博物馆。

[2] 指科普（技）讲座、科普（技）展览、科普（技）竞赛。

[3] 指网站、微博、微信公众号。

为 1 亿~10 亿元。从科普活动支出来看，科协组织、科技管理部门、教育部门、卫生健康部门的支出均达到 5 亿元以上，4 个部门的活动支出占全国科普活动总支出的 67.59%。农业农村部门、人力资源社会保障部门、自然资源部门等 8 个部门的活动支出为 1 亿~5 亿元。

科普人员队伍建设方面，教育部门、科协组织、卫生健康部门、农业农村部门、科技管理部门承担了主要工作。这 5 个部门的科普专、兼职人员规模均超过 10 万人，数量占全国科普专、兼职人员总量的 77.76%，占比比 2020 年进一步增大。自然资源部门、文化和旅游部门、市场监督管理部门等 12 个部门的科普专、兼职人员规模为 1 万~10 万人。从部门科普专、兼职人员中中级职称及以上或本科及以上学历人员规模来看，教育部门、卫生健康部门、科协组织、农业农村部门的人数均超过 10 万人，科技管理部门、自然资源部门、市场监督管理部门等 9 个部门的人数为 1 万~10 万人。从部门科普专、兼职人员中中级职称及以上或本科及以上学历人员占比来看，29 个部门均超过 50%。其中，中科院所属部门、中国人民银行、气象部门的占比均超过 80%。

科普场馆建设方面，科协组织、文化和旅游部门、教育部门、科技管理部门和自然资源部门是建设主力，各自的科技馆和科学技术类博物馆数量均超过 100 个，且在 2020 年的基础上均有所增加。这 5 个部门的场馆数量占全国科技馆和科学技术类博物馆总量的 76.09%。气象部门、农业农村部门、工业和信息化部门等 11 个部门的科技馆和科学技术类博物馆建设数量为 10~100 个。从单馆年接待人次来看，宣传部门、文化和旅游部门、科技管理部门等 7 个部门均达到 9 万人次以上，自然资源部门、妇联组织、发展改革部门等 13 个部门为 1 万~9 万人次。

主要科普活动举办方面，卫生健康部门、科协组织、教育部门、公安部门、科技管理部门开展的科普（技）讲座均超过 5 万次，气象部门、文化和旅游部门、市场监督管理部门等 9 个部门为 1 万~5 万次。教育部门、科协组织、文化和旅游部门举办的科普（技）专题展览均超过 1 万次，卫生健康部门、科技管理部门、市场监督管理部门等 13 个部门为 1000~10000 次。教育部门、科协组织、自然资源部门、卫生健康部门、科技管理部门组织的科普（技）竞赛均超过 1000 次，国有资产监督管理部门、文化和旅游部门、公安部门等 18 个部门为 100~1000 次。教育部门、科技管理部门、科协组织、卫生健康部门在科技活动周期间开展的科普专题活动均超过1万次，中国人民银行、农业农村部门、文化和旅游部门等14个部门为1000~10000次。

科普传播媒介发展方面，宣传部门、卫生健康部门是科普图书的主要发行部门，与2020年表现一致。二者发行量均超过1000万册，发行总量占全国科普图书发行总量的59.00%。生态环境部门、教育部门、共青团组织等9个部门的科普图书发行量为100万~1000万册。宣传部门、科协组织、共青团组织是科普期刊的主要发行部门，三者发行量均超过500万册，发行总量占全国科普期刊发行总量的83.99%。科技管理部门、卫生健康部门、应急管理部门等5个部门的科普期刊发行量为100万~500万册。科协组织、气象部门、宣传部门、卫生健康部门是科技类报纸的主要发行部门，发行量均超过1000万份，4个部门发行总量占全国科技类报纸发行总量的82.58%。农业农村部门、自然资源部门、科技管理部门等4个部门的科技类报纸发行量为100万~1000万份。网络媒体传播方面，卫生健康部门、科协组织、教育部门、文化和旅游部门、科技管理部门、自然资源部门的网站数量均超过100个，建设总量占全国建设总量的72.58%。中科院所属部门、市场监督管理部门、农业农村部门等13个部门的建设数量为10~100个。卫生健康部门、气象部门、教育部门、文化和旅游部门、生态环境部门的科普类微博数量均超过100个，建设总量占全国建设总量的64.47%。应急管理部门、科协组织、公安部门等14个部门的建设数量为10~100个。卫生健康部门、教育部门、科协组织的科普类微信公众号均超过500个，建设总量占全国建设总量的59.39%。科技管理部门、自然资源部门、文化和旅游部门等11个部门的建设数量为100~500个。

四、相关说明

为了真实地反映全国科普事业发展的实际情况，科普统计会适时调整统计指标和调查范围，具体的变化如表8所示。具体到各省，也因为统计范围的变化，每次回收调查表的数量有所不同。

表8　2004—2021年全国科普统计变化情况

年份	2004	2006	2008	2009	2010	2011
二级指标数/个	65	75	75	86	86	86
调查部门数/个	17①	18②	19③	20④	20	24⑤
调查表数/份	30514	36738	42565	43856	44346	49163

续表

年份	2012	2013	2014	2015	2016	2017
二级指标数/个	86	86	93	109	109	124
调查部门数/个	25⑥	25⑦	30⑧	30	31⑨	31⑩
调查表数/份	56461	56399	61076	60186	60012	65032
年份	2018	2019	2020	2021		
二级指标数/个	124	124	124	139		
调查部门数/个	31	31⑪	31	31		
调查表数/份	64762	67482	64169	77222		

①试统计时包括：科技管理、科协、教育、国土资源、农业、文化、卫生、计生、环保、广电、林业、旅游、中科院、地震、气象、共青团组织和妇联组织 17 个部门。未涵盖在以上部门的调查表，则归类为其他部门（下同）。

②新增工会部门数据。

③新增国防科工部门和部分创新型企业数据。

④新增公安和工信部门数据，并将国防科工部门与创新型企业数据纳入工信部门，但仍以国防科工来统计分析。

⑤新增民委部门、安监部门和粮食部门数据，并包含了其他。

⑥新增质检部门数据，并包含了其他。

⑦自 2013 年起，包含国防科工的工信部门，以工信部门来统计分析。

⑧新增发展改革部门、人力资源社会保障部门、体育部门、食品药品监督管理部门和社科院所属部门。

⑨新增国资部门。

⑩根据 2018 年国家机构改革方案，对部分部门归属进行了调整。本轮调查共包括 31 个部门：发展改革部门（含粮食和物资储备系统）、教育部门、科技管理部门、工业和信息化部门（含国防科工系统）、民族事务部门、公安部门、民政部门、人力资源社会保障部门、自然资源部门（含林业和草原系统）、生态环境部门、住房和城乡建设部门、交通运输部门（含民用航空系统、铁路系统）、水利部门、农业农村部门、文化和旅游部门（旅游部门合并到文化部门）、卫生健康部门（计生部门已合并到卫生部门）、应急管理部门（含地震系统、煤矿安全监察系统）、中国人民银行、国有资产监督管理部门、市场监督管理部门（含药品监督管理系统、知识产权系统）、广播电视部门、体育部门、中科院所属部门、社科院所属部门、气象部门、新闻出版部门、共青团组织、工会组织、妇联组织、科协组织、其他部门。

⑪新增宣传部门，并将新闻出版系统纳入宣传部门进行统计。本轮调查共包括 31 个部门：宣传部门（含新闻出版系统）、发展改革部门（含粮食和储备系统）、教育部门、科技管理部门、工业和信息化部门（含国防科工系统）、民族事务部门、公安部门、民政部门、人力资源社会保障部门、自然资源部门（含林业和草原系统）、生态环境部门、住房和城乡建设部门、交通运输部门（含民用航空系统、铁路系统、邮政系统）、水利部门、农业农村部门、文化和旅游部门（旅游部门合并到文化部门）、卫生健康部门（计生部门已合并到卫生部门）、应急管理部门（含地震系统、矿山安全监察系统）、中国人民银行、国有资产监督管理部门、市场监督管理部门（含药品监督管理系统、知识产权系统）、广电部门、体育部门、中科院所属部门、社科院所属部门、气象部门、共青团组织、工会组织、妇联组织、科协组织、其他部门。

1　科普人员

科普人员是科普活动的组织者，是科技知识的传播者，是我国科普事业发展的重要力量。按从事科普工作时间占全部工作时间的比例及职业性质划分，科普人员可以分为科普专职人员和科普兼职人员。

科普专职人员是指从事科普工作时间占其全部工作时间60%及以上的人员，包括科普管理工作者，从事专业科普创作、研究、开发的人员，专职科普作家，中小学专职科技辅导员，科普场馆各类直接从事与科普相关工作的人员，科普类图书、期刊、报刊科技（普）专栏版的编辑，电台、电视台科普频道、栏目的编导和科普网站等网络平台信息加工人员等。

科普兼职人员是科普专职人员队伍的重要补充，指在非职业范围内从事科普工作，工作时间不能满足科普专职人员要求的从事科普工作的人员。主要包括进行科普（技）讲座等科普活动的科技人员，中小学兼职科技辅导员，参与科普活动的志愿者，科技馆（站）的志愿者等。

2021 年不同部门和地区出台了科普人员建设相关政策举措，以增强适应新时期科普能力。国务院发布的《全民科学素质行动规划纲要（2021—2035 年）》将加强专职科普队伍建设作为基层科普能力提升工程之一，包括 3 个方面：一是大力发展科普场馆、科普基地、科技出版、新媒体科普、科普研究等领域专职科普人才队伍；二是鼓励高校、科研机构、企业设立科普岗位；三是建立高校科普人才培养联盟，加大高层次科普专门人才培养力度，推动设立科普专业。生态环境部发布的《“十四五”生态环境科普工作实施方案》在主要任务中强调：着力加强生态环境科普队伍建设，包括推进科普人才队伍建设、完善国家科普专家库、推动老科学家参与科普、加强科普志愿者队伍建设、加大科普能力提升培训 5 个方面。河南省人民政府发布的《河南省全民科学素质行动规划纲要实施方案（2021—2025 年）》、宁夏回族自治区人民政府发布的《宁夏回族自治区全民科学素质行动规划纲要实施方案（2021 年—2025 年）》以及广西壮族自治区人民政府发布的《广西全民科学素质行动规划纲要(2021—2035 年)》，均强调要加强科普队伍建设工程。江苏省人民政府发布的《江苏省全民科学素质行动规划（2021－2035 年）》在重点任务中提到规范科技教育辅导员培训、管理和资格认定，组织试点青少年技能训练指导员培训和认证工作，加大对学校专兼职科技辅导员的支持力度，加强科学传播专家队伍建设，培育高层次科技志愿服务者和组织；在条件保障中提及将科普人才列入各级各类人才奖励和资助计划，探索建立科普专业技术职称体系。云南省人民政府发布的《全民科学素质行动实施方案（2021—2025 年）》提出加强中小学科学教师和科技辅导员队伍建设，强化科技工作者的社会责任。天津市科技局和天津市科协发布的《天津市“十四五”时期科学技术普及发展规划》提出，从加强科普专业人才队伍建设、加强科普管理人才队伍建设、加强科普志愿者队伍建设 3 个方面大力实施科普队伍建设工程。天津市卫生健康委组织发布的《天津市新冠肺炎疫情防控常态化下健康教育工作方案》提出，面向卫生健康行业组织开展健康教育专兼职人员培训，二级及以上医院要组建健康科普队伍，其他医疗机构要有健康科普专业人员，充分发挥专业特长做好疫情防控有关健康教育工作，推动新冠肺炎科普专家库、资源库建设。江西省科学技术厅发布《江西省科学技术普及条例》第三十四条表明科普工作者的科普成果纳入政府科学技术成果登记和奖励范围，并可以作为相应专业技术职务资格评审和工作业绩考核的依据。江西省人民政府发布《江西省“十四五”科技创新规划》强调加强科普人才队伍建设。宁夏回族自治区人民政府发布的《宁夏回族自治区科技创新“十四五”规划》提到建设专兼结合、布局合理、素质优良的科普人才队伍。河南省委组织部、省科技厅、省财政厅等发布《河南省科技特派员助力乡村振兴五年行动计划（2021—2025 年）》强调充分发挥科技人才在实施乡村振兴战略中的重要作用，全力打造具有河南特色的科技特派员制度升级版。

1.1 科普人员概况

2021 年全国科普人员数量为 182.75 万人，比 2020 年增加 0.80%，每万人口拥有科普人员 12.94 人，比 2020 年增加 0.10 人。其中，科普专职人员数量为 26.43

万人，比 2020 年增加 6.30%；科普兼职人员数量为 156.31 万人，比 2020 年减少 0.07%。

2021 年全国科普兼职人员实际投入工作总量为 3454.94 万人天[1]，比 2020 年减少 5.80%；兼职人员人均年度投入工作量为 22.10 天，比 2020 年减少 5.73%。

1.1.1 科普人员类别

2021 年全国中级职称及以上或大学本科及以上学历的科普人员数量为 111.55 万人，占当年科普人员总数的 61.04%，比 2020 年增加 9.65 万人，占科普人员比例提高 4.83 个百分点。高素质科普人员是科普队伍的中坚力量，2021 年全国中级职称及以上或大学本科及以上学历的科普专职人员数量为 17.05 万人，占当年科普专职人员总数的 64.51%，比 2020 年增加 1.52 万人，占科普专职人员比例提高 2.06 个百分点；中级职称及以上或大学本科及以上学历的科普兼职人员数量为 94.50 万人，占当年科普兼职人员总数的 60.45%，比 2020 年增加 8.13 万人，占科普兼职人员比例提高 5.24 个百分点。

2021 年全国女性科普人员数量为 80.27 万人，占当年科普人员总数的 43.92%，比 2020 年增加 6.37 万人，占科普人员比例提高 3.16 个百分点。其中，女性科普专职人员数量为 10.97 万人，占当年科普专职人员总数的 41.51%，比 2020 年增加 1.22 万人，占科普专职人员比例提高 2.30 个百分点；女性科普兼职人员数量为 69.30 万人，占当年科普兼职人员总数的 44.33%，比 2020 年增加 5.15 万人，占科普兼职人员比例提高 3.33 个百分点。

农村科普人员主要包括农业管理部门的专职科普人员、农技咨询协会的工作人员和农业函授大学教员等。2021 年全国农村科普人员数量为 44.81 万人，占当年科普人员总数的 24.52%，比 2020 年减少 2.94 万人，占科普人员比例降低 1.82 个百分点。其中，专职农村科普人员数量为 7.21 万人，占当年科普专职人员总数的 27.28%，比 2020 年增加 5269 人，占科普专职人员比例提高 0.40 个百分点；兼职农村科普人员数量为 37.60 万人，占当年科普兼职人员总数的 24.05%，比 2020 年减少 3.46 万人，占科普兼职人员比例下降 2.20 个百分点。2021 年全国每万农村人口拥有科普人员 8.99 人[2]，比 2020 年减少 0.38 人。

---

[1] 2022 年起，全国科普统计调查中“当年实际投入工作量”的计量单位调整为“人天”。

[2] 根据国家统计局网站 2022 年 10 月发布数据，截至 2021 年年底，全国城镇人口 91425 万人，农村人口 49835 万人。

2021 年全国科普管理人员数量为 5.01 万人，占当年科普人员总数的 2.74%，占当年科普专职人员总数的 18.96%，比 2020 年增加 3828 人，占科普人员比例提高 0.19 个百分点，占科普专职人员比例提高 0.34 个百分点。

科普创作（研发）人员[1]包括科普文学作品，科普影视作品，科普网络文字、图片及音视频作品等的创作人员；科普理论的研究人员；科普类展品、教具、用品、器材、教案等的研发人员等。2021 年全国科普创作（研发）人员数量为 2.24 万人，占当年科普人员总数的 1.22%，占当年科普专职人员总数的 8.46%，比 2020 年增加 3849 人，占科普人员比例提高 0.20 个百分点，占科普专职人员比例提高 1.01 个百分点。

2021 年全国科普讲解（辅导）人员[2]数量为 35.94 万人，占当年科普人员总数的 19.67%，比 2020 年增加 4.49 万人，占科普人员比例提高 2.32 个百分点。其中，专职科普讲解（辅导）人员数量为 4.92 万人，占当年科普专职人员总数的 18.60%，比 2020 年增加 7642 人，占科普专职人员比例提高 1.90 个百分点；兼职科普讲解（辅导）人员数量为 31.03 万人，占当年科普兼职人员总数的 19.85%，比 2020 年增加 3.73 万人，占科普兼职人员比例提高 2.40 个百分点。

2021 年全国注册科普（技）志愿者[3]数量为 483.74 万人，比 2020 年增加 22.79%。

1.1.2 科普人员分级构成

我国科普人员主要分布在基层。按照中央部门级、省级、地市级和县级的人员分布来看，2021 年县级科普人员最多，中央部门级科普人员最少（图 1-1）。其中，与 2020 年相比，中央部门级和地市级科普人员数量有所增加，占比也有所提高。省级和县级科普人员数量略有减少，占比也相应略有降低。中央部门级科普人员数量为 5.11 万人，比 2020 年增加 1.08 万人。地市级科普人员数量为 48.17 万人，比 2020 年增加 3.95 万人。省级科普人员数量为 18.73 万人，比 2020 年减少 0.34 万人。县级科普人员数量为 110.74 万人，比 2020 年减少 3.23 万人。

[1] 2022 年起，全国科普统计调查中“科普创作人员”指标项调整为“科普创作（研发）人员”。

[2] 2022 年起，全国科普统计调查中“科普讲解人员”指标项调整为“科普讲解（辅导）人员”。

[3] 2022 年起，全国科普统计调查中“注册科普志愿者”指标项调整为“注册科普（技）志愿者”。

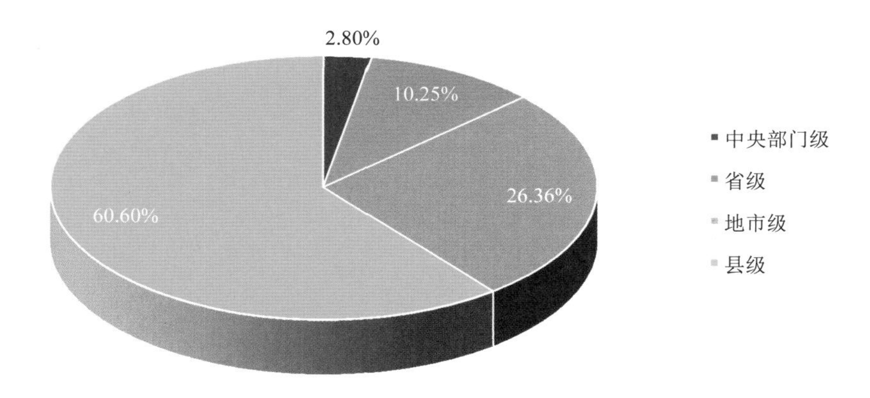

图 1-1　2021 年四级科普人员比例

从科普人员的构成来看（表 1-1），2021 年省级、地市级和县级科普人员中占同级科普人员比例均超过 10%，县级比 2020 年增加 1.54 个百分点；中央部门级和省级中级职称及以上或大学本科及以上学历人员占同级科普人员比例均超过 75%，地市级比 2020 年增加 7.5 个百分点；中央部门级和省级女性科普人员占同级科普人员比例均超过 50%，中央部门级比 2020 年增加 3.97 个百分点；县级农村科普人员占同级科普人员比例超过 30%，省级比 2020 年增加 1.12 个百分点。

表 1-1　2021 年科普人员构成情况

层级	科普专职人员占同级科普人员比例	中级职称及以上或大学本科及以上学历人员占同级科普人员比例	女性科普人员占同级科普人员比例	农村科普人员占同级科普人员比例
中央部门级	9.56%	77.26%	50.90%	5.64%
省级	14.59%	79.11%	51.38%	9.11%
地市级	12.34%	66.68%	49.48%	15.07%
县级	15.59%	54.78%	39.92%	32.10%

1.1.3　科普人员区域分布

从科普人员区域分布情况来看，2021 年东部地区的科普人员数量总体呈减少态势，中部和西部地区均呈增加态势。东部地区科普人员数量为 73.62 万人（图 1-2），比 2020 年减少 3.65%；中部地区科普人员数量为 47.94 万人，比 2020 年增加 2.63%；西部地区科普人员数量为 61.19 万人，比 2020 年增加 5.17%。

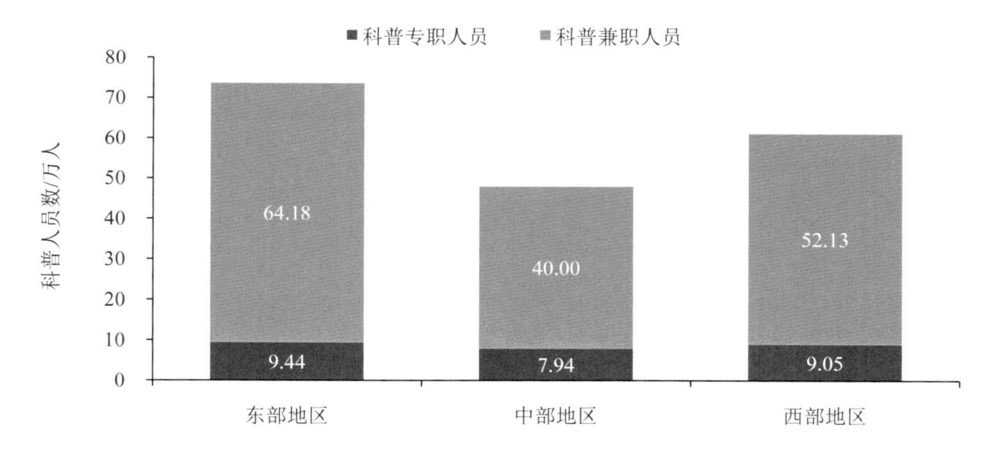

图 1-2 2021 年东部、中部和西部地区科普人员数

2021 年东部地区的人口数量在全国总人口数量占比为 43.07%，在 3 个地区中居领先位置（图 1-3），东部地区各类科普人员数量占全国的比例均超过了中部和西部地区。西部地区各类科普人员数量占全国的比例均处于中间位置。

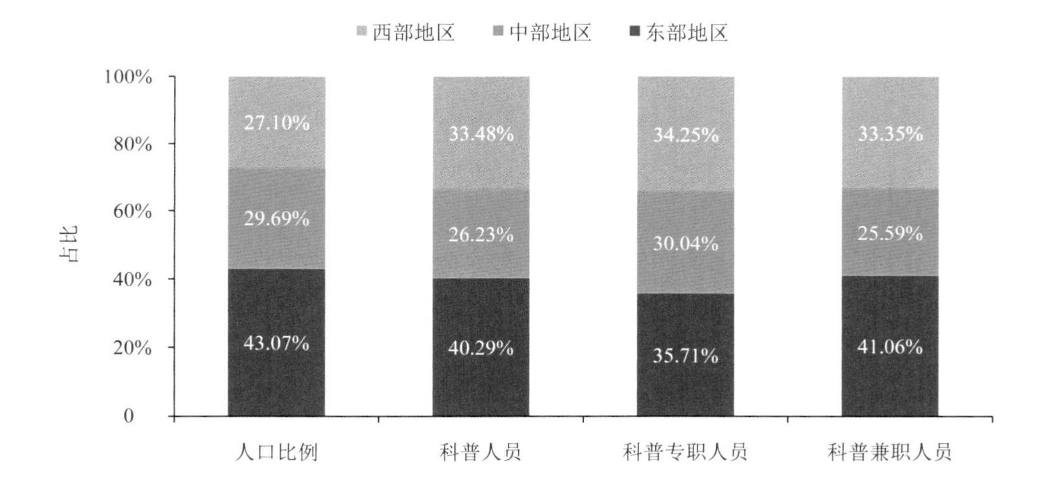

图 1-3 2021 年东部、中部和西部地区人口及科普人员占全国的比例

2021 年东部、中部和西部地区每万人口中的科普人员数量分别为 12.10 人、11.43 人和 15.98 人。相比 2020 年，中部和西部地区增加均不到 1 人，东部地区略有减少。东部、中部和西部地区科普专职人员占比均超过 10%，科普兼职人员占比均超过 80%（图 1-4），3 个地区科普专职和兼职人员占比差异不大。

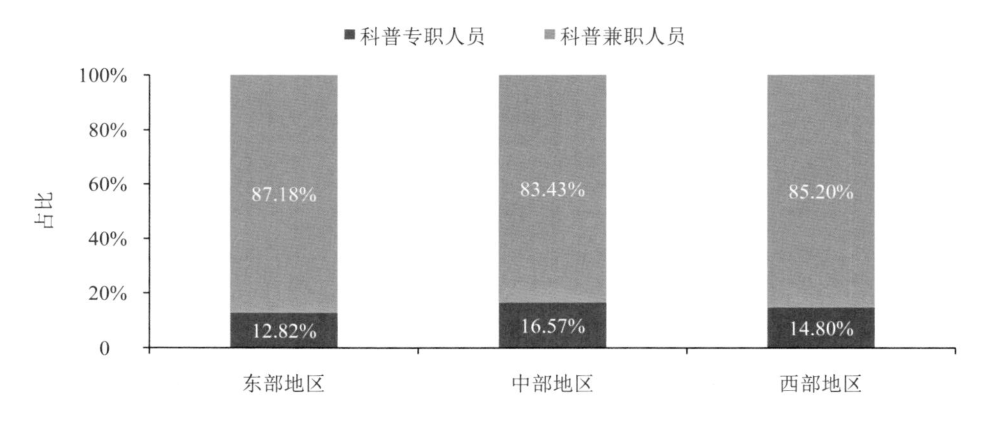

图 1-4 2021 年东部、中部和西部地区科普人员构成

2021 年东部、中部和西部地区科普人员中中级职称及以上或大学本科及以上学历人员的比例略有差异，东部和西部地区均在 60%以上（图 1-5）。从科普专职人员中中级职称及以上或大学本科及以上学历人员的比例来看，东部地区超过 70%；从科普兼职人员中中级职称及以上或大学本科及以上学历人员的比例来看，东部地区超过 60%。科普专职人员中中级职称及以上或大学本科及以上学历人员占比高于科普兼职人员的表现中，东部地区明显，中部和西部地区较为接近。

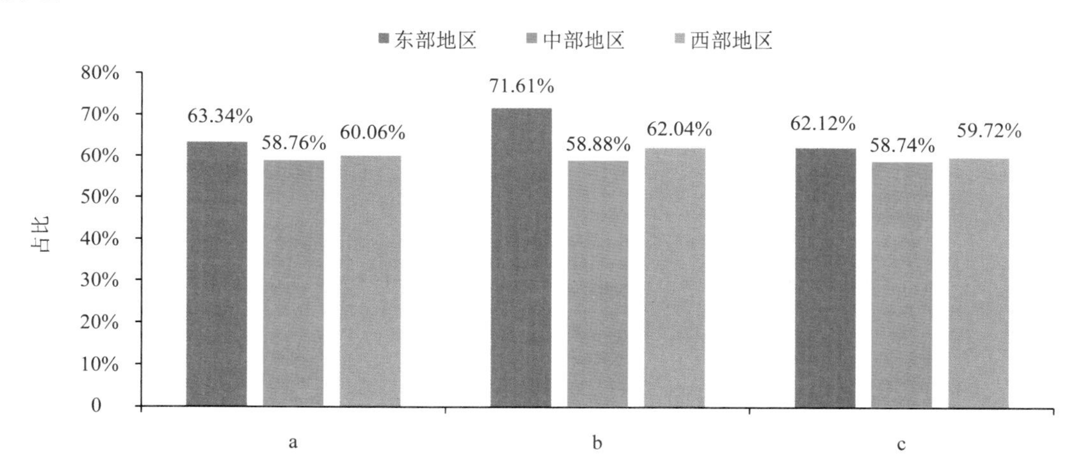

a. 科普人员中中级职称及以上或大学本科及以上学历人员的比例；b. 科普专职人员中中级职称及以上或大学本科及以上学历人员的比例；c. 科普兼职人员中中级职称及以上或大学本科及以上学历人员的比例。

图 1-5 2021 年东部、中部和西部地区科普人员的职称或学历比例

2021 年东部、中部和西部地区科普人员中女性科普人员所占比例均超过 40%（图 1-6），相比 2020 年均略有增加。从女性科普专职人员占科普专职人

员的比例来看，东部地区占比超过 45%；从女性科普兼职人员占科普兼职人员的比例来看，3 个地区占比均超过 40%。

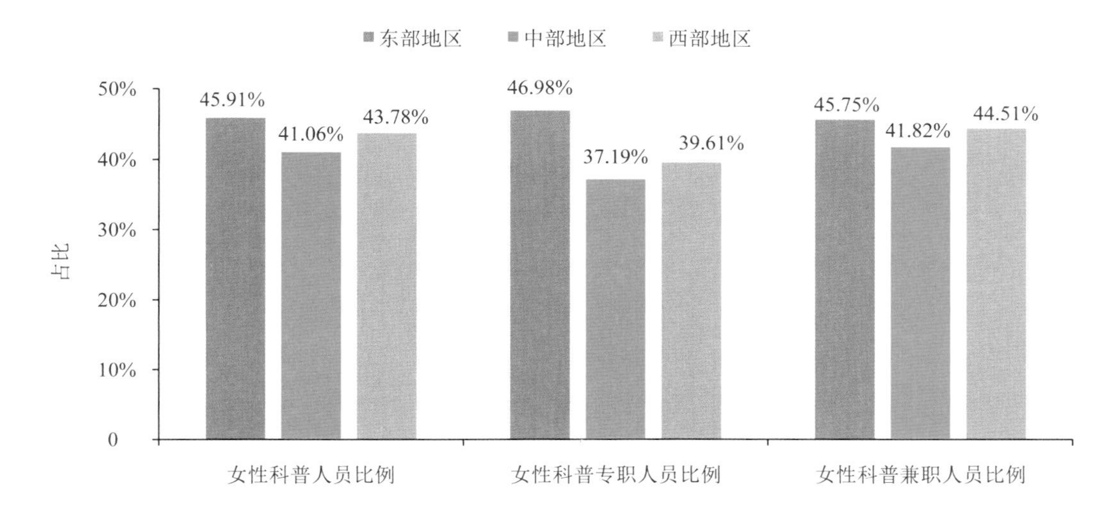

图 1-6 2021 年科普人员中女性科普人员的比例

2021 年东部、中部和西部地区农村科普人员数量均有所减少。从科普人员中农村科普人员占比来看，中部和西部地区占比均超过 25%（图 1-7）。相比于 2020 年，3 个地区占比均有所减少。从农村科普专职人员占科普专职人员的比例来看，中部地区占比超过 30%；从农村科普兼职人员占科普兼职人员的比例来看，中部和西部地区占比超过 25%。

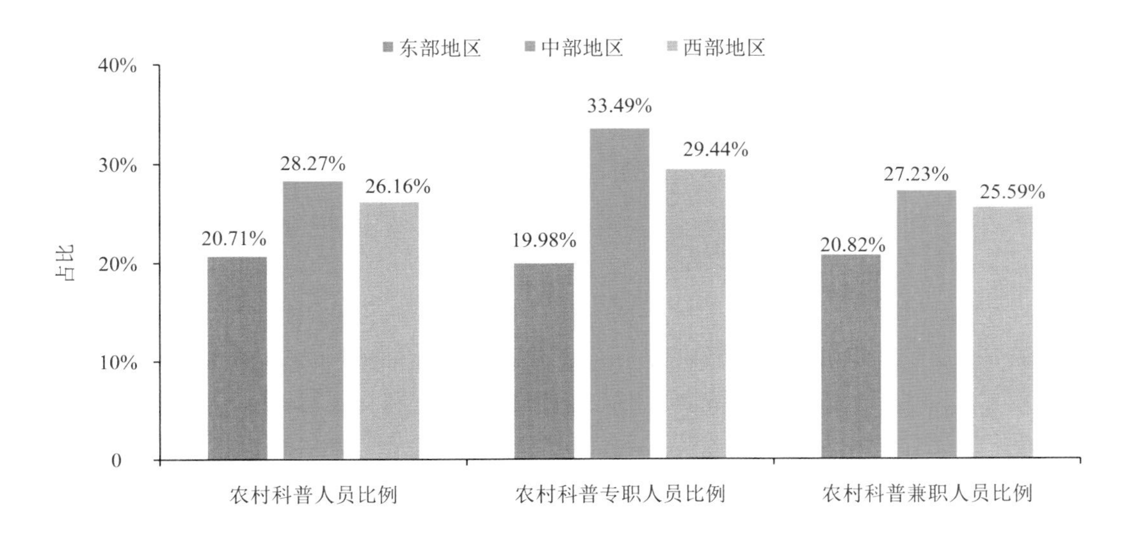

图 1-7 2021 年科普人员中农村科普人员的比例

2021 年东部、中部和西部地区专职科普管理人员数量分别为 1.82 万人、1.50 万人和 1.69 万人，比 2020 年均约增加 1000 人。3 个地区专职科普管理人员占全国专职科普管理人员的比例表现为东部地区＞西部地区＞中部地区，东部和西部地区占比均超过 30%（图 1-8）。

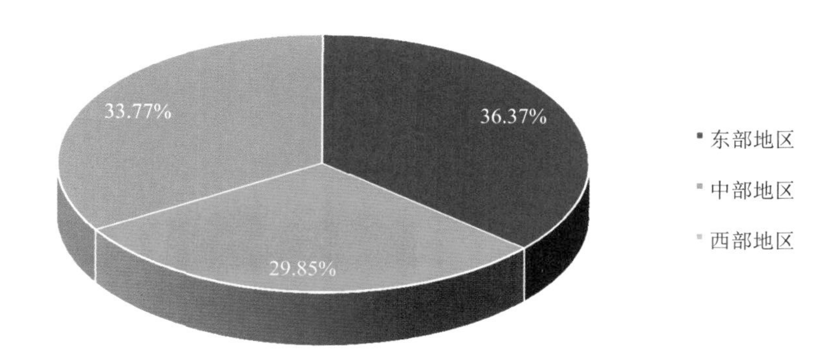

图 1-8　2021 年东部、中部和西部地区专职科普管理人员占全国专职科普管理人员的比例

2021 年东部、中部和西部地区专职科普创作（研发）人员数量分别为 9717 人、4966 人和 7680 人，比 2020 年均增加不超过 2100 人。3 个地区专职科普创作（研发）人员占全国专职科普创作（研发）人员的比例表现为东部地区＞西部地区＞中部地区，东部地区占比超过 40%（图 1-9）。

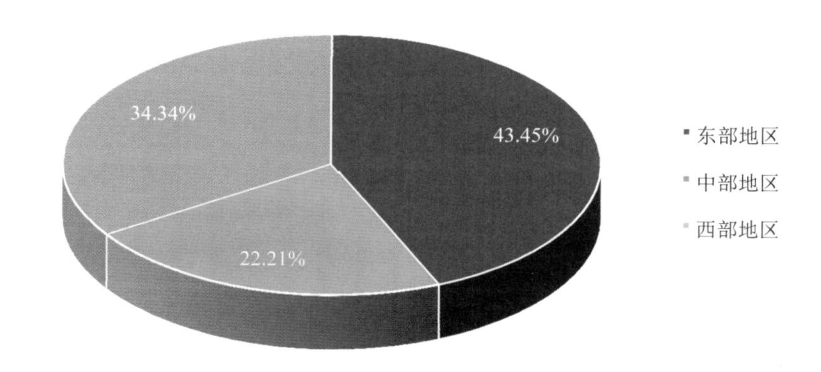

图 1-9　2021 年东部、中部和西部地区专职科普创作（研发）人员占全国专职科普创作（研发）人员的比例

2021 年东部、中部和西部地区科普讲解（辅导）人员占比差异较小，均在 20%左右（图 1-10）。从专职科普讲解（辅导）人员比例来看，3 个地区占比均不超过 20%；从兼职科普讲解（辅导）人员比例来看，仅西部地区超过 20%。除

中部地区外，东部和西部地区专职科普讲解（辅导）人员占比均低于兼职科普讲解（辅导）人员占比。

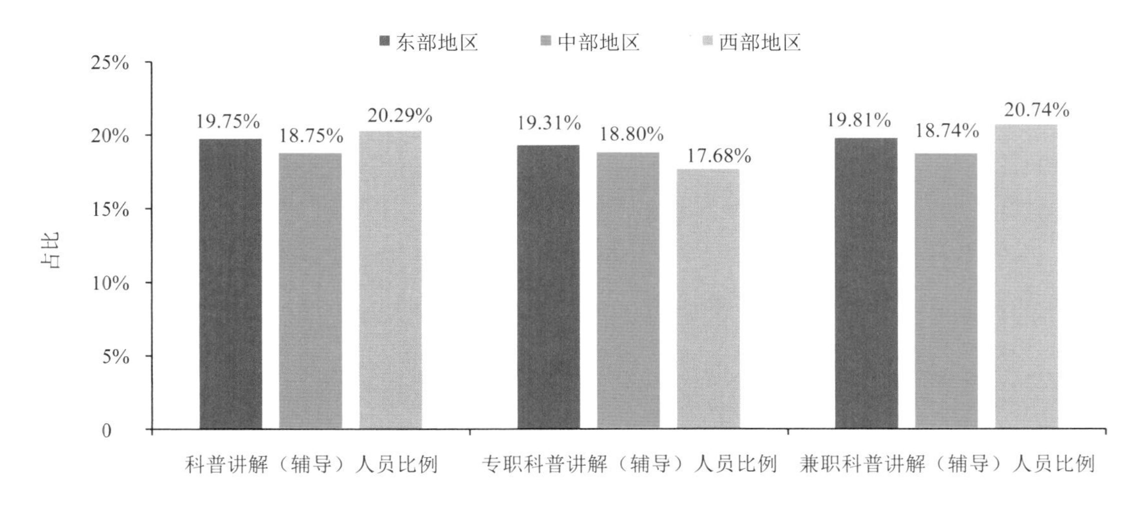

图 1-10 2021 年科普人员中科普讲解（辅导）人员的比例

2021 年东部、中部和西部地区注册科普（技）志愿者数量分别为 164.69 万人、224.10 万人和 94.95 万人，与 2020 年相比，均有所增加。3 个地区注册科普（技）志愿者占全国比例表现为中部地区＞东部地区＞西部地区，且仅中部地区占比超过 40%（图 1-11）。

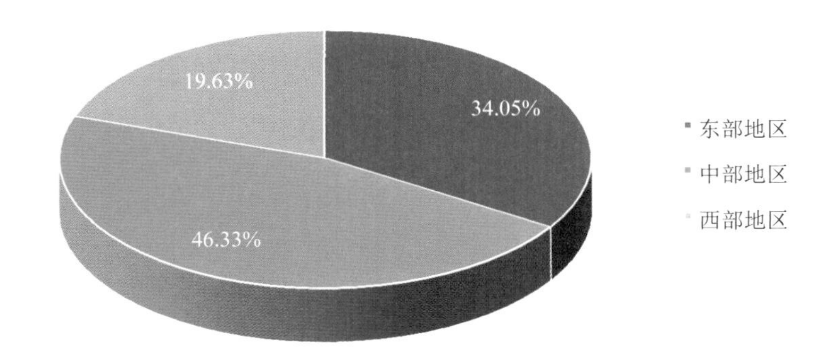

图 1-11 2021 年东部、中部和西部地区注册科普（技）志愿者占全国注册科普（技）志愿者的比例

1.2 各省科普人员分布

1.2.1 各省科普人员总量

2021 年全国各省平均科普人员数量为 5.89 万人，比 2020 年减少 0.68%。科

普人员规模超过全国平均水平的地区包括浙江、广东、四川、江苏、河南、湖北等 15 个省（图 1-12），这些省的科普人员总数量占全国科普人员总数量的 70.52%。科普人员数量超过 10 万人的省有浙江、广东和四川。

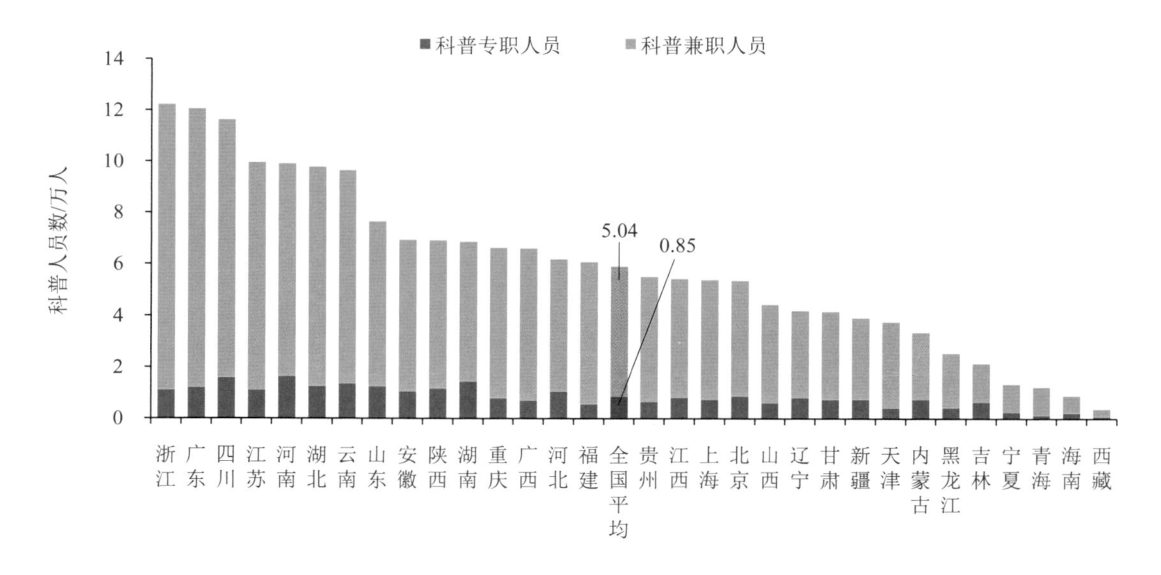

图 1-12　2021 年各省科普人员数[1]

2021 年全国各省平均科普专职人员数为 0.85 万人，比 2020 年增加 6.30%。河南、四川、湖南等 13 个省的科普专职人员数均超过全国平均水平。其中，河南科普专职人员数为 1.65 万人，居全国领先位置，其后依次是四川 1.59 万人、湖南 1.45 万人。

2021 年全国各省平均科普兼职人员数为 5.04 万人，比 2020 年减少 0.20%。浙江、广东、四川等 15 个省的科普兼职人员数均高于全国平均水平。其中，浙江科普兼职人员数为 11.10 万人；广东和四川的科普兼职人员数均超过 10 万人。

2021 年科普专职人员数占科普人员数的比例为 14.46%，各省科普专职人员占比差异较大。吉林、海南、西藏、内蒙古、湖南等 17 个省科普专职人员占比均超过全国平均水平（图 1-13）。其中，吉林占比达到 30.62%。

2021 年全国平均每万人口拥有科普人员 12.94 人，比 2020 年增加 0.1 人。天津、北京、上海、青海、重庆等 17 个省均超过全国平均水平（图 1-14）。天津居全国领先位置，为 27.30 人，其次是北京和上海，均超过 20 人。

[1] 为了便于区分指标的全国平均值，图中长方（柱）体的颜色与图例颜色设置得不一样，但可从图中 2 个指标的变化趋势来判断全国平均的数值，不再另示图例。余同。

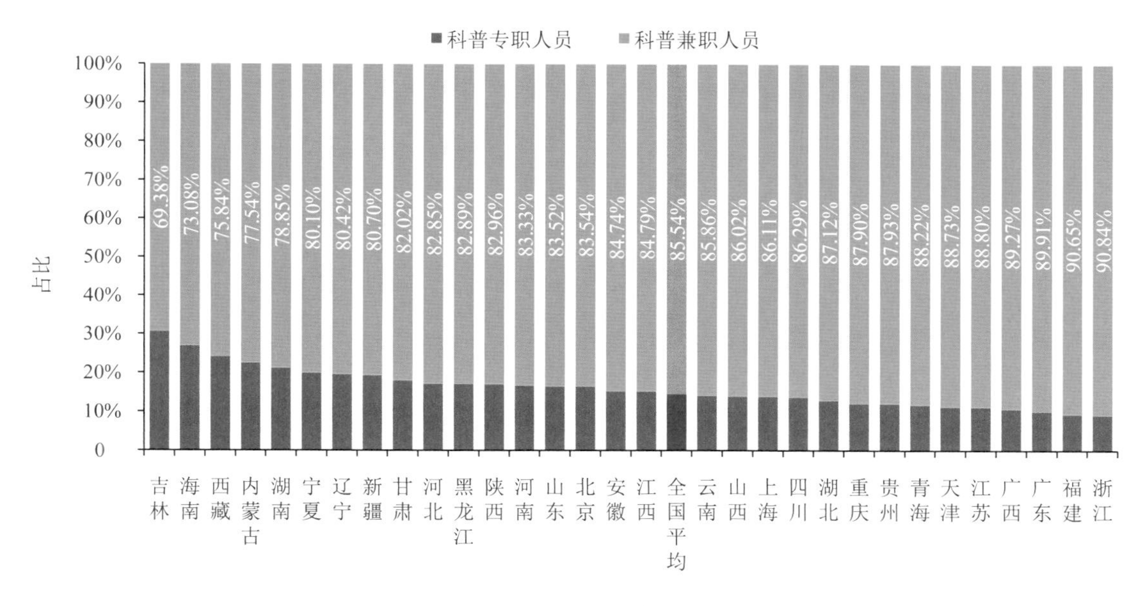

图 1-13 2021 年各省科普人员构成

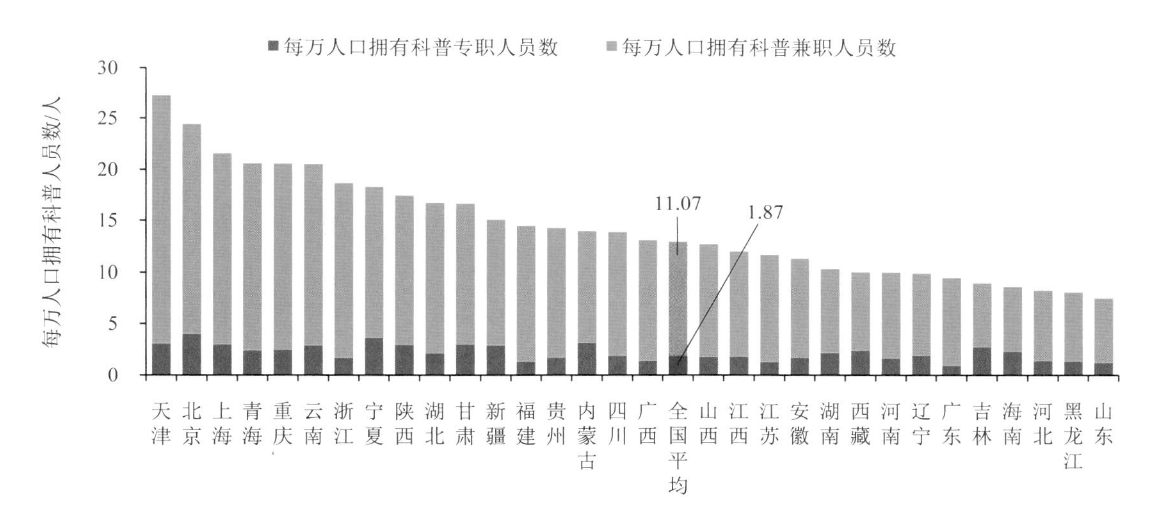

图 1-14 2021 年各省每万人口拥有科普人员数

1.2.2 各省科普人员分类构成

（1）科普人员职称及学历

2021 年全国各省平均中级职称及以上或大学本科及以上学历的科普人员数为 3.60 万人。浙江、广东、四川、江苏、云南等 16 个省均超过全国平均水平，多数为人口大省（图 1-15）。其中，浙江为 7.31 万人，广东、四川和江苏 3 个省均超过 6 万人。

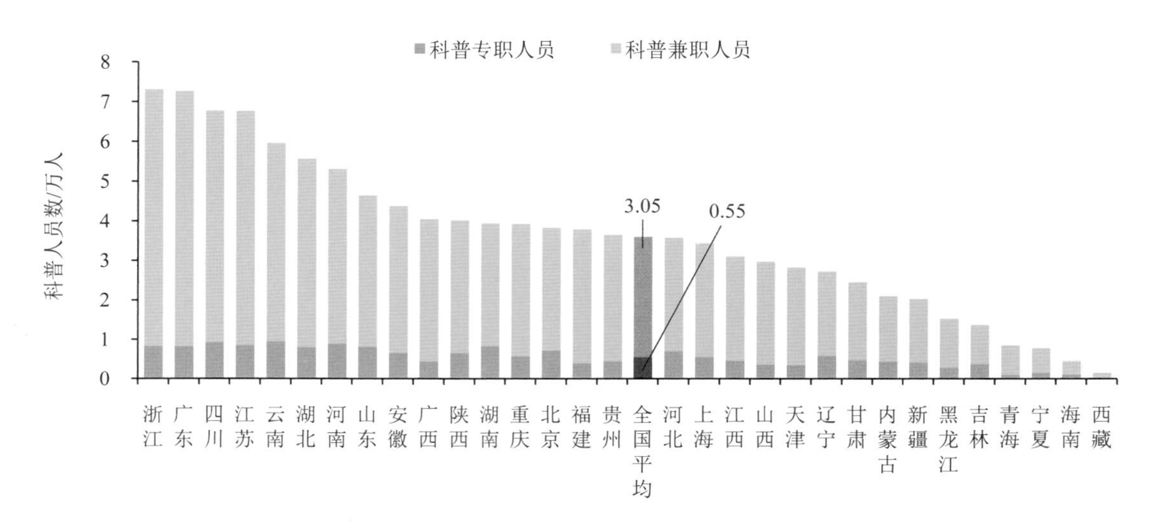

图 1-15　2021 年各省中级职称及以上或大学本科及以上学历科普人员数

2021 年天津、北京、青海、江苏、山西等 14 个省科普人员的中级职称及以上或大学本科及以上学历科普人员占比超过全国平均水平（图 1-16）。天津、北京、江苏、浙江、上海、辽宁、重庆和青海 8 个省的科普专职人员中中级职称及以上或大学本科及以上学历人员占比均超过 70%；天津、青海、北京、山西、吉林、江苏和贵州 7 个省的科普兼职人员中中级职称及以上或大学本科及以上学历人员占比均超过 65%。湖南、陕西、江西、安徽、内蒙古、山西、吉林、宁夏、海南和西藏 10 个省科普专职人员的中级职称及以上或大学本科及以上学历人员占比低于科普兼职人员。

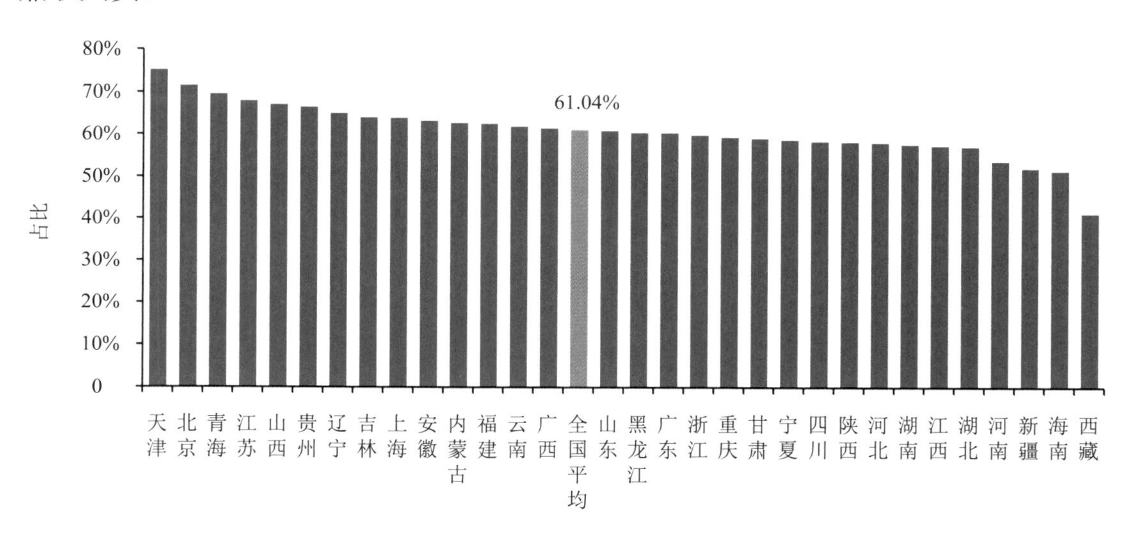

图 1-16　2021 年各省中级职称及以上或大学本科及以上学历科普人员比例

（2）女性科普人员

2021 年浙江、四川、广东、江苏、湖北等 15 个省女性科普人员数超过全国平均水平（图 1-17）。浙江女性科普人员规模达到 5.20 万人，比 2020 年减少 19.00%，其次是四川和广东，女性科普人员数均超过 5 万人。北京、天津、上海、山西和辽宁 5 个省均有一半以上的科普人员为女性（图 1-18）。

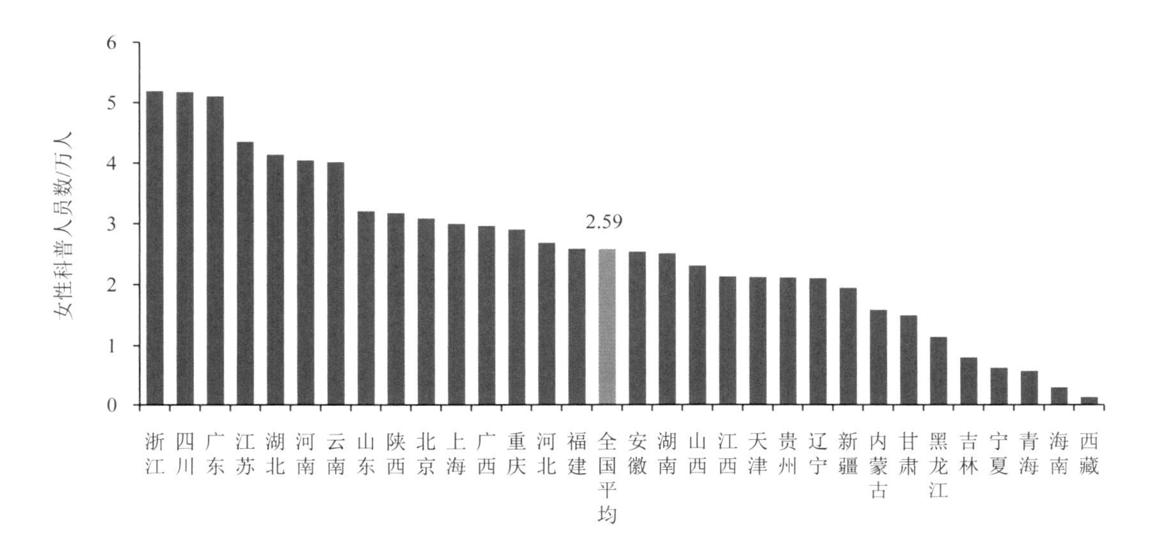

图 1-17　2021 年各省女性科普人员数

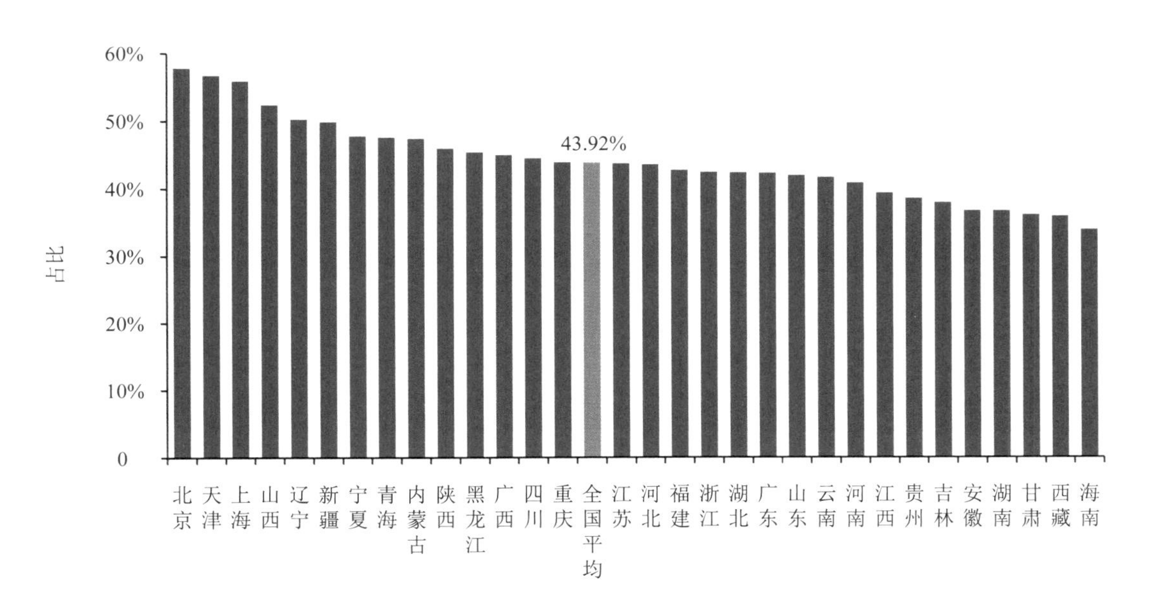

图 1-18　2021 年各省女性科普人员比例

2021 年河南、四川、广东、山东、江苏、浙江和北京 7 个省的专职女性科普人员数均超过 5000 人。其中，河南省达到 6579 人。北京、上海、天津 3 个直辖市科普专职人员中女性占比均超过 50%；浙江、四川和广东 3 个省的兼职女性科普人员数均超过 4 万人，其中浙江省达到 4.68 万人。北京、上海、天津 3 个直辖市科普兼职人员中女性占比均超过 55%。

（3）农村科普人员

2021 年全国平均农村科普人员数量为 1.45 万人。四川、河南、云南、浙江、山东等 14 个省超过全国平均水平，大多是农村人口规模较大的省（图 1-19）。其中，四川达到 3.60 万人。

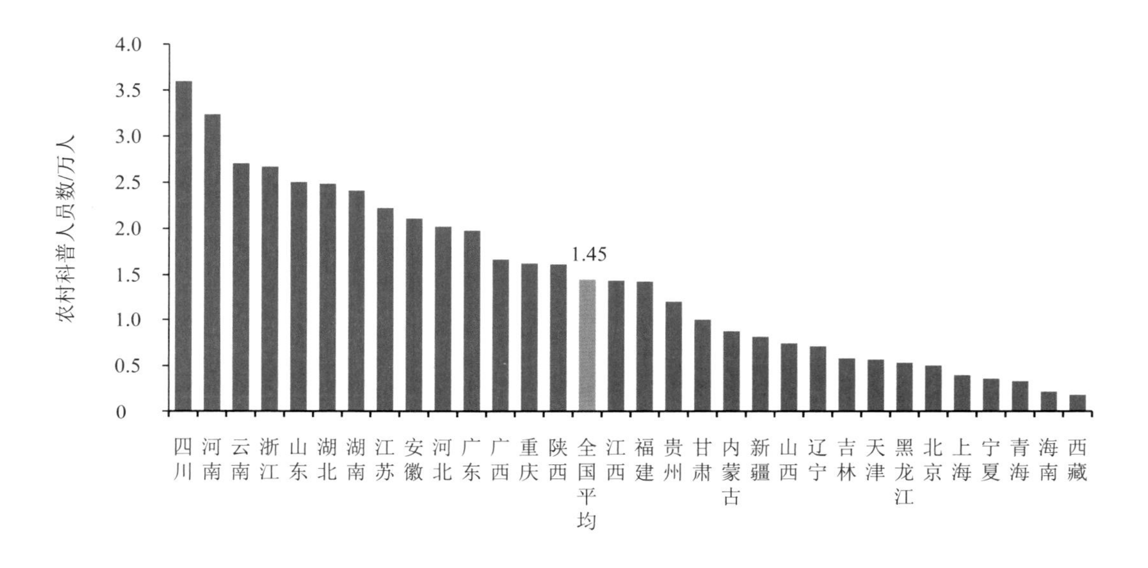

图 1-19　2021 年各省农村科普人员数

2021 年各省平均拥有农村科普专职人员 2326 人，比 2020 年增加 7.88%。河南、四川和湖南 3 个省农村科普专职人员数均超过 5000 人。西藏和安徽的农村科普专职人员占科普专职人员比例均超过 40%。其中，西藏科普专职人员数不足 1000 人，其农村科普专职人员占科普专职人员比例超过 50%。

2021 年西藏和湖南两省的农村科普人员占比均超过 35%（图 1-20）。其中，西藏占比达到 51.17%，北京和上海的农村科普人员占比均不足 10%。

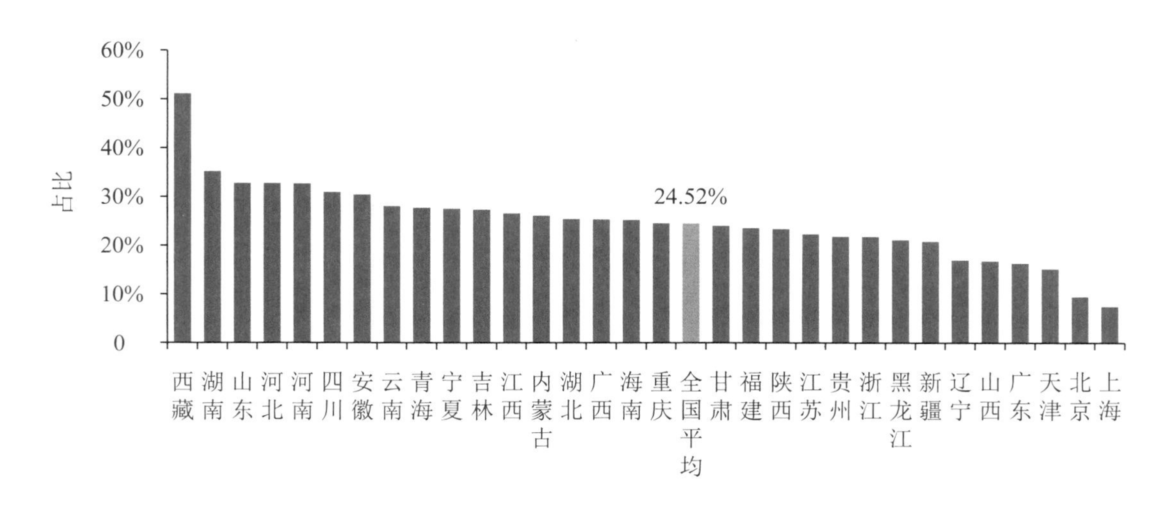

图 1-20　2021 年各省农村科普人员比例

（4）科普管理人员

2021 年全国平均科普管理人员数为 1616 人，比 2020 年增加 123 人。科普人员数量较多的省科普管理人员数也较多。四川、湖南和河南 3 个省的科普管理人员规模较大，均超过 2500 人（图 1-21）。

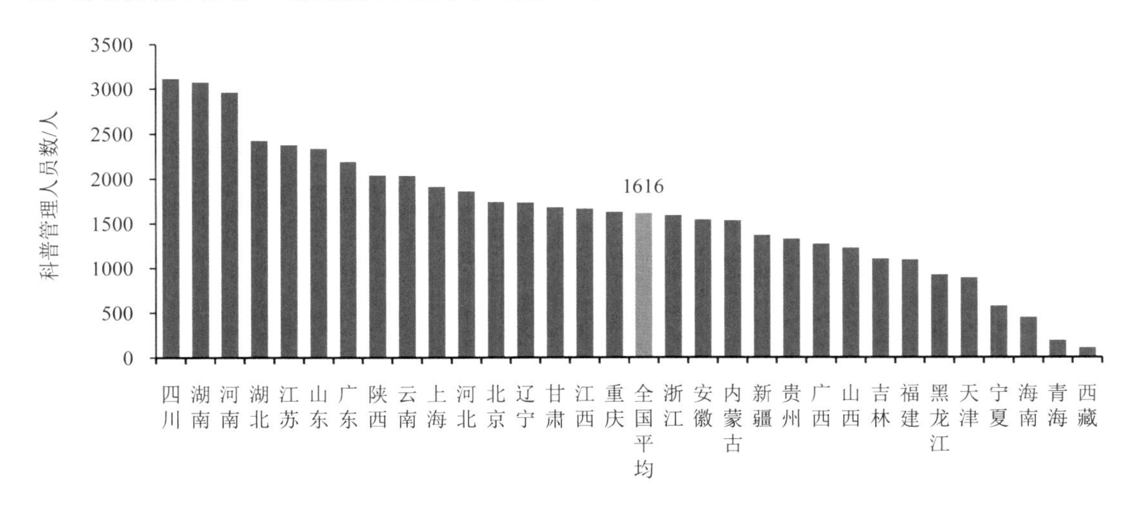

图 1-21　2021 年各省科普管理人员数

（5）科普创作（研发）人员

2021 年科普创作（研发）人员主要集中于北京、四川、重庆、广东、江苏、湖南、上海、河南、陕西和山东 10 个省（图 1-22），这些省的科普创作（研发）人员总量占全国的 56.07%。

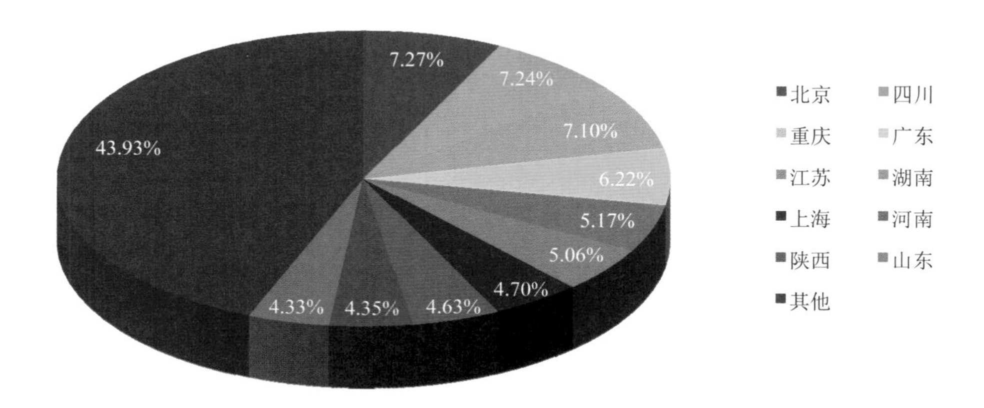

图 1-22　2021 年主要省科普创作（研发）人员数占全国比例

（6）科普讲解（辅导）人员

2021 年全国平均科普讲解（辅导）人员数为 1.16 万人（图 1-23）。广东、河南、四川、重庆 4 个省科普讲解（辅导）人员数量均超过 2 万人，另外，江苏、云南、浙江等 9 个省也高于全国平均水平。

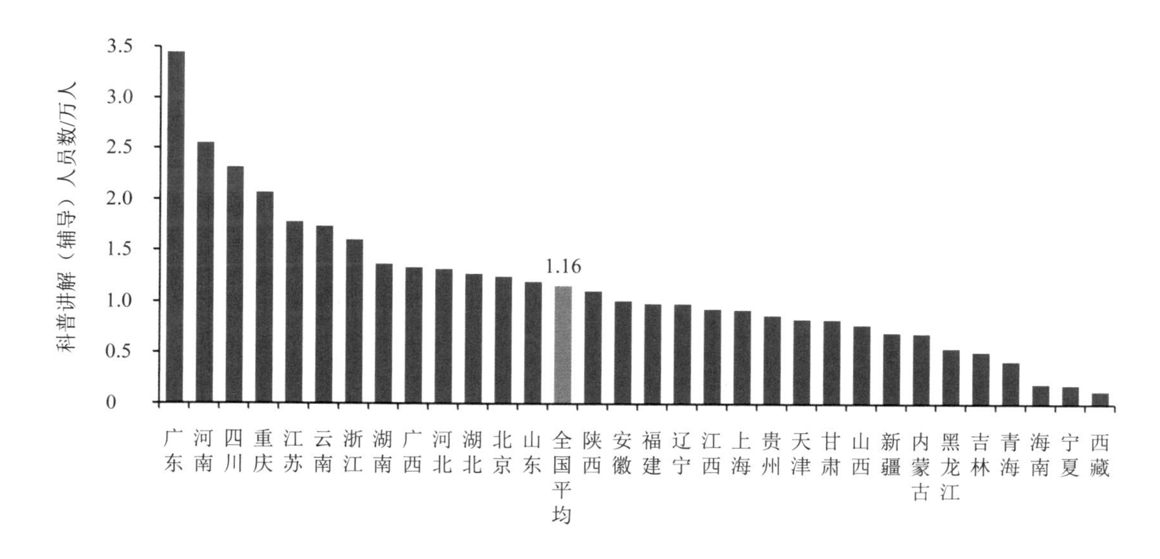

图 1-23　2021 年各省科普讲解（辅导）人员数

2021 年全国科普人员中科普讲解（辅导）人员占比为 19.67%。西藏、青海、重庆、广东、河南等 17 个省均高于全国平均水平（图 1-24）。其中，西藏、青海、重庆 3 个省均超过 30%。

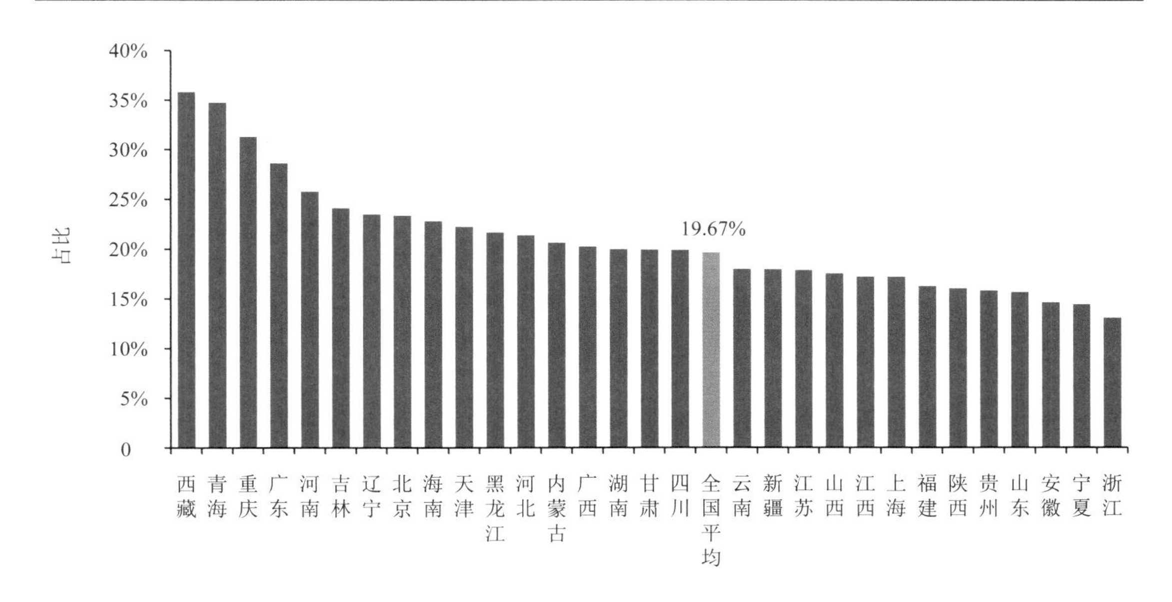

图 1-24　2021 年各省科普讲解（辅导）人员比例

（7）注册科普（技）志愿者

2021 年全国平均注册科普（技）志愿者数量为 15.60 万人。各省在注册科普（技）志愿者规模上存在差异（图 1-25）。河南达到 75.24 万人，占全国注册科普（技）志愿者总数的 15.55%；吉林达到 62.40 万人；江苏的规模也较大，达到 46.85 万人。

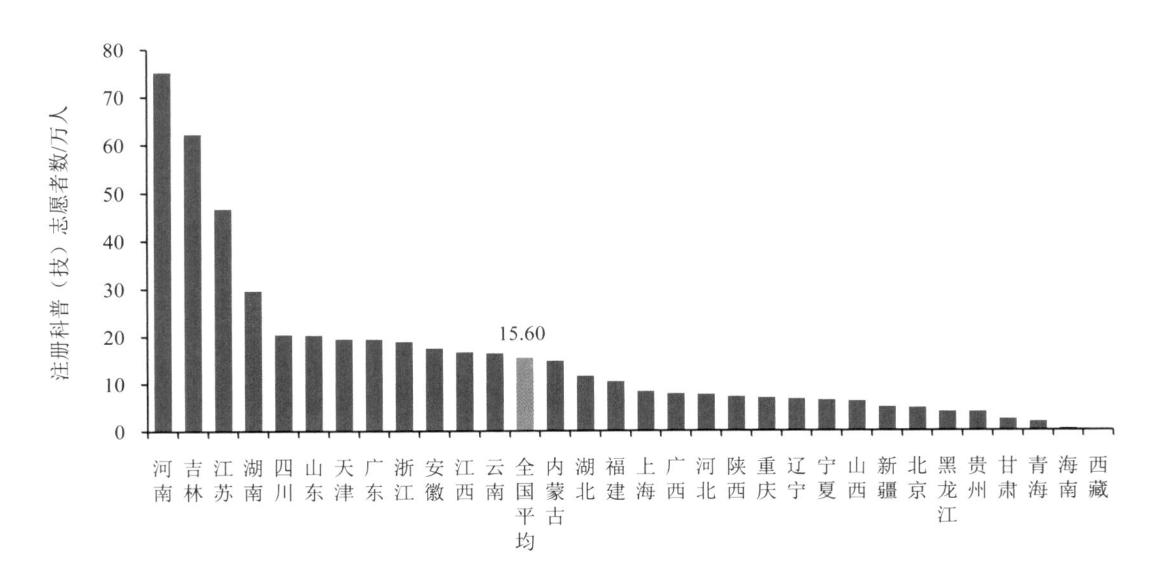

图 1-25　2021 年各省注册科普（技）志愿者数

1.3 部门科普人员分布

1.3.1 部门科普人员数量

2021 年各部门科普人员数量差异明显。教育、科协、卫生健康、农业农村和科技管理 5 个部门的科普人员相对较多，均超过 10 万人（图 1-26）。教育部门居首位，为 39.80 万人，占全国科普人员总数的 21.78%，比 2020 年增加 7.83 万人。科协、卫生健康、农业农村和科技管理 4 个部门次之，分别为 38.66 万人、34.19 万人、19.32 万人和 10.12 万人，与 2020 年相比，除卫生健康部门增长不到 1 万人，其余 3 个部门均略有减少。此外，自然资源、文化和旅游、市场监督管理和公安 4 个部门的科普人员数量均超过 3 万人。

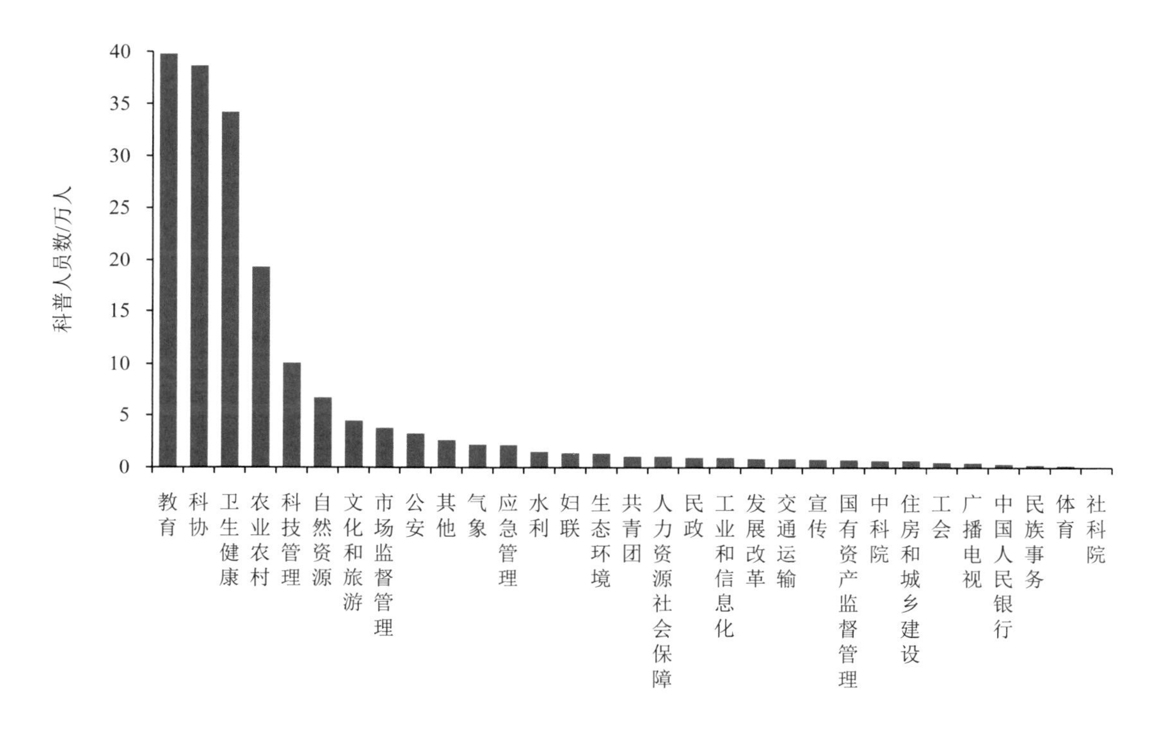

图 1-26　2021 年各部门科普人员数

（1）部门科普人员组成结构

2021 年农业农村部门和科协组织的科普专职人员数均超过 5 万人；教育部门次之，为 4.74 万人（图 1-27）。各部门在科普人员构成上存在差异，广播电视、农业农村、宣传和体育 4 个部门科普专职人员占比均超过 25%，分别为 42.45%、32.06%、30.79%和 28.28%（图 1-28）。

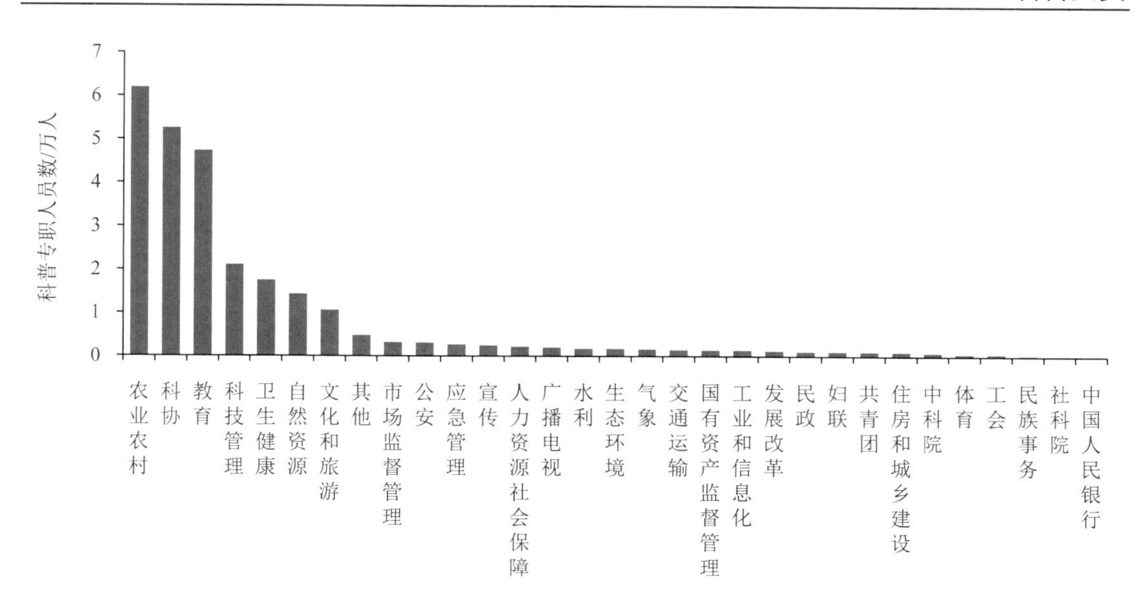

图 1-27 2021 年各部门科普专职人员数

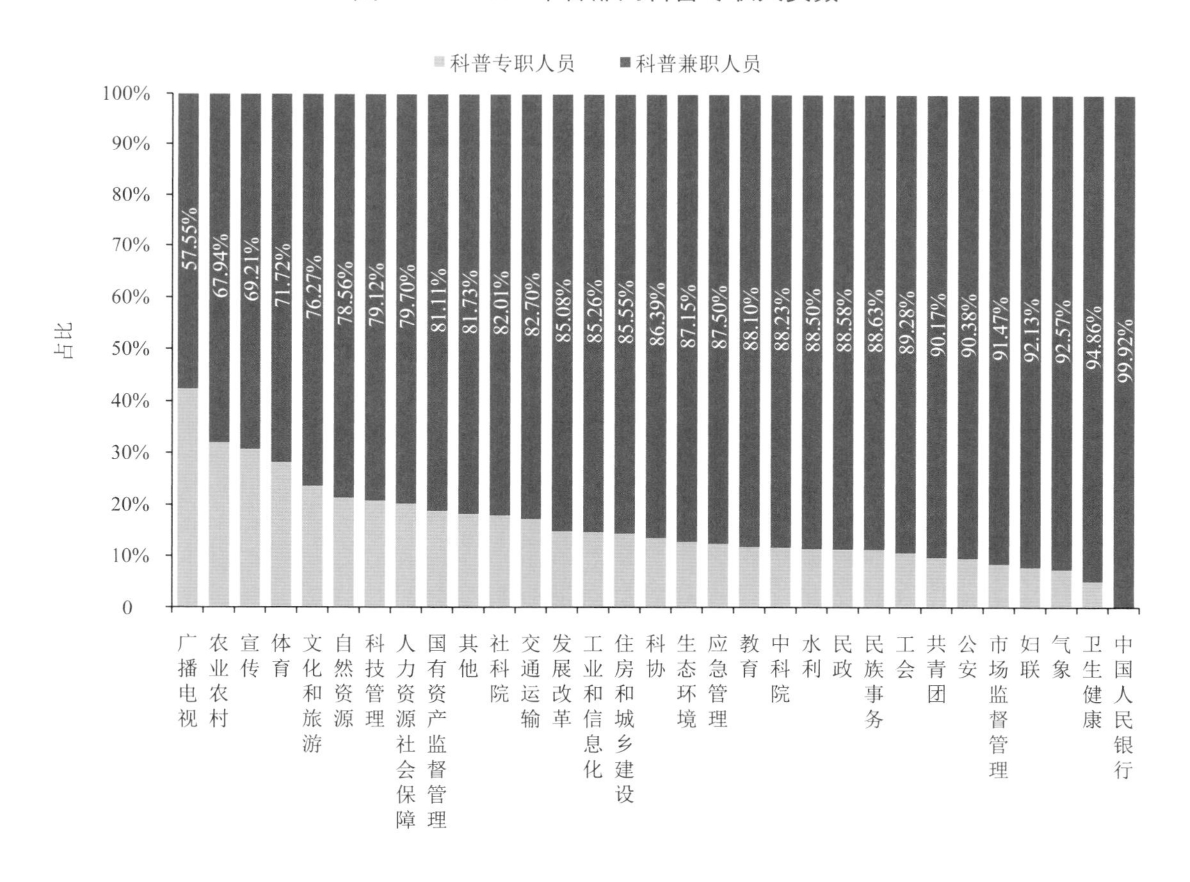

图 1-28 2021 年各部门科普人员构成

（2）科普兼职人员年度实际投入工作量

2021 年各部门科普兼职人员年度实际投入工作量差别较大。科协、教育和卫生健康 3 个部门年度实际投入工作量分别达到 881.70 万人天、715.38 万人天和 617.11 万人天（图 1-29）。农业农村、科技管理、社科院和科协 4 个部门的人均年度投入工作量较高，均超过 25 天。

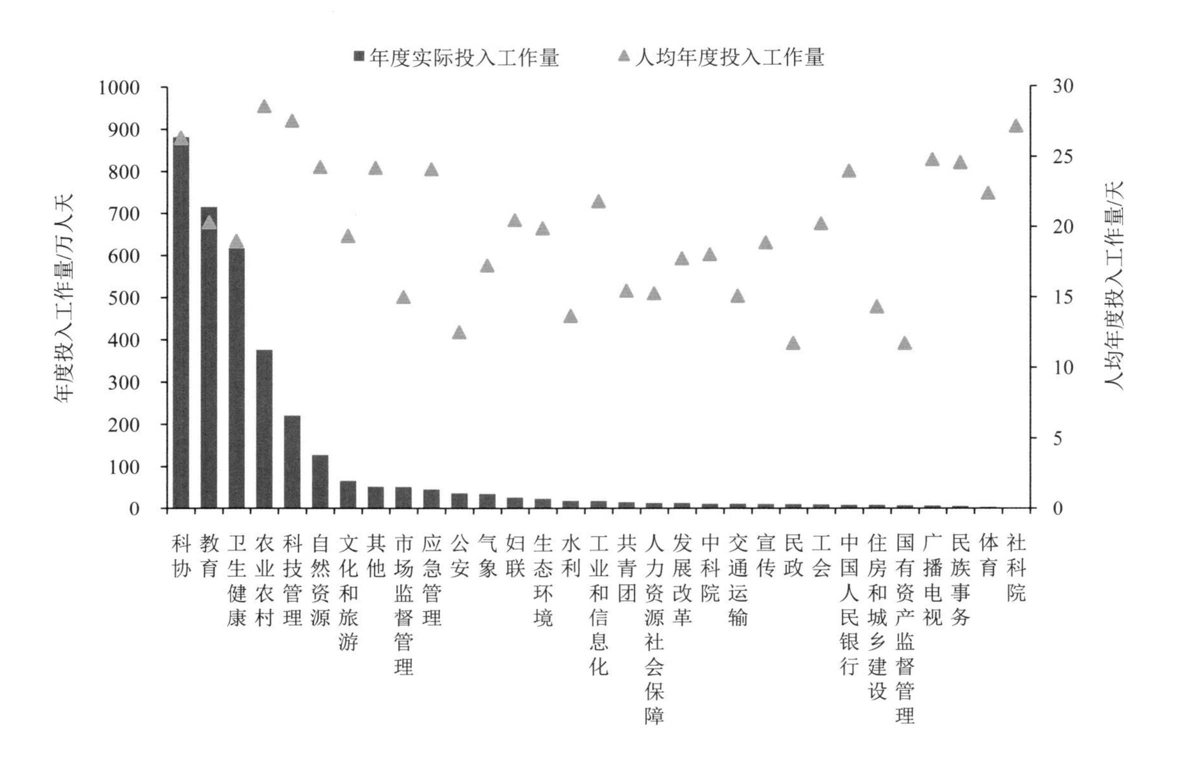

图 1-29　2021 年各部门科普兼职人员年度实际投入工作量及人均年度投入工作量

1.3.2　部门科普人员分类构成

（1）科普人员职称及学历

2021 年教育和卫生健康部门的中级职称及以上或大学本科及以上学历人员数分别达到 29.89 万人、20.78 万人。中国人民银行系统的中级职称及以上或大学本科及以上学历人员比例达到 90.84%，中科院、气象、教育、国有资产监督管理和生态环境 5 个部门的比例均在 70%以上（图 1-30）。在科普专职人员方面，农业农村部门中级职称及以上或大学本科及以上学历的科普专职人员数居领先位置，达到 3.80 万人，教育部门和科协组织次之，分别达到 3.72 万人和 2.97 万人。

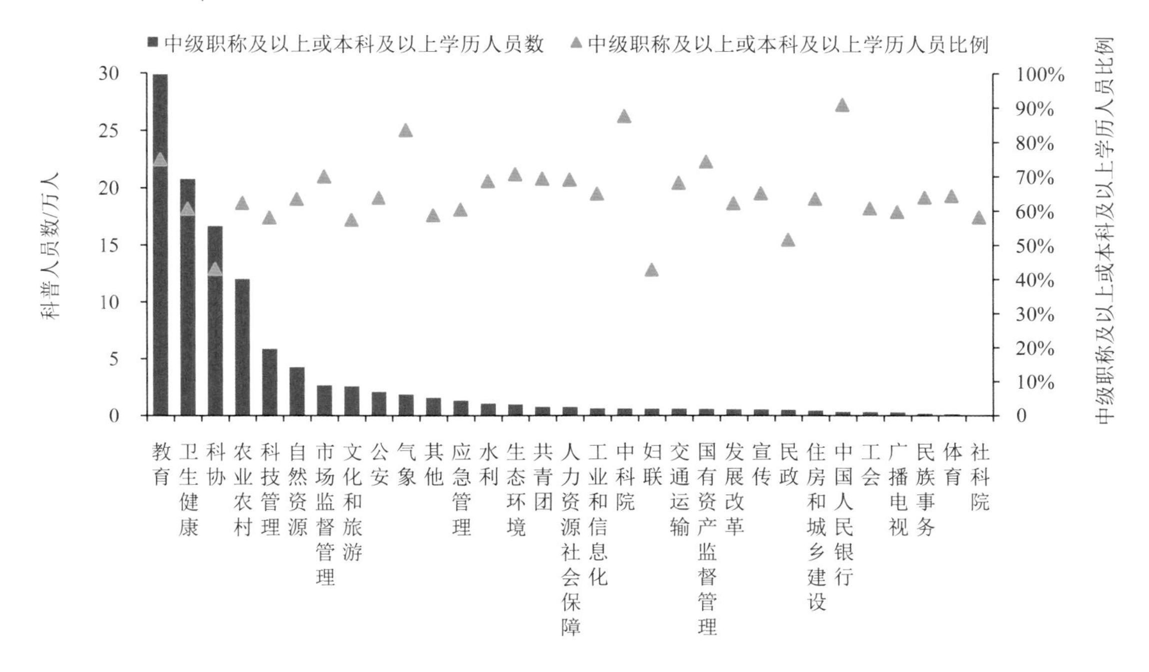

图 1-30 2021 年各部门中级职称及以上或大学本科及以上学历科普人员数及比例

（2）女性科普人员

2021 年教育、卫生健康和科协 3 个部门的女性科普人员数分别为 20.66 万人、19.22 万人和 12.84 万人。另外，农业农村和科技管理部门女性科普人员数均超过 4 万人（图 1-31）。妇联组织的女性科普人员占比达到 81.75%，相比于 2020 年略有增加，这与妇联组织的工作对象和性质较为匹配。

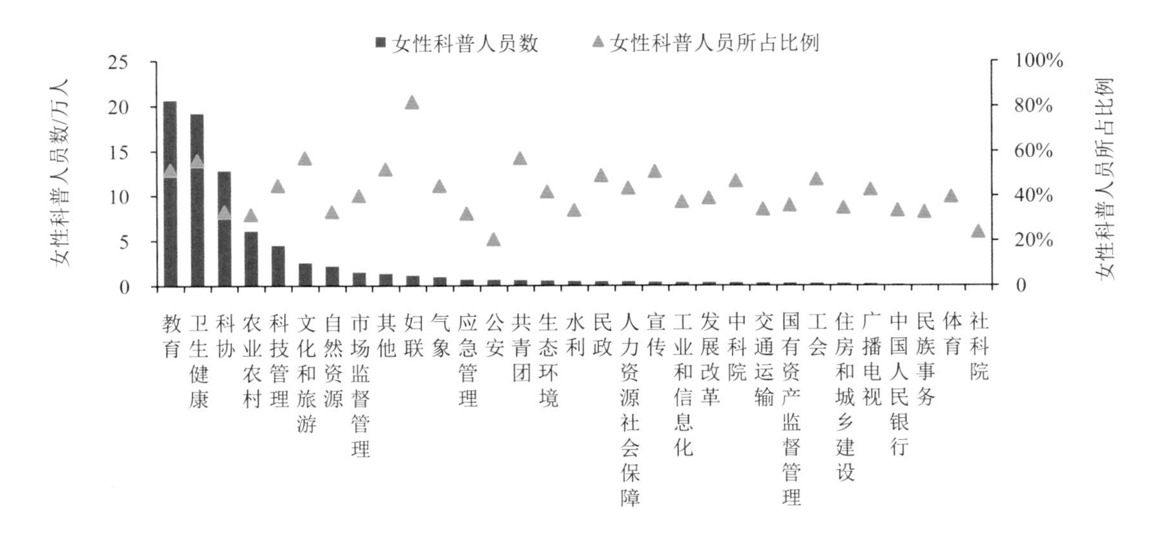

图 1-31 2021 年各部门女性科普人员数及所占比例

（3）农村科普人员

2021 年科协组织的农村科普人员数量为 14.08 万人。农业农村部门的农村科普人员规模仅次于科协组织，数量为 10.26 万人。农业农村、社科院和科协 3 个部门的农村科普人员占比均较高，分别为 53.08%、39.60%和 36.42%（图 1-32）。

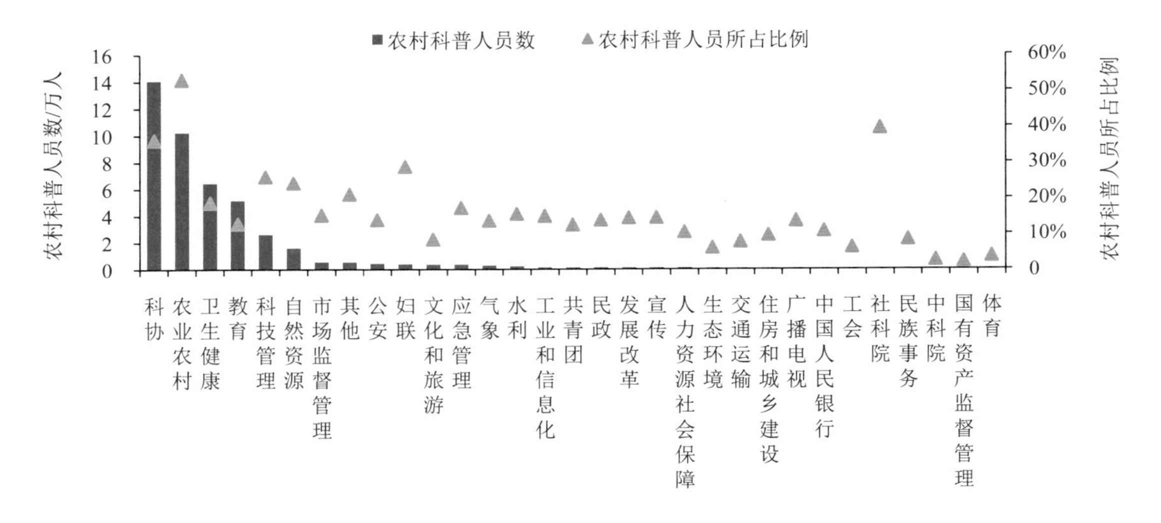

图 1-32　2021 年各部门农村科普人员数及所占比例

（4）科普管理人员

2021 年科协组织的科普管理人员数量达到 1.61 万人。教育、科技管理和农业农村 3 个部门次之，分别为 6436 人、5990 人和 5907 人（图 1-33）。

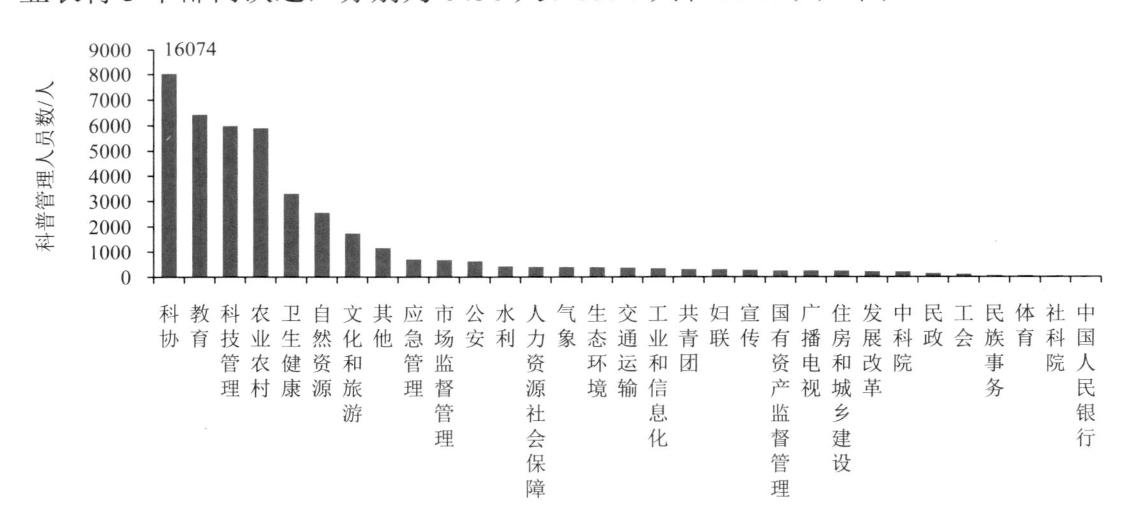

图 1-33　2021 年各部门科普管理人员数

注：科协组织科普管理人员数量为图示高度数值的 2 倍。

（5）科普创作（研发）人员

2021 年科普创作（研发）人员主要分布于教育、科协、卫生健康、科技管理、农业农村、文化和旅游及自然资源 7 个部门（图 1-34），数量均超过 1000 人，占全国科普创作（研发）人员总数的 77.91%。其中，教育部门为 5683 人，占全国科普创作（研发）人员总数的 25.41%。中科院系统和广播电视部门虽然科普专职人员数不多，但科普创作（研发）人员占科普专职人员的比例均超过 25%，分别达到 30.22%和 27.42%。

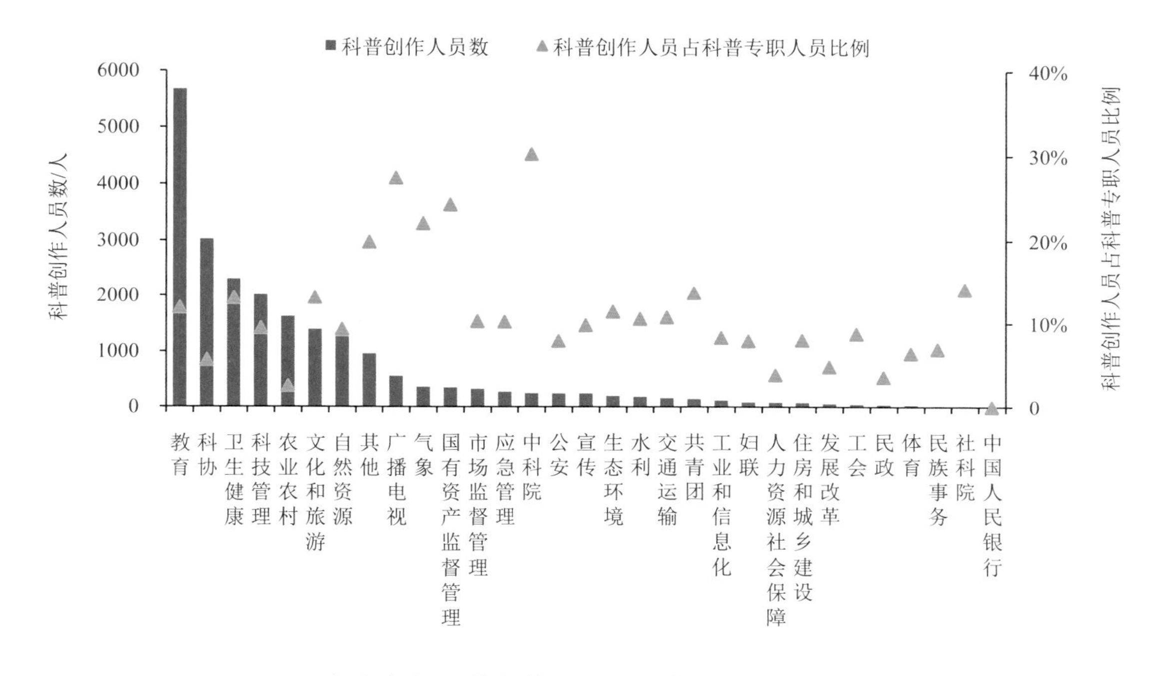

图 1-34　2021 年各部门科普创作（研发）人员数及占科普专职人员比例

（6）科普讲解（辅导）人员

2021 年科普讲解（辅导）人员主要分布在教育、卫生健康、科协、农业农村、科技管理、文化和旅游、自然资源、市场监督管理和气象 9 个部门，占全国科普讲解（辅导）人员总数的 86.95%。其中，教育和卫生健康部门的数量分别达到 9.22 万人和 8.27 万人。2021 年各部门科普人员中科普讲解（辅导）人员数量占比存在一定差异。文化和旅游、中科院气象、中国人民银行、工业和信息化 5 个部门的占比均超过 25%。由于工作性质的原因，文化和旅游部门的科普讲解（辅导）人员占比最高，达到 34.17%，中科院系统和气象部门次之，分别达到 32.48%和 31.16%（图 1-35）。

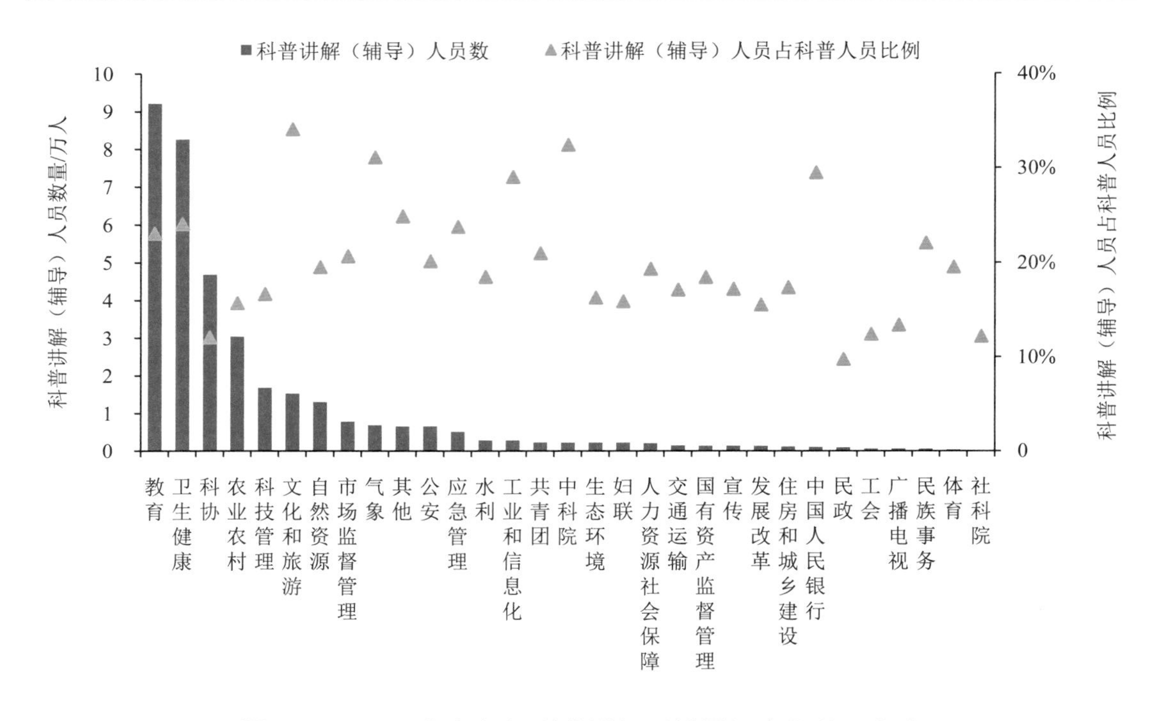

图 1-35　2021 年各部门科普讲解（辅导）人员数及占比

（7）注册科普（技）志愿者

2021 年科协组织继续加大科普（技）志愿者注册管理工作力度，其注册科普（技）志愿者数量远超其他部门，达到 347.92 万人，占全国注册科普（技）志愿者总数的 71.92%，教育部门次之，达到 32.19 万人，大多数部门注册科普（技）志愿者数量不超过 3 万人。

2　科普场地

科普场地包括科普场馆和公共场所科普宣传设施两个部分。科普场馆包括科技馆（以科技馆、科学中心、科学宫等命名，以参与、互动、体验为主要展示教育形式，传播、普及科学的科普场馆）、科学技术类博物馆（包括科技博物馆、天文馆、水族馆、标本馆、陈列馆、生命科学馆及设有自然科学部和人文社会科学部的综合博物馆等）和青少年科技馆站 3 类场馆；公共场所科普宣传设施包括城市社区科普（技）活动场所、农村科普（技）活动场所、流动科普宣传设施（包括科普宣传专用车和流动科技馆站 2 类）、科普宣传专栏[1]4 类设施。

2021 年，全国共有 3 类科普场馆 2253 个，比 2020 年增加 161 个，每百万人拥有 1.59 个科普场馆。科普场馆数量不断增加符合《“十四五”国家科学技术普及发展规划》中科普设施布局不断优化的主要目标及重要任务。其中，科技馆 661 个，比 2020 年增加 88 个。科技馆建筑面积合计 505.94 万平方米，展厅面积合计 261.82 万平方米，参观人数共计 5789.99 万人次；共有科学技术类博物馆 1016 个，比 2020 年增加 64 个。科学技术类博物馆建筑面积合计 774.79 万平方米，展厅面积合计 359.45 万平方米，参观人数共计 1.06 亿人次；共有青少年科技馆站 576 个，比 2020 年增加 9 个。青少年科技馆站建筑面积合计 178.82 万平方米，展厅面积合计 56.40 万平方米，参观人数共计 818.84 万人次。

2021 年各类公共场所科普宣传设施建设呈现出不同的发展态势。其中城市社区科普（技）活动场所 4.78 万个，比 2020 年减少 4.06%；农村科普（技）活动场所 19.45 万个，比 2020 年减少 1.25%；流动科普宣传设施中科普宣传专用车

---

[1] 2022 年起，全国科普统计调查中原“城市社区科普（技）专用活动室”“农村科普（技）活动场地”“科普画廊”3 个指标分别改为“城市社区科普（技）活动场所”“农村科普（技）活动场所”“科普宣传专栏”；新增“流动科技馆站”指标，与“科普宣传专用车”分列于“流动科普宣传设施”项下。

1160辆，比2020年增加13辆，流动科技馆站1476个；科普宣传专栏22.05万个，由于指标内涵扩大，数量比2020年增加61.72%。

科普场地是进行科普宣传和教育、开展科普工作的主要阵地和为公众提供科普服务的重要平台。2021年6月国务院印发《全民科学素质行动规划纲要（2021—2035年）》，将“科普基础设施工程”列为“十四五”时期的5项重点工程之一，包括加强对科普基础设施建设的统筹规划与宏观指导、创新现代科技馆体系及大力加强科普基地建设。随后多个部门制定了相关的科普基地管理办法、开展了科普基地认定工作、将科普基础设施建设列入部门科普工作重点。例如，国家体育总局与科技部于2021年9月联合制定了《国家体育科普基地管理办法》，引导和规范国家体育科普基地建设和运营管理，旨在面向公众开展体育科技知识普及，宣传体育科技成就，推广科学健身知识，提高全民健康素养，促进体育科技创新和科学技术普及工作协调发展，支撑体育强国和科技强国建设。国家林业和草原局和科技部于2021年10月研究制定了《国家林草科普基地管理办法》，并开展了首批国家林草科普基地的申报认定工作，以依托森林、草原、湿地、荒漠、野生动植物等林草资源开展自然教育和生态体验活动、展示林草科技成果和生态文明实践成就、进行科普作品创作，面向社会公众传播林草科学知识和生态文化、宣传林草生态治理成果和美丽中国建设成就，从而切实加强国家林草科普基地建设和管理，提高科普基地服务能力，推动林草科普工作高质量发展。中国科协于2021年10月开展了2021—2025年度全国科普教育基地认定工作。生态环境部于2021年12月印发了《“十四五”生态环境科普工作实施方案》，提出了到2025年创建国家生态环境科普基地40家以上，实现省级全覆盖；省级生态环境科普基地逐步实现“一市一基地”全覆盖的工作目标。自然资源部和科技部于2021年12月制定了《国家自然资源科普基地管理办法（试行）》，引导和规范国家自然资源科普基地建设和运行管理，以展示自然资源科技成果，普及地球科学知识，传播生态文明理念，倡导树立节约资源、人与自然和谐共生意识。此外，多个省市也陆续制定了科普基地管理办法或是依托已制定的科普基地管理办法实际开展科普基地申报认定工作，包括《北京市科普基地管理办法》《安徽省科学技术普及基地认定办法（试行）》等，旨在加强地方科普基础设施建设，规范科普基地运行与管理，推动科普工作高质量发展。

2.1 科技馆

科技馆作为重要的科普基础设施，通过常设和短期展览，以激发科学兴趣、启迪科学观念为目的，用参与、体验、互动性的展品及辅助性展示手段，对公众进行科学技术的普及教育。科技馆通常由政府投资兴建，其服务和产品在消费上具有拥挤性，在供给上具有非排他性。随着社会发展，近年来我国民营和企业建设的科技馆逐渐增多。

2.1.1 科技馆总体情况

2021 年全国共有科技馆 661 个，比 2020 年增加 88 个（表 2-1）。科技馆建筑面积合计 505.94 万平方米，比 2020 年增长 10.53%，单馆平均建筑面积为 7654.23 平方米；展厅面积合计 261.82 万平方米，比 2020 年增长 12.83%；展厅面积占建筑面积的 51.75%，比 2020 年略有增加；全国每万人口平均拥有科技馆建筑面积和展厅面积分别为 35.82 平方米和 18.53 平方米，保持增长趋势；参观人数合计 5789.99 万人次，比 2020 年增长 47.16%。

表 2-1 2019—2021 年科技馆相关数据的变化

指标	2019 年	2020 年	2021 年	2020—2021 年增长率	2021 年人均拥有量与使用情况
科技馆/个	533	573	661	15.36%	46.79 个/亿人
建筑面积/万平方米	420.06	457.74	505.94	10.53%	35.82 平方米/万人
展厅面积/万平方米	214.42	232.05	261.82	12.83%	18.53 平方米/万人
参观人数/万人次	8456.52	3934.45	5789.99	47.16%	4.10 人次/百人

《科学技术馆建设标准》将科技馆按照建设规模分成特大、大、中和小型 4 类：建筑面积 30000 平方米以上的为特大型馆，建筑面积 15000~30000 平方米（含 30000 平方米）的为大型馆，建筑面积 8000~15000 平方米（含 15000 平方米）的为中型馆，建筑面积 8000 平方米及以下的为小型馆。

2021 年全国特大型科技馆 33 个，比 2020 年增加 1 个；大型科技馆 54 个，比 2020 年增加 1 个；中型科技馆 67 个，比 2020 年增加 17 个；小型科技馆 507 个，比 2020 年增加 69 个（表 2-2）。由此可见，2021 年全国增加的科技馆仍以小型科技馆为主。

特大型科技馆的数量只占全部科技馆数量的 4.99%，但年参观人数占年参观总人数的 34.96%，比 2020 年增加 42.04%。特大型科技馆单馆年均参观人数为

61.33 万人次，比 2020 年增加 37.73%。

大型科技馆占全部科技馆数量的 8.17%，年参观人数仅占年参观总人数的 21.05%，比 2020 年增加 66.83%。大型科技馆单馆年均参观人数为 22.57 万人次，比 2020 年增加 63.76%。

中型科技馆占全部科技馆数量的 10.14%，年参观人数占年参观总人数的 18.11%，比 2020 年增加超过 1 倍。中型科技馆单馆年均参观人数为 15.65 万人次，比 2020 年增加 52.87%。

小型科技馆占全部科技馆数量的 76.70%，年参观人数占年参观总人数的 25.88%，比 2020 年增加 18.28%。小型科技馆单馆年均参观人数为 2.96 万人次，比 2020 年增加 2.28%。

随着新冠感染疫情逐步缓解，科技馆有序恢复开放，2021 年各类型科技馆年参观人数逐渐回暖，主要表现为中型科技馆年参观人数大幅增加，基本回到疫情前水平；大型科技馆在单馆平均参观人数上增加比例最高。

各类型科技馆的单位面积使用效率较为接近，建筑面积所占比例与其参观人数所占比例基本成正比（表 2-2）。单位建筑面积内各类型科技馆的参观人数相差并不悬殊，大致年均参观人数为每平方米 10.01~14.23 人次，与 2020 年每平方米 6.34~10.53 人次相比增加较多，且各类型间变化较大。其中，中型科技馆跃升为最高，其次是特大型科技馆和大型科技馆，小型科技馆则降为最低，年均参观人数为每平方米 10.01 人次。

表 2-2　2021 年各类科技馆的数量、建筑面积及参观人数

场馆类别	特大型科技馆	大型科技馆	中型科技馆	小型科技馆
建筑面积	30000 平方米以上	15000~30000 平方米（含 30000 平方米）	8000~15000 平方米（含 15000 平方米）	8000 平方米及以下
场馆数量/个	33（4.99%）	54（8.17%）	67（10.14%）	507（76.70%）
合计建筑面积/万平方米	165.18（32.65%）	117.29（23.18%）	73.71（14.57%）	149.77（29.60%）
年参观总人数/万人次	2023.99（34.96%）	1218.56（21.05%）	1048.83（18.11%）	1498.61（25.88%）
单馆年均参观人数/万人次	61.33	22.57	15.65	2.96
单位建筑面积年均参观人数（人次/平方米）	12.25	10.39	14.23	10.01

2021 年各级别科技馆中县级科技馆数量最多（表 2-3），共计 323 个，比 2020 年增加 42 个，占科技馆总数的 48.87%。县级科技馆单馆平均建筑面积为 3624.78 平方米，年参观人数占全国科技馆全部参观人数的 18.09%，单馆年均参观人数为 3.24 万人次。

表 2-3 2021 年各级别科技馆的相关数据

级别	科技馆/个	建筑面积/万平方米	展厅面积/万平方米	年参观人数/万人次	参观人数占全部参观人数比例
中央部门级	9	13.79	8.41	250.77	4.33%
省级	91	142.20	70.59	1734.66	29.96%
地市级	238	232.87	117.84	2756.96	47.62%
县级	323	117.08	64.98	1047.60	18.09%

地市级科技馆共计 238 个，比 2020 年增加 43 个，占科技馆总数的 36.01%。地市级科技馆单馆平均建筑面积为 0.98 万平方米，年参观人数占全部参观人数的 47.62%，单馆年均参观人数为 11.58 万人次。

省级科技馆数量共计 91 个，比 2020 年增加 3 个，占科技馆总数的 13.77%。省级科技馆单馆平均建筑面积为 1.56 万平方米，年参观人数占全部参观人数的 29.96%，单馆年均参观人数为 19.06 万人次。特大型科技馆和大型科技馆大多数是省级科技馆和地市级科技馆。

中央部门级科技馆共计 9 个，与 2020 年持平，占科技馆总数的 1.36%。中央部门级科技馆单馆平均建筑面积为 1.53 万平方米，年参观人数占全部参观人数的 4.33%，单馆年均参观人数为 27.86 万人次。

2021 年全国科技馆共有科普专职人员 1.49 万人，比 2020 年增加 2065 人，单馆平均 22.60 人，比 2020 年小幅增加；其中，专职科普创作（研发）人员 1957 人，比 2020 年增加 362 人，专职科普讲解（辅导）人员 4756 人，比 2020 年增加 997 人；科普兼职人员共有 5.43 万人，比 2020 年增加 8289 人，单馆平均 82.20 人，比 2020 年增加 2.29%；注册科普志愿者共有 26.33 万人，比 2020 年增加 11.93 万人。

2021 年科技馆共筹集科普经费 45.31 亿元，比 2020 年增加 3.85 亿元，单馆平均筹集科普经费 685.41 万元，比 2020 年减少 38.13 万元。经费筹集额中来自政府拨款 39.37 亿元、自筹资金 5.67 亿元、捐赠 2653.27 万元。其中政府拨款比 2020 年增加 1.62 亿元，自筹资金增加 4.33 亿元，捐赠经费增加 2417.88 万元。

科技馆的场馆基建支出 10.54 亿元，比 2020 年减少 4.88 亿元；科普展品、设施支出 7.38 亿元，比 2020 年增加 2.91 亿元；科普活动支出 13.05 亿元，比 2020 年增加 7559.36 万元。

2021 年科技馆举办科普（技）线下讲座 1.21 万次，240.23 万人次参加，举办线上讲座 1616 次，9449.03 万人次参加；举办科普（技）线下展览 4756 次，2149.89 万人次参观，举办线上展览 171 次，244.46 万人次参观；举办科普（技）线下竞赛 809 次，140.07 万人次参加，举办线上竞赛 199 次，948.75 万人次参加[1]。随着新冠感染疫情逐步缓解，科技馆 3 类科普活动举办情况也逐渐回升，以线上形式举办各类科普活动占有举足轻重的地位，尽管线上举办次数相对较少，但科普（技）讲座和科普（技）线上竞赛参加人数占比分别达到 97.52%和 87.14%。例如，北京科学中心以线上形式举办“我们为何要研究月壤？”“神机妙算：超级计算机都在算什么？”等各类科普讲座 72 次，共吸引 2530 万人次参加；天津科学技术馆以直播形式举办的“双星耀津城—土木双星伴月大型天文科普活动”等各类科普讲座活动共吸引超过 2278 万人次参加。

2.1.2 科技馆的地区分布

2021 年东部地区 11 个省共有 285 个科技馆，比 2020 年增加 22 个，占全国科技馆总数的 43.12%；中部和西部地区 20 个省合计有 376 个科技馆，与 2020 年相比分别增加 27 个和 39 个，分别占全国科技馆总数的 26.48%和 30.41%（图 2-1），所占比例连续 4 年增加。

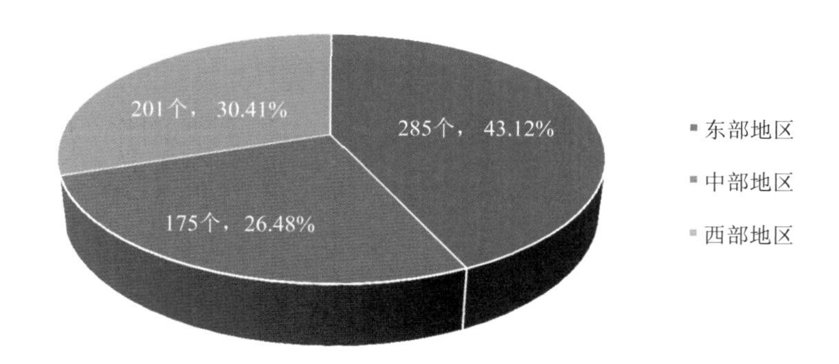

图 2-1 2021 年东部、中部和西部地区科技馆数及所占比例

[1] 2022 年起，全国科普统计调查中“科普（技）讲座”“科普（技）展览”“科普（技）竞赛”举办次数和参加（观）人数按照“线下”和“线上”分别进行统计。

东部地区科技馆的建筑面积与中部和西部地区科技馆建筑面积总和之比为 0.96，展厅面积的相应比例为 0.94。从近 4 年的数据来看，这 2 项指标数值逐年减小，并首次低于 1。结合中部、西部地区科技馆所占比例逐年增加的表现，说明中、西部地区的科技馆建设力度不断加强。从科技馆展厅面积占建筑面积的比例来看，与 2020 年相比，东部、中部、西部地区逐渐趋于平衡（表 2-4），主要表现为中部地区展厅面积占建筑面积的比例上升为 51.42%，比 2020 年增加 3.85 个百分点，并小幅超过东部地区；西部地区展厅面积占建筑面积的比例下降为 53.14%，比 2020 年降低 1.83 个百分点；东部地区展厅面积占建筑面积的比例小幅增加，为 51.17%。

表 2-4　2021 年东部、中部和西部地区科技馆建筑面积和展厅面积比较

地区	建筑面积/万平方米	展厅面积/万平方米	展厅面积占建筑面积的比例
东部	247.51	126.65	51.17%
中部	125.65	64.61	51.42%
西部	132.78	70.56	53.14%
全国	505.94	261.82	51.75%

特大型和大型科技馆大多分布在东部地区，因此东部地区的科技馆平均规模最大。东部地区单馆平均建筑面积为 8684.63 平方米，中部地区单馆平均建筑面积为 7180.21 平方米，西部地区单馆平均建筑面积为 6605.91 平方米，均比 2020 年有所减少，主要是由于各地区科技馆数量增加比例大于建筑面积增加比例。

2021 年全国各省平均拥有 21.32 个科技馆，共有 15 个省的科技馆数量超过平均数（图 2-2）。科技馆数量在 25 个及以上的有湖北（49 个）、山东（42 个）、广东（40 个）、内蒙古（33 个）、浙江（32 个）、福建（30 个）、河南（29 个）、四川（28 个）、安徽（28 个）、新疆（27 个）、上海（26 个）和江苏（25 个）12 个省，与 2020 年相比新增了河南、安徽和新疆，这 3 个省的科技馆数量分别增加 8 个、5 个和 5 个。此外，山东科技馆数量增加最多，为 10 个，其次是河南和黑龙江，分别增加 8 个和 7 个。在 4 个直辖市中，2021 年只有重庆新增 6 个科技馆。

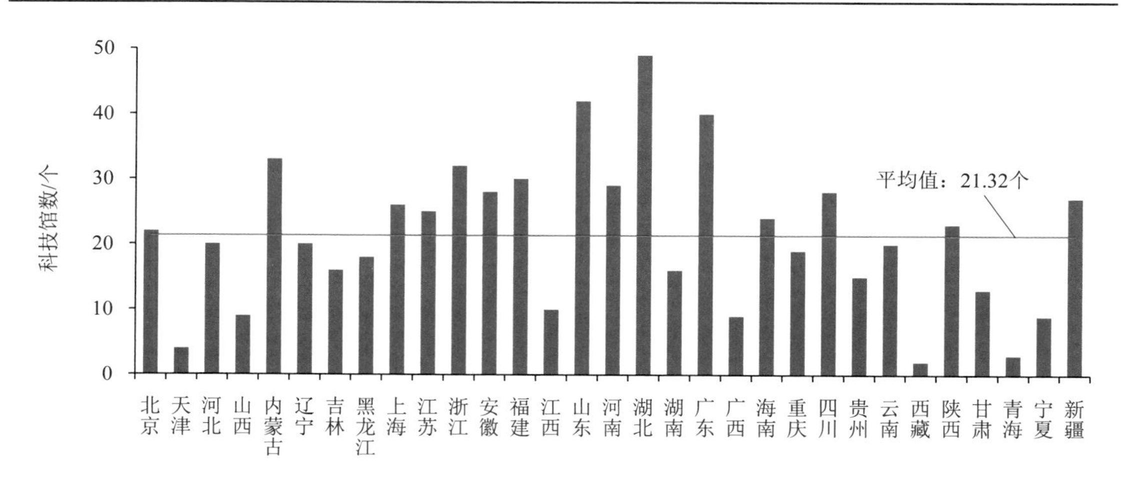

图 2-2　2021 年各省科技馆数

2021 年山东的科技馆总建筑面积最大，其次是广东和浙江（图 2-3）。内蒙古的科技馆建筑面积增加最多，其次是安徽和山东，面积增加均超过 6 万平方米。主要原因：一是这 3 个省新增填报的科技馆数量相对较多；二是新增场馆建筑面积也较大，如内蒙古新增填报的通辽科技馆建筑面积超过 3 万平方米，安徽新增填报的芜湖科技馆、阜阳市科技馆建筑面积均超过 1 万平方米；山东新增填报的青岛海洋科技馆建筑面积达到 1.3 万平方米。

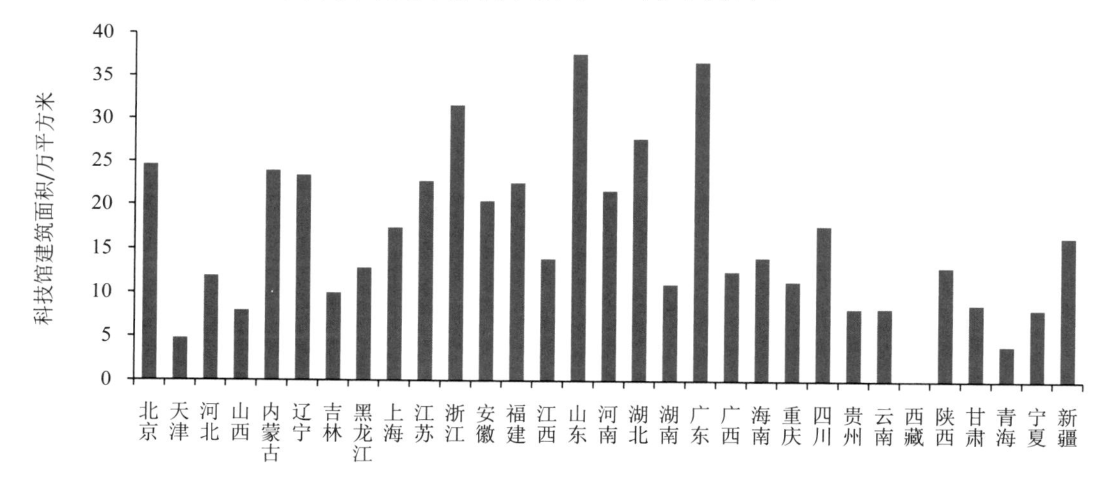

图 2-3　2021 年各省科技馆建筑面积

2021 年山东的科技馆参观人数共计 460.05 万人次，位居全国第一，其次是广东和浙江，参观人数分别有 428.05 万人次和 424.48 万人次；天津单馆平均参观人数最高，为 25.29 万人次，其次是广西和北京，单馆平均参观人数均达到 15 万人次以上（图 2-4）。

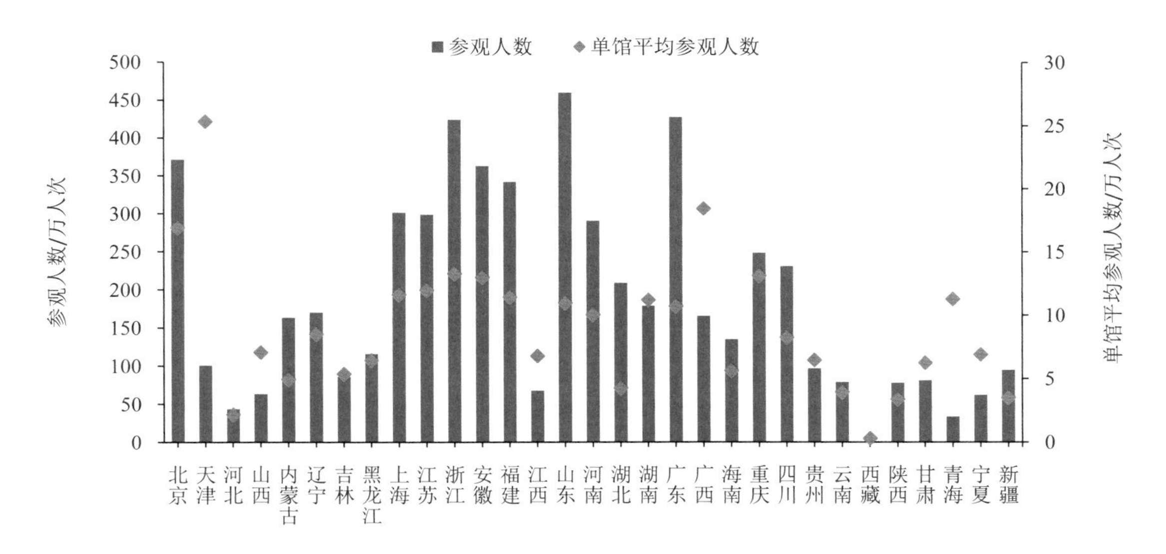

图 2-4　2021 年各省科技馆参观人数及单馆平均参观人数

2.1.3 科技馆的部门分布

2021 年各部门下属的科技馆数量差异较大。科协组织和科技管理部门的科技馆数量排在前两位，分别有 408 个和 84 个科技馆（图 2-5），比 2020 年分别增加 62 个和 1 个；二者科技馆个数之和占科技馆总数的 74.43%。另外，教育部门下属的科技馆数量增加最多，增加 10 个；其次是国有资产监督管理部门，增加 5 个。

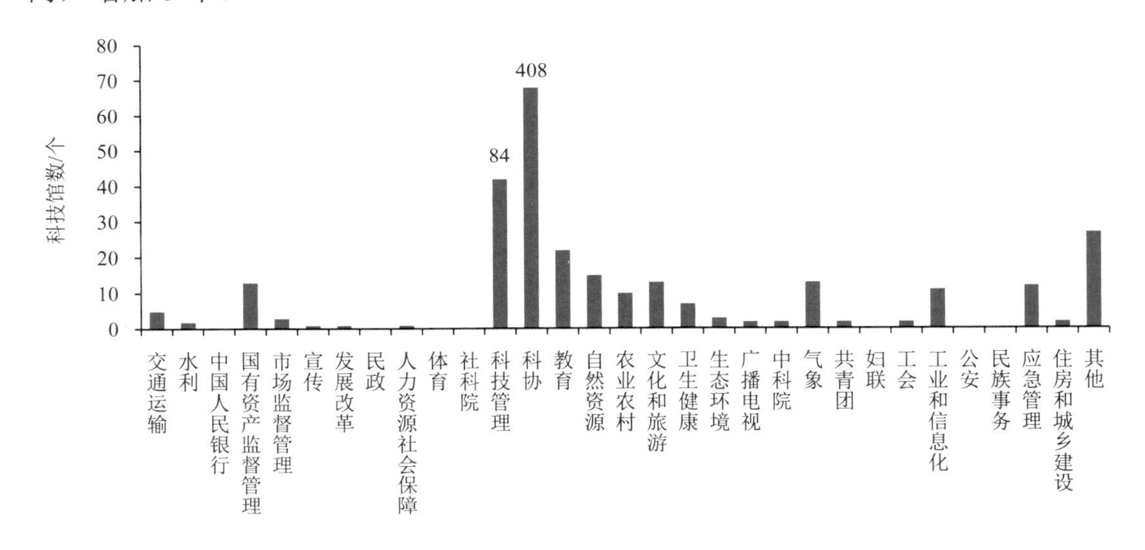

图 2-5　2021 年各部门科技馆数

注：科协组织科技馆数量为图示高度数值的 6 倍，科技管理部门科技馆数量为图示高度数值的 2 倍。

科协组织的科技馆建筑面积和参观人数也显著高于其他部门。科协组织科技馆建筑面积合计 349.15 万平方米，占全部科技馆建筑面积的 69.01%，其单馆平均建筑面积为 8557.55 平方米。科协组织科技馆的参观人数共计 4099.92 万人次，居全国第 1 位；其次是科技管理部门，科技馆参观人数为 765.96 万人次；两个部门科技馆参观人数占全部科技馆参观人数的 84.04%（图 2-6）。

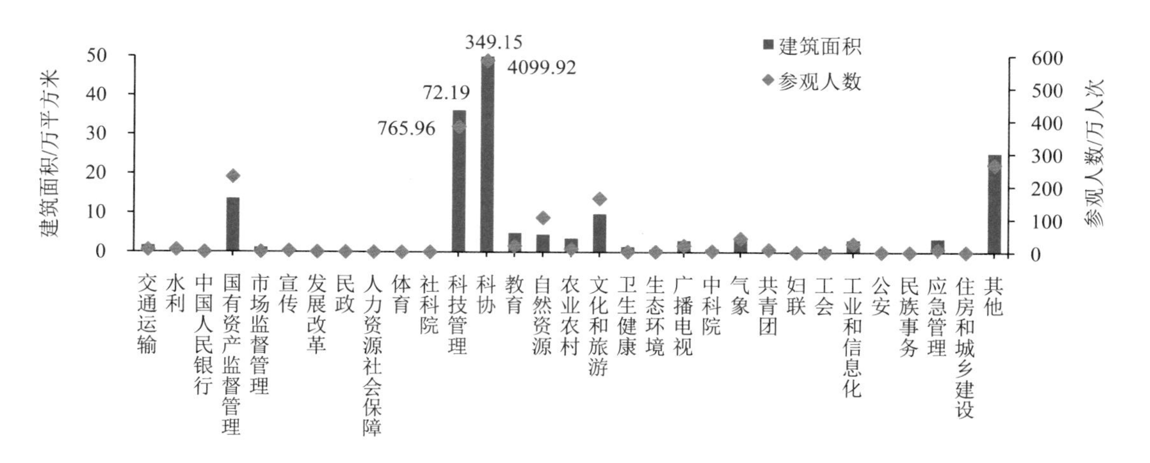

图 2-6 2021 年各部门科技馆建筑面积及参观人数

注：科协组织科技馆建筑面积与参观人数均为图示高度数值的 7 倍，科技管理部门建筑面积与参观人数均为图示高度数值的 2 倍。

2.2 科学技术类博物馆

科学技术类博物馆包括科学技术博物馆、天文馆、水族馆、标本馆、陈列馆、生命科学馆及设有自然科学部/人文社会科学部的综合博物馆等。科学技术类博物馆的种类非常丰富，不同场馆可以从不同领域、不同侧面来提供更深入的科普服务。

2.2.1 科学技术类博物馆总体情况

2021 年全国共有科学技术类博物馆 1016 个，比 2020 年增加 64 个。科学技术类博物馆建筑面积合计 774.79 万平方米，比 2020 年增加 10.46%，单馆平均建筑面积为 7625.88 平方米；展厅面积合计 359.45 万平方米，比 2020 年增加 13.18%；展厅面积占建筑面积的 46.39%，比 2020 年有所增加；全国平均每万人口拥有科学技术类博物馆建筑面积 54.85 平方米，比 2020 年增加 10.40%；全国平均每万人口拥有科学技术类博物馆展厅面积 25.45 平方米，比 2020 增加 13.12%；参观人数共计 1.06 亿人次，比 2020 年增加 39.94%（表 2-5）。

表 2-5 2019—2021 年科学技术类博物馆相关数据的变化

指标	2019 年	2020 年	2021 年	2020—2021 年增长率	2021 年人均拥有量与使用情况
科学技术类博物馆/个	944	952	1016	6.72%	71.92 个/亿人
建筑面积/万平方米	719.29	701.40	774.79	10.46%	54.85 平方米/万人
展厅面积/万平方米	322.97	317.59	359.45	13.18%	25.45 平方米/万人
参观人数/万人次	15802.4	7545.53	10559.45	39.94%	7.48 人次/百人

根据联合国教科文组织发布的《科学技术类博物馆建设标准》，科学技术类博物馆的设施和建筑面积因馆而异，但能吸引相当数量观众参观的展览最低面积限度需要 3000 平方米。按此标准，2021 年全国建筑面积在 3000 平方米以上（含 3000 平方米）的科学技术类博物馆有 578 个，占科学技术类博物馆总数的 56.89%。

2021 年大部分科学技术类博物馆隶属于省级、地市级和县级单位（表 2-6）。省级单位、地市级单位和县级单位的科学技术类博物馆比 2020 年分别增加 8 个、17 个和 43 个，中央部门级的科学技术类博物馆比 2020 年减少 4 个。

表 2-6 2021 年各级别科学技术类博物馆的相关指标

级别	数量/个	建筑面积/万平方米	展厅面积/万平方米	参观人数/万人次	参观人数占全部参观人数比例
中央部门级	62	39.22	16.33	249.53	2.36%
省级	310	282.72	124.61	4029.66	38.16%
地市级	307	256.19	115.02	3434.85	32.53%
县级	337	196.66	103.48	2845.40	26.95%

2021 年科学技术类博物馆共有科普专职人员 1.09 万人，比 2020 年增加 1134 人，单馆平均 10.75 人，比 2020 年增加 4.56%；其中，专职科普创作（研发）人员 2235 人，比 2020 年增加 320 人，专职科普讲解（辅导）人员 4096 人，比 2020 年增加 379 人；共有科普兼职人员 3.93 万人，比 2020 年增加 660 人，单馆平均 38.64 人，比 2020 年减少 4.70%；注册科普志愿者共有 4.69 万人，比 2020 年增加 3648 人。

2021 年科学技术类博物馆共筹集科普经费 14.86 亿元，单馆平均筹集科普经费 146.29 万元，均比 2020 年有所减少。经费筹集额中，政府拨款 10.27 亿元、自筹资金 4.56 亿元、捐赠 300.12 万元。其中仅自筹资金比 2020 年增加 39.36%，其他两项收入来源均比 2020 年有所减少。科学技术类博物馆的场馆基建支出 4.42

亿元，比 2020 年减少 2.14 亿元；科普展品、设施支出 1.58 亿元，比 2020 年减少 2404.07 万元。

2021 年科学技术类博物馆举办线下科普（技）讲座 2.52 万次，218.27 万人次参加；举办线上科普（技）讲座 2887 次，1.07 亿人次参加；举办科普（技）讲座总次数和总参加人数比 2020 年分别增加 1.43 万次和 5991.60 万人次。举办线下科普（技）展览 6698 次，3924.40 万人次参观；举办线上科普（技）展览 874 次，1196.80 万人次参观；举办科普（技）展览总次数比 2020 年减少 1195 次，但总参观人数比 2020 年增加 1457.78 万人次。科技活动周期间举办线下科普专题活动 2255 次，162.41 万人次参加；举办线上科普专题活动 404 次，2011.15 万人次参加[1]；举办科普专题活动总次数和总参加人数比 2020 年分别减少 553 次和 439.28 万人次。

2.2.2 科学技术类博物馆的地区分布

2021 年东部地区共有科学技术类博物馆 489 个，占全国科学技术类博物馆总数的 48.13%；中部和西部地区分别有 207 个和 320 个，占全国科学技术类博物馆总数的 20.37%和 31.50%（图 2-7）。东部地区科学技术类博物馆的建筑面积和展厅面积分别为中部和西部地区总和的 1.09 倍和 1.02 倍，相比 2020 年均有所降低；东部、中部、西部地区建筑面积和展厅面积比 2020 年均有所增加，其中中部地区增加比例最高，分别增加 19.95%和 37.44%。从展厅面积占建筑面积的比例来看，东部、中部、西部地区结构发生变化，中部地区这一比例增加至 48.33%，跃升至第 1 位；东部地区则减少至 45.02%，下降至最后一位；西部地区这一比例小幅增加至 47.61%（表 2-7）。

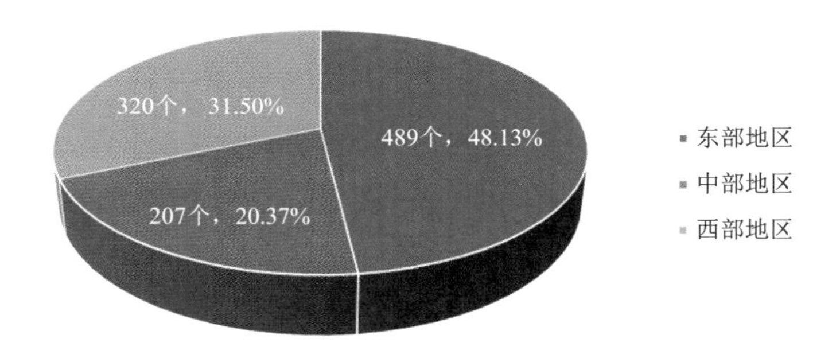

图 2-7　2021 年东部、中部和西部地区科学技术类博物馆数及所占比例

[1] 2022 年起，全国科普统计调查中“科技活动周—科普专题活动”举办次数和参加人数按照“线下”和“线上”分别进行统计。

表 2-7 2021 年东部、中部和西部地区科学技术类博物馆建筑面积和展厅面积比较

地区	建筑面积/万平方米	展厅面积/万平方米	展厅面积占建筑面积的比例
东部	403.79	181.80	45.02%
中部	139.85	67.59	48.33%
西部	231.15	110.06	47.61%
全国	774.79	359.45	46.39%

2021 年全国各省平均拥有 32.77 个科学技术类博物馆，达到和超过这一水平的共有 15 个省，比 2020 年增加 2 个（图 2-8）。科学技术类博物馆数在 45 个以上的省有上海（109 个）、北京（68 个）、浙江（53 个）、云南（53 个）、四川（49 个）和广东（48 个），大多位于东部地区。

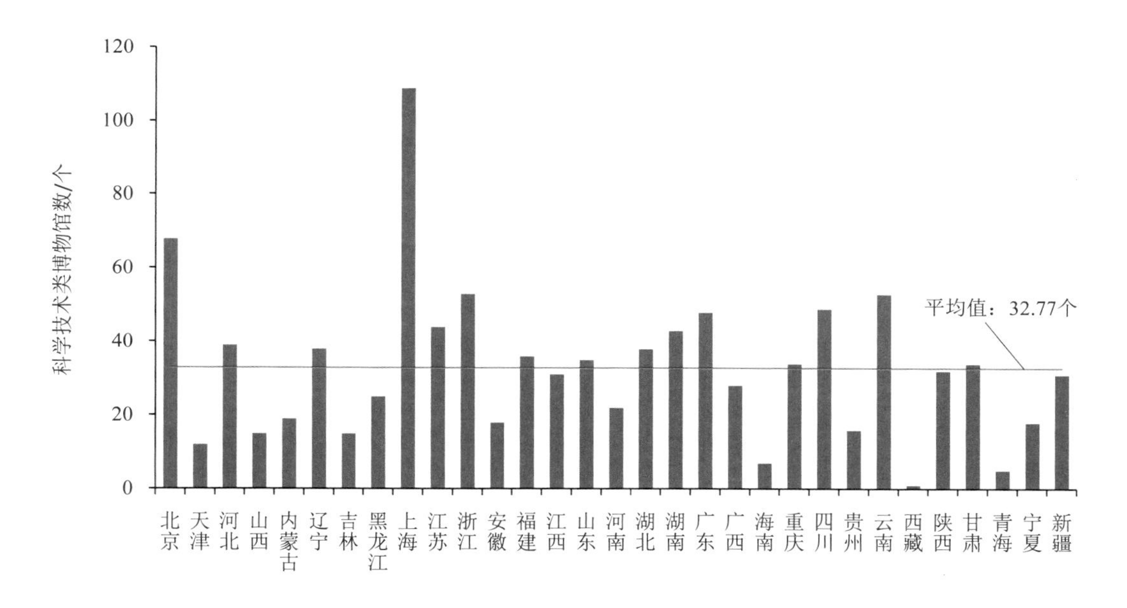

图 2-8 2021 年各省科学技术类博物馆数

2021 年北京的科学技术类博物馆总建筑面积最大，达到 85.35 万平方米，其次是上海（80.10 万平方米）。科学技术类博物馆总建筑面积超过 30 万平方米的省还有云南、江苏、浙江、湖南、广东和四川（图 2-9）。

2021 年上海科学技术类博物馆参观人数最高，共计 1108.23 万人次，其次是四川，参观人数在 1000 万人次以上。天津单馆平均参观人数最高，为 40.86 万人次，其次是四川，单馆平均参观人数达到 20 万人次以上（图 2-10）。

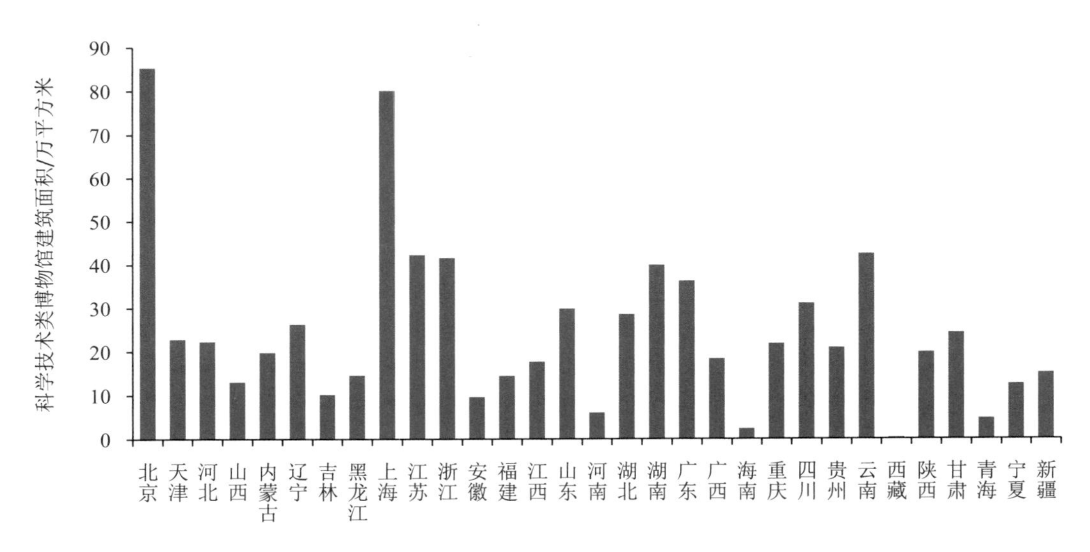

图 2-9　2021 年各省科学技术类博物馆建筑面积

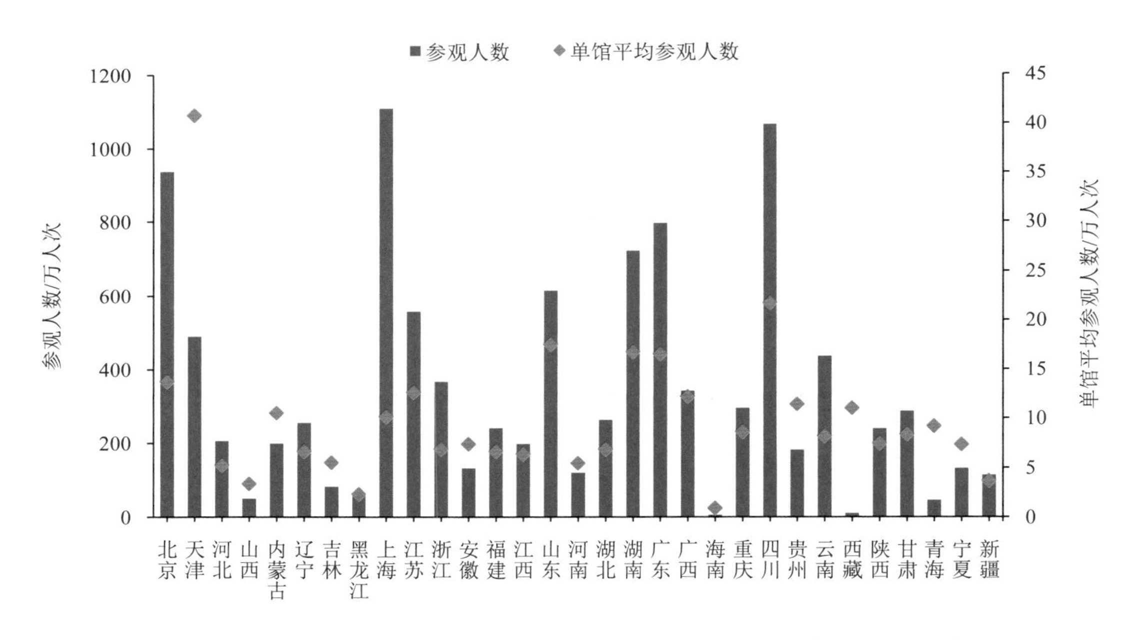

图 2-10　2021 年各省科学技术类博物馆参观人数及单馆平均参观人数

2.2.3　科学技术类博物馆的部门分布

2021 年各部门中文化和旅游部门的科学技术类博物馆数最多，达到 322 个，占科学技术类博物馆总数的 31.69%，远超其他部门，比 2020 年增加 39 个。此外，教育、自然资源和科技管理 3 个部门拥有的科学技术类博物馆数量也较多（图 2-11）。

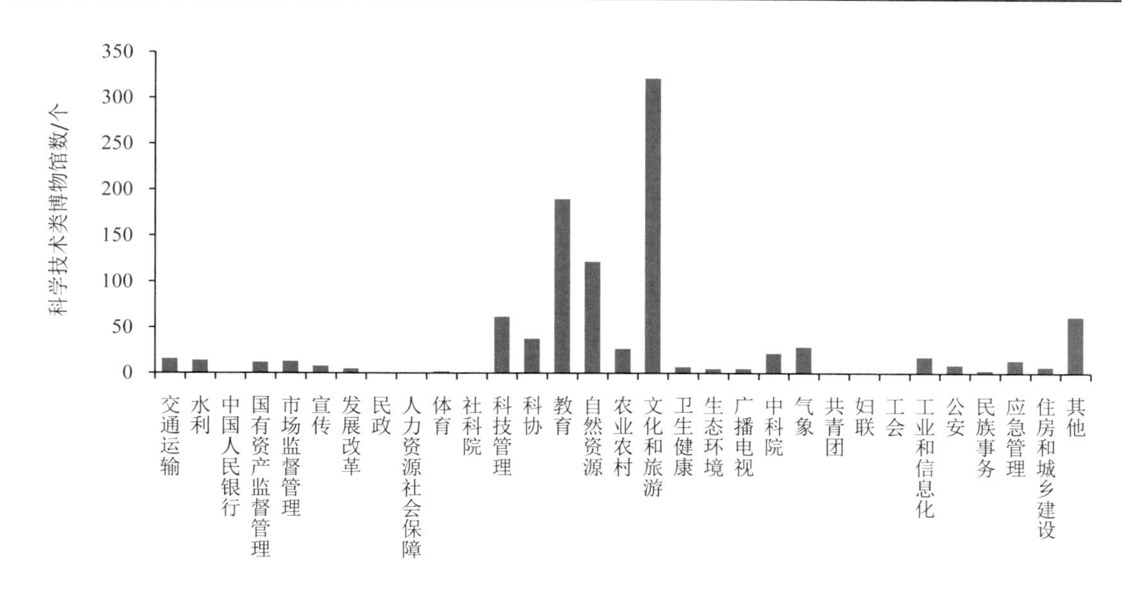

图 2-11　2021 年各部门科学技术类博物馆数

2021 年文化和旅游部门科学技术类博物馆建筑面积合计 348.21 万平方米（图 2-12），比 2020 年增加 37.51 万平方米，占全部科学技术类博物馆建筑总面积的 44.94%。展厅面积占建筑面积比例较高的部门有体育部门与住房和城乡建设部门，比例均在 70%以上。

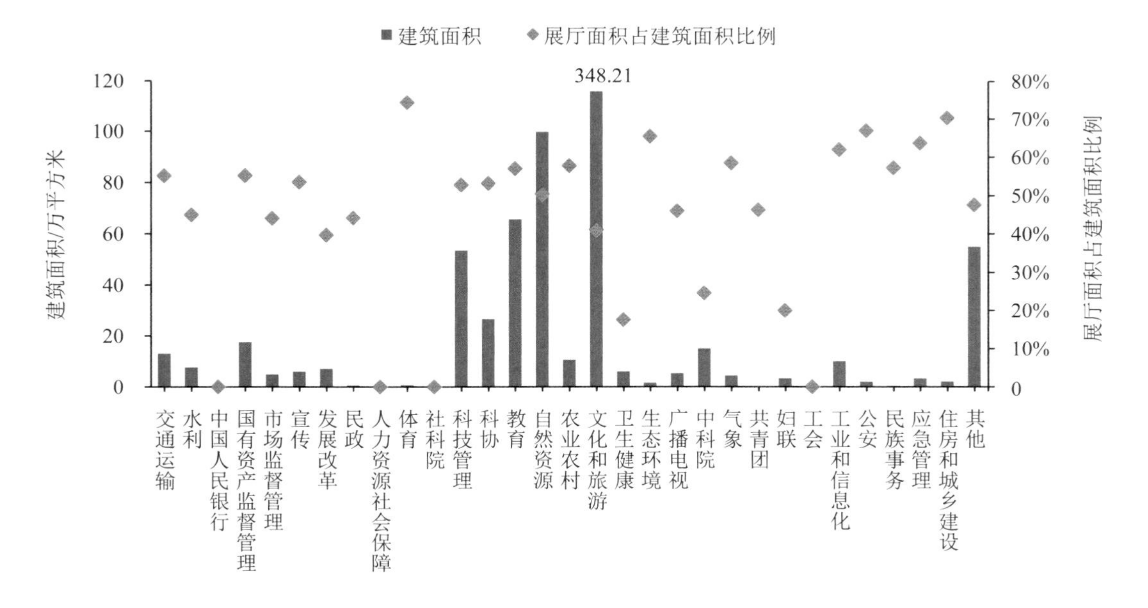

图 2-12　2021 年各部门科学技术类博物馆建筑面积及展厅面积占建筑面积比例

注：文化和旅游部门科学技术类博物馆建筑面积为图示高度数值的 3 倍。

2.3 青少年科技馆站

青少年科技馆站是指专门用于开展面向青少年科普宣传教育的活动场所。2021 年全国共有青少年科技馆站 576 个，比 2020 年增加 9 个（图 2-13）。青少年科技馆站建筑面积共计 178.82 万平方米，单馆平均建筑面积为 3104.56 平方米；展厅面积共计 56.40 万平方米，比 2020 年减少 4.51%，展厅面积占建筑面积比例为 31.54%；参观人数共计 818.84 万人次，比 2020 年增加 4.69%。

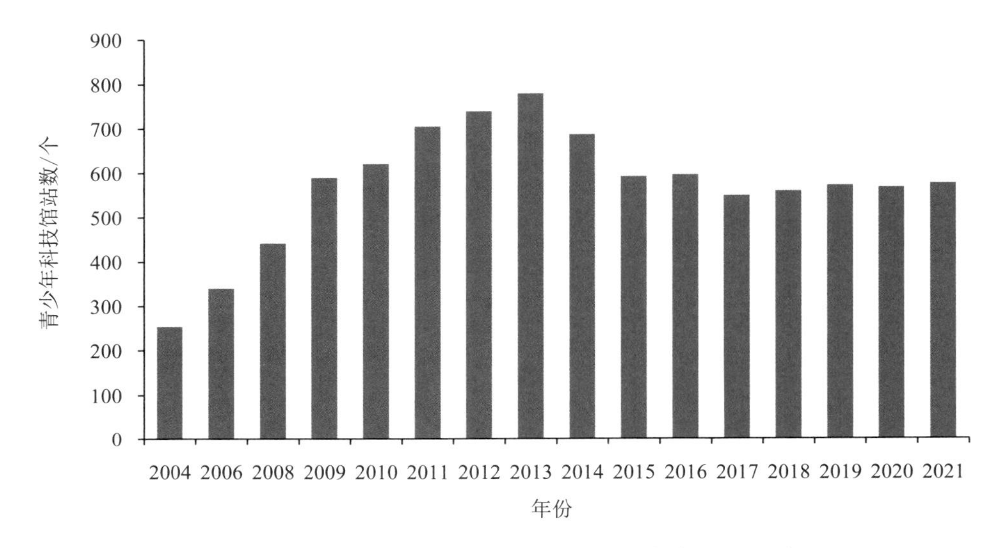

图 2-13　2004—2021 年青少年科技馆站数量的变化

从青少年科技馆站的地区分布来看，东部和中部地区分别有 198 个和 161 个，占全国总数的 34.38%和 27.95%，比 2020 年分别增加 5 个和 3 个；西部地区共有 217 个，占全国总数的 37.67%，比 2020 年增加 1 个。

从青少年科技馆站的级别分布来看，大部分青少年科技馆站都隶属于县级单位，共计 386 个，占全国总数的 67.01%，比 2020 年下降 4.24 个百分点；其次是地市级青少年科技馆站，有 156 个，占全国总数的 27.08%，比 2020 年上升 3.27 个百分点。

2021 年青少年科技馆站共有科普专职人员 9083 人，单馆平均 15.77 人，均比 2020 年有所增加；其中，专职科普创作（研发）人员 1155 人，比 2020 年增加 444 人；专职科普讲解（辅导）人员 1677 人，比 2020 年减少 173 人。共有科普兼职人员 4.07 万人，比 2020 年增加 448 人，单馆平均 70.59 人，比 2020 年小幅减少。

2021 年青少年科技馆站共筹集科普经费 6.09 亿元，单馆平均筹集科普经费 105.70 万元。科普经费筹集中政府拨款 4.52 亿元、自筹资金 1.53 亿元、捐赠 366.7 万元，均比 2020 年有所增加，其中捐赠和自筹资金比 2020 年增加分别超过 1 倍和 2 倍。青少年科技馆站的科普场馆基建支出 2.51 亿元，科普展品、设施支出为 7315.55 万元，均比 2020 年增加超过 1 倍。

2021 年青少年科技馆站举办线下科普（技）讲座 1.11 万次，共有 203.61 万人次参加；举办线上科普（技）讲座 1658 次，共 384.41 万人次参加。举办线下科普（技）展览 3020 次，共 284.47 万人次参观；举办线上科普（技）展览 74 次，共 7.77 万人次参观。举办线下科普（技）竞赛 1589 次，共 164.08 万人次参加；举办线上科普（技）竞赛 226 次，共 115.92 万人次参加。科普（技）讲座总举办次数和总参加人数比 2020 年有所增加，但另两类科普活动总举办次数和总参加人数均比 2020 年有所下降。

2021 年全国各省平均拥有 18.58 个青少年科技馆站。其中，四川的青少年科技馆站数量最多，为 43 个，浙江和湖北的青少年科技馆站数量分别居第 2 和第 3 位（图 2-14）。湖北、江苏、内蒙古、重庆、四川和湖南 6 个省的青少年科技馆站建筑面积均超过 10 万平方米。

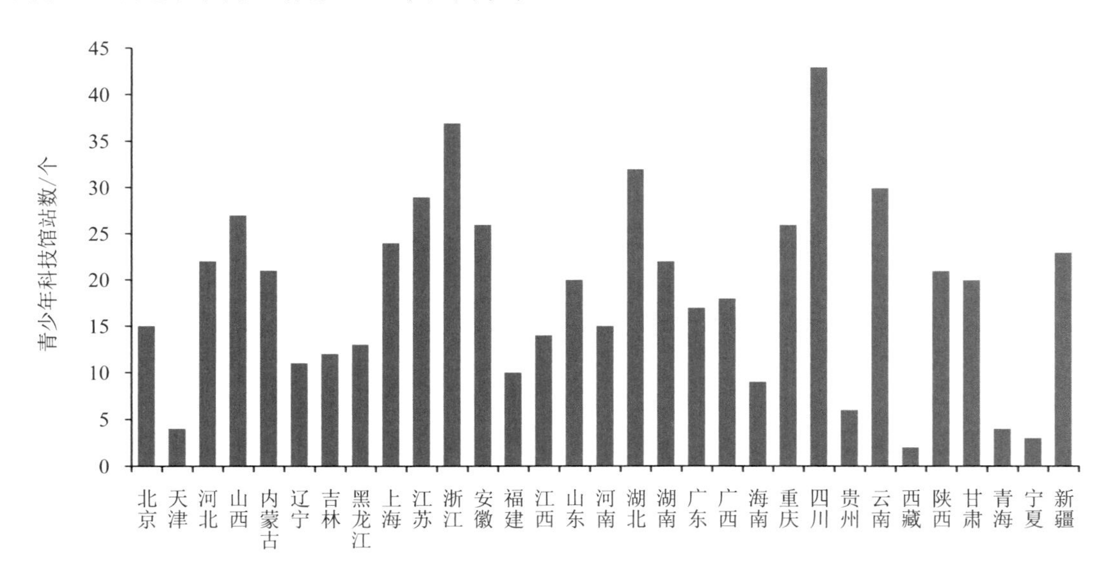

图 2-14 2021 年各省青少年科技馆站数

2021 年各部门中教育部门的青少年科技馆站数量最多，为 317 个，占全国青少年科技馆站总数的 55.03%（图 2-15），比 2020 年增加 24 个。其次是科协组织，数量为 107 个，比 2020 年减少 13 个。其他数量较多的部门有科技管理部门（49 个）和共青团组织（46 个）。教育部门和科协组织的青少年科技馆站建筑面积之和与参观人数之和分别占全国总数的 66.84%与 66.54%。

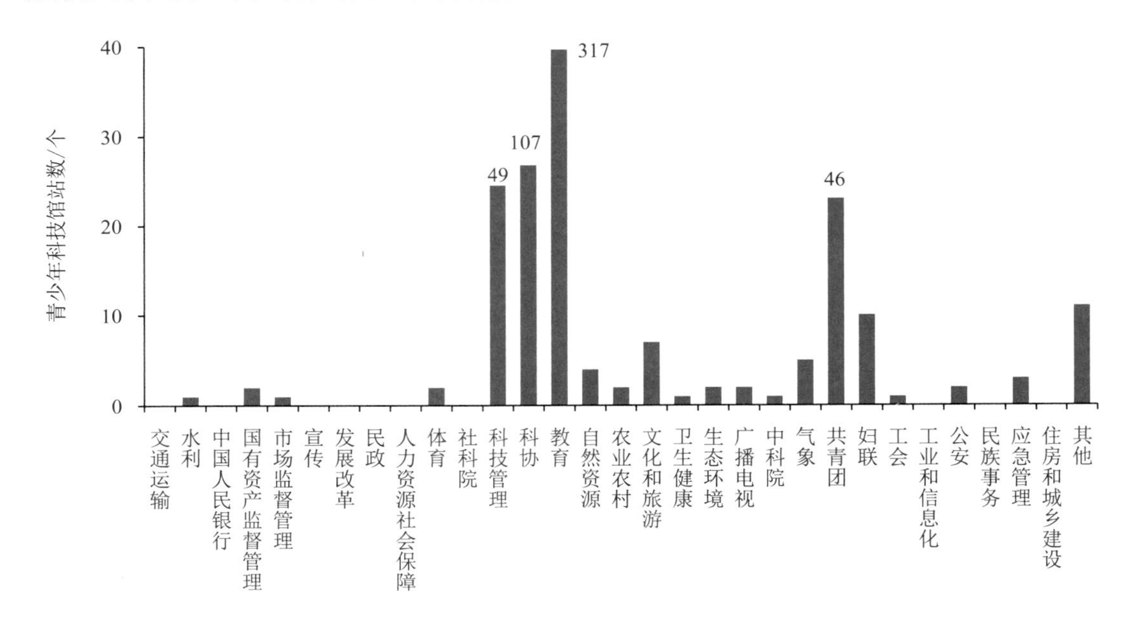

图 2-15　2021 年各部门青少年科技馆站数

注：教育部门青少年科技馆站数为图示高度数值的 8 倍，科协组织青少年科技馆站数为图示高度数值的 4 倍，科技管理部门和共青团组织青少年科技馆站数为图示高度数值的 2 倍。

2.4　公共场所科普宣传设施

公共场所科普宣传设施包括城市社区科普（技）活动场所、农村科普（技）活动场所、流动科普宣传设施及科普宣传栏 4 类。与 2020 年相比，2021 年城市社区科普（技）活动场所和农村科普（技）活动场所数量均呈下降趋势；科普宣传专栏指标内涵扩大的同时伴随数量的增加；科普宣传专用车数量稳步提升；新增指标流动科技馆站呈现出地区间发展不平衡的特点。

2.4.1　城市社区科普（技）活动场所

城市社区科普（技）活动场所是指在城市社区建立的，用于社区开展科普（技）活动的场所，包括活动站、活动室、服务中心、体验中心等。2021 年城市社区科普（技）活动场所共有 4.78 万个，比 2020 年减少 4.06%，连续 5 年呈现下降态势。东部地区的城市社区科普（技）活动场所数量在过去 5 年内持续下降；中部地区的城市社区科普（技）活动场所数量在 2021 年下降比例最大；西部地区 2021 年则出现小幅回升（表 2-8）。

表 2-8 2019—2021 年东部、中部和西部地区城市社区科普（技）活动场所数

地区	城市社区科普（技）活动场所/个			2020—2021 年的变化情况
	2019 年	2020 年	2021 年	
东部	25158	22614	21850	−3.38%
中部	14768	14842	13557	−8.66%
西部	14770	12356	12384	0.23%
全国	54696	49812	47791	−4.06%

2021 年中央部门级、省级、地市级和县级单位建设的城市社区科普（技）活动场所数量相差较大，大部分集中在县级和地市级。其中县级单位建设的活动场所共计 3.33 万个，比 2020 年减少 555 个，占全国城市社区科普（技）活动场所总数的 69.63%；地市级共计 1.26 万个，比 2020 年减少 2054 个，占比为 26.34%（图 2-16）。

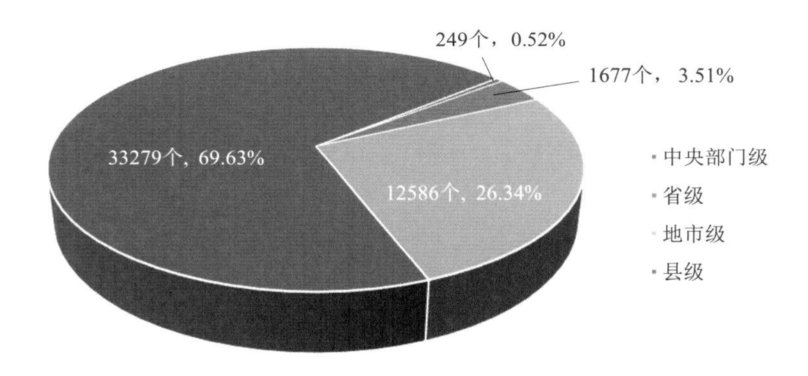

图 2-16 2021 年各级别城市社区科普（技）活动场所数及占比

2021 年江苏、浙江、湖北、广东的城市社区科普（技）活动场所数量在全国位居前列，数量均在 3000 个以上（图 2-17）。其中，四川的城市社区科普（技）活动场所数量增长最多，比 2020 年增加 648 个；山西、山东等省活动场所数量也增长较多；湖南、新疆和辽宁等省活动场所数量则下降较多。

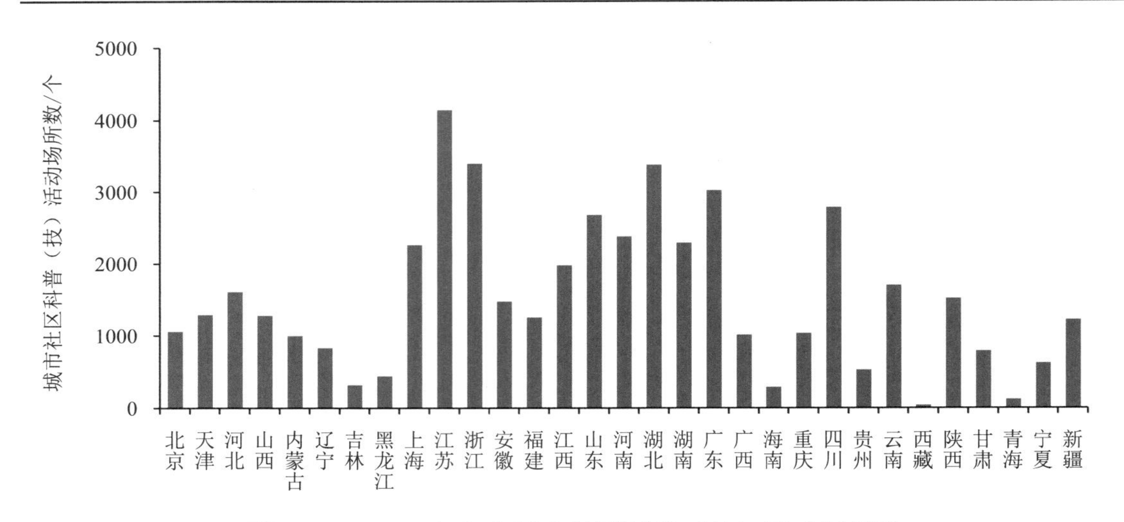

图 2-17　2021 年各省城市社区科普（技）活动场所数

2021 年科协组织的城市社区科普（技）活动场所数位居全国第一，共计约 2.18 万个（图 2-18），但比 2020 年减少 1554 个。此外，科技管理和卫生健康部门建设的城市社区科普（技）活动场所也较多，但均比 2020 年有所减少。住房和城乡建设部门、水利部门与宣传部门建设的城市社区科普（技）活动场所增加比例最大，均比 2020 年增加 1.5 倍以上。

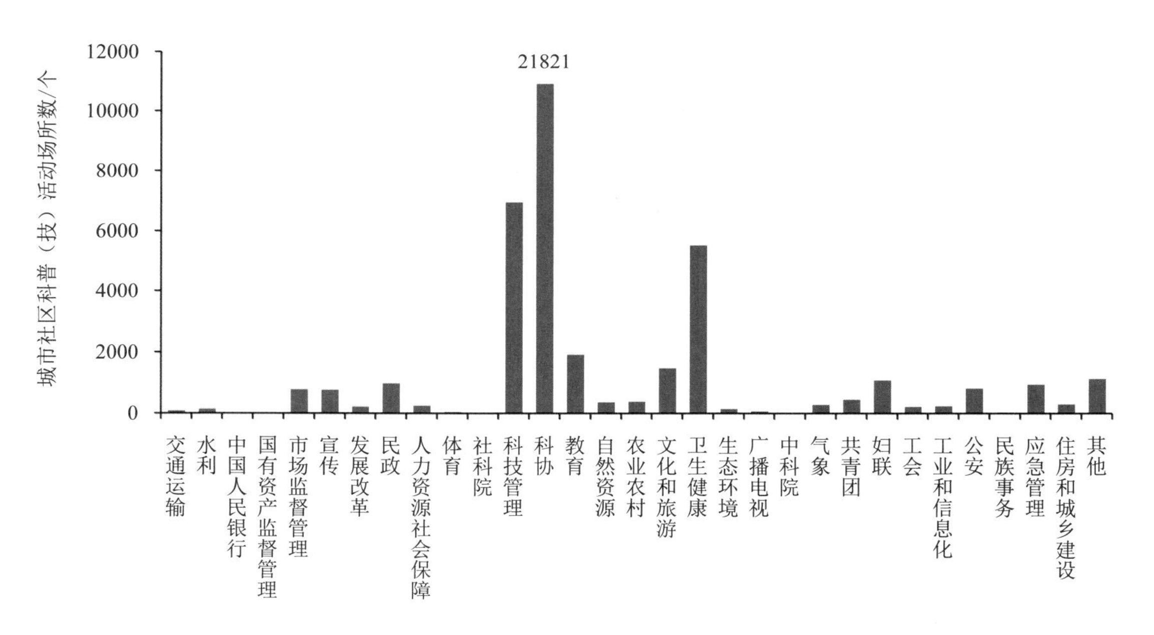

图 2-18　2021 年各部门城市社区科普（技）活动场所数

注：科协组织建设的城市社区科普（技）活动场所数为图示高度数值的 2 倍。

2.4.2 农村科普（技）活动场所

农村科普（技）活动场所是面向农民开展科普活动的重要阵地，包括各类开展科普（技）活动的农村科普（技）大院、农村科普（技）活动中心（站）和农村科普（技）活动室等。2021 年全国共有农村科普（技）活动场所 19.45 万个，比 2020 年减少 1.25%。从区域分布来看，西部地区的农村科普（技）活动场所数量持续下降；中部地区建设数量尽管在 2019 年有所回升，但 2020 年后持续下降，2021 年降幅最大，超过 10%；东部地区建设数量 2021 年增加 7.39%（表 2-9）。

表 2-9　2019—2021 年东部、中部和西部地区农村科普（技）活动场所数

地区	农村科普（技）活动场所/个			2020—2021 年的变化情况
	2019 年	2020 年	2021 年	
东部	94600	77513	83244	7.39%
中部	92120	59973	53765	-10.35%
西部	60618	59436	57446	-3.35%
全国	247338	196922	194455	-1.25%

2021 年农村科普（技）活动场所主要由县级单位建设，但比 2020 年建设数量减少 5749 个，为 15.26 万个，占全国总数的 78.48%，占比下降 1.94 个百分点（图 2-19）；其次是地市级单位，建设数量为 3.23 万个，比 2020 年小幅增加；省级单位农村科普（技）活动场所建设数量为 9204 个，比 2020 年增加 2671 个；中央部门级单位建设的农村科普（技）活动场所较少，为 360 个，但比 2020 年增长近 6 倍。

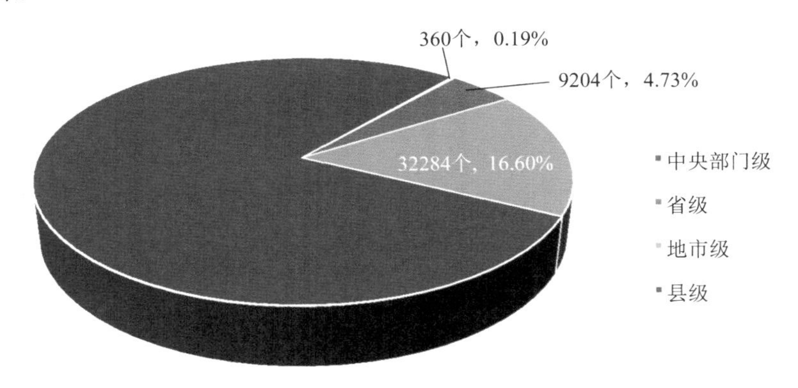

图 2-19　2021 年各级别农村科普（技）活动场所数及占比

2021 年山东建设的农村科普（技）活动场所数量为 3.34 万个，占全国总数

的17.17%，位居全国第一，比2020年增加62.06%；其他数量较多的省还有河南、四川、浙江、湖北和湖南，其余省均未达到1万个（图2-20）。浙江、湖北、江苏、福建、江西和黑龙江等省的数量下降较多。

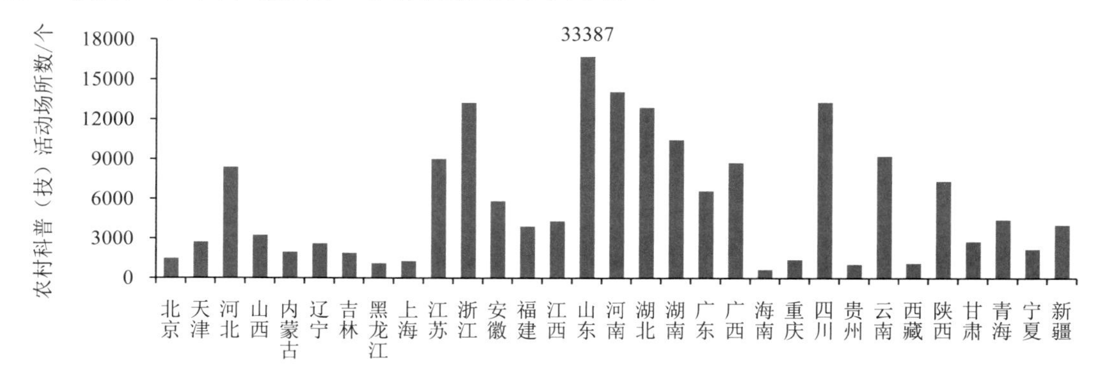

图2-20 2020年各省农村科普（技）活动场所数

注：山东建设的农村科普（技）活动场所数为图示高度数值的2倍。

2021年科协组织建设的农村科普（技）活动场所数共计7.96万个，占全国总数的40.93%，位居全国第一（图2-21），但比2020年减少8397个；卫生健康部门、科技管理部门、教育部门、文化和旅游部门及农业农村部门的农村科普（技）活动场所数也较多，但除教育部门比2020年增加超过3倍外，其他部门均比2020年有所减少；水利部门建设数量增加比例最多，比2020年增加超过6倍。

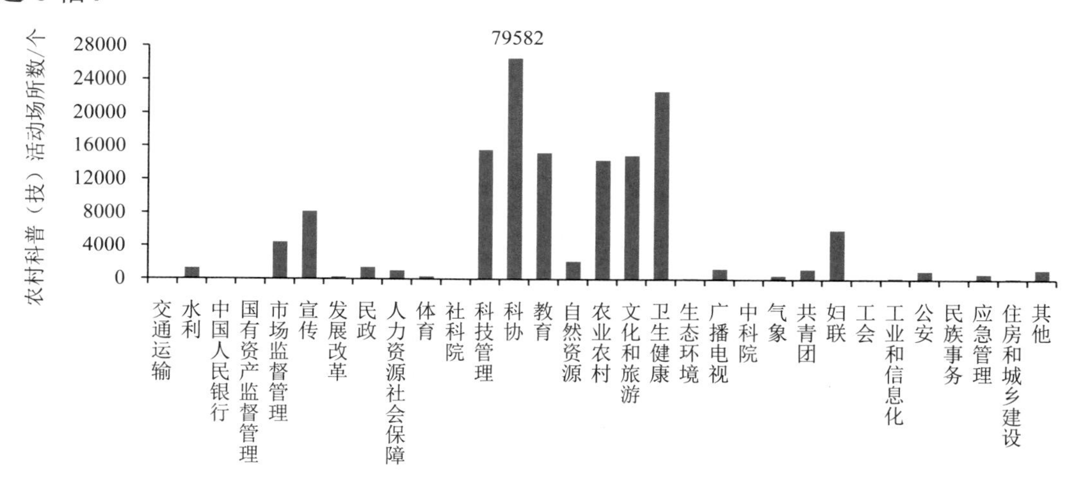

图2-21 2021年各部门农村科普（技）活动场所数

注：科协组织建设的农村科普（技）活动场所数为图示高度数值的3倍。

2.4.3　科普宣传专栏

科普宣传专栏主要是指在公共场所建设的，用于向社会公众宣传科普知识的橱窗、画廊和展板、电子显示屏等。2022 年起，该指标内涵扩展了“电子显示屏”等新型科普传播载体，因此尽管自 2014 年起，科普宣传专栏的数量连续 6 年下降（图 2-22），但 2021 年大幅提升，全国共有科普宣传专栏 22.05 万个，比 2020 年增加 61.72%，平均每万人口拥有 1.56 个科普宣传专栏。

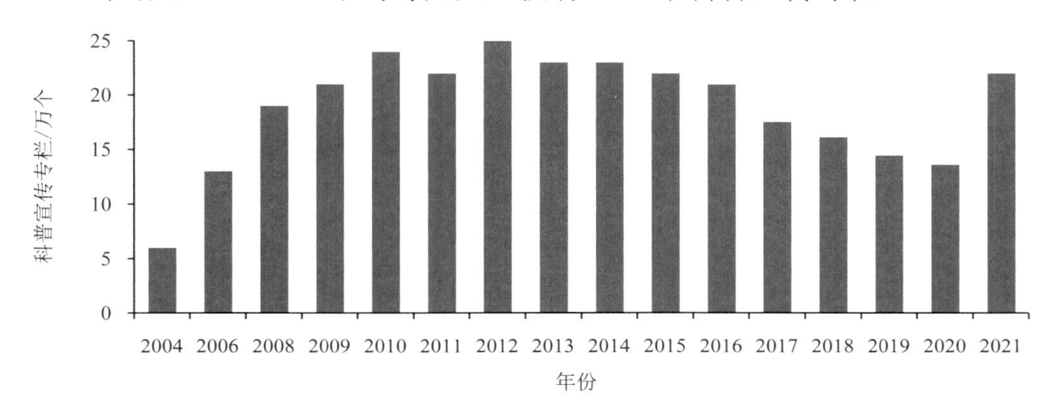

图 2-22　2004—2021 年科普宣传专栏数的变化

从科普宣传专栏的区域分布看，相较于 2020 年，2021 年东部地区所占比例有所降低，中部和西部地区所占比例有所增加，具体比例为东部地区 45.81%、中部地区 27.05%、西部地区 27.15%。2021 年东部、中部、西部地区的科普宣传专栏数量均有所增加，其中西部地区增加幅度最大，增加比例达到 106.71%（表 2-10）。

表 2-10　2019—2021 年东部、中部和西部地区科普宣传专栏数

地区	科普宣传专栏/个			2020—2021 年的变化情况
	2019 年	2020 年	2021 年	
东部	81810	76402	101011	32.21%
中部	35924	30994	59637	92.41%
西部	27091	28959	59860	106.71%
全国	144825	136355	220508	61.72%

2021 年各省科普宣传专栏数量分布不均。科普宣传专栏数量较多的省是山东（2.52 万个）、江苏（2.02 万个）、河南（1.70 万个）、浙江（1.54 万个）、云南（1.52 万个）和广东（1.01 万个），其中河南和云南科普宣传专栏增量最多，比 2020 年增加数均超过 1 万个，科普宣传专栏数超过 1 万个的省比 2020 年增加 3 个；其余省的科普宣传专栏数均在 1 万个以下（图 2-23）。

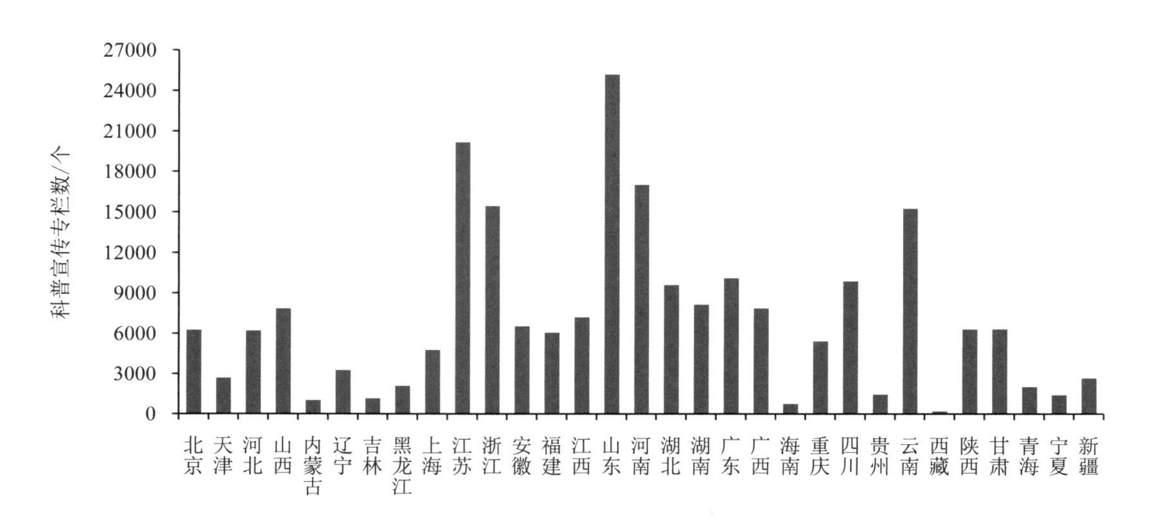

图 2-23　2021 年各省科普宣传专栏数

从科普宣传专栏的级别分布来看，2021 年大部分科普宣传专栏隶属于县级单位，共计 15.82 万个，占总数的 71.74%，占比小幅增加；地市级建设数量为 5.37 万个，占总数的 24.37%，占比小幅下降；省级和中央部门级分别建设 7369 个和 1222 个。各级别建设科普宣传专栏数量均比 2020 年有所增加。

从部门分布来看，2021 年科协组织的科普宣传专栏数量最多，共有 7.57 万个，比 2020 年增加 7297 个；其次是卫生健康部门，共有 6.90 万个，比 2020 年增加近 2.5 倍；教育部门和科技管理部门的科普宣传专栏数也相对较多，数量均在 1 万个以上（图 2-24）。

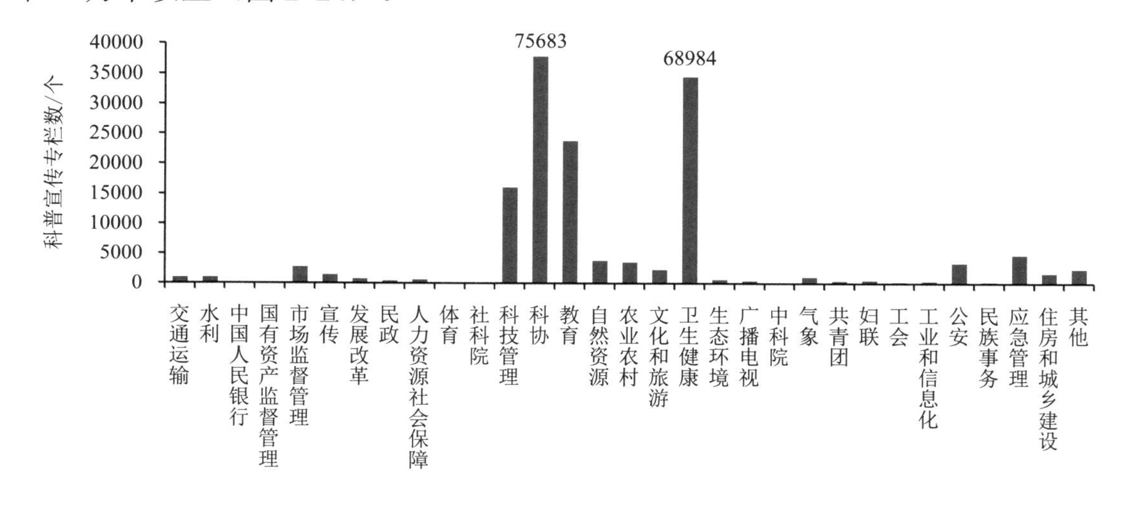

图 2-24　2021 年各部门科普宣传专栏数

注：科协组织、卫生健康部门科普宣传专栏数为图示高度数值的 2 倍。

2.4.4　流动科普宣传设施

（1）科普宣传专用车

科普宣传专用车是指科普大篷车及其他专门用于科普活动的车辆，其机动灵活的特点，非常适合开展偏远地区科普工作。2021 年全国市级及以上单位拥有科普宣传专用车 1160 辆，比 2020 年增加 13 辆。2021 年仅河南的科普宣传专用车数量超过 100 辆（图 2-25）。相较于 2020 年，湖南、重庆的科普宣传专用车增量较多，均超过 40 辆；吉林、山西、重庆和湖南的增长比例较多，均超过 1 倍；而黑龙江、湖北、广西和新疆的数量则下降较多。

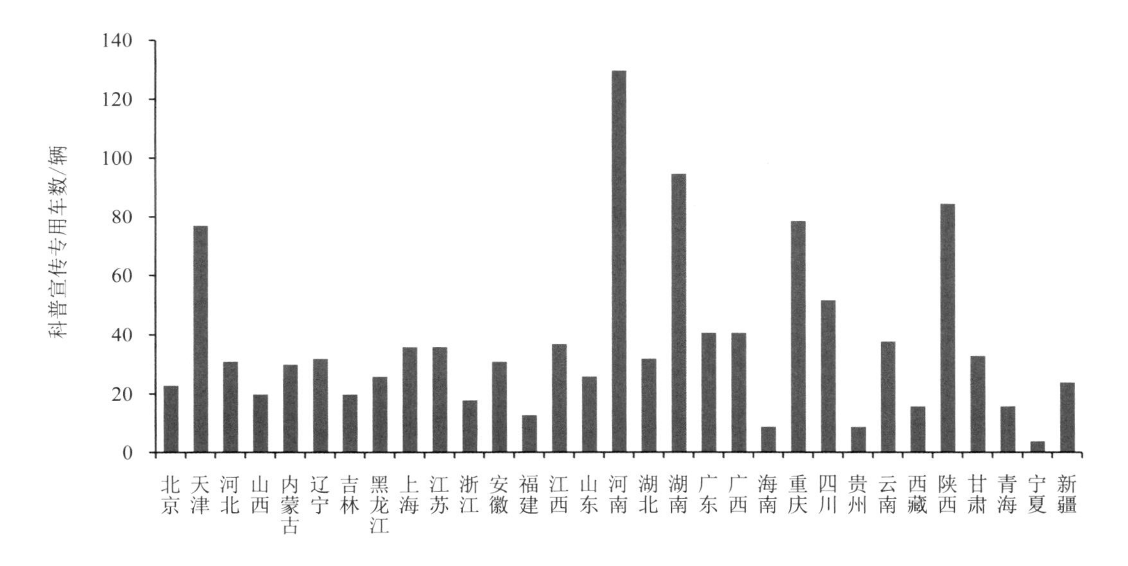

图 2-25　2021 年各省科普宣传专用车数

（2）流动科技馆站

流动科技馆站是指在没有固定实体科技馆覆盖地区建设的、开展科普巡展的移动式科普服务场所，其小型化、模块化和可移动的特点，是推动偏远地区科普工作及促进科普资源流动的重要公共科普服务设施。2021 年全国市级及以上单位建设流动科技馆站 1476 个。其中，北京和四川建设数量超过 100 个，其余省的数量均在 100 个以下。从部门分布来看，科协组织在流动科技馆站建设上贡献最大，其所建设的流动科技馆站占全国市级及以上单位建设总数的 83.74%。

3　科普经费

科普经费是科普场馆等科普设施建设的有力支撑，是开展各项科普活动的重要保证。我国科普经费主要来源包括以下几个方面：各级人民政府的财政支持、国家有关部门和社会团体的资助、国内企事业单位的资助、境内外的社会组织和个人的捐赠等。科普支出主要指用于科普活动的支出、行政性的日常支出、科普场馆的基建支出及其他相关支出。

2021 年全社会科普经费筹集额和使用额均同比有所增长，筹集额总计 189.07 亿元，比 2020 年增长 10.10%，使用额共计 189.54 亿元，比 2020 年增长 10.23%。

2021 年全国科普经费筹集额中，各级政府财政拨款 150.29 亿元，相比 2020 年，中央部门级、省级、市级和县级的科普筹集经费均有不同程度的增长。政府财政拨款占总筹集额的 79.49%，这一比例相比 2020 年略有减少。政府拨款的科普经费中，科普专项经费 66.47 亿元，高于 2020 年的 58.82 亿元。全国人均科普专项经费 4.71 元，比 2020 年增长 0.54 元。我国科普经费投入区域发展不平衡的特征仍较为突出，东部地区的科普经费筹集额占全国总额的 53.46%。

2021 年全国科普经费使用额中，科普活动支出 83.85 亿元，较 2020 年增长 2.72%；科普场馆基建支出 33.36 亿元，较 2020 年增长 12.25%；科普展品、设施支出 19.34 亿元，较 2020 年增长 65.14%；行政支出 34.41 亿元，其他支出 18.58 亿元，均比 2020 年有所增长。从科普经费的使用情况可以看出，科普经费使用额中举办各种科普活动的支出占 44.24%，科普场馆基建支出占 17.60%，行政支出占 18.16%。

3.1 科普经费概况

3.1.1 科普经费筹集

（1）年度科普经费筹集额的构成

2021 年，全国科普经费筹集额为 189.07 亿元，相比 2020 年有所增长，其中，各级政府财政拨款 150.29 亿元。在政府拨款中，科普专项经费 66.47 亿元，略高于 2020 年的 58.82 亿元，全国人均科普专项经费 4.71 元，比 2020 年增加 0.54 元。2021 年我国科普经费总体投入和人均专项经费投入均有所增长。

科普经费筹集额中，政府拨款占总筹集额的 79.49%，相比 2020 年略有减少，公共财政依然是我国科普经费投入的主要来源。其次为自筹资金，达 37.17 亿元，占总筹集额的 19.66%（图 3-1）。从科普经费筹集额构成的年度变化看（表 3-1），与 2020 年相比，经费来源中政府拨款、捐赠、自筹资金均有不同程度的增长。受不可控因素影响，捐赠额波动最大，同比增长 161.61%，为 1.61 亿元，占总筹集额的比例仍较低。

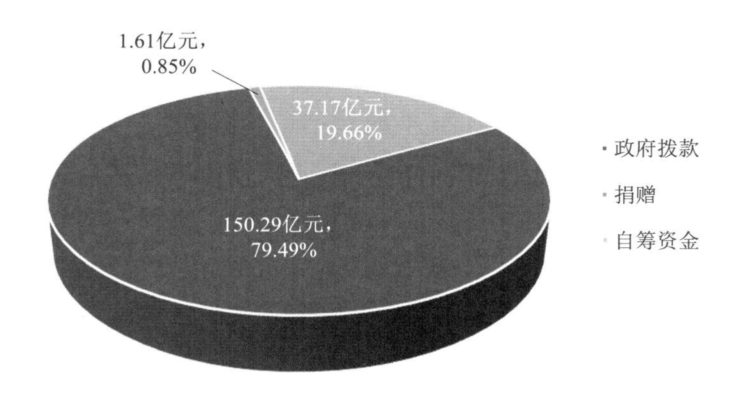

图 3-1 2021 年科普经费筹集额的构成

表 3-1 2017—2021 年科普经费筹集额构成的变化

经费筹集构成	科普经费筹集额/亿元					2020—2021 年筹集额变化情况
	2017 年	2018 年	2019 年	2020 年	2021 年	
政府拨款	122.96	126.02	147.71	138.39	150.29	8.59%
捐赠	1.87	0.73	0.81	0.62	1.62	161.61%
自筹资金	35.19	34.47	37.00	32.71	37.17	13.62%

（2）年度科普经费筹集额的地区分布

从东部、中部和西部地区的科普经费筹集情况看，2021 年我国科普经费投入的区域不平衡性仍然明显（图 3-2）。东部地区的科普经费筹集额占全国筹集总额的 53.46%，远高于中部和西部地区。将科普经费筹集额平均到区域中的每个省，东部地区各省的平均科普经费筹集额是 9.19 亿元，中部地区是 4.99 亿元，西部地区是 4.00 亿元。与 2020 年相比，3 个地区均有所增长。

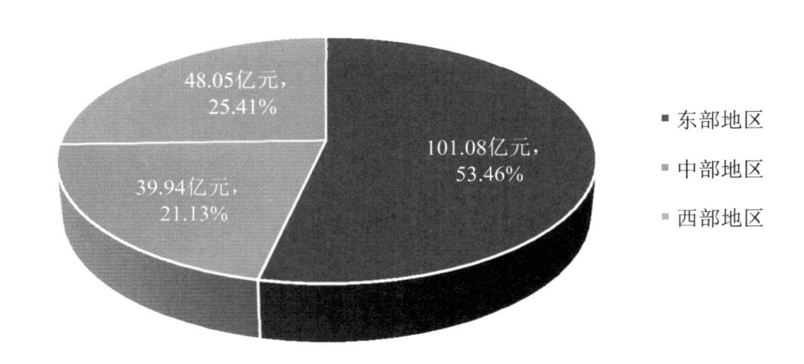

图 3-2　2021 年东部、中部和西部地区的科普经费筹集额及所占比例

从 2020—2021 年科普经费筹集额的发展态势来看（表 3-2），东部、中部和西部科普经费筹集额都有不同程度的增长。可以看出，西部地区科普经费投入增长幅度相对较大，东部和中部地区增长幅度略小，但中部和西部地区整体的规模体量仍远小于东部地区。

表 3-2　2017—2021 年东部、中部和西部科普经费筹集额的变化情况

地区	科普经费筹集额 / 亿元					2020—2021 年筹集额变化情况
	2017 年	2018 年	2019 年	2020 年	2021 年	
东部	91.75	93.76	102.03	92.06	101.08	9.80%
中部	27.64	27.58	40.81	37.43	39.94	6.70%
西部	40.66	39.79	42.68	42.22	48.05	13.79%

（3）年度科普经费筹集额的层级构成

2021 年，从增速上看，中央部门级、省级、地市级和县级的科普经费筹集额都为正增长，其中中央部门级的增长幅度最大，为 16.79%（表 3-3）。从构成看，中央部门级、省级、地市级和县级所占份额相较 2020 年变化不大，省级、地市级和县级的科普经费筹集额各占全国科普经费筹集额总量的三成左右（图 3-3）。

表 3-3 2017—2021 年各级部门科普经费筹集额的变化情况

级别	科普经费筹集额 / 亿元					2020—2021 年筹集额变化情况
	2017 年	2018 年	2019 年	2020 年	2021 年	
中央部门级	15.49	12.79	15.91	11.13	13.00	16.79%
省级	51.32	52.73	66.13	56.65	64.50	13.85%
地市级	44.29	51.29	56.07	54.97	59.82	8.82%
县级	48.96	44.32	47.42	48.97	51.75	5.69%

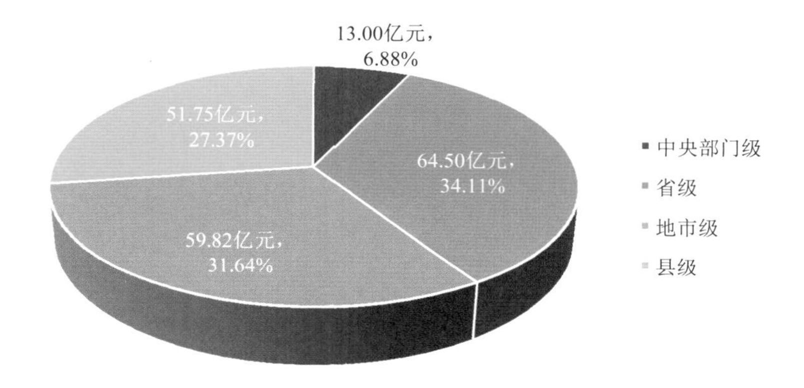

图 3-3 2021 年四级部门科普经费筹集额情况

3.1.2 科普经费使用

（1）科普经费使用额构成

2021 年，全国科普经费使用额共计 189.54 亿元，比 2020 年增长 10.23%。其中，行政支出 34.41 亿元，科普活动支出 83.85 亿元，科普场馆基建支出 33.36 亿元，科普展品、设施支出 19.34 亿元，其他支出 18.58 亿元（表 3-4）。从 2021 年科普经费各项支出的变化情况看，行政支出、科普活动支出、科普场馆基建支出、科普展品、设施支出与其他支出较 2020 年均有所增长。科普经费使用构成与 2020 年大致接近，接近一半的支出（44.24%）用于举办各种科普活动，17.60% 的支出用于科普场馆基建，10.20% 的支出用于科普展品、设施，18.16% 的支出用于行政，9.80% 的支出用于其他（图 3-4）。

表 3-4　2017—2021 年科普经费使用额构成的变化情况

支出类别	科普经费使用额/亿元					2020—2021 年使用额变化情况
	2017 年	2018 年	2019 年	2020 年	2021 年	
行政支出	24.43	29.22	30.58	31.30	34.41	9.93%
科普活动支出	87.59	84.79	88.42	81.63	83.85	2.72%
科普场馆基建支出	21.62	19.55	39.49	29.72	33.36	12.25%
科普展品、设施支出	15.79	12.57	12.16	11.71	19.34	65.14%
其他支出	11.85	13.16	15.88	17.59	18.58	5.63%

注：2022 年起，全国科普统计调查中“科普场馆基建支出”数据项不再包含“科普展品、设施支出”内容，因此对 2017—2021 年该项数据进行了相应拆解。

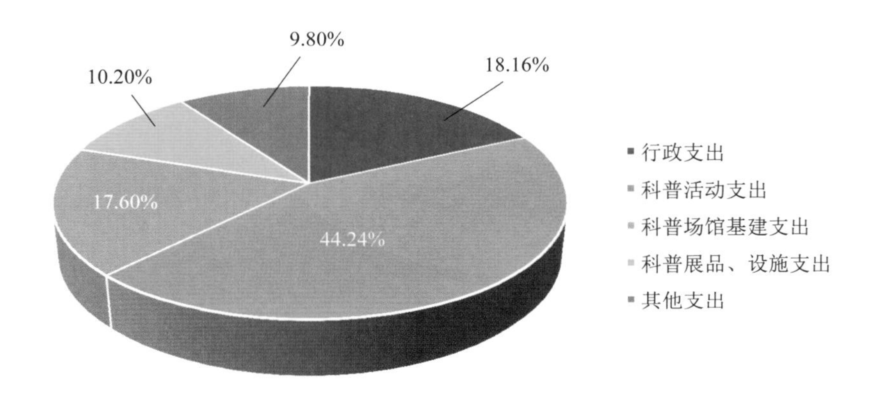

图 3-4　2021 年科普经费使用额的构成比例

（2）各层级科普经费使用额构成

从各个层级的科普经费支出看（图 3-5），2021 年省级科普经费使用额最高，为 63.00 亿元，占总支出的 33.24%。其次是地市级，为 60.94 亿元，占总支出的 32.15%。二者占科普经费总支出的比例超过 65%。再次是县级，总计 52.59 亿元，占总支出的 27.75%。中央部门级为 13.00 亿元，仅占总支出的 6.86%。可见地方财政支出是基层科普业务开展的主要保障力量。

从 2021 年各层级科普经费使用额的构成情况看（图 3-6），各个层级的支出构成类似，科普活动支出的比例都是最大的，各层级部门均将近一半的科普经费用于科普活动，特别是县级部门超过 50%。在各层级单位科普经费支出中，尽管各个层级的行政支出所占比例均远低于科普活动支出，但仍然是不容忽视的重要支出部分。

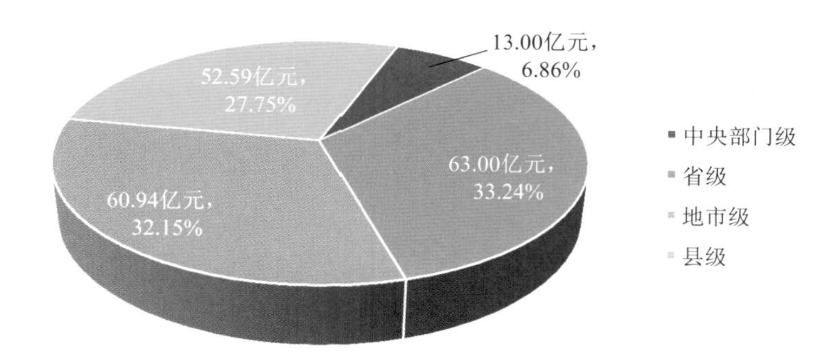

图 3-5 2021 年四级部门的科普经费使用额及其所占比例

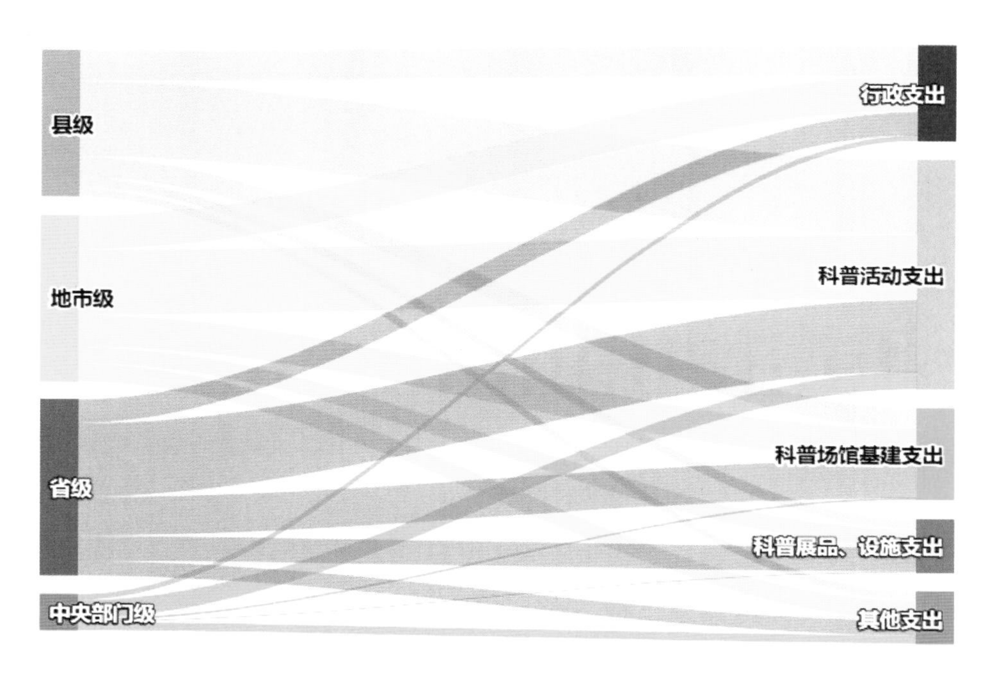

图 3-6 2021 年各层级科普经费使用额构成

3.2 各省科普经费筹集及使用

各省科普经费筹集主要由政府主导、社会积极参与。从全国范围来看，2021 年绝大多数省科普经费使用的最主要流向是科普活动支出。科普经费资源的地区不平衡性依然较为突出，部分省三级人均科普专项经费有所下降。

3.2.1 科普经费筹集

（1）年度科普经费筹集额

从年度科普经费筹集额看（图 3-7），2021 年地方科普经费投入仍不均衡。

北京、上海、广东、浙江和山东 5 个省的规模较大，科普经费筹集额之和高达 72.55 亿元，占全国总数的 38.37%，所占比例较 2020 年略有降低。北京在全国范围内处领先位置，达到 22.80 亿元。科普经费筹集额较少的 5 个省为西藏、青海、内蒙古、宁夏和黑龙江，合计为 7.46 亿元，仅占全国科普经费筹集总额的 3.95%，比例略高于 2020 年。可见部分省特别是西部欠发达地区的科普经费投入仍需进一步加强。

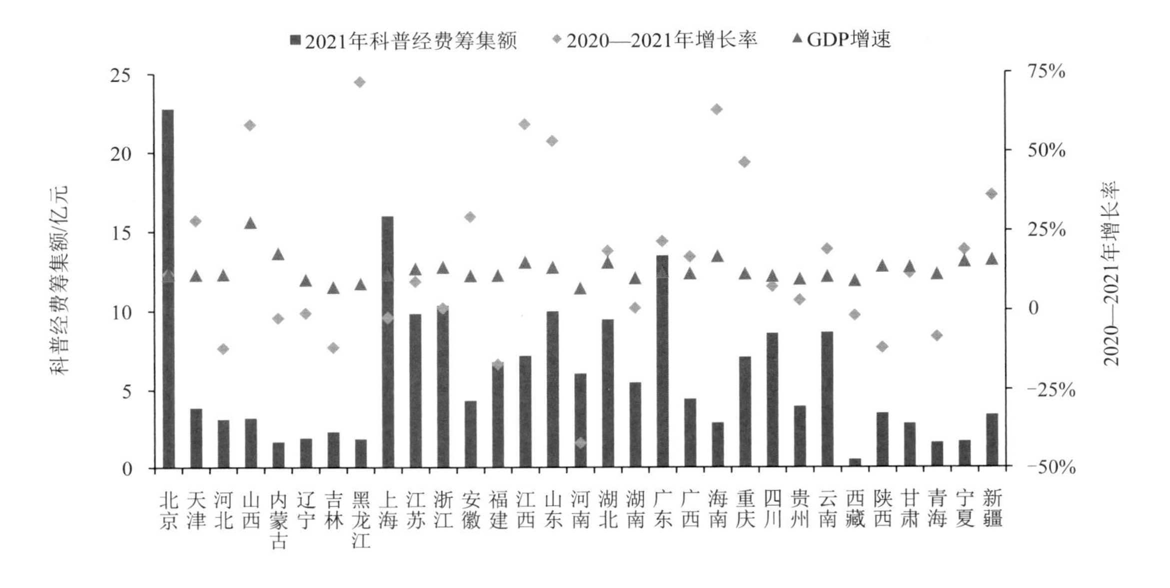

图 3-7　2021 年各省科普经费筹集额及增长率

从科普经费筹集额的变化看，各省的年度波动幅度较大。21 个省的科普经费筹集额出现正增长，如黑龙江增幅达到 72.39%，海南增幅为 63.29%，与 2020 年相比，波动幅度更大。同时，10 个省出现负增长。鉴于一些科普经费投入项目，如科普场馆的建设经费投入的非持续性及新冠感染疫情等影响，出现波动也属正常。15 个省的科普经费筹集额增长率高于其 GDP 增速。

（2）年度科普经费筹集额构成

各地区科普经费主要依靠财政拨款，以科普专项经费的形式下拨，以保证本地区最重要科普活动的举办。2021 年各省的政府拨款是科普经费筹集额的主要来源，西藏的政府拨款比例最高，为 96.47%。自筹资金是科普经费筹集额的另一个重要来源，其中，自筹资金比例较高的省是天津、山西和黑龙江，分别为 46.36%、33.14%和 28.65%（图 3-8）。

图 3-8　2021 年各省科普经费筹集额构成

各省的科普捐赠经费在科普经费筹集额中所占的比例都相对较小，只有 8 个省的比例超过了 1%，其中新疆的捐赠比例最高，为 6.06%，其他省均在 1%以下（图 3-9）。

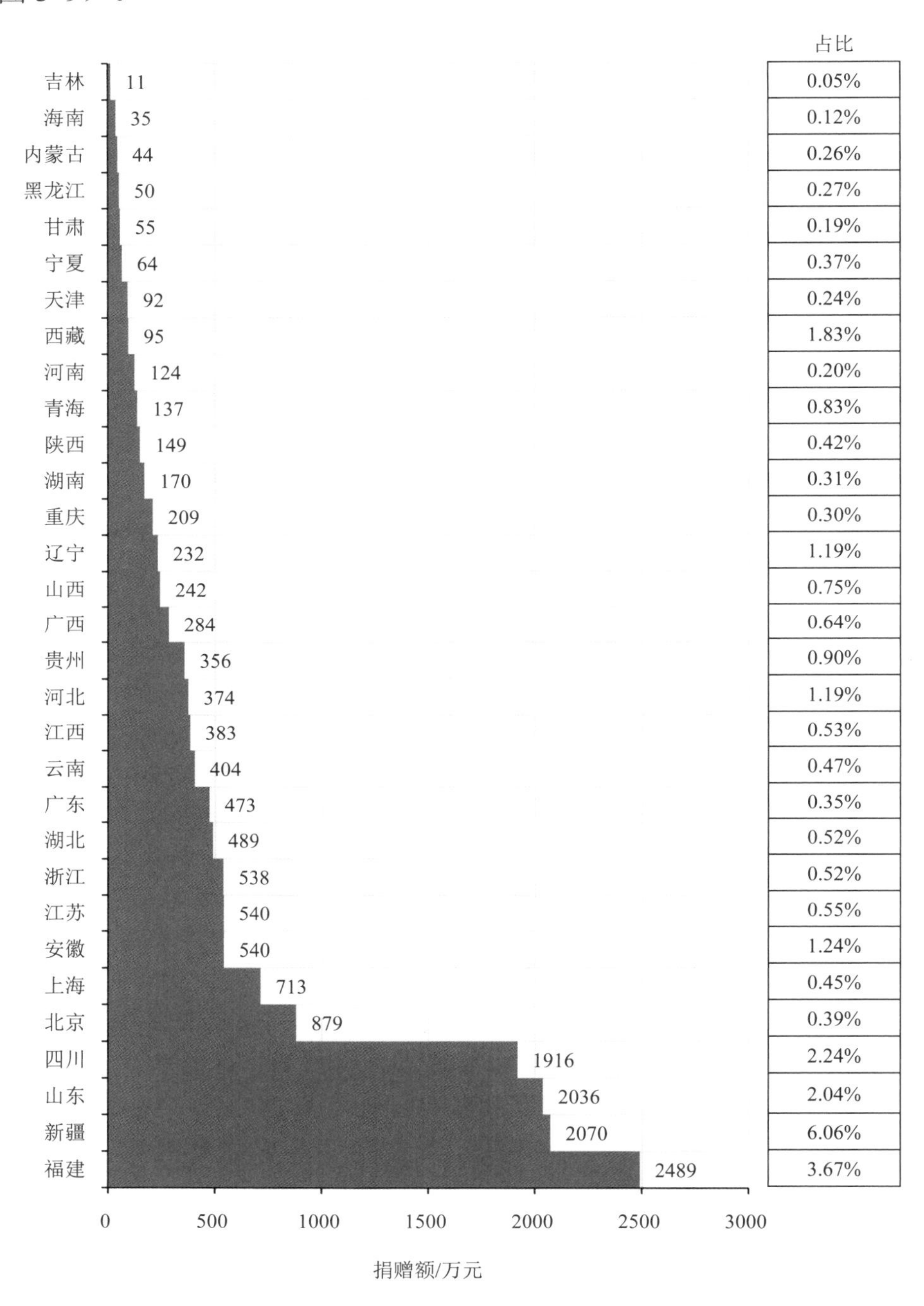

图 3-9　2021 年各省科普经费捐赠情况

（3）三级人均科普专项经费

三级科普经费是指除中央部门级，涵盖省级、地市级和县级的科普经费，这一指标能更准确地反映地方科普经费的投入状况。2021 年，全国三级科普专项经费共计 61.85 亿元。各省的三级人均科普专项经费差异较大（图 3-10），10 元及以上的省有 4 个，与 2020 年持平，北京和上海的三级人均科普专项经费分别以 18.85 元和 17.63 元继续领先；三级人均科普专项经费处于 5~10 元的省有 7 个，比 2020 年增加 2 个；3~5 元的省有 12 个，比 2020 年增加 1 个；8 个省处于 1~3 元；无三级人均科普专项经费不足 1 元的省。尽管直辖市人均三级科普专项较高，但全国超过半数省（64.52%）仍然介于 1~5 元，这一比例低于 2020 年的表现。总体来看，2021 年我国大多数省的人均科普专项经费投入水平有所增长。

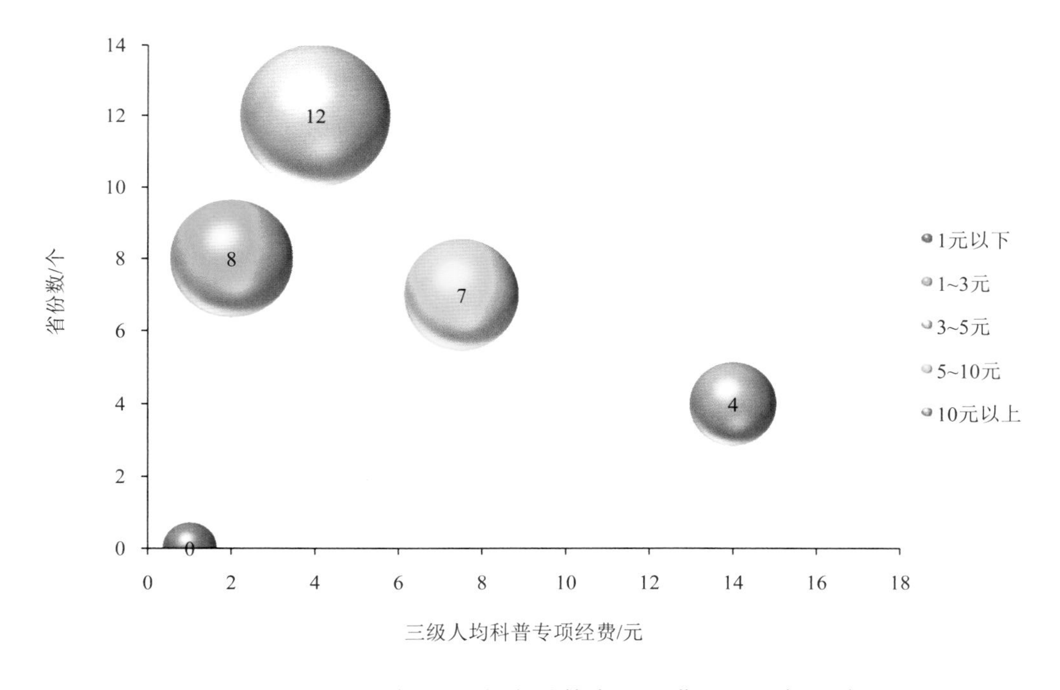

图 3-10　2021 年三级人均科普专项经费不同区间分布

从东部、中部和西部地区来看（表 3-5），2 个东部地区省的三级人均科普专项经费介于 1~3 元，而中部和西部地区分别有 5 个省和 1 个省位于这一区间；3~5 元的省主要集中在西部地区（6 个），东部和中部地区各自有 3 个省进入这一区间；在 5~10 元的省共 7 个，东部地区 4 个，西部地区 3 个；东部和西部地区分别有 2 个省进入 10 元及以上区间，除上海和北京 2 个直辖市外，西部地区的西藏和青海也处于这一区间。尽管东部与西部地区科普经费筹集总额有较大差异，但二者三级人均科普专项经费的分布却较为接近，均密集分布在 1~5 元的区间内。这表明这一指标不仅与经济社会发展水平相关，而且与各地区的人口规模密切相关。总体来看，中部地区密集于 1~3 元的区间，进入其他区间的省较少。

表 3-5 2021 年三级人均科普专项经费地区分布情况 单位：个

人均科普经费区间范围	1 元以下	1~3 元	3~5 元	5~10 元	10 元及以上
东部地区	0	2	3	4	2
中部地区	0	5	3	0	0
西部地区	0	1	6	3	2
全国	0	8	12	7	4

从三级人均科普专项经费的变动情况看（表 3-6 和图 3-11），与 2020 年相比，22 个省出现增长。

表 3-6 2020—2021 年各省三级人均科普专项经费 单位：元

地区	2020 年	2021 年	地区	2020 年	2021 年
北京	15.02	18.85	湖北	3.04	3.41
天津	2.80	3.12	湖南	2.89	3.23
河北	1.71	1.89	广东	4.20	4.29
山西	2.31	2.22	广西	2.99	3.62
内蒙古	4.09	4.21	海南	5.63	5.58
辽宁	1.55	1.52	重庆	4.83	6.32
吉林	3.49	3.06	四川	4.17	4.62
黑龙江	1.16	1.84	贵州	3.39	2.88
上海	15.35	17.63	云南	7.16	7.41
江苏	4.48	5.01	西藏	12.33	11.45
浙江	5.43	5.62	陕西	4.78	4.04
安徽	2.30	2.79	甘肃	3.00	4.07
福建	5.38	5.42	青海	12.03	11.70
江西	2.40	2.80	宁夏	5.66	7.92
山东	1.47	4.62	新疆	4.06	4.01
河南	2.02	2.15			

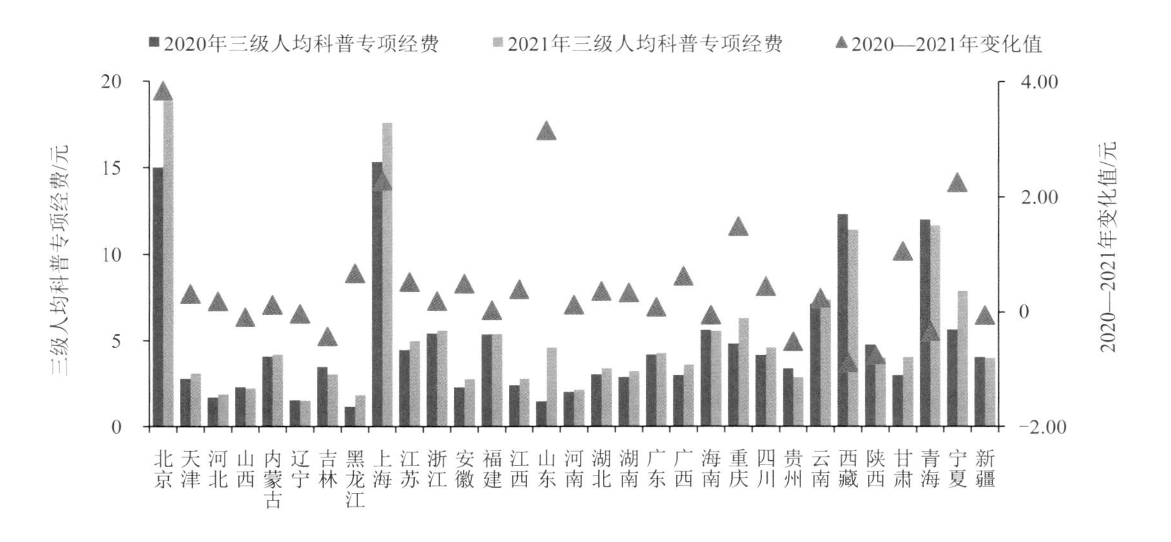

图 3-11　2020—2021 年各省三级人均科普专项经费分布及变化情况

（4）年度科普经费筹集额占 GDP 的比例

2021 年，全社会科普经费筹集额 189.07 亿元，占全国 GDP 的比例为 1.65‱，低于 2020 年的 1.69‱。就各省科普经费筹集额占该省 GDP 的比例来看，有 16 个省高于全国水平，与 2020 年相比减少 2 个。北京的比例达到 5.66‱，为全国最高。青海、宁夏、云南、甘肃、西藏等省虽然属于西部经济相对欠发达地区，但从科普经费筹集额占 GDP 的比例看，却高于一些经济发达地区（图 3-12）。

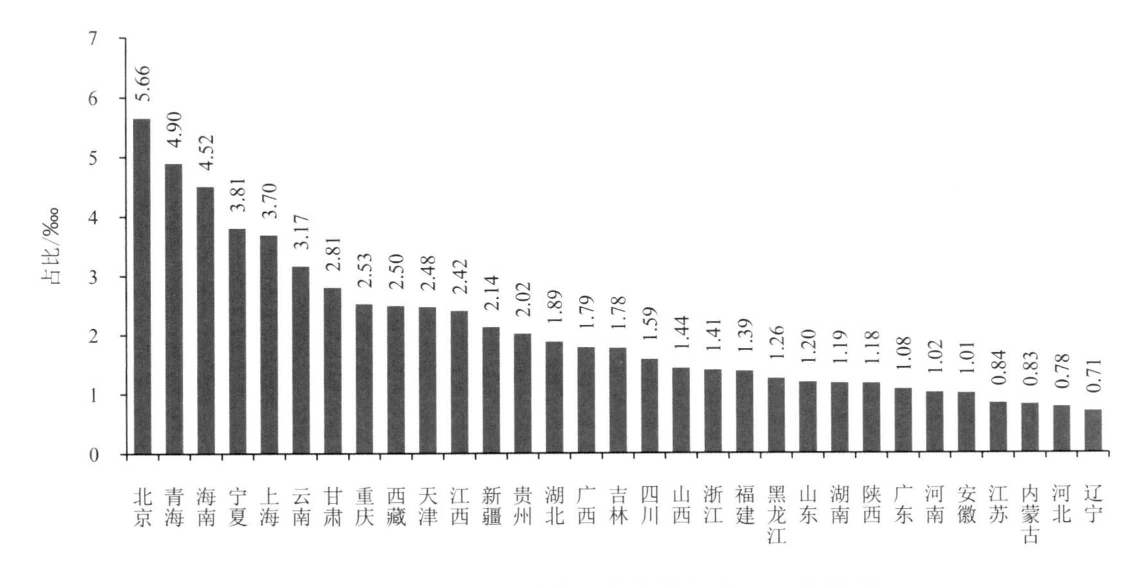

图 3-12　2021 年各省科普经费筹集额占 GDP 的比例

3.2.2 科普经费使用

（1）年度科普经费使用额

统计数据显示，各省年度科普经费使用额和年度科普经费筹集额密切相关，尽管各省年度科普经费使用额差异很大，但绝大多数省科普经费的使用额和筹集额基本持平。2021 年的科普经费筹集额与使用额同样呈现这一特点（图 3-13）。北京的科普经费筹集额与使用额继续大幅超过其他省，是全国唯一超过 20 亿元的地区。

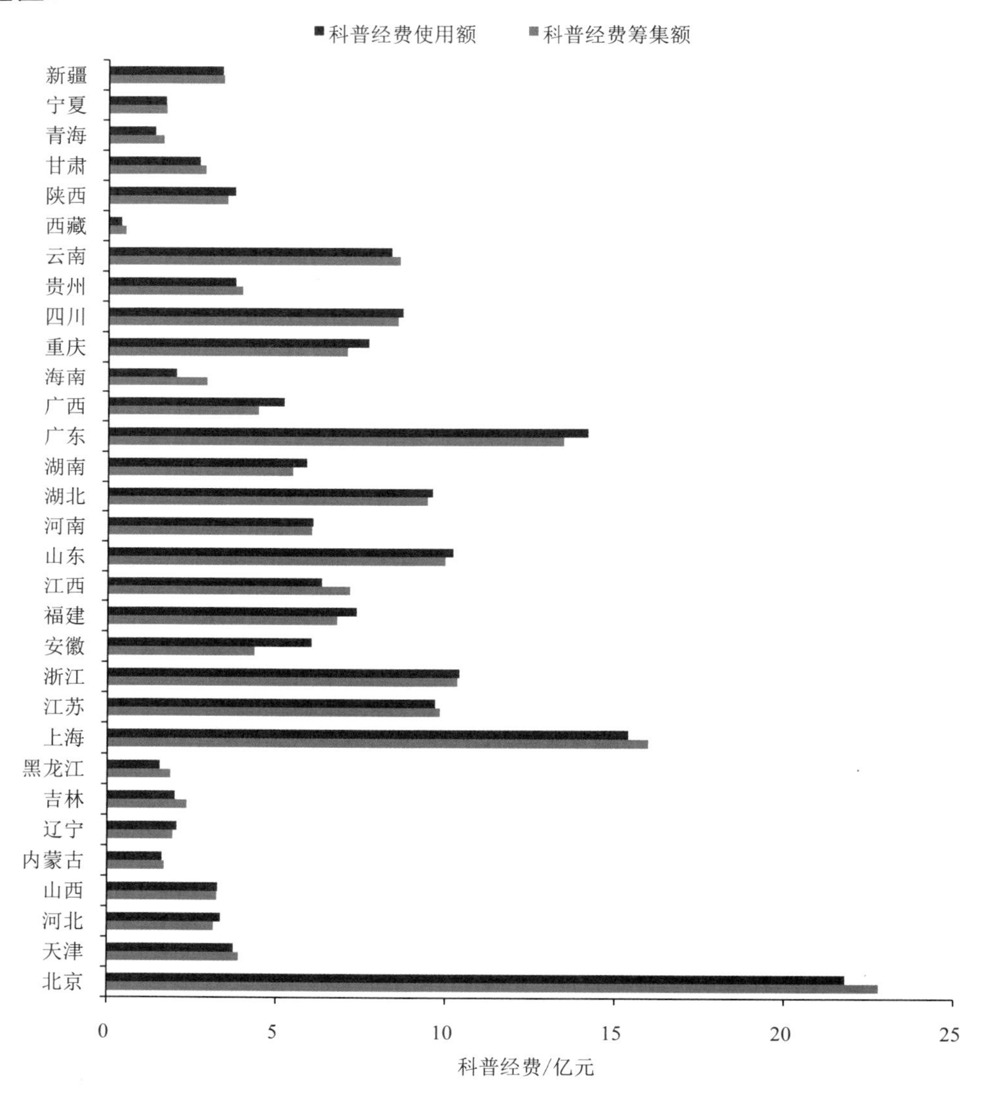

图 3-13 2021 年各省科普经费使用额与筹集额情况

（2）年度科普经费使用额构成

从科普经费使用额的具体构成看（图 3-14），科普活动支出是各省科普经费最主要的使用方向。2021 年，全国科普活动支出 83.85 亿元，占使用总额的 44.24%。全国科普活动支出高于 2020 年，但占使用总额的比例却略低于 2020 年。同时可以看到，在经费的具体使用途径上各省存在较明显的差异。河南、山西、宁夏和新疆等省的科普场馆基建支出占比相对较大，而青海、安徽和辽宁等省的行政支出占比则相对较高。

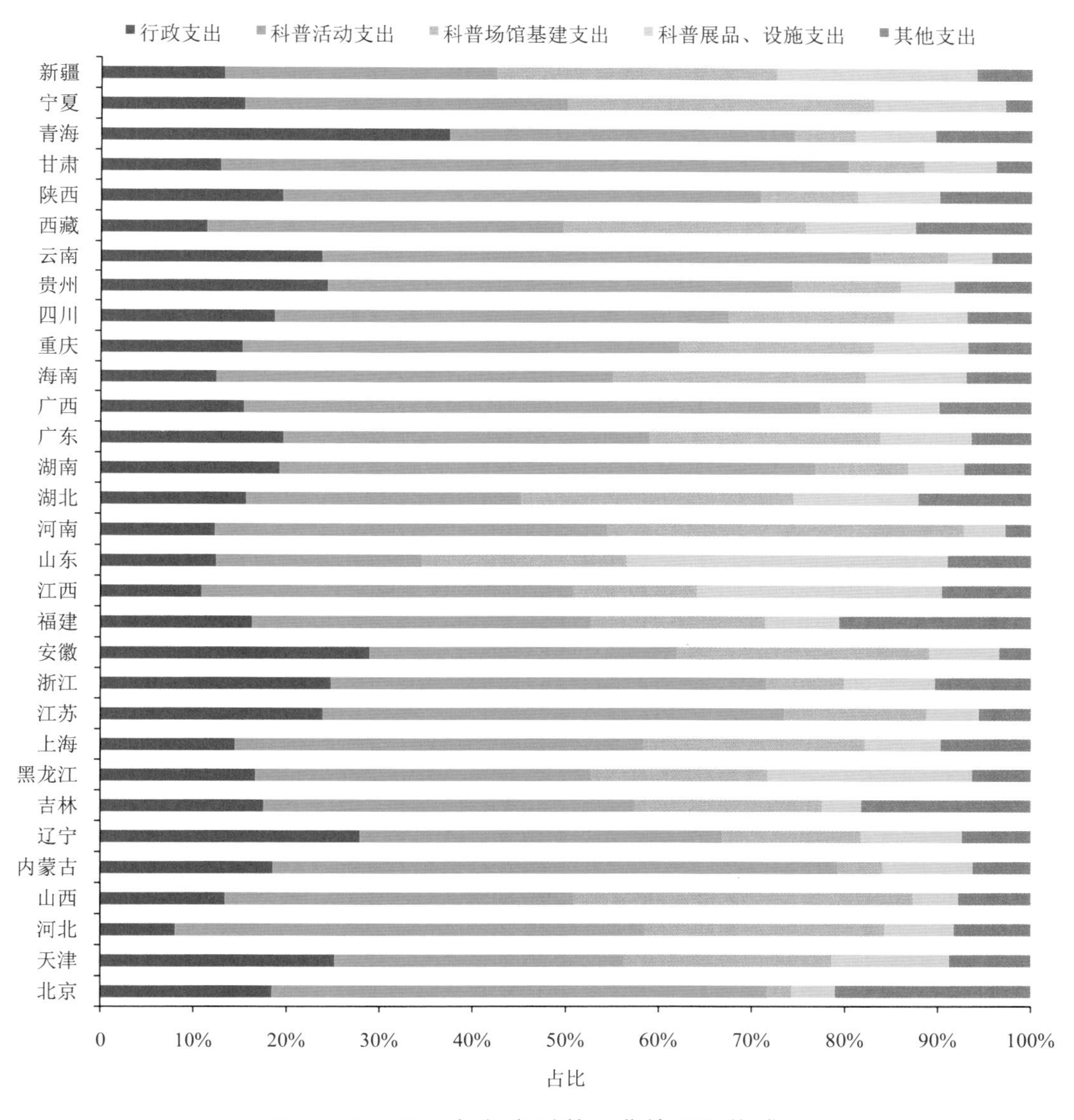

图 3-14　2021 年各省科普经费使用额构成

从各省科普活动支出的情况看，北京、上海、广东和云南等地区是科普活动经费使用额较高的省。全国各省科普活动支出占科普经费使用额比例普遍较高，平均比例为 43.75%。比例最高的是甘肃（67.44%），比例最低的是山东（22.12%），这与其本年度科普场馆基建支出较高有关（图 3-15）。

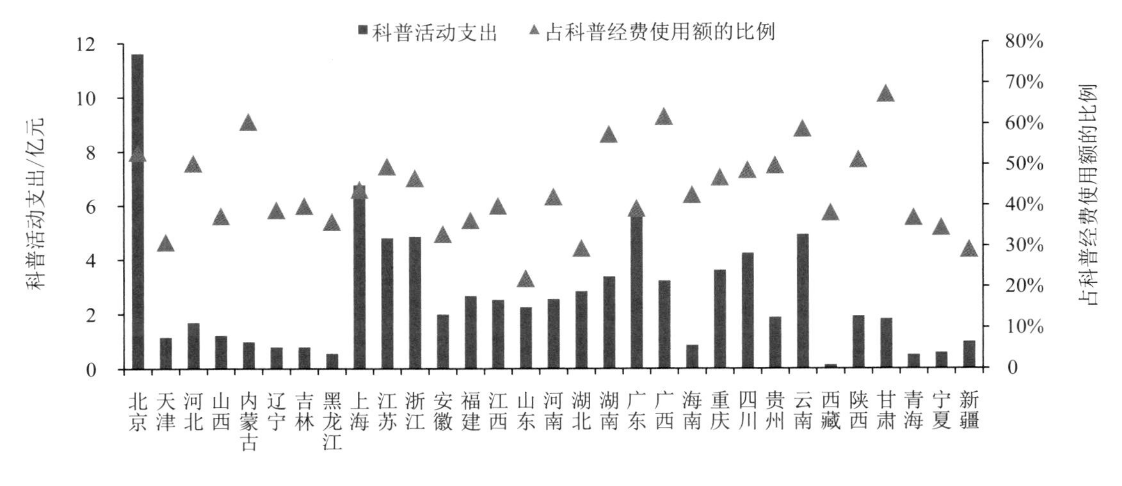

图 3-15　2021 年各省科普活动支出情况

（3）科普场馆基建支出

2021 年，全国用于科普场馆基建支出的经费总额达 33.36 亿元，与 2020 年相比有所增加。科普场馆资源分布较不平衡，河南、山西、宁夏和新疆的科普场馆基建支出比例高于其他省；从绝对数量来看，上海、广东、湖北和河南高于其他省。全国科普场馆基建支出额占科普经费使用额的平均比例为 18.77%，略低于 2020 年水平（图 3-16）。

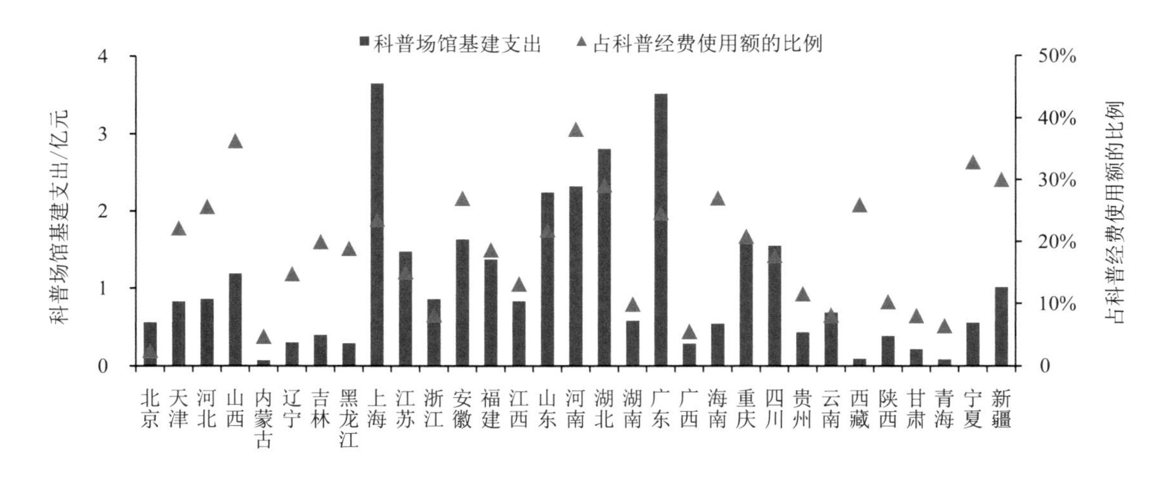

图 3-16　2021 年各省科普场馆基建支出情况

（4）科普展品、设施支出

2021年，全国用于科普展品、设施支出的经费总额达19.34亿元，与2020年相比有所增加。科普展品、设施资源分布较不平衡，山东、江西、黑龙江、新疆的科普展品、设施支出比例高于其他省；从绝对数量来看，山东远高于其他省。全国科普展品、设施支出额占科普经费使用额的平均比例为10.20%，高于2020年水平（图3-17）。

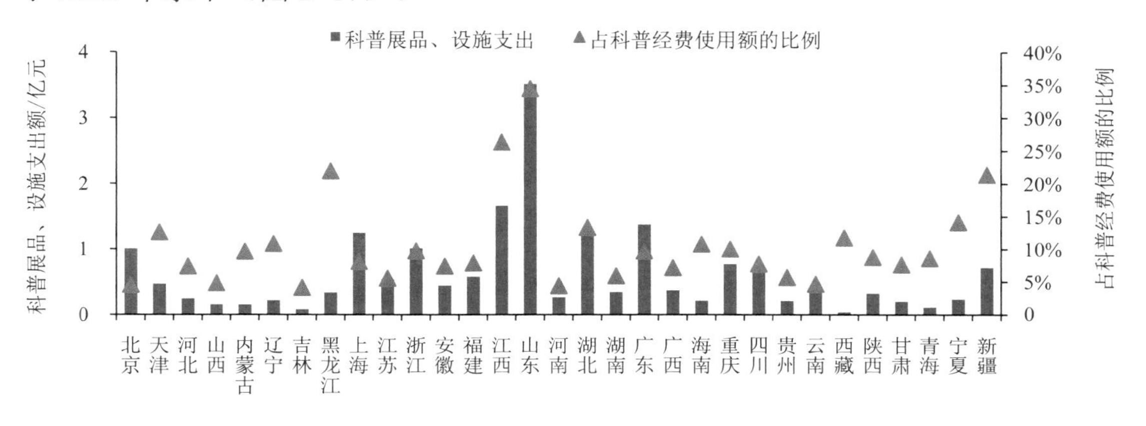

图3-17　2021年各省科普展品设施、设施支出情况

（5）行政支出

2021年，全国用于科普行政支出的经费总额达34.41亿元，与2020年相比略有所增加。科普行政资源分布较不平衡，青海、安徽、辽宁、天津的科普行政支出比例高于其他省；从绝对数量来看，北京、广东、浙江、江苏和上海高于其他省。全国科普行政支出额占科普经费使用额的平均比例为18.16%，略低于2020年水平（图3-18）。

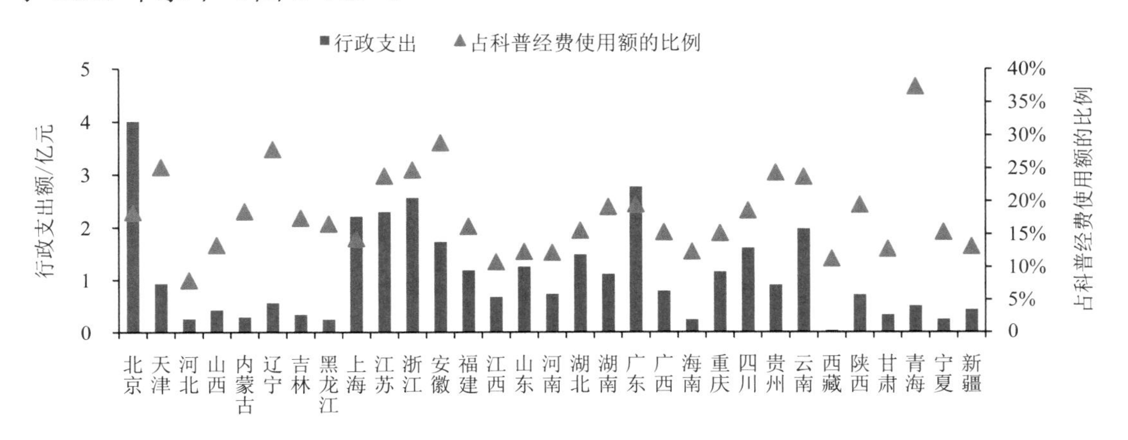

图3-18　2021年各省行政支出情况

3.3 部门科普经费筹集及使用

3.3.1 科普经费筹集

从各部门科普经费筹集额看，科协组织是各部门中最高的，2021 年科普经费筹集额达 71.98 亿元，比 2020 年增加 4.38%。此外，科技管理、教育、卫生健康等部门的经费筹集额也较高（图 3-19）。

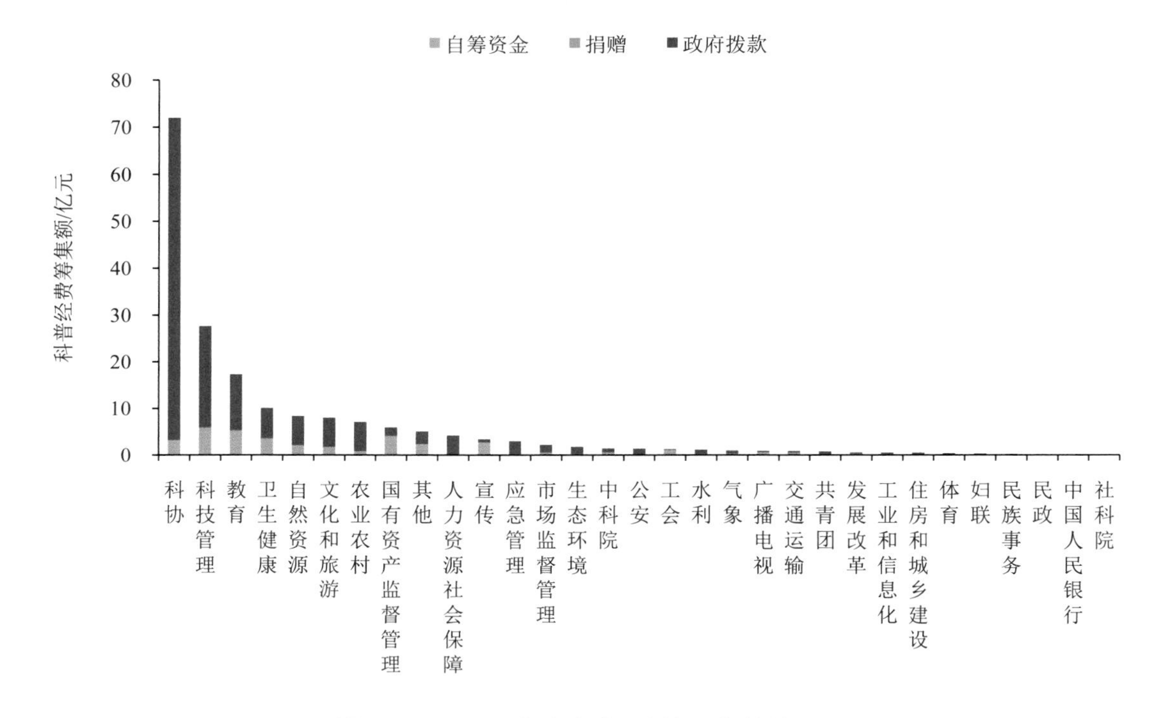

图 3-19 2021 年各部门科普经费筹集额

从经费构成来看，绝大多数部门的科普经费最主要来源是政府拨款（图 3-20）。其中，科协组织的政府拨款额高达 68.68 亿元，占科普经费筹集额的比例为 95.41%。体育、人力资源社会保障、民族事务、社科院和应急管理 5 个部门的科普经费筹集额中，来自政府拨款的比例均高于 90%，这表明政府在这些部门的科普经费筹集中起着主导作用。各部门科普经费筹集额平均 66.44%来自政府拨款。低于 40%的部门包括交通运输、国有资产监督管理、广播电视、宣传、中国人民银行和工会（图 3-21）。

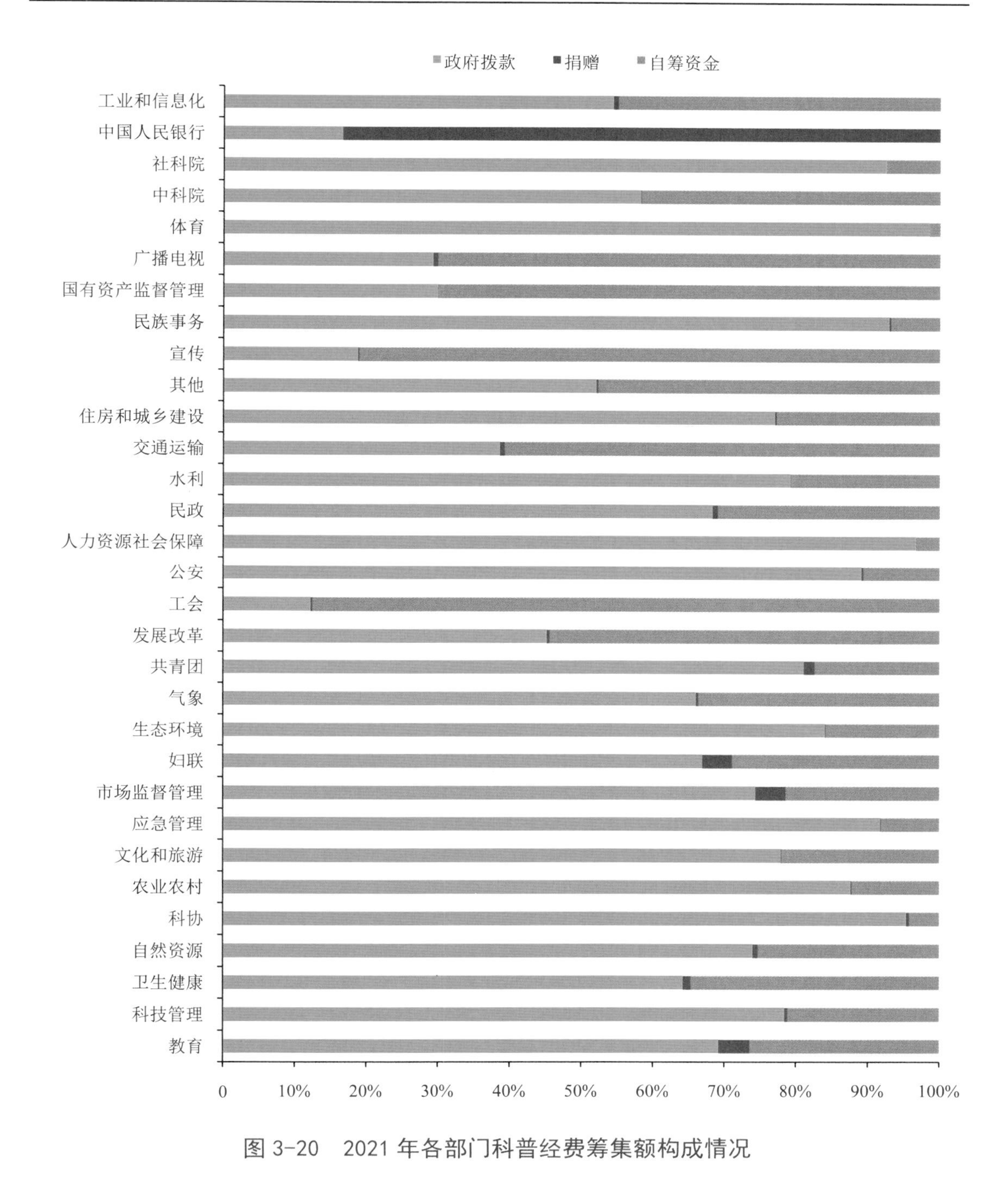

图 3-20 2021 年各部门科普经费筹集额构成情况

各部门的科普经费中自筹资金所占比例平均值为 30.16%，该比例较 2020 年略有提高。工会、宣传、国有资产监督管理和广播电视 4 个部门的自筹资金比例较高，均超过 70%。其中，宣传部门超过了 80%，工会组织超过了 85%；中国人民银行、体育、人力资源社会保障、科协、民族事务、社科院和应急管理部门的自筹资金比例较低，不足10%（图3-22）。

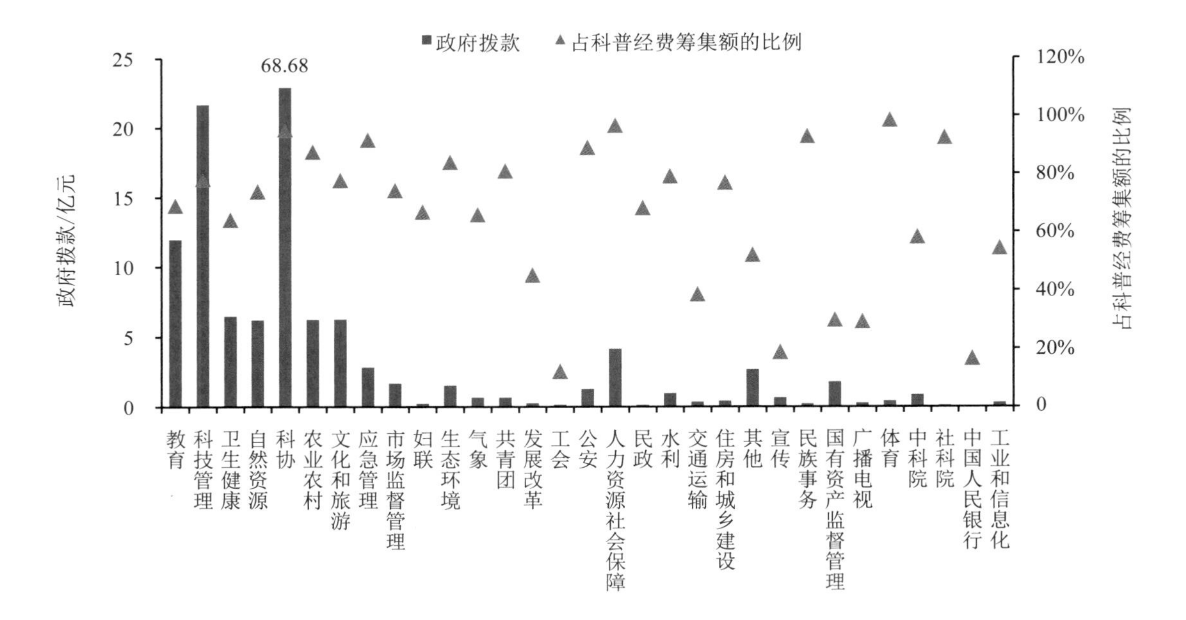

图3-21 2021年各部门政府拨款额及占科普经费筹集额的比例

注：科协组织政府拨款额为图示高度数值的3倍。

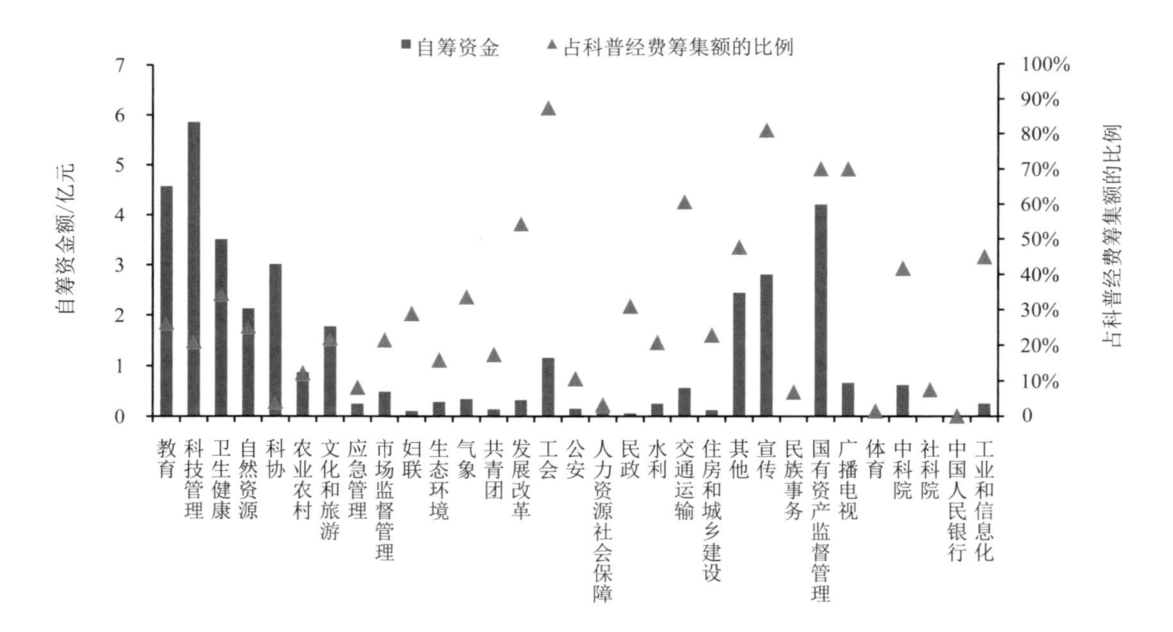

图3-22 2021年各部门自筹资金额及占科普经费筹集额的比例

从捐赠额来看，各部门科普经费中社会参与程度较低（图 3-23）。除教育部门外其他部门的捐赠额均未超过 3000 万元。教育、科协、科技管理、卫生健康和中国人民银行 5 个部门接受的捐赠额较多，规模均达到 1000 万元以上。各部门的经费筹集额中捐赠比例均较小，平均只有 3.40%。其中，中国人民银行系统的捐赠占科普经费筹集额比例最高，达到 83.32%；其次是教育部门，为 4.31%；市场监督管理部门为 4.16%；妇联组织为 4.12%；共青团组织为 1.50%；卫生健康部门为 1.08%；其余部门均低于 1.00%。

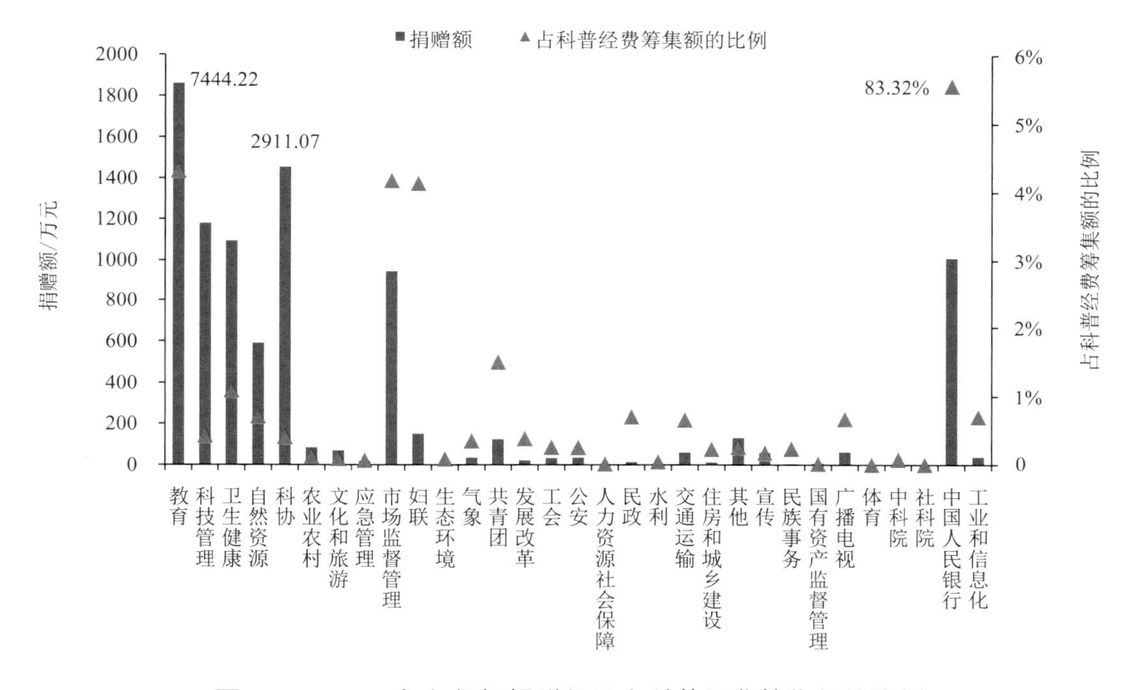

图 3-23 2021 年各部门捐赠额及占科普经费筹集额的比例

注：教育部门捐赠额为图示高度数值的 4 倍，科协组织捐赠额为图示高度数值的 2 倍；中国人民银行捐赠额占科普经费筹集额的比例为图示高度数值的 15 倍。

3.3.2 科普经费使用

各部门在科普经费的具体支出项目上各有侧重（图 3-24）。国有资产监督管理、自然资源和发展改革等部门的科普场馆基建支出占科普经费使用额的比例较高，宣传部门用于其他支出的科普经费比例明显高于其他部门，中科院、广播电视、共青团、科协等部门的行政支出比例较高。

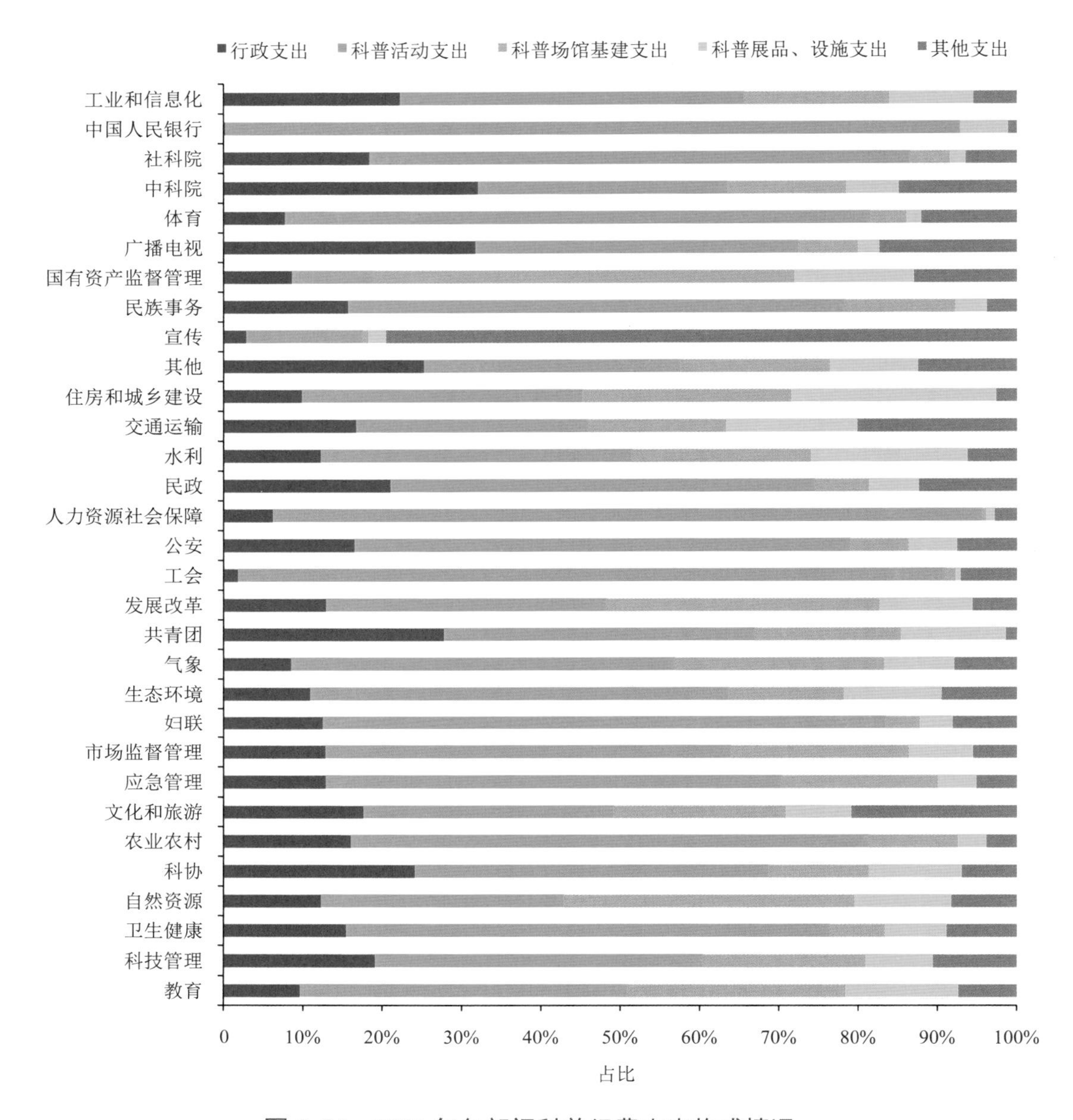

图 3-24　2021 年各部门科普经费支出构成情况

2021 年，科普活动支出比较多的部门主要是科协、科技管理、教育和卫生健康（图 3-25），其中科协组织的科普活动支出为 31.68 亿元。科普活动支出占科普经费使用额比例较高的部门有中国人民银行、人力资源社会保障和工会，都在 80%以上。其中，中国人民银行系统所占比例最高，达到 92.59%。各部门科普活动支出占科普经费使用额的平均比例为 49.72%。由此可见，科普活动支出是各部门科普经费最主要的支出项目。

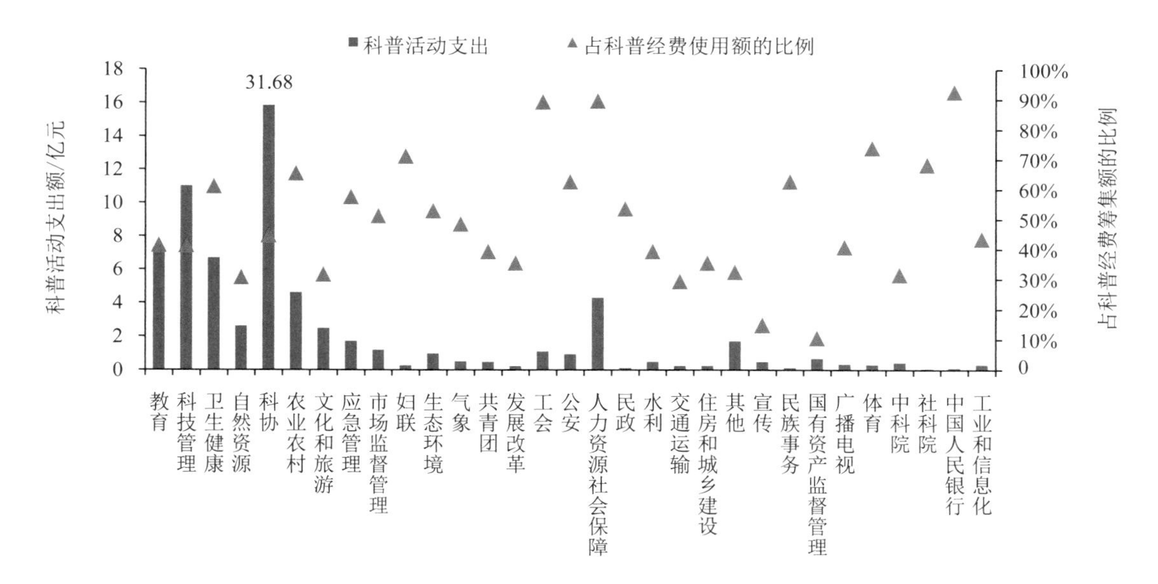

图 3-25 2021 年各部门科普活动支出额及占科普经费使用额的比例

注：科协组织科普活动支出额为图示高度数值的 2 倍。

2021 年，科普场馆基建支出额较多的部门包括科协、科技管理、教育、国有资产监督管理和自然资源 5 个部门。5 个部门的场馆基建支出均超过 3 亿元，且其场馆基建支出总和占全国科普场馆基建支出总额的比例超过了七成（77.18%）。从科普场馆基建支出占科普经费使用额的比例来看，国有资产监督管理、自然资源和发展改革 3 个部门均高于 30%（图 3-26）。

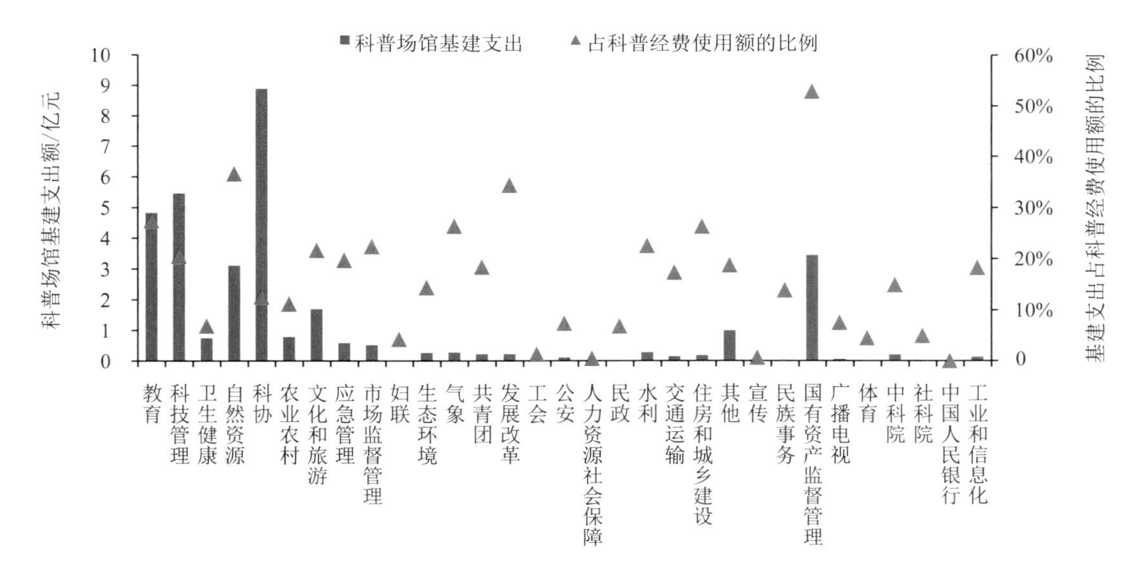

图 3-26 2021 年各部门科普场馆基建支出额及占科普经费使用额的比例

2021 年，科普展品、设施支出额较多的部门包括科协、教育、科技管理 3 个部门。3 个部门的科普展品、设施支出均超出 2 亿元，且其科普展品、设施支出总和占全国科普展品、设施支出总额的比例超过了六成（67.42%）。从科普展品、设施支出所占比例来看，住房和城乡建设、水利、交通运输、国有资产监督管理 4 个部门均高于 15%（图 3-27）。

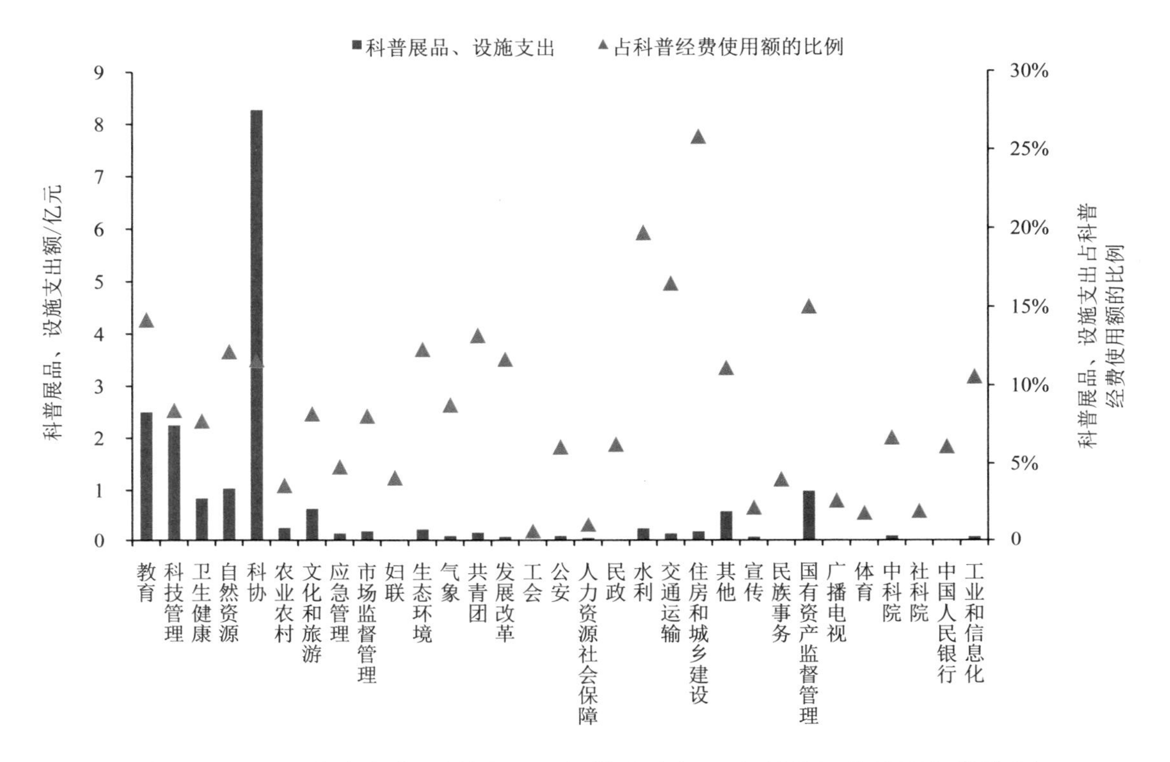

图 3-27　2021 年各部门科普展品、设施支出额及占科普经费使用额的比例

2021 年，科普行政支出额最多的部门是科协组织，支出额为 17.04 亿元；其次为科技管理部门，支出额为 5.07 亿元；教育、农业农村、其他、卫生健康、文化和旅游及自然资源 6 个部门的行政支出也均超过 1 亿元。且这些部门的科普行政支出总和占全国科普行政支出总额的比例超过了八成（88.29%）。从科普行政支出所占比例来看，中科院、广播电视 2 个部门均高于 30%（图 3-28）。

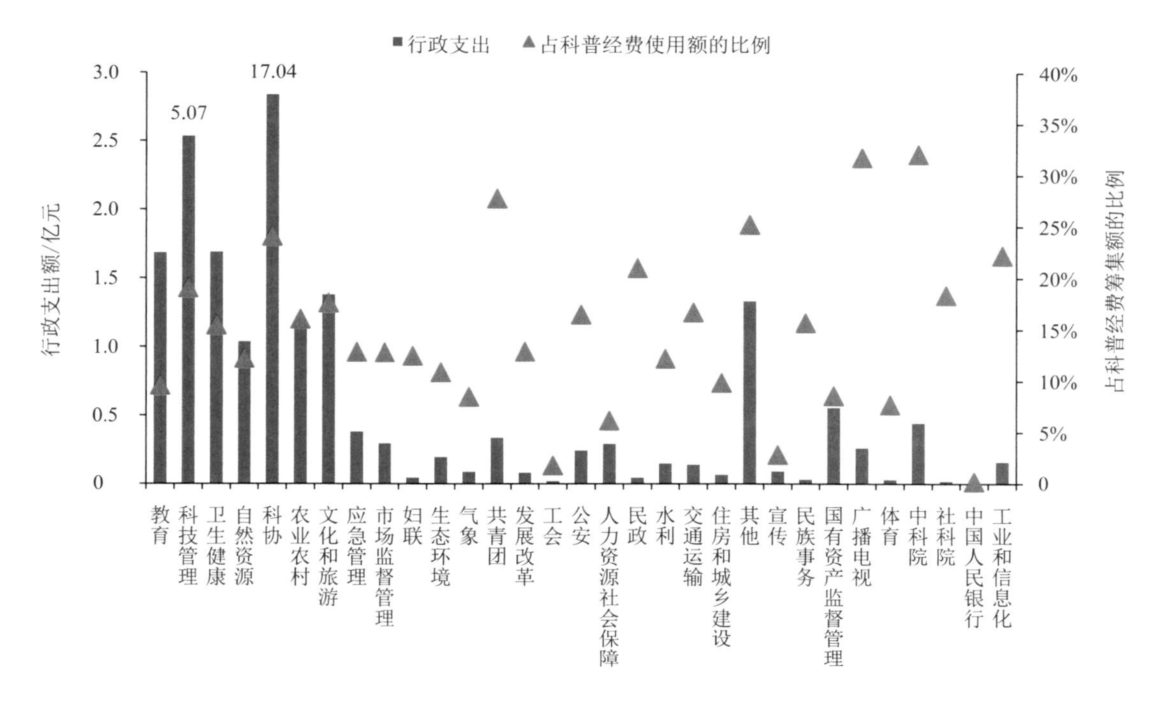

图 3-28　2021 年各部门行政支出额及占科普经费使用额的比例

注：科协组织行政支出额为图示高度数值的 6 倍，科技管理部门行政支出额为图示高度数值的 2 倍。

4　科普传媒

为贯彻落实党中央、国务院关于科普和科学素质建设的重要部署，“十四五”开局之年国务院印发了《全民科学素质行动规划纲要（2021－2035 年）》（以下简称《纲要》）。《纲要》指出我国大众传媒科技传播能力大幅提高，科普信息化水平显著提升，但仍存在城乡、区域发展不平衡的问题。提升优质科普内容资源创作和传播能力，推动传统媒体与新媒体深度融合，建设即时、泛在、精准的信息化全媒体传播网络，是新发展阶段科普和科学素质高质量发展的重点工程。在科普内容上，支持优秀科普原创作品，大力开发动漫、短视频、游戏等多种形式科普作品；推进科技传播与影视融合，加强科幻影视创作。在传播方式上，推进图书、报刊、音像、电视、广播等传统媒体与新媒体深度融合，鼓励公益广告增加科学传播内容，实现科普内容多渠道全媒体传播。

2021 年，全国共出版科普图书 11115 种，发行量达 8559.89 万册，平均每万人口拥有科普图书 606 册；出版各类科普期刊 1100 种，发行约 8834.67 万册，平均每万人口拥有科普期刊 625 册；发行科技类报纸 9462.12 万份，平均每万人口每年拥有科普报纸 670 份。2021 年，全国播放科普（技）电视节目总时长 17.75 万小时，电台播出科普（技）节目总时长 14.60 万小时，科普网站建设 1867 个，科普类微博建设 1669 个，科普类微信公众号建设 7949 个。

4.1　科普图书、期刊和科技类报纸

4.1.1　科普图书

在科普统计中，科普图书[1]的“种数”以年度为界线，即一种图书在同一年

[1] 科普图书是普及科学技术的通俗读物，是科普传媒的重要组成部分。科普图书是以非专业人员为阅读对象，以普及科学知识、倡导科学方法、传播科学思想、弘扬科学精神为目的，并在新闻出版机构登记、有正式书号的科技类图书。

度内无论印刷多少次，只在第一次印制时计算种数。科普图书作为科学普及的重要途径之一，对于国民科学素养的提高有着无法替代的作用。

2021 年，全国共出版科普图书 11115 种，比 2020 年增加 359 种；出版总册数 8559.89 万册，比 2020 年减少 1293.71 万册。单品种图书平均出版量为 7701 册，比 2020 年减少 1460 册。

东部地区的出版情况好于中部和西部地区，其科普图书出版种类数和出版总册数均占据科普图书的主要份额。2017—2021 年东部地区的科普图书出版种类及册数，整体超过中部和西部地区（图 4-1、图 4-2）。

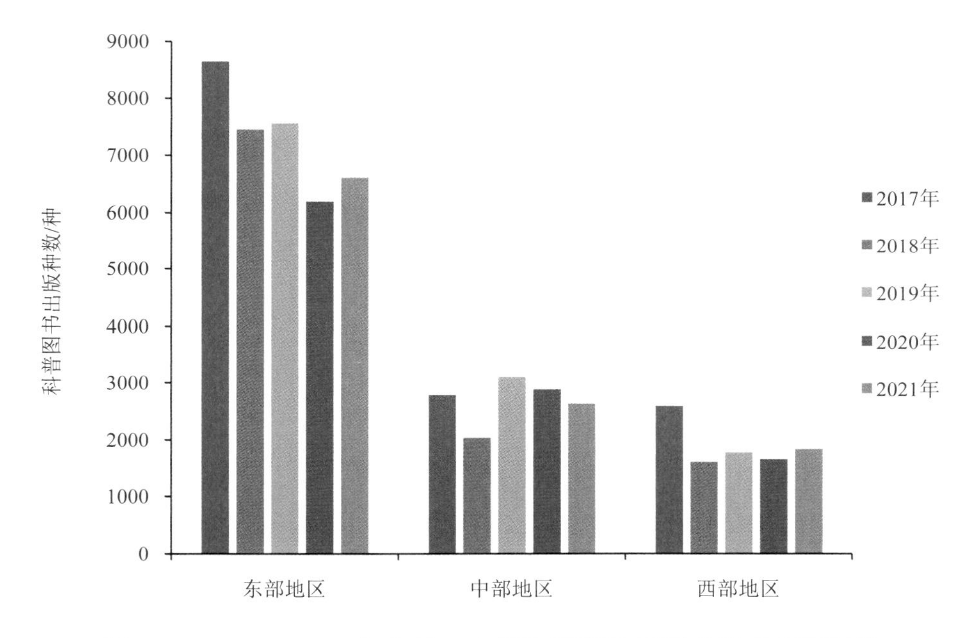

图 4-1　2017—2021 年东部、中部和西部地区科普图书出版种数

与 2020 年相比，2021 年中部地区科普图书出版种数有所减少，东部和西部地区科普图书出版种数有所增加。东部地区出版 6621 种，比 2020 年增加 417 种，增幅为 6.72%；中部地区出版 2646 种，比 2020 年减少 246 种，降幅为 8.51%；西部地区出版 1848 种，比 2020 年增加 188 种，增幅为 11.33%。

与 2020 年相比，2021 年东部和中部地区科普图书出版总册数均出现减少态势，西部地区科普图书出版总册数有所增加（图 4-2）。其中，东部地区出版 5674.82 万册，比 2020 年减少 1272.64 万册，降幅 18.32%；中部地区出版 1825.62 万册，比 2020 年减少 250.92 万册，降幅 12.08%；西部地区出版 1059.45 万册，比 2020 年增加 229.85 万册，增幅 27.71%。

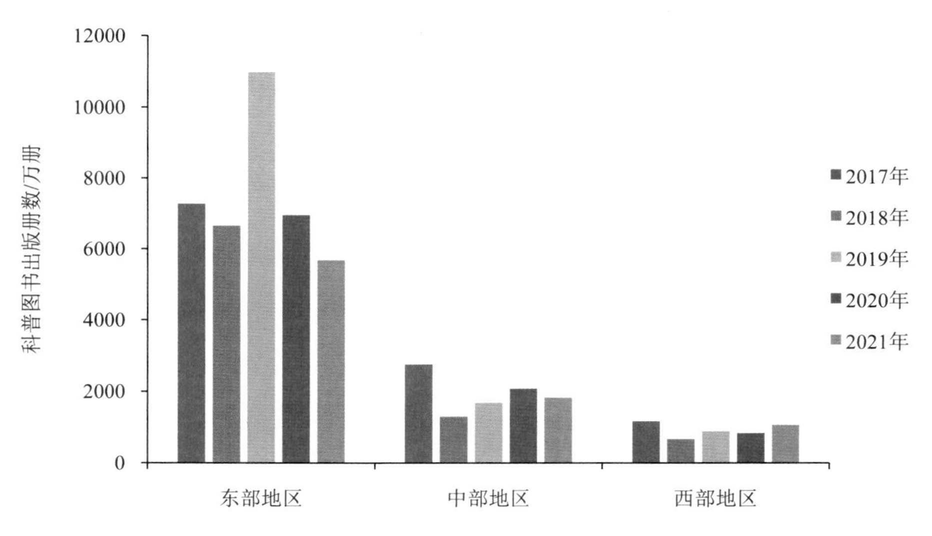

图 4-2　2017—2021 年东部、中部和西部地区科普图书出版册数

单品种科普图书出版册数反映科普图书受欢迎程度。与 2020 年相比，2021 年东部和中部地区单品种科普图书出版册数呈现下降态势，西部地区则有所上升（图 4-3）。

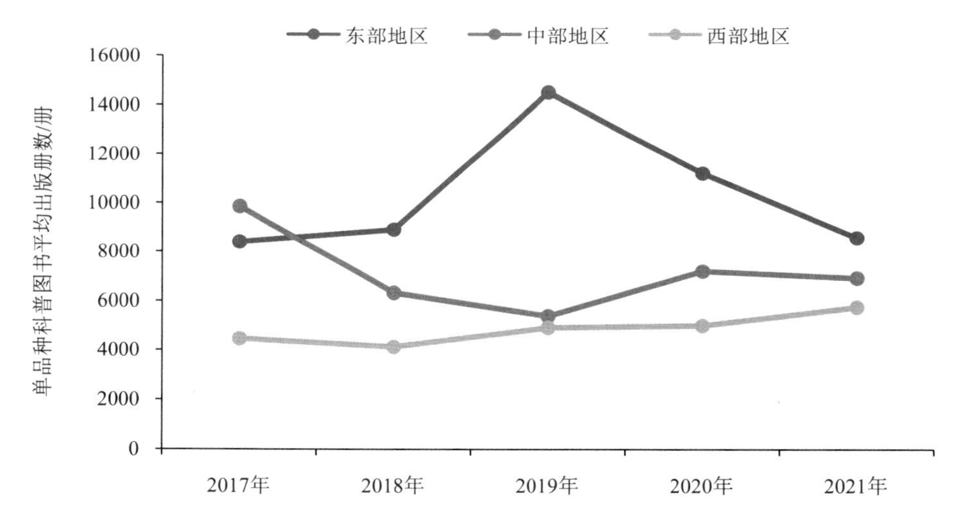

图 4-3　2017—2021 年东部、中部和西部地区单品种科普图书出版册数

2021 年北京科普图书出版品种数和出版总册数均位列全国首位（图 4-4）。科普图书出版品种数排在前 5 位的省分别是北京（3382 种）、上海（1022 种）、江西（790 种）、湖南（718 种）和吉林（533 种）。出版总册数排在前 5 位的省分别是北京（2647 万册）、上海（1525 万册）、江西（770 万册）、吉林（495 万册）和重庆（376 万册）。

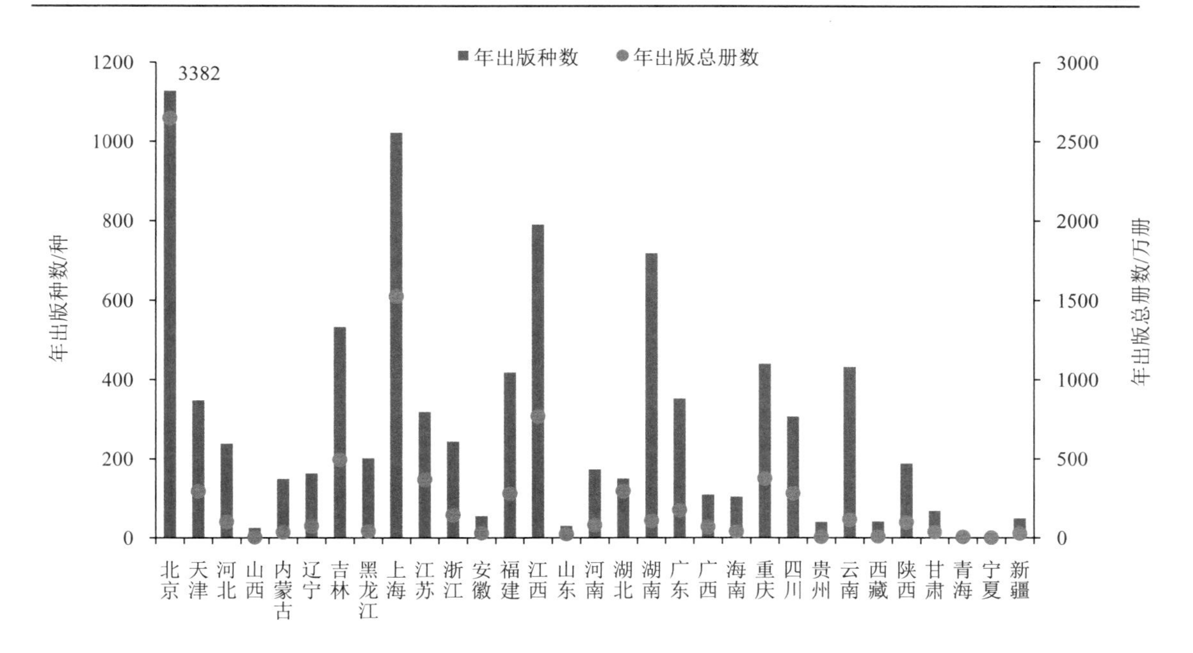

图 4-4 2021 年各省科普图书出版品种数和总册数

注：北京科普图书出版品种数为图示高度数值的 3 倍。

4.1.2 科普期刊

科普期刊是指在新闻出版机构登记、有正式刊号或有内部准印证并面向社会发行的具有科普性质的刊物。2021 年，全国科普期刊出版种数为 1100 种，比 2020 年减少 144 种，降幅为 11.58%。全国科普期刊出版总册数约为 8834.67 万册，比 2020 年减少 4270.70 万册，降幅为 32.59%。

从不同地区表现来看，2017—2021 年东部地区科普期刊出版种数和科普期刊出版总册数均明显领先中部和西部地区，中部地区在科普期刊出版种数和总册数方面表现相对较弱。

科普期刊出版种数方面，东部和中部地区持续下降，西部地区略有上升（图 4-5）。2021 年，东部地区出版科普期刊 610 种，比 2020 年减少 86 种；中部地区出版科普期刊 175 种，比 2020 年减少 96 种；西部地区出版科普期刊 315 种，比 2020 年增加 38 种。

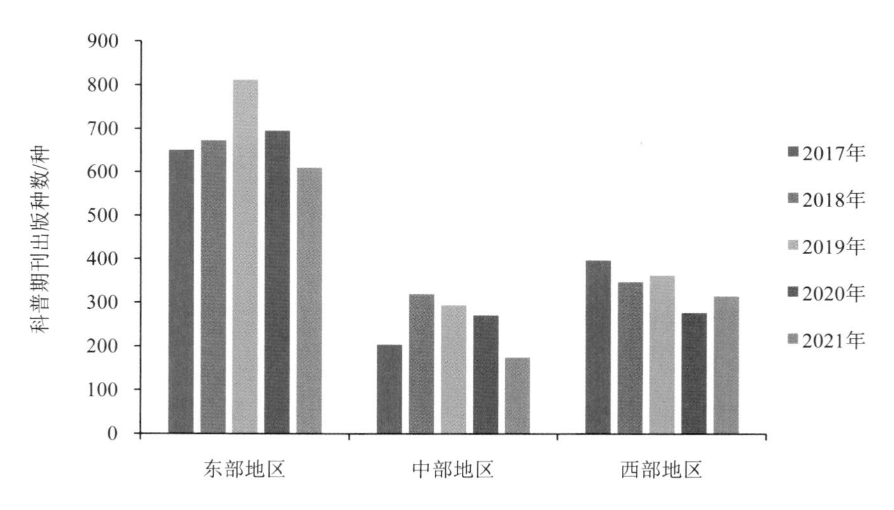

图 4-5 2017—2021 年东部、中部和西部地区科普期刊出版种数

科普期刊出版总册数方面，东部、中部和西部地区均呈下降趋势（图 4-6）。2021 年，东部地区科普期刊出版总册数 7216.90 万册，比 2020 年减少 2081.20 万册；中部地区科普期刊出版总册数 760.50 万册，比 2020 年减少 142.50 万册；西部地区科普期刊出版总册数 857.27 万册，比 2020 年减少 2047 万册。

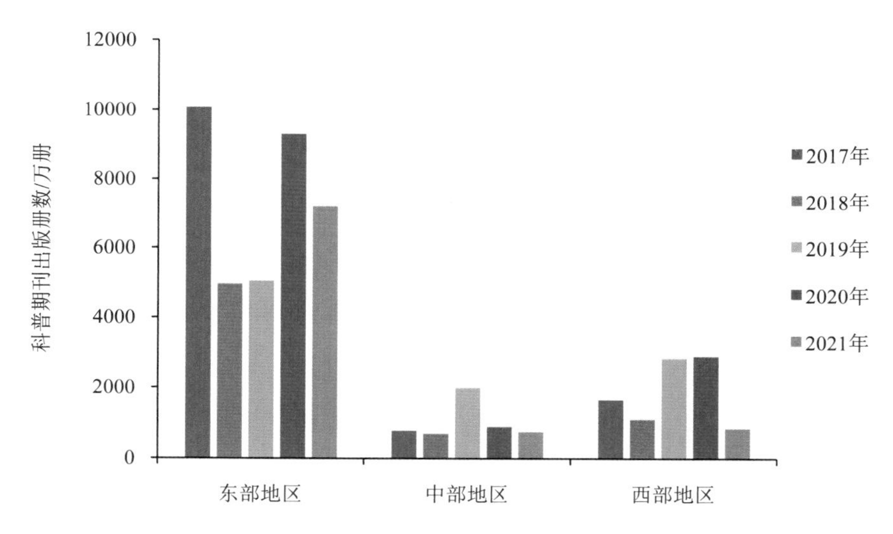

图 4-6 2017—2021 年东部、中部和西部地区科普期刊出版总册数

2021 年科普期刊出版种数排在前 5 位的省分别是天津（173 种）、北京（89 种）、重庆（85 种）、福建（78 种）和上海（62 种）。出版总册数排在前 5 位的省分别是广东（3277.32 万册）、北京（1315.72 万册）、上海（970.33 万册）、天津（703.45 万册）和江西（369.92 万册）（图 4-7）。

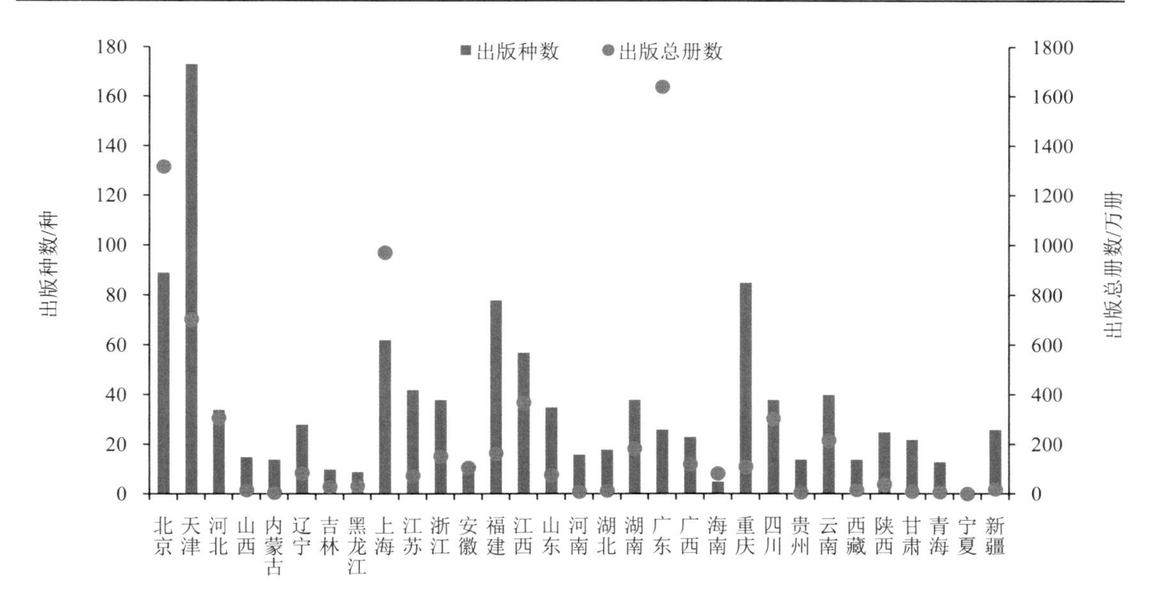

图 4-7 2021 年各地区科普期刊出版种数和总册数

注：广东科普期刊出版总册数为图示高度数值的 2 倍。

4.1.3 科技类报纸

2021 年，全国共发行科技类报纸 9462.12 万份，东部、中部和西部地区发行的科技类报纸分别占科技类报纸总发行量的 52.50%、15.61%和 31.89%。科技类报纸发行量排在前 5 位的省分别是北京（2232.22 万份）、广西（1135.49 万份）、上海（968.31 万份）、河北（612.26 万份）和山西（525.12 万份）（图 4-8）。

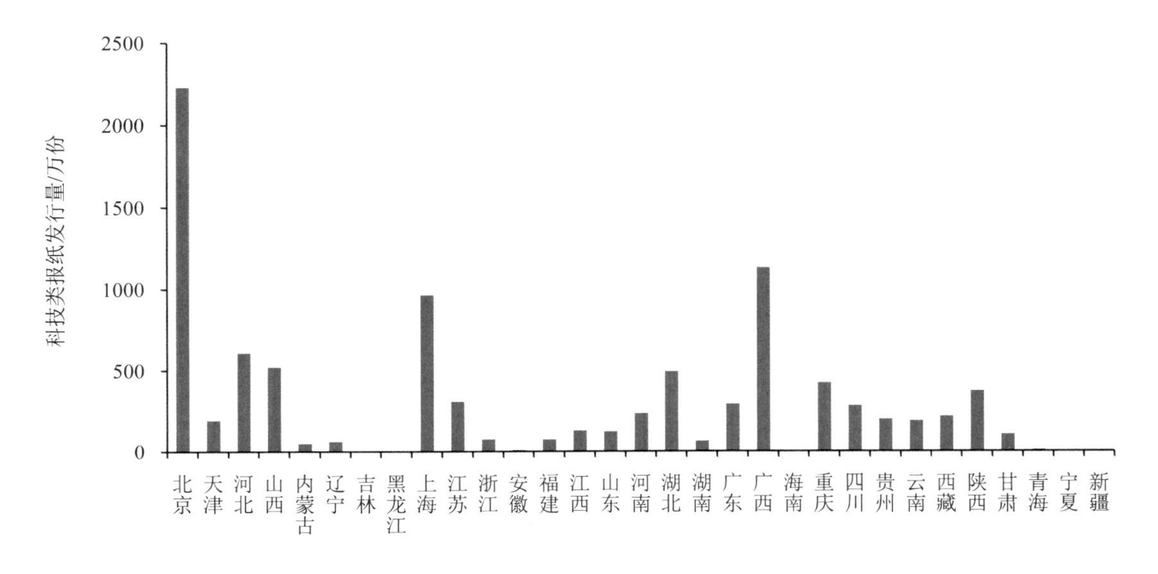

图 4-8 2021 年各省科技类报纸发行量

4.2 电视台、电台科普（技）节目

科普（技）节目是指电视台、电台播出的面向社会大众的以普及科学知识、倡导科学方法、传播科学思想、弘扬科学精神为主要目的的节目。电视、广播作为传播科技信息的主要渠道，承担着向社会普及科技知识的重任，是提升公众科学素养的有效途径。2021 年科普类节目推陈出新，一大批融科学性、趣味性、人文性于一体的新节目形态出现在各大电台、电视台。

12 月“天宫课堂”第一课在中国空间站开讲，神舟十三号乘组航天员翟志刚、王亚平、叶光富在中国空间站进行太空授课。“天宫课堂”结合载人飞行任务，由中国航天员担任“太空教师”，以青少年为主要对象，采取天地协同互动方式开展。这是我国科普教育活动覆盖面最大和参与公众最多的一次重大实践，“天宫课堂”已成为中国太空科普的国家品牌。

中国广核集团有限公司联合央视动漫集团有限公司共同创作了《大头儿子走进中广核核电基地》系列科普动画，用少儿喜欢的 IP 形象，结合生动有趣的讲故事方式，让少儿了解核能科普知识，真正做到核能科普从娃娃抓起。该动画系列片荣获“典赞 • 2021 科普中国”十大科普作品奖。

在天津市全域科学成果展示活动中，天津电视台科教频道推出了《奇思妙想看未来》专题栏目，栏目广泛涉及物理、化学、生物、地理等多个学科领域，妙趣横生的内容吸引青少年走进科学世界，领略科技带给生活的美好。

岳阳市推出的科普类广播节目《科普岳阳》，让市民随时听到卫生保健、低碳生活与节能及日常生活息息相关的科普知识，掌握科学方法，提升生活品质。

4.2.1 电视台科普（技）节目

电视是公众获取科技信息的重要渠道。新闻出版广电部门长期大力支持科普事业发展，在有条件的电视台开辟了专门的科普（技）栏目。

2021 年，全国电视台共播出科普（技）节目时间 17.75 万小时，比 2020 年增加 1.29 万小时。其中，东部地区电视台播放 7.41 万小时，比 2020 年增加 0.85 万小时；中部地区电视台播放 4.73 万小时，比 2020 年增加 1.34 万小时；西部地区电视台播放 5.60 万小时，比 2020 年减少 0.90 万小时（图 4-9）。

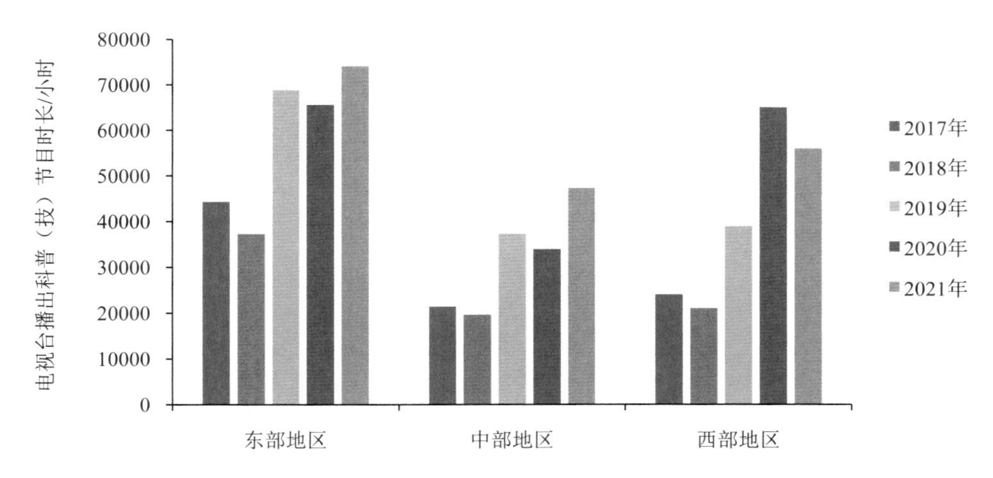

图 4-9 2017—2021 年东部、中部和西部地区电视台播出科普（技）节目时长

其中，云南的电视台科普（技）节目播出时间最长（18365 小时），居全国首位，随后依次为湖北（16931 小时）、广东（15704 小时）、辽宁（10857 小时）、北京（10070 小时）、上海（10007 小时）、山东（8543 小时）、新疆（8376 小时）、河北（7375 小时）和陕西（7038 小时）（图 4-10）。

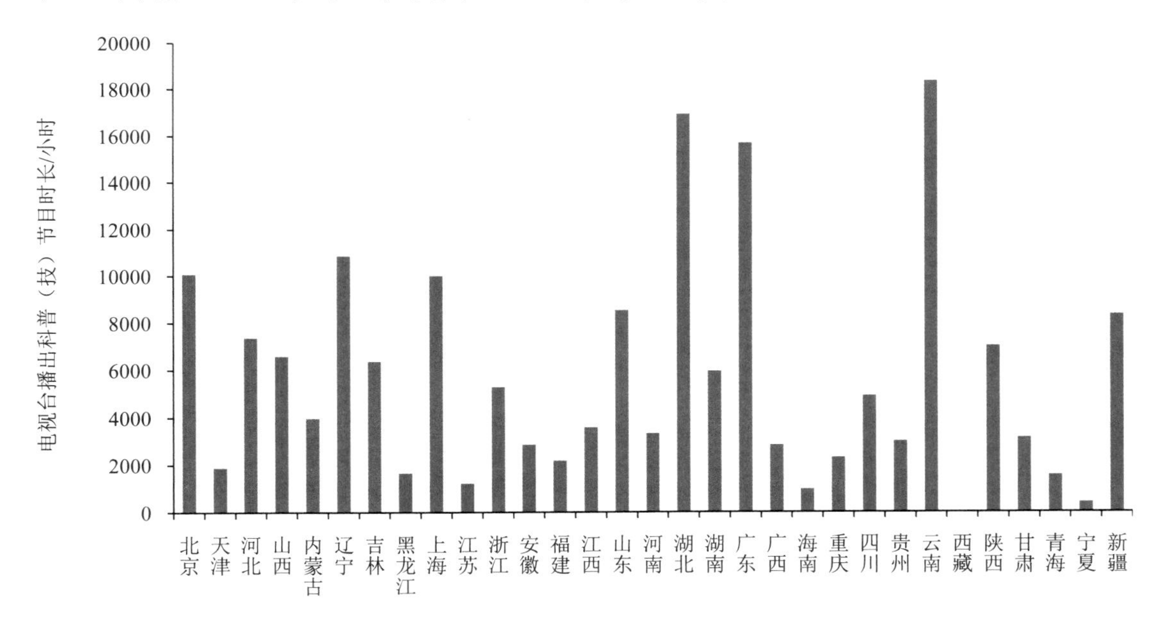

图 4-10 2021 年各省电视台播出科普（技）节目时长

4.2.2 电台科普（技）节目

2021 年，全国广播电台共播出科普（技）节目 14.60 万小时，比 2020 年增加了 1.77 万小时。其中，西部地区电台科普（技）节目播出时长领先其他地区，

其次是东部地区，最后是中部地区（图 4-11）。与 2020 年相比，东部、中部和西部地区电台科普（技）节目播出时长均出现不同程度的增长。

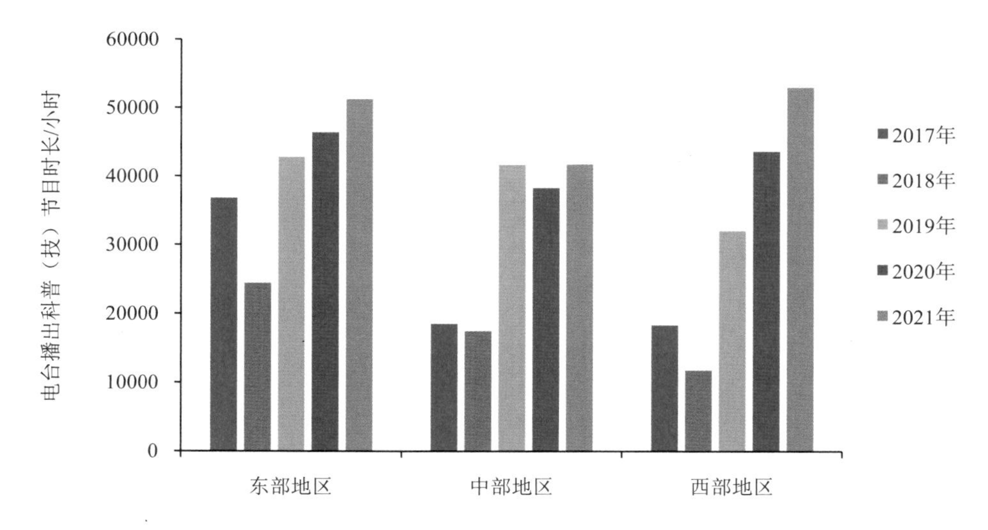

图 4-11　2017—2021 年东部、中部和西部地区电台播出科普（技）节目时长

从各省来看，湖北的电台科普（技）节目播出时间最长（17566 小时），随后依次为新疆（13170 小时）、山东（11011 小时）、广东（10777 小时）、云南（10271 小时）、青海（9875 小时）、辽宁（8082 小时）、北京（7199 小时）、陕西（5780 小时）和吉林（5431 小时）（图 4-12）。

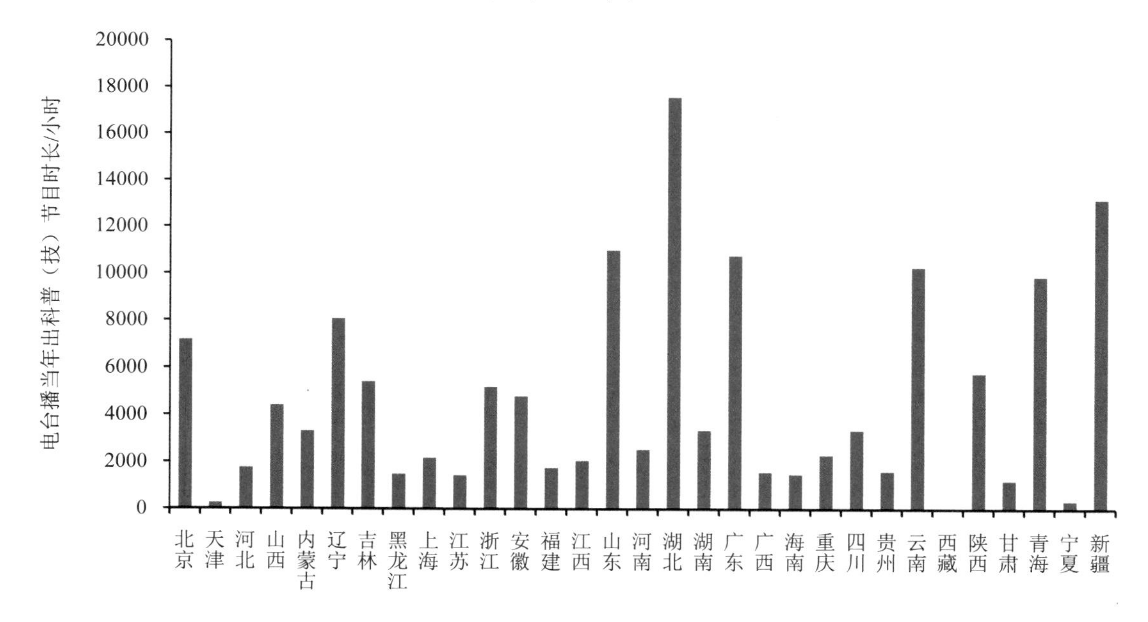

图 4-12　2021 年各省电台播出科普（技）节目时长

4.3 科普网站

科普网站是指提供科学、权威、准确的科普信息和相关资讯为主要内容的专业科普网站，政府机关的电子政务网站不在统计范围之内。

2021 年我国网民总体规模持续增长，城乡上网差距继续缩小，老年群体加速融入网络社会，大量科普信息通过互联网进行发布和接收，有效扩大科普传播的广度和深度。中国互联网络信息中心（CNNIC）发布的《第 49 次中国互联网络发展状况统计报告》（以下简称《报告》）显示，截至 2021 年 12 月，中国网民规模达 10.32 亿人，互联网普及率达 73.0%，较 2020 年 12 月增长 4296 万人。截至 2021 年 12 月，网民使用手机上网的比例达 99.7%，使用台式电脑、笔记本电脑、电视和平板电脑上网的比例分别为 35.0%、33.0%、28.1%和 27.4%。《报告》显示，即时通信、网络视频、短视频用户使用率分别为 97.5%、94.5%和 90.5%，用户规模分别达 10.07 亿人、9.75 亿人和 9.34 亿人。

截至 2021 年年底，我国共建成科普网站 1867 个。科普网站建设数超过 100 个的省依次是北京（183 个）、广东（156 个）、上海（127 个）和江苏（102 个）（图 4-13）。

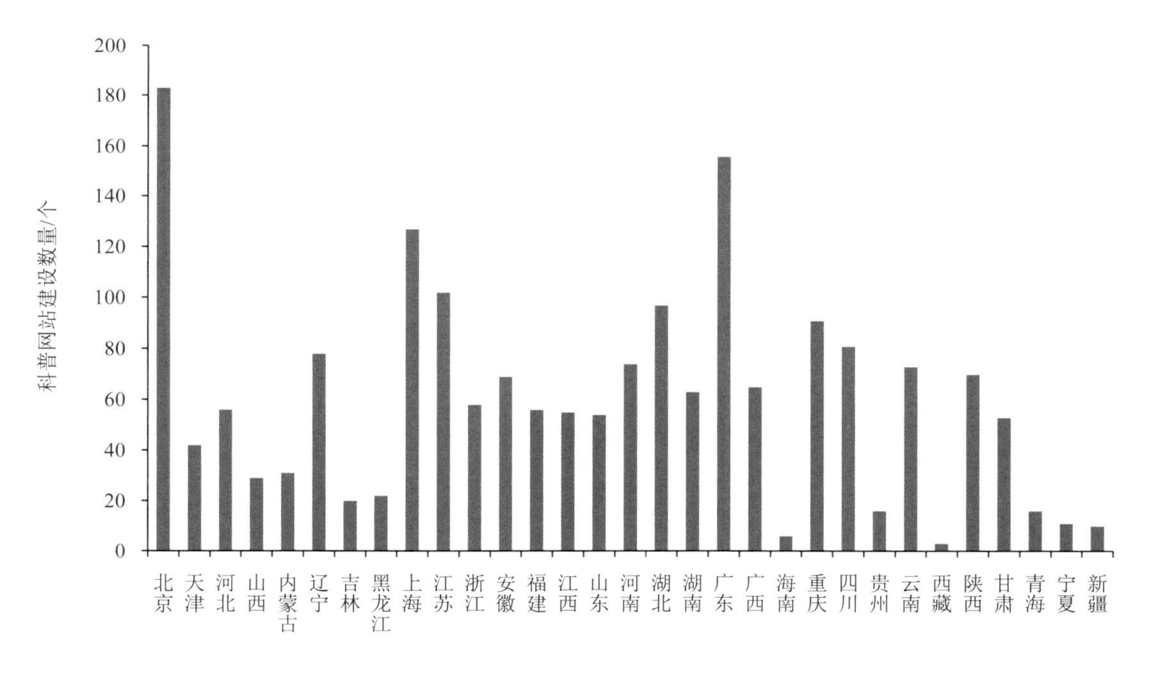

图 4-13　2021 年各省科普网站建设数

从科普网站数量的东部、中部和西部地区对比可以发现，东部地区拥有全国约一半的科普网站，西部地区科普网站拥有量超过了中部地区（图 4-14）。

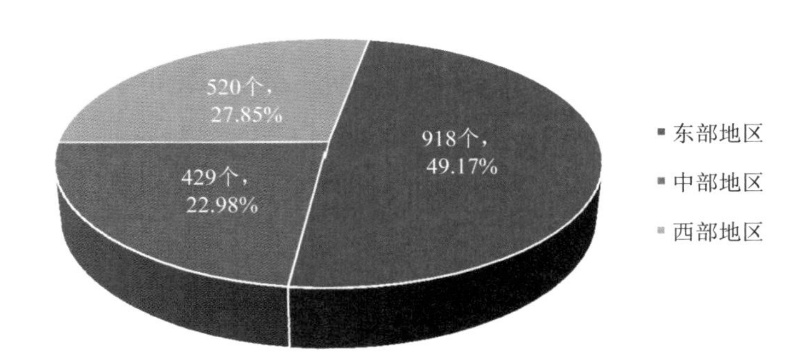

图 4-14　2021 年东部、中部和西部地区科普网站数及其所占比例

4.4　科普读物和资料

科普读物和资料是指在科普活动中发放的科普性图书、手册、音像制品等正式和非正式出版物、资料。2021 年全国在各类科普活动中共发放科普读物和资料 4.98 亿份，而当年正式出版的科普图书、期刊、科技类报纸共计 2.69 亿份，由此可见，发放的科普读物和资料中，绝大部分为非正式出版物、资料，符合开展科普活动时针对性强、时效性强、方便快捷的特性。

与 2020 年相比，2021 年东部和西部地区发放科普读物和资料数量均略有减少，中部地区与上一年度持平（图 4-15）。

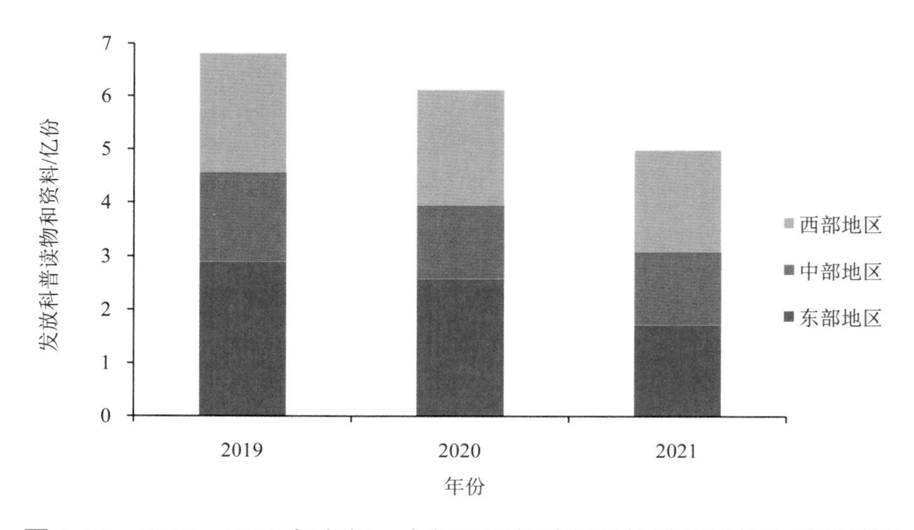

图 4-15　2019—2021 年东部、中部和西部地区发放科普读物和资料情况

2021 年，全国发放科普读物和资料数排在前 5 位的省分别是云南（4982.80 万份）、湖北（4386.58 万份）、江苏（3390.28 万份）、广东（3032.38 万份）和四川（2759.57 万份）（图 4-16）。

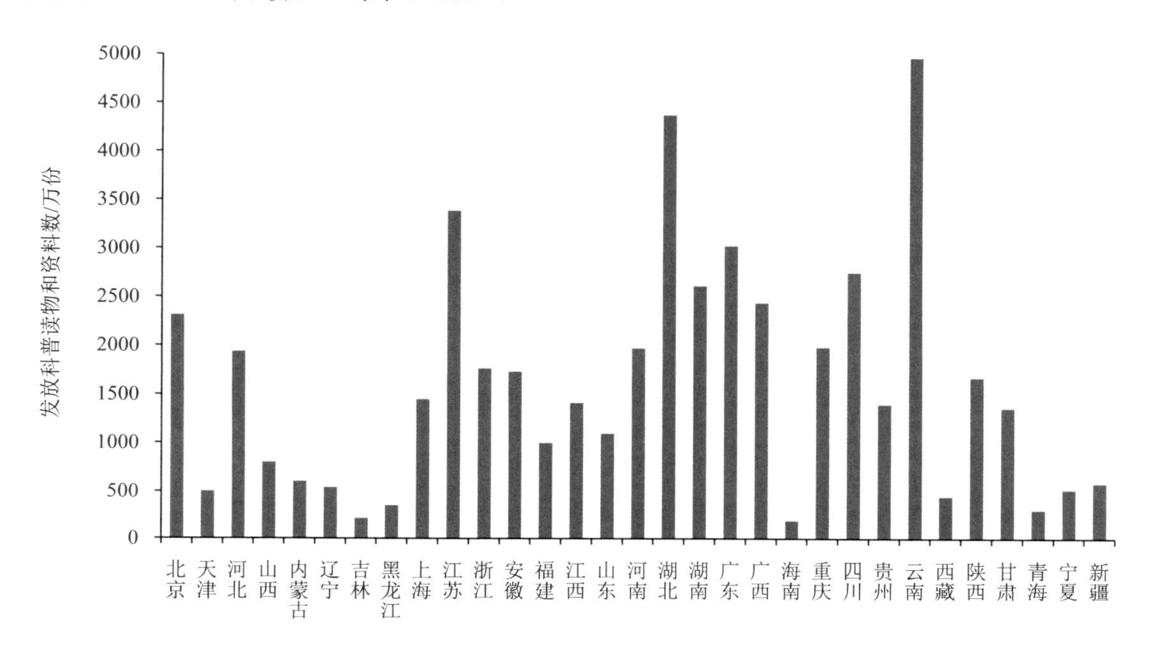

图 4-16 2021 年各省发放科普读物和资料数

4.5 科普类微博、微信公众号

互联网时代下，科普信息的阅读行为场景呈现出移动化、碎片化的特点，微博和微信公众号等新型科学传播方式在传播效果方面体现出巨大的优势。在微博、微信阅读成为国民重要阅读媒介的背景下，运用微博、微信平台进行科普宣传，可以充分调动公众接受科普知识的主动性。

科普类微博、微信公众号是指以普及科学知识、倡导科学方法、传播科学思想、弘扬科学精神为主要目的的微博、微信公众号。2021 年全国共建设科普类微博 1669 个，发布各类文章 133.31 万篇，阅读量达 153.56 亿次；科普类微信公众号 7949 个，发布各类文章 177.55 万篇，阅读量达 51.80 亿次。

从各地区来看，2021 年东部地区的微博数量最多，西部地区的微博数量最少；东部地区的微信公众号数量最多，中部地区的微信公众号数量最少（图 4-17）。

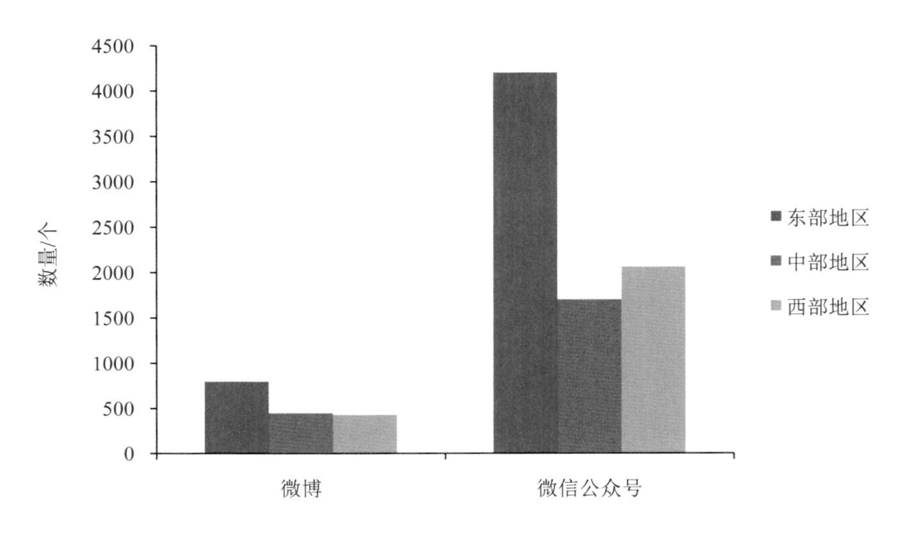

图 4-17　2021 年东部、中部和西部地区的微博、微信公众号数

从各省情况来看，2021 年科普类微博建设数量最多的是北京（266 个），其他数量较多的省分别是湖北（152 个）、上海（110 个）、天津（100 个）和河南（93 个）（图 4-18）。

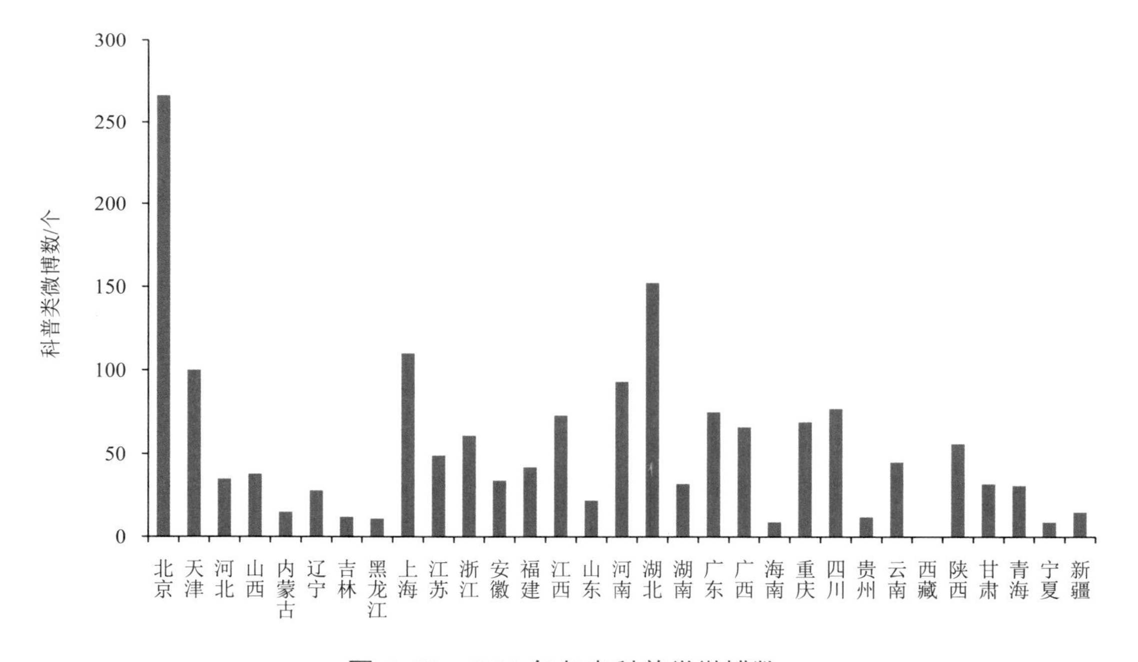

图 4-18　2021 年各省科普类微博数

2021 年科普类微信建设数量最多的是北京（916 个），其他数量较多的省分别是上海（720 个）、广东（588 个）、重庆（408 个）和福建（394 个）（图 4-19）。

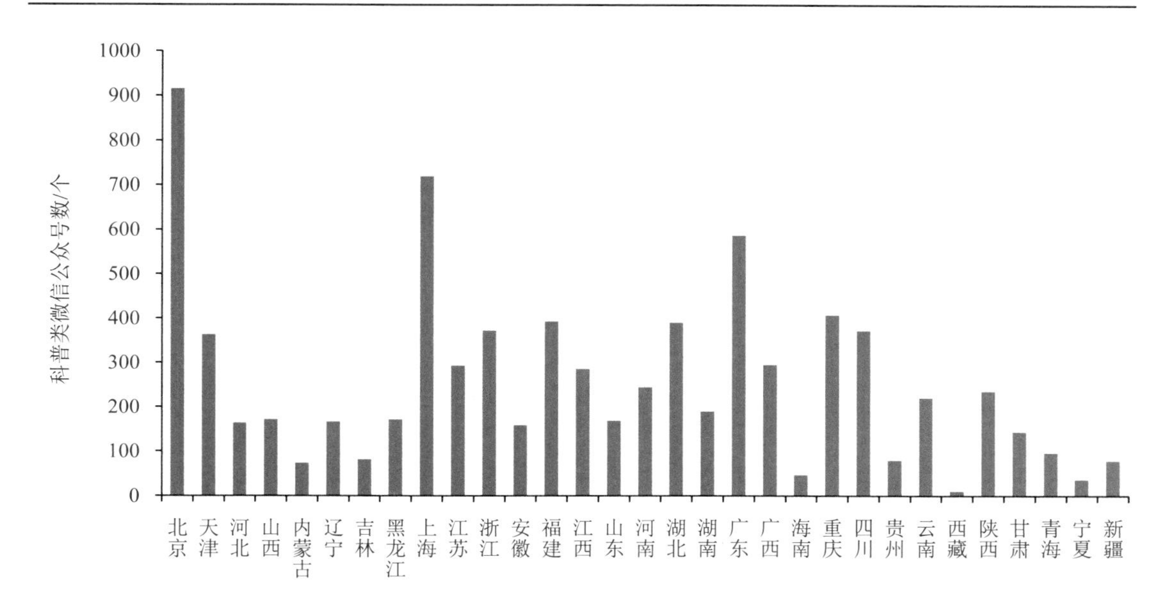

图 4-19　2021 年各省科普类微信公众号数

从各部门来看，2021 年科普类微博建设数量最多的是卫生健康部门（513 个），其他数量较多的部门分别是气象部门（164 个）、教育部门（144 个）、文化和旅游部门（134 个）和生态环境部门（121 个）（图 4-20）。

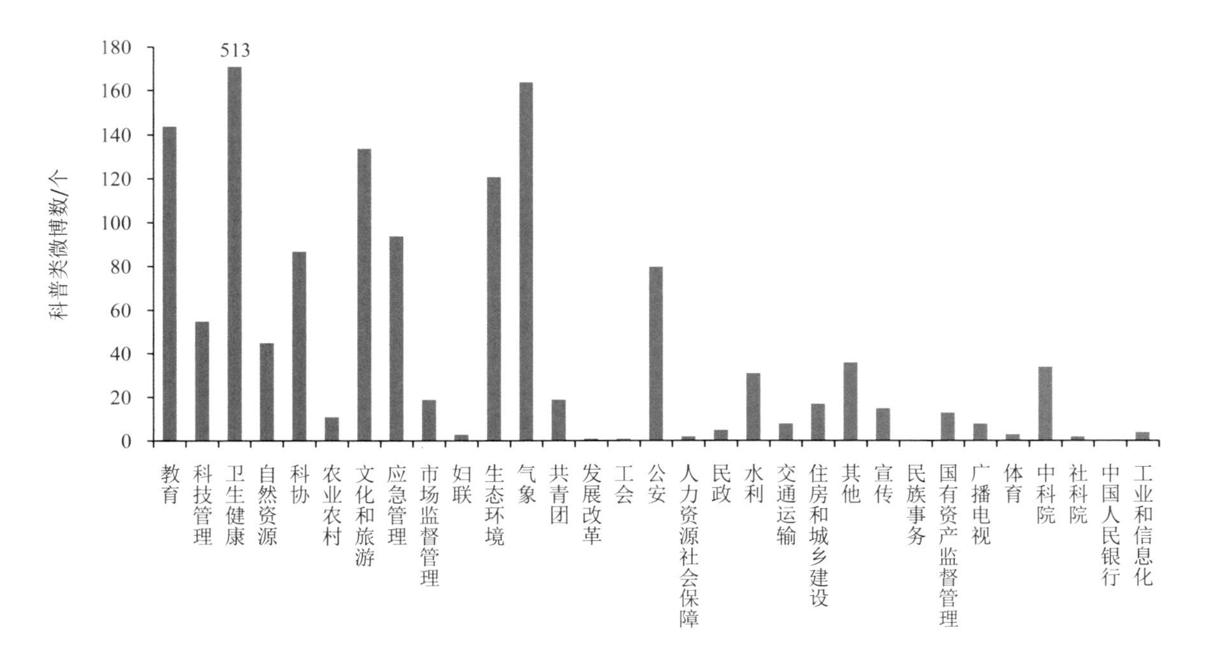

图 4-20　2021 年各部门科普类微博数

注：卫生健康部门建设的科普类微博数为图示高度数值的 3 倍。

2021年科普类微信公众号建设数量最多的是卫生健康部门（3126个），其他数量较多的部门分别是教育部门（998个）、科协组织（597个）、科技管理部门（444个）和自然资源部门（322个）（图4-21）。

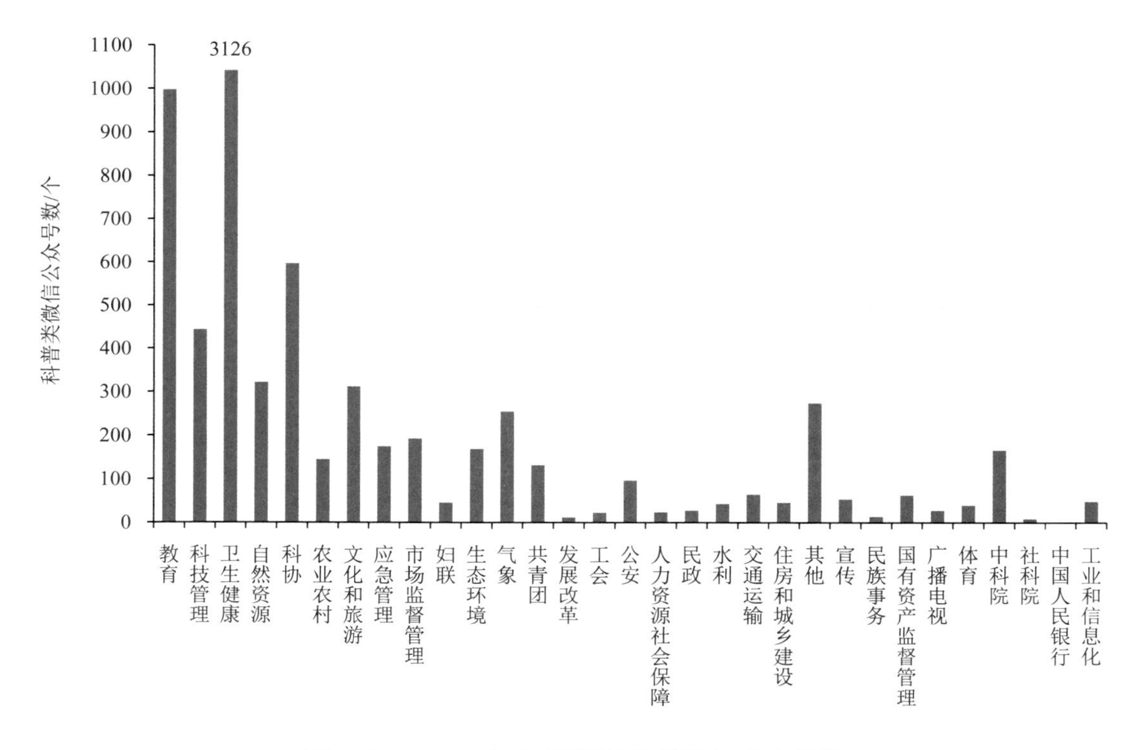

图4-21 2021年各部门科普类微信公众号数

注：卫生健康部门建设的科普类微信公众号数为图示高度数值的3倍。

5　科普活动

科普活动是促进公众理解科学的重要载体，科普活动主要包括科技活动周，科普（技）讲座，科普（技）展览，科普（技）竞赛，青少年科普，科研机构、大学向社会开放情况，科普国际交流，实用技术培训和重大科普活动。

2021 年各部门各地出台相关政策文件，鼓励和支持举办各类科普活动，增强科普活动的多样性、趣味性和参与性。2021 年 2 月，国务院应对新型冠状病毒肺炎疫情联防联控机制综合组印发了《关于新冠肺炎疫情防控常态化下进一步加强健康教育工作的指导意见》，明确指出科协会同卫生健康等相关部门，建立健全应急科普联动协调机制。2021 年 4 月，科技部等部门联合发布了《科技部　中央宣传部　中国科协关于举办 2021 年全国科技活动周的通知》，提出在 2021 年 5 月 22—28 日开展以“百年回望：中国共产党领导科技发展”为主题的全国科技活动周，活动采用线上线下相结合方式，并开通网络云展厅。2021 年 8 月，中国科协、中央宣传部、教育部、科技部等 13 部门联合发布《中国科协等 13 部门关于举办 2021 年全国科普日活动的通知》，组织开展以“百年再出发，迈向高水平科技自立自强”为主题的全国科普日活动。2021 年 9 月，甘肃省文化和旅游厅主办 2021 年甘肃工业文化主题展览及科普教育活动，活动包括 2000 余平方米的工业文化主题展览，20 场科普教育活动，以及多项文创体验活动。2021 年 10 月，农业农村部发布《关于开展 2021 年水生野生动物保护科普宣传月活动的通知》，要求通过各种途径和媒体形式及时发布活动信息、传播科普知识，全国上下联动，形成宣传效应，共同营造全社会水生野生动物保护浓厚氛围。2021 年，中科院系统举办“公众科学日”系列科普活动及系列科普专题活动等，形式多样，精彩纷呈。

科技活动周是向公众宣传科学知识、提升国民科学素质的一项重要活动，历年来在活动举办内容和形式上不断创新，公众参与度不断提高。2021 年，科技活动周共举办线上线下科普专题活动 11.16 万次，比 2020 年增加 2.34%，其中线下举办 10.10 万次，线上举办 1.05 万次；线上线下参加人数增至 5.93 亿人次，比 2020 年增长 21.26%，其中线下参加人数为 4297.79 万人次，线上参加人数为 5.50 亿人次。

全国举办线上线下科普(技)讲座次数为103.82万次,比2020年增加22.63%，听众人数达 33.80 亿人次，比 2020 年增加 108.24%；举办线上线下科普（技）展览 10.07 万次，比 2020 年减少 8.55%，观众参与人数为 2.05 亿人次，比 2020 年减少 35.91%；各类机构共举办线上线下科普（技）竞赛 3.68 万次，比 2020 年增加 30.57%，参赛人数为 7.26 亿人次，比 2020 年增加 294.22%。

受新冠感染疫情影响，全国科研机构、大学开放单位数量降至 7377 个，比 2020 年减少 11.42%，但参观人次达 1471.15 万人次，比 2020 年增加 27.32%。

随着疫情影响持续，国际出行继续减少。2021 年科普国际交流 817 次，比 2020 年减少 7.58%；但通过发挥线上优势，参加人数达 2007.29 万人次，比 2020 年大幅增长，比 2020 年增加 250.08%。

各地举办科技夏（冬）令营活动 6849 次，比 2020 年减少 13.47%，参加人数为 175.68 万人次，比 2020 年减少 95.83%；青少年科技兴趣小组成立数量为 14.03 万个，比 2020 年减少 11.23%，参加人数为 1088.69 万人次，比 2020 年减少 2.94%。

全国实用技术培训持续减少,共举办 38.78 万次,吸引 3734.80 万人次参加，分别比 2020 年减少 8.18%和 23.68%。

全国开展 1000 人次以上参加的重大科普活动 1.20 万次，比 2020 年减少 7.94%。

5.1 科技活动周

科技活动周是我国政府于 2001 年批准设立的大规模群众性科学技术活动。根据国务院批复，每年 5 月的第 3 周为“科技活动周”，由科技部会同党中央、国务院有关部门和单位组成科技活动周组委会，同期在全国范围内组织实施。科技活动周围绕科技创新和经济社会发展热点及群众关心的焦点，通过举办一系列丰富多彩、形式多样的群众性科普活动，让公众在参与中感受科技的魅力，促进公众理解科学、支持科技创新。科技活动周作为全国公众参与度最高、范围覆盖面最广、社会影响力最大的品牌科普活动，是推动全国科普工作的标志性活动和重要载体。

2021 年是中国共产党成立第 100 周年，是全面建成小康社会、实现第一个百年奋斗目标之年后，开启全面建设社会主义现代化国家新征程、向第二个百年奋斗目标进军的开局之年。在这个特殊节点上举办 2021 年全国科技活动周，具有重要的历史和现实意义。为隆重纪念建党 100 周年，推动科技创新成果和科学普及活动惠及于民，科技部等部门联合发布了《科技部　中央宣传部　中国科协关于举办 2021 年全国科技活动周的通知》，共同主办 2021 年全国科技活动周。

中国共产党自诞生起就高度重视科技创新发展，毛泽东同志对科技发展作了精辟论述，徐特立在延安自然科学院建立时提出“科学！是国力的灵魂”。新中国成立初期，国家在极其艰苦的条件下创造出“两弹一星”的奇迹，取得了青蒿素、人工合成牛胰岛素等重大成就。改革开放以来，实施国家高技术研究发展计划（863 计划）、国家重点基础研究发展计划（973 计划），跟踪研究世界先进技术发展趋势，面向国家重大需求培养大批优秀人才。21 世纪，国家科技事业发展进入快车道，重大创新成果不断涌现，我国科技实力“后发赶超”，实现了整体性、格局性的重大发展。党的十九届五中全会把科技创新提到了前所未有的高度，把坚持创新摆在我国现代化建设全局中的核心地位。在建党 100 周年举办全国科技活动周，回顾党领导下的科技发展历程，对坚定科技自立自强信心和决心，建设科技强国具有重大意义。

2021 年科技活动周的主题是“百年回望：中国共产党领导科技发展”。主要内容包括：

①突出宣传党对科技全面领导和方向指引。重点宣传中国共产党百年历史中对科技事业改革与发展的英明决策和伟大壮举，突出展示党的十八大以来以习近平同志为核心的党中央领导实施创新驱动发展战略取得的重大进展和突出成就，认真学习党指引科技事业发展的光辉历史，使广大科技工作者学史明理增信、牢记初心使命，坚定“沿着党的指引勇攀科学高峰”的信心和决心，使“科技自立自强”成为全民的自觉行动。

②大力弘扬科学家精神。集中宣传科学家胸怀祖国、甘于奉献的高尚情怀，大力弘扬爱国精神和创新精神，积极讲述科技工作者追求真理、淡泊名利、勇

攀高峰、敢为人先的创新故事，推动在全社会营造尊重人才、尊重创造的社会风尚，激发广大科技工作者爱国奉献、自立自强的使命感和责任感。

③举办青少年科技创新活动。落实习近平总书记关于激发青少年好奇心的重要指示，组织广大青少年感兴趣的科技实践活动，让大中小学生树立尊崇科学家的人生价值观，激发热衷科学探索的兴趣，树立良好的作风学风，培养青少年投身于科技自立自强的远大志向。

④开展科技为民服务活动。落实党中央关于乡村振兴、高质量发展的战略部署，始终坚持以人民为中心的理念，面向基层群众开展各类科普活动和科技服务，通过开展科技扶贫、科技下乡、科普进社区、科普进校园等系列科普惠民活动，组织广大科技工作者和科普工作者，深入田间地头、厂矿企业、社区农村、中小学校开展形式多样的为民科普服务活动。

2021 年全国科技活动周暨北京科技周启动式 5 月 22 日在北京举办，中央和国家机关有关部门及北京市负责同志参加启动仪式。全国科技活动周组委会组织了科学之夜、科研机构和大学开放、科技列车河池行、全国科普讲解大赛、全国科普微视频大赛、全国科学实验展演汇演、全国优秀科普作品推荐、科普援藏、全国优秀科普展品巡展暨流动科技馆进基层、“全国青少年创·造实践活动”等重大示范活动。有关部门根据自身优势和特点，举办各具特色的群众性科技活动。相关部门开展“科研机构、大学向社会开放”“科学使者进社区（农村、企业、学校、军营）”等活动。部队举办军营开放等活动。各地同步举办科技活动周、“科技节”等具有区域优势和特点的群众性科技活动。2021 年，北京科技周首次设立科幻分会场，以“科幻世”为策划主线在石景山区首钢园开展利用科学与艺术结合的创意展览。5 月 28 日，2021 年全国科技活动周闭幕式暨上海科技节闭幕式在上海举办。

科技活动周

根据《国务院关于同意设立“科技活动周”的批复》（国函〔2001〕30 号），自 2001 年起，每年 5 月的第 3 周为“科技活动周”，在全国开展多系列、多层次的群众性科学技术活动。2001—2021 年，科技活动周已成功举办了 21 届，已经成为集中宣传党和国家科技方针政策的重要阵地，集中展示我国最新科技成果的重要平台，以及政府部门与社会各界共同推动科普工作的重要载体。

全国科技活动周主题

2001 年——科技在我身边
2002 年——科技创造未来
2003 年——依靠科学，战胜非典
2004 年——科技以人为本，全面建设小康
2005 年——科技以人为本，全面建设小康
2006 年——携手建设创新型国家
2007 年——携手建设创新型国家
2008 年——携手建设创新型国家
2009 年——携手建设创新型国家
2010 年——携手建设创新型国家
2011 年——携手建设创新型国家
2012 年——携手建设创新型国家
2013 年——科技创新•美好生活
2014 年——科学生活　创新圆梦
2015 年——创新创业　科技惠民
2016 年——创新引领　共享发展
2017 年——科技强国　创新圆梦
2018 年——科技创新　强国富民
2019 年——科技强国　科普惠民
2020 年——科技战疫　创新强国
2021 年——百年回望：中国共产党领导科技发展

5.1.1　科普专题活动

2021 年全国科技活动周期间，共举办科普专题活动 11.16 万次，比 2020 年增加 2.34%；参加科技活动周的公众达 5.93 亿人次，比 2020 年增长 21.26%；全国科技活动周每万人口参加人数为 4197 人次，比 2020 年增长 21.19%（表 5-1）。

表 5-1　2019—2021 年全国科技活动周主要指标

指标	2019 年	2020 年	2021 年	2020—2021 年增长率
科普专题活动举办次数/次	118937	109011	111563	2.34%
参加人数/万人次	20157.80	48891.44	59287.24	21.26%
每万人口参加人数/人次	1440	3463	4197	21.19%

从地区来看，东部地区举办科技活动周科普专题活动 4.83 万次，继续保持领先，其中线下举办 4.28 万次，线上举办 5480 次。中部地区举办科技活动周科普专题活动 2.25 万次，其中线下举办 2.05 万次，线上举办 2065 次；西部地区举办科技活动周科普专题活动 4.07 万次，其中线下举办 3.77 万次，线上举办 2984 次（图 5-1）。2021 年东部、中部、西部地区举办科技活动周科普专题活动次数分别占全国总数的 43.30%、20.21%和 36.49%。相比 2020 年，东部、中部、西部地区举办科技活动周科普专题活动次数的变化量分别为 5.96%、-9.58%和 5.78%。

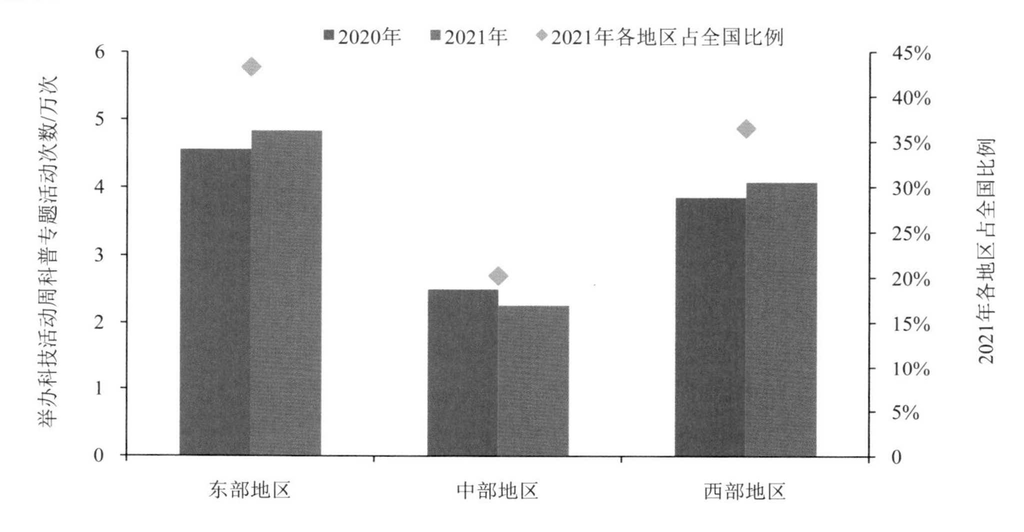

图 5-1　2020 年和 2021 年东部、中部和西部地区科技活动周科普专题活动举办次数及 2021 年占比

2021 年，东部地区科技活动周科普专题活动参加人数为 5.08 亿人次，占全国科技活动周科普专题活动参加人数的 85.61%，其中线下参加人数为 1884.99 万人次，线上参加人数为 4.89 亿人次。中部地区科技活动周参加人数为 4464.36 万人次，占全国科技活动周参加人数的 7.53%，其中线下参加人数为 890.08 万人次，线上参加人数为 3574.29 万人次。西部地区科技活动周参加人数为 4067.46 万人次，占全国科技活动周参加人数的 6.86%，其中线下参加人数为 1522.72 万人次，线上参加人数为 2544.74 万人次。由上可知，东部地区群众参加科技活动周的积极性最高，继续保持参加人数领先的地位；其次是中部地区；之后是西部地区。与 2020 年相比，中部地区参加人数增幅最大，达 30.84%，东部地区增幅次之，达 23.75%，西部地区则呈下降趋势，降幅为 8.93%（图 5-2）。

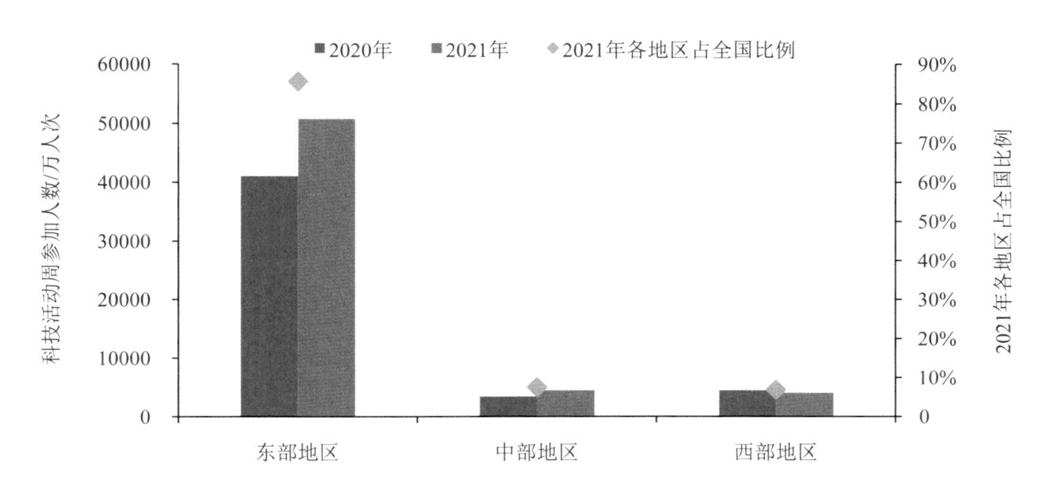

图 5-2 2020 年和 2021 年东部、中部和西部地区科技活动周参加人数及 2021 年占比

从部门来看，组织开展科技活动周科普专题活动次数居前 4 位的部门为教育、科技管理、科协、卫生健康，这 4 个部门举办科普专题活动次数均超过 1.1 万次，合计占全国科普专题活动总数的 62.64%，但合计参加人数占全国科普专题活动总人数的 18.62%，呈现出活动举办次数和参加人数不均衡的现象。教育部门举办科普专题活动次数为 2.70 万次，继续保持领先，其中线下举办次数为 2.42 万次，线上举办次数为 2828 次；共吸引 1809.89 万人次参加，其中线下参加人数为 1344.55 万人次，线上参加人数为 465.34 万人次。科技管理部门举办科普专题活动次数为 1.58 万次，其中线下举办次数为 1.46 万次，线上举办次数为 1271 次；共吸引 2481 万人次参加，其中线下参加人数为 692.59 万人次，线上参加人数为 1788.41 万人次。科协组织举办科普专题活动次数为 1.57 万次，其中线下举办次数为 1.50 万次，线上举办次数为 620 次；共吸引 4279.43 万人次参加，其中线下参加人数为 712.13 万人次，线上参加人数为 3567.29 万人次。卫生健康部门举办科普专题活动次数为 1.14 万次，其中线下举办次数为 9810 次，线上举办次数为 1551 次；共吸引 2469.86 万人次参加，其中线下参加人数为 197.79 万人次，线上参加人数为 2272.07 万人次。此外，虽然中科院系统和气象部门举办科技活动周科普专题活动次数相对不多，但活动参加人数却遥遥领先。其中，中科院系统虽然只举办了 461 次科普专题活动，但却吸引了 1.81 亿人次参加，占所有部门参加人数的 30.61%，其中线下参加人数为 40.84 万人次，线上参加人数为 18108.72 万人次；气象部门举办科普专题活动次数为 2197 次，吸

引了 9365.70 万人次参加，占所有部门参加人数的 15.80%，其中线下参加人数为 52.82 万人次，线上参加人数为 9312.88 万人次（图 5-3、图 5-4）。

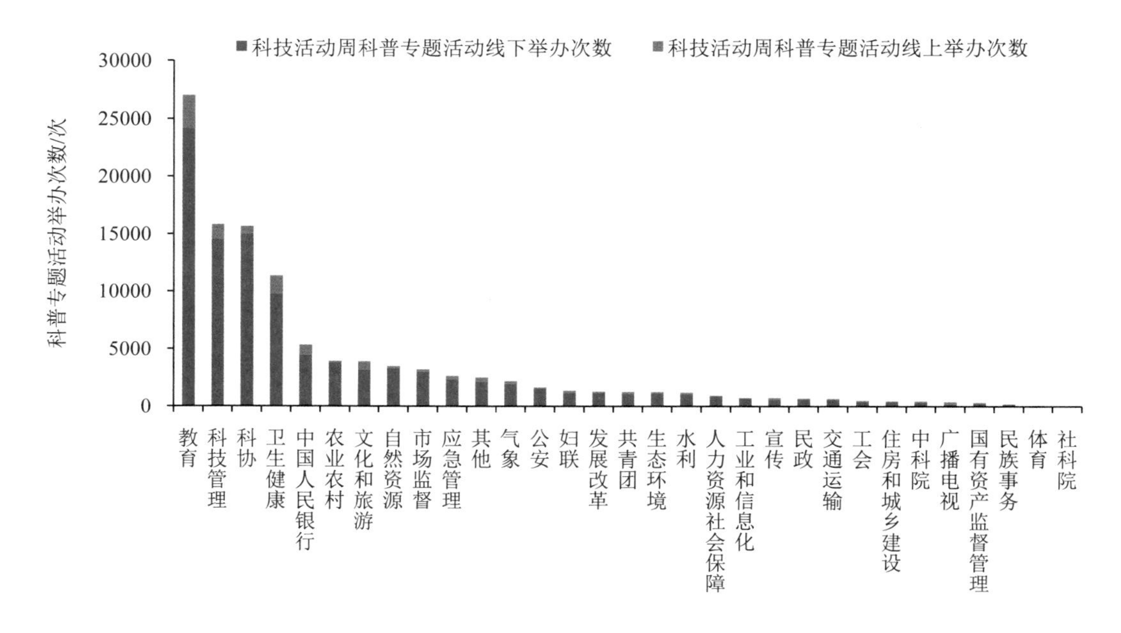

图 5-3　2021 年各部门科技活动周科普专题活动举办次数

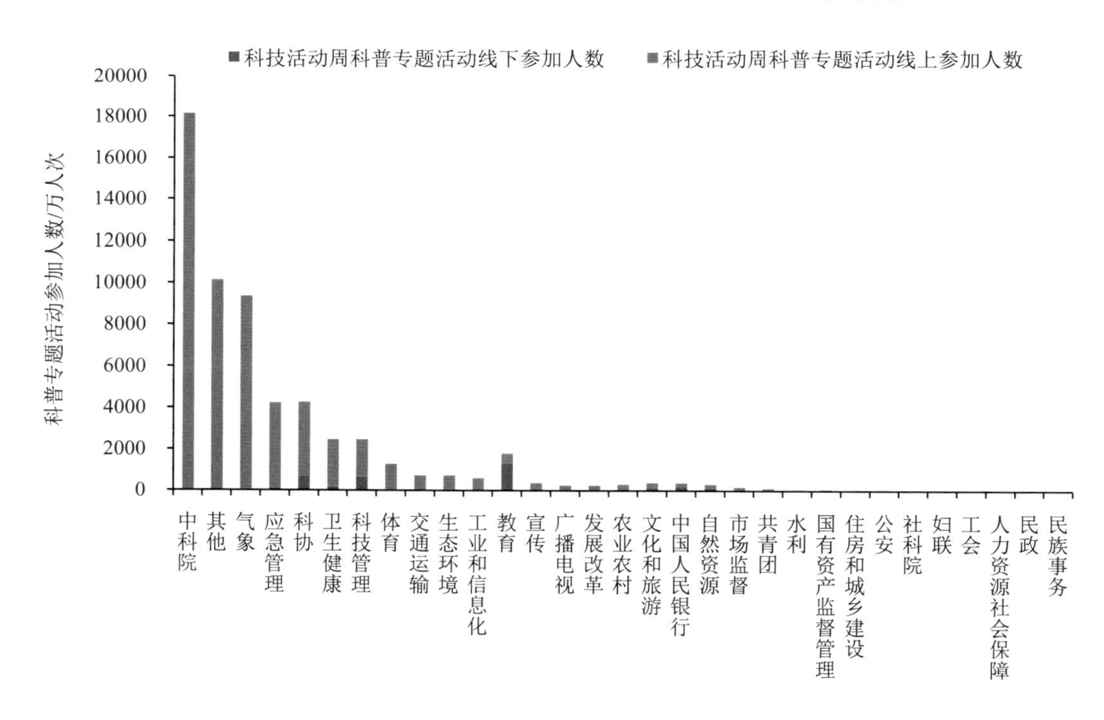

图 5-4　2021 年各部门科技活动周科普专题活动参加人数

从行政级别来看，级别越高，举办科普专题活动次数越少，但参加人数越多。中央部门级举办科普专题活动 1901 次，其中线下举办 1434 次，线上举办 467 次；共吸引 2.28 亿人次参加，其中线下参加人数为 108.85 万人次，线上参加人数为 2.26 亿人次。省级举办科普专题活动 1.50 万次，其中线下举办 1.26 万次，线上举办 2376 次；共吸引 2.25 亿人次参加，其中线下参加人数为 759.20 万人次，线上参加人数为 2.17 亿人次。地市级举办科普专题活动 3.19 万次，其中线下举办 2.80 万次，线上举办 3840 次；共吸引 1.08 亿人次参加，其中线下参加人数为 1215.42 万人次，线上参加人数为 9619.74 万人次。县级举办科普专题活动 6.28 万次，其中线下举办 5.90 万次，线上举办 3846 次；共吸引 3229.48 万人次参加，其中线下参加人数为 2214.32 万人次，线上参加人数为 1015.16 万人次，其线下参加人数最多（图 5-5）。

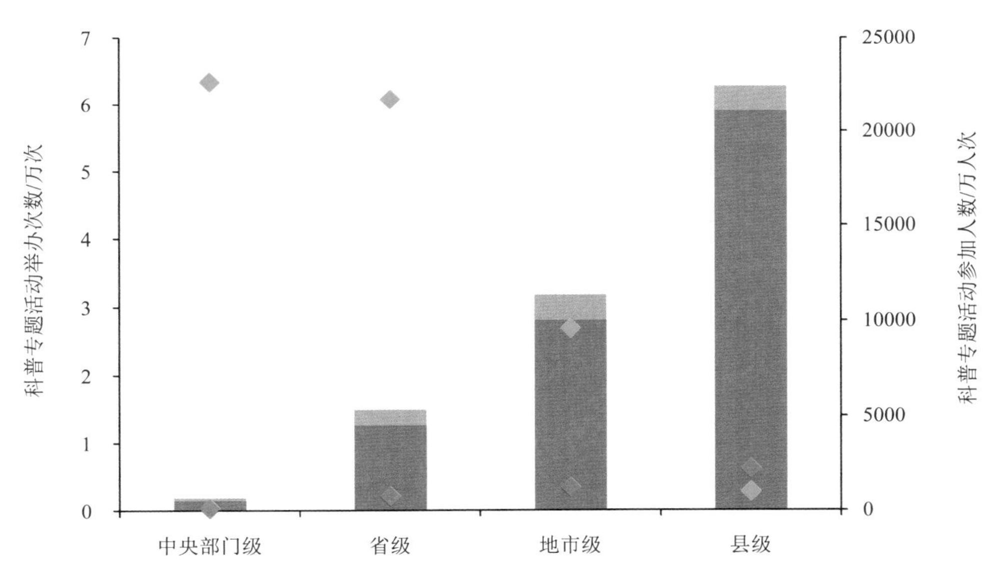

图 5-5　2021 年各级别科技活动周科普专题活动举办次数和参加人数

从各省来看，科技活动周科普专题活动举办次数较多的省和参加人数较多的省之间存在较大差异。科普专题活动举办次数居前 5 位的省分别是江苏、上海、天津、陕西和云南，合计占全国举办科普专题活动总次数的 29.69%。江苏举办科普专题活动 7592 次，比 2020 年减少 8.10%，其中线下举办 7045 次，线上举办 547 次。上海举办科普专题活动 6531 次，其中线下举办 5685 次，线上举办 846 次。天津举办科普专题活动 6426 次，其中线下举办 5874 次，线上举办 552 次；紧随其后的陕西、云南和四川举办科普专题活动也在 6000 次以上，这 3 个省的线下举办次数也均在 5500 次以上。科技活动周科普专题活动参加人数居前 5 位的省分别是北京、广东、福建、上海和湖南，合计占全国参加科普专题活动总人数的 84.20%。其中，北京的科普专题活动参加人数在全国遥遥领先，达 3.27 亿人次，其中线下参加人数为 109.69 万人次，线上参加人数为 3.26 亿人次；广东科普专题活动参加人数为 5816.29 万人次，其中线下参加人数为 208.11 万人次，线上参加人数为 5608.18 万人次。福建科普专题活动参加人数为 5428.30 万人次，其中线下参加人数为 141.33 万人次，线上参加人数为 5286.97 万人次；上海科普专题活动参加人数为 3017.87 万人次，其中线下参加人数为 366.46 万人次，线上参加人数为 2651.41 万人次。湖南科普专题活动参加人数为 2908.02 万人次，其中线下参加人数为 201.25 万人次，线上参加人数为 2706.76 万人次。天津科普专题活动参加人数为 1738.47 万人次，其中线下参加人数为 140.93 万人次，线上参加人数为 1597.54 万人次。其余省的科普专题活动参加人数均在 1000 万人次以下（图 5-6、图 5-7）。

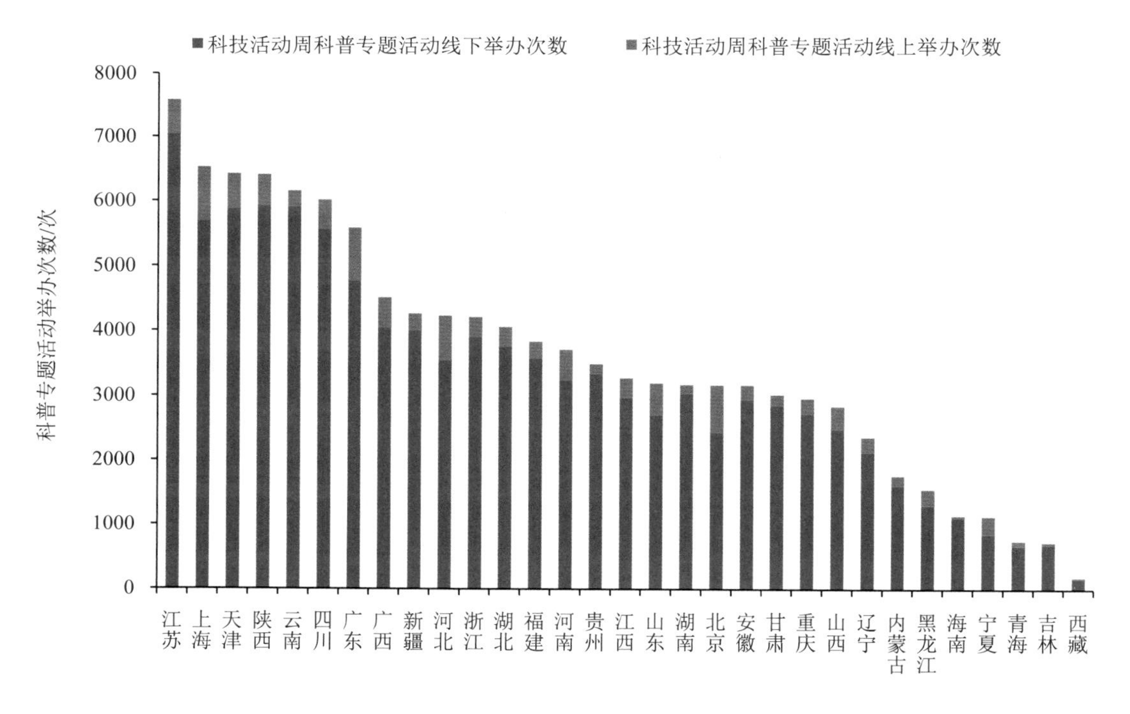

图 5-6　2021 年各省科技活动周科普专题活动举办次数

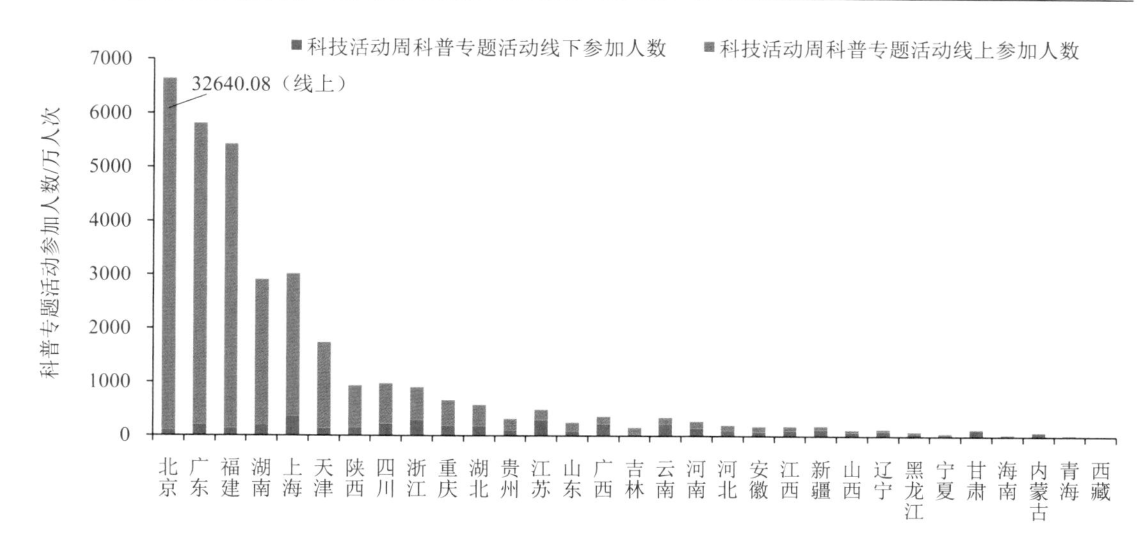

图 5-7　2021 年各省科技活动周科普专题活动参加人数

注：北京在科技活动周期间科普专题活动线上参加人数为图示高度数值的 5 倍。

5.1.2　科技活动周经费

2021 年科技活动周的经费支出总额达 3.43 亿元。从地区来看，东部地区科技活动周经费支出额最高，为 1.44 亿元；其次是西部地区，科技活动周经费支出额为 1.32 亿元；中部地区的科技活动周经费支出额在 1 亿元以下，为 6713 万元（图 5-8）。

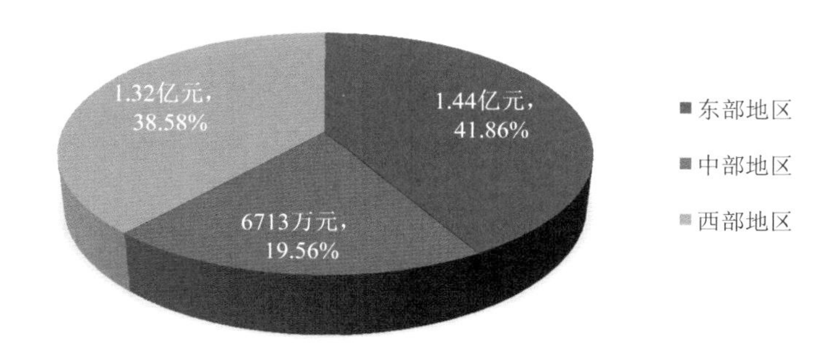

图 5-8　2021 年东部、中部和西部地区科技活动周经费支出及占比

从各省情况来看，重庆科技活动周经费支出明显领先，达 6824.05 万元；北京科技活动周经费支出次之，为 3496.97 万元；广东以 2901.91 万元的科技活动周经费支出居第 3 位。其他 28 个省的科技活动周经费支出均在 2000 万元以下（图 5-9）。

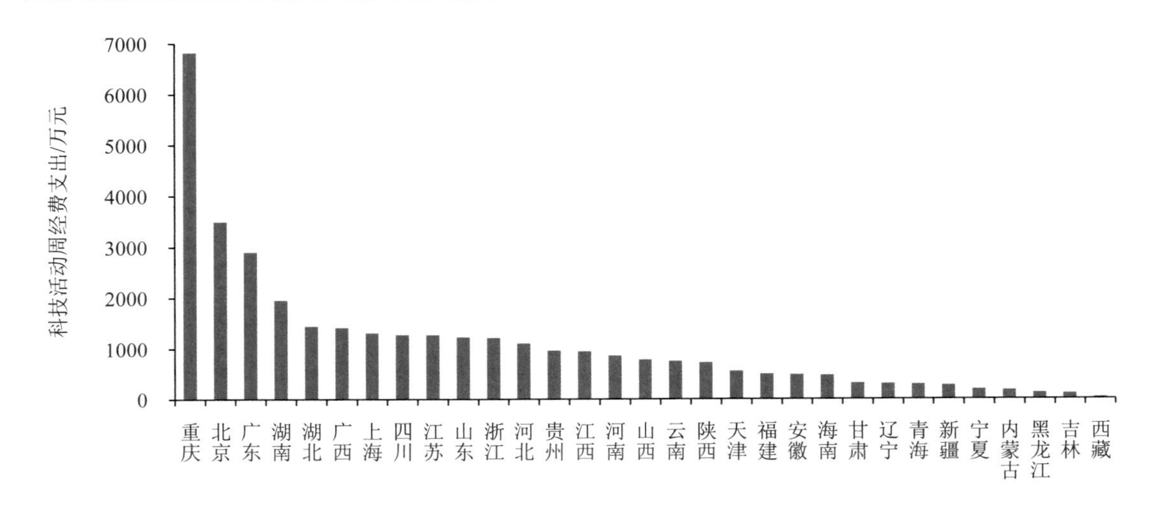

图 5-9　2021 年各省科技活动周经费支出

从部门来看，2021 年科技活动周经费支出最多的部门是教育部门，达到 1.09 亿元，占全国科技活动周经费支出总额的 31.87%；科技管理部门科技活动周经费支出为 7880.99 万元，占全国科技活动周经费支出总额的 22.96%。紧随其后的是科协组织，科技活动周经费支出为 3145.41 万元，占全国科技活动周经费支出总额的 9.16%。卫生健康、文化和旅游、自然资源和农业农村部门科技活动周经费支出也相对较多，科技活动周经费支出介于 1000 万~1600 万元，其余 24 个部门科技活动周经费支出均低于 1000 万元（图 5-10）。

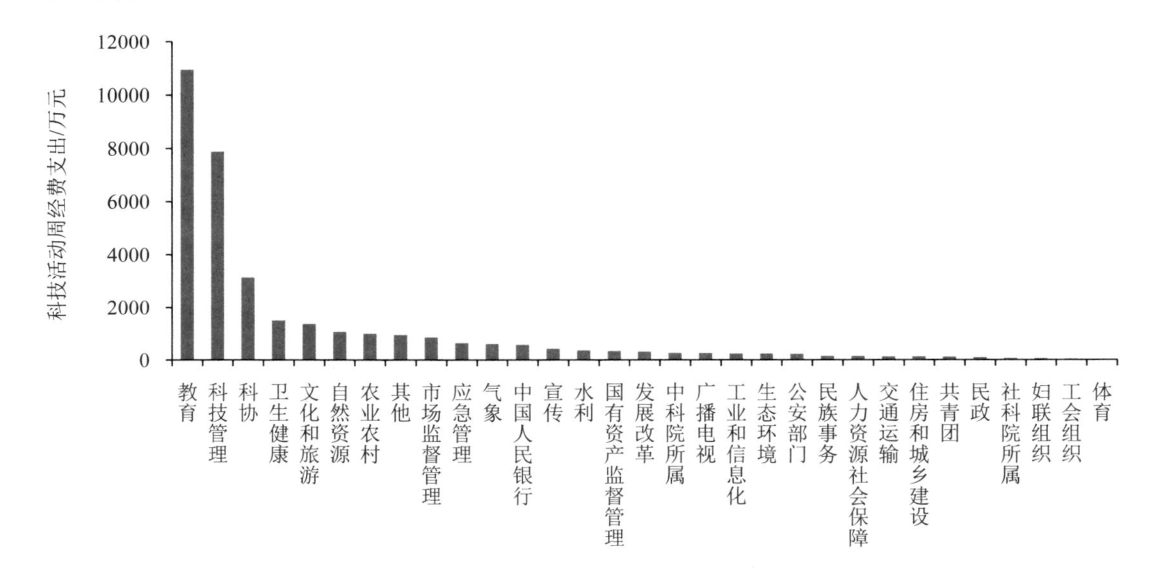

图 5-10　2021 年各部门科技活动周经费支出

从行政级别来看，地市级单位科技活动周经费支出最高，县级和省级次之，中央部门级最少。地市级单位科技活动周经费支出额为 1.46 亿元，占全国科技活动周经费支出总额的 42.40%；县级和省级单位科技活动周经费支出额分别为 1.03 亿元和 8158.11 万元，分别占全国科技活动周经费支出总额的 29.98%和 23.77%；中央部门级单位科技活动周经费支出额为 1322.05 万元，仅占全国科技活动周经费支出总额的 3.85%（图 5-11）。

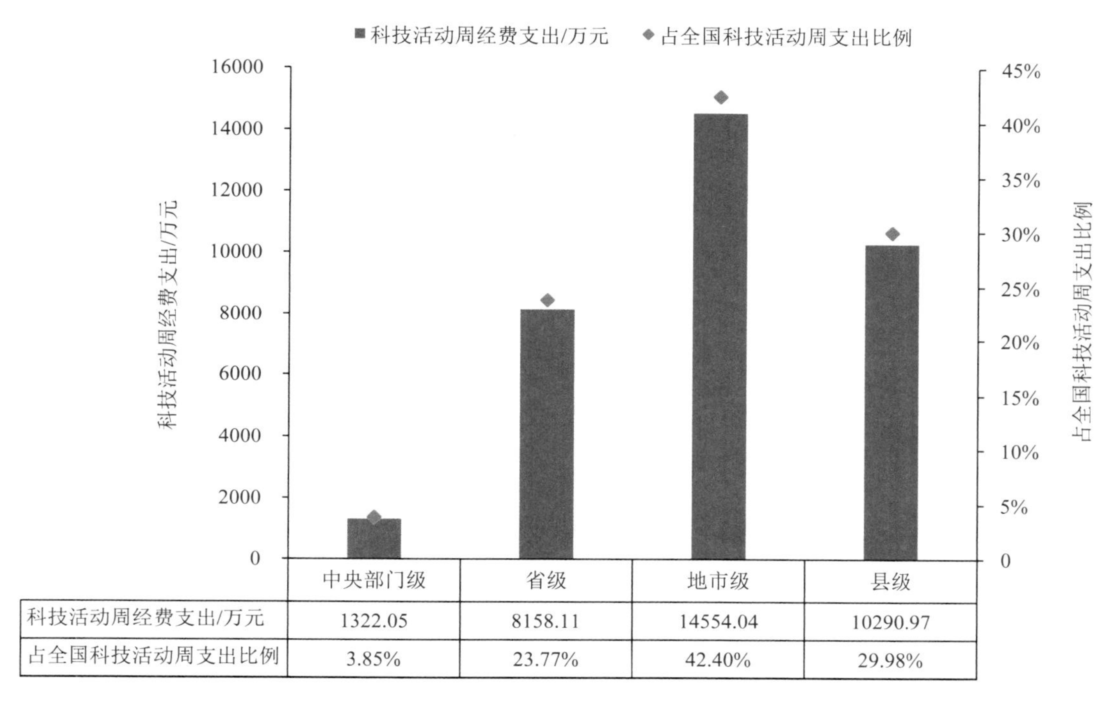

	中央部门级	省级	地市级	县级
科技活动周经费支出/万元	1322.05	8158.11	14554.04	10290.97
占全国科技活动周支出比例	3.85%	23.77%	42.40%	29.98%

图 5-11　2021 年各层级科技活动周经费支出及占比

2021 年全国人均科技活动周经费支出额为 0.24 元。在统计的 31 个省中，有 11 个省的人均科技活动周经费支出高于全国平均值。其中，重庆、北京属于第一方阵，人均科技活动周经费支出超过 1.5 元，分别为 2.12 元和 1.60 元。上海、青海、海南、天津、湖南、广西、宁夏、贵州和湖北 9 个省属于第二方阵，人均科技活动周经费支出高于全国平均水平。其他省属于第三方阵，均低于全国平均水平（图 5-12）。

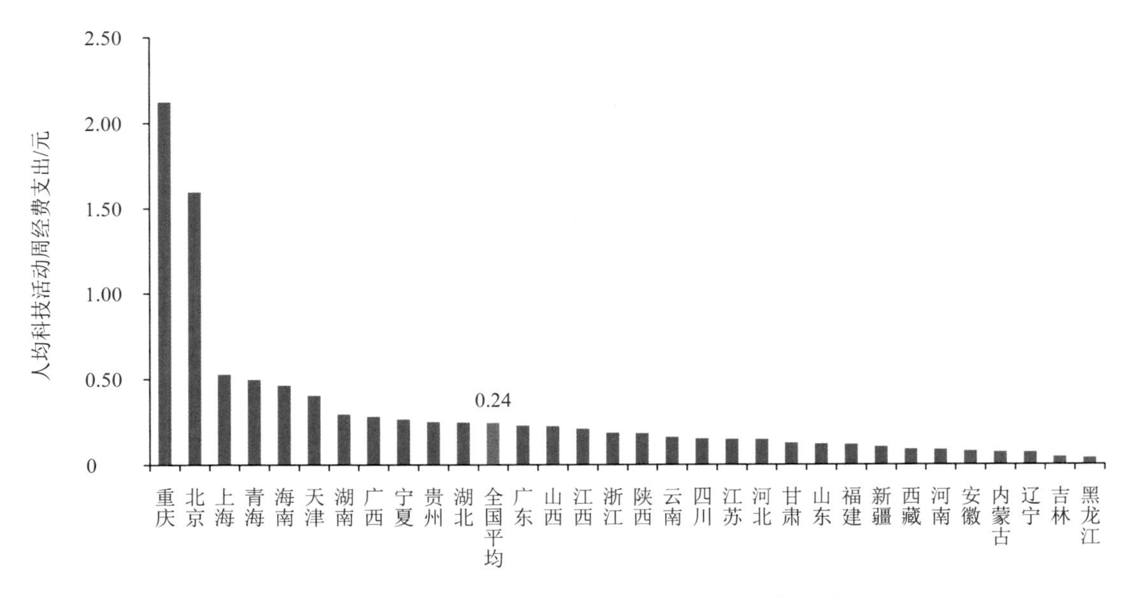

图 5-12 2021 年各省科技活动周人均经费支出

5.2 科普（技）讲座、展览和竞赛

5.2.1 整体概况

2021 年，全国共开展科普（技）讲座、展览和竞赛 3 类科普活动 117.57 万次，比 2020 年增加 19.37%，其中线下举办次数为 106.14 万次，线上举办次数为 11.42 万次；参加人数达 43.11 亿人次，比 2020 年增长 102.62%，其中线下参加人数为 2.62 亿人次，线上参加人数为 40.49 亿人次。在 3 类科普活动中，科普（技）讲座举办次数最多，达 103.82 万次，占 3 类科普活动举办总数的 88.31%，其中线下举办次数为 93.61 万次，线上举办次数为 10.20 万次，吸引了 33.80 亿人次参加，占 3 类科普活动参加人数的 78.41%，其中线下参加人数为 1.05 亿人次，线上参加人数为 32.75 亿人次；科普（技）展览举办次数次之，为 10.07 万次，占 3 类科普活动举办总数的 8.56%，其中线下举办次数为 9.41 万次，线上举办次数为 6553 次，吸引了 2.05 亿人次参加，占 3 类科普活动参加人数的 4.76%，其中线下参观人数为 1.35 亿人次，线上参观人数为 7060.80 万人次；科普（技）竞赛举办次数最少，为 3.68 万次，占 3 类科普活动举办总数的 3.13%，其中线下举办次数为 3.11 万次，线上举办次数为 5659 次，吸引了 7.26 亿人次参加，占 3 类科普活动参加人数的 16.83%，其中线下参加人数为 2207.93 万人次，线上参加人数为 7.03 亿人次（表 5-2）。

表 5-2 2019—2021 年科普（技）讲座、展览和竞赛开展情况

活动类型	举办次数/万次			参加人数/亿人次		
	2019 年	2020 年	2021 年	2019 年	2020 年	2021 年
科普（技）讲座	106.03	84.66	103.82	2.78	16.23	33.80
科普（技）展览	13.60	11.01	10.07	3.61	3.20	2.05
科普（技）竞赛	3.99	2.82	3.68	2.30	1.84	7.26

除科普（技）展览外，科普（技）讲座和科普（技）竞赛每场科普活动平均参加人数均大幅增加。2021 年，每场科普（技）讲座平均参加人数达 3256 人次，比 2020 年增加 1339 人次；每场科普（技）展览平均参观人数为 2039 人次，比 2020 年减少 871 人次；每场科普（技）竞赛活动的平均参加人数为 1.97 万人次，比 2020 年大幅增加，增加 1.32 万人次，主要原因是 2021 年农业农村部和河北省应急管理厅举办的线上竞赛活动吸引了众多观众参与，参加人数分别达到了 2.56 亿人次和 2.38 亿人次。

5.2.2 科普（技）讲座

2021 年全国科普（技）讲座举办次数和参加人数均比 2020 年有所增长。共举办科普（技）讲座 103.82 万次，比 2020 年增加 19.16 万次，增幅为 22.63%，其中线下举办 93.61 万次，线上举办 10.20 万次；参加人数达 33.80 亿人次，比 2020 年增加 17.57 亿人次，增长 108.24%，其中线下参加人数为 1.05 亿人次，线上参加人数为 32.75 亿人次。科普（技）讲座全国每万人口参加人数为 2.39 万人次，是 2020 年的 2.08 倍。

从部门来看，举办科普（技）讲座次数居前 5 位的部门分别为卫生健康、科协、教育、农业农村和科技管理。这 5 个部门举办科普（技）讲座次数总和与参加人数总和分别占全国总数的 74.99%与 58.25%，科普（技）讲座以线下举办、观众线上参与为主。在新冠感染疫情防控的环境下，卫生健康部门举办的线上、线下科普（技）讲座次数均居首位，举办 41.91 万次，占全国总次数的 40.37%，其中，线下举办次数为 38.04 万次，线上举办次数为 3.87 万次；参加人数为 6.74 亿人次，占全国总参加人数的 19.93%，其中线下参加人数为 2926.50 万人次，线上参加人数为 6.44 亿人次。科协组织举办科普（技）讲座 11.38 万次，占全国总次数的 10.96%，其中线下举办次数为 10.76 万次，线上举办次数为 6191 次；吸引 10.84 亿人次参加，占全国总参加人数的 32.07%，其中，线上参加人数为

10.69 亿人次，线下参加人数为 1503.07 万人次。教育部门举办科普（技）讲座 10.73 万次，占全国总次数的 10.34%，其中，线下举办次数为 8.83 万次，线上举办次数为 1.90 万次；参加人数为 7571.71 万人次，占全国总参加人数的 2.24%，其中线下参加人数为 1747.72 万人次，线上参加人数为 5823.99 万人次。农业农村部门举办科普（技）讲座 7.13 万次，占全国总次数的 6.87%，其中线下举办次数为 6.70 万次，线上举办次数为 0.43 万次；共吸引 3414.58 万人次参加，占全国总参加人数的 1.01%，其中线下参加人数为 528.34 万人次，线上参加人数为 2886.26 万人次。科技管理部门举办科普（技）讲座 6.69 万次，占全国总次数的 6.45%，其中线下举办次数为 6.08 万次，线上举办次数为 6122 次；吸引 1.01 亿人次参加，占全国总参加人数的 3.00%，其中线下参加人数为 922.05 万人次，线上参加人数为 9211.41 万人次。此外，尽管工业和信息化部门举办科普（技）讲座次数为 4098 次，仅占全国总举办次数的 0.39%，但活动参加人数众多，达 3.63 亿人次，占全国总参加人数的 10.73%，且主要源于线上参加人数众多，达 3.62 亿人次。主要原因是北京市经济和信息化局举办了世界 5G 大会、2021 世界智能网联汽车大会及 2021 世界机器人大会，线上参加人数达到 3.31 亿人次（图 5-13、图 5-14）。

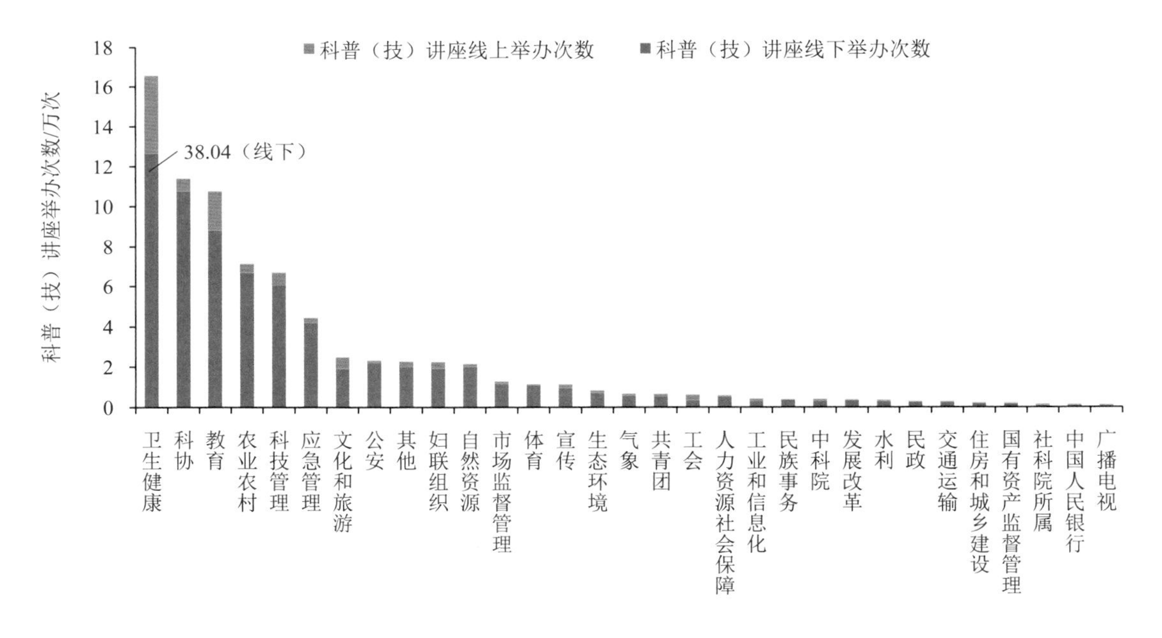

图 5-13　2021 年各部门科普（技）讲座举办次数

注：卫生健康部门线下科普（技）讲座举办次数为图示高度数值的 3 倍。

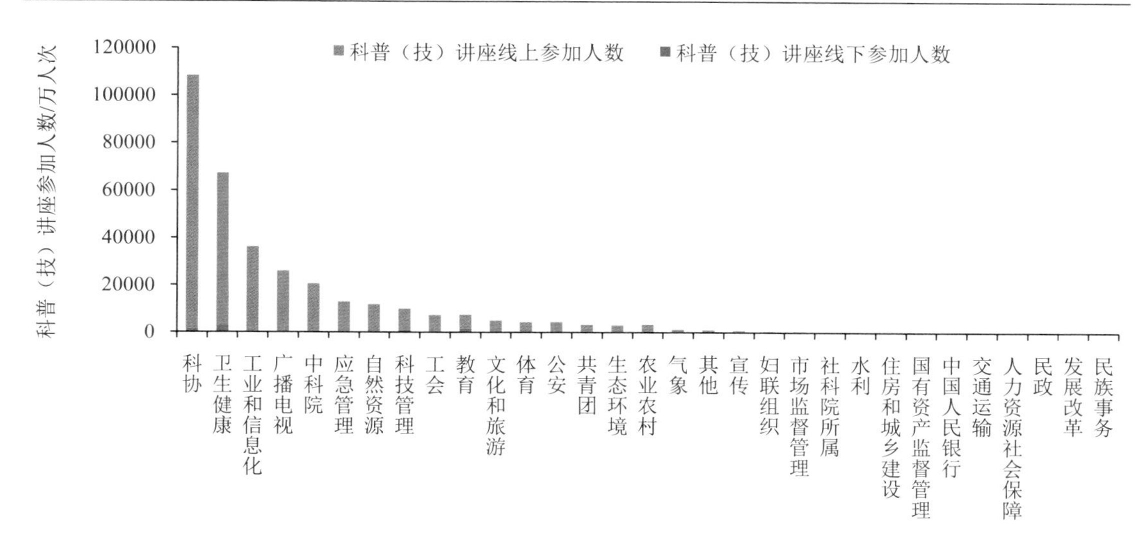

图 5-14 2021 年各部门科普（技）讲座参加人数

从各省来看，举办科普（技）讲座次数居前 10 位的省分别是浙江、上海、江苏、广东、云南、北京、新疆、四川、湖北和山东，科普（技）讲座以线下举办为主。浙江省以举办次数 9.99 万次领先其他 30 个省，其中线下举办次数为 9.09 万次，线上举办次数为 8995 次。上海、江苏分别以举办 6.57 万次、6.29 万次居第 2、第 3 位；广东、云南、北京、新疆举办科普（技）讲座次数介于 5 万~6 万次；四川、湖北、山东和河南举办科普（技）讲座次数介于 4 万~5 万次。其余 20 个省举办科普（技）讲座次数均在 4 万次以下（图 5-15）。

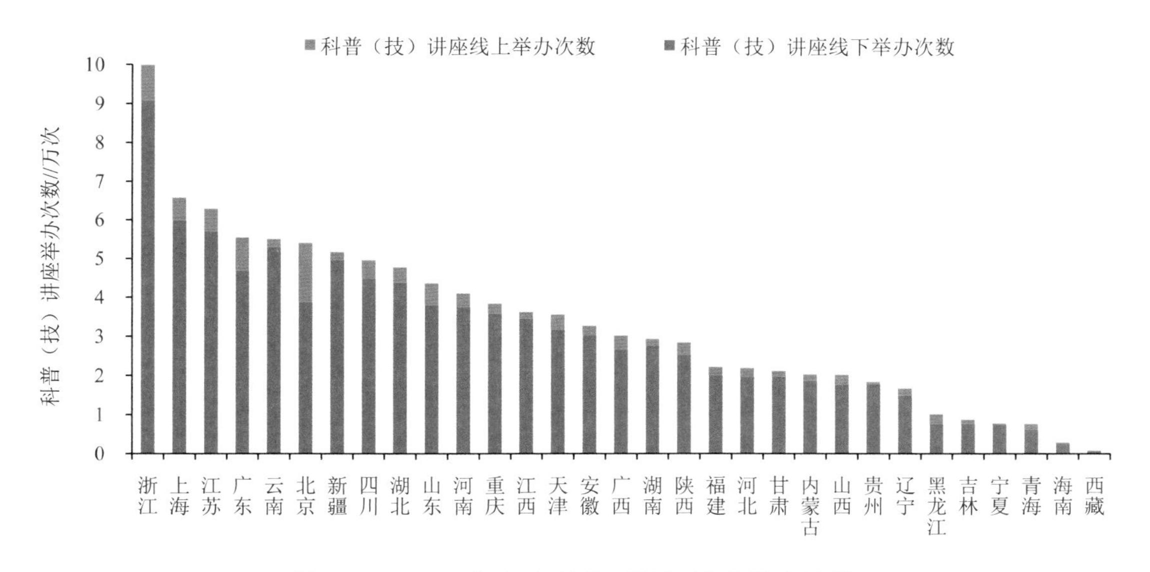

图 5-15 2021 年各省科普（技）讲座举办次数

从各省来看（图 5-16），科普（技）讲座参加人数居前 10 位的省分别是北京、上海、广东、浙江、重庆、天津、新疆、湖北、内蒙古和陕西。其中，东部地区省占 5 席，中部地区省占 1 席，西部地区省占 4 席。排名居前 5 位的省参加人数总和占全国总参加人数的 85.61%。全国科普（技）讲座以线上参与为主，各省线上参加人数占该省总参加人数超过 50%的省有 26 个，且其中 10 个省的线上参加人数占比超过 90%。北京科普（技）讲座参加人数遥遥领先，达 24.96 亿人次，其中线上参加人数为 24.90 亿人次，占北京科普（技）讲座总参加人数的 99.76%。其次是上海，参加人数为 1.62 亿人次，其中线上参加人数为 1.56 亿人次，占上海科普（技）讲座总参加人数的 96.19%。广东科普（技）讲座参加人数为 8719.24 万人次，其中线上参加人数为 8141.63 万人次，占广东科普（技）讲座总参加人数的 93.38%。浙江科普（技）讲座参加人数为 7828.97 万人次，其中线上参加人数为 7079.09 万人次，占浙江科普（技）讲座总参加人数的 90.42%。重庆科普（技）讲座参加人数为 7080.62 万人次，其中线上参加人数为 6277.35 万人次，占重庆科普（技）讲座总参加人数的 88.66%。天津、新疆和湖北科普（技）讲座参加人数介于 5000 万~ 6000 万人次，线上参加人数占比均超过 90%。内蒙古和陕西参加人数分别为 4166.16 万人次和 3501.48 万人

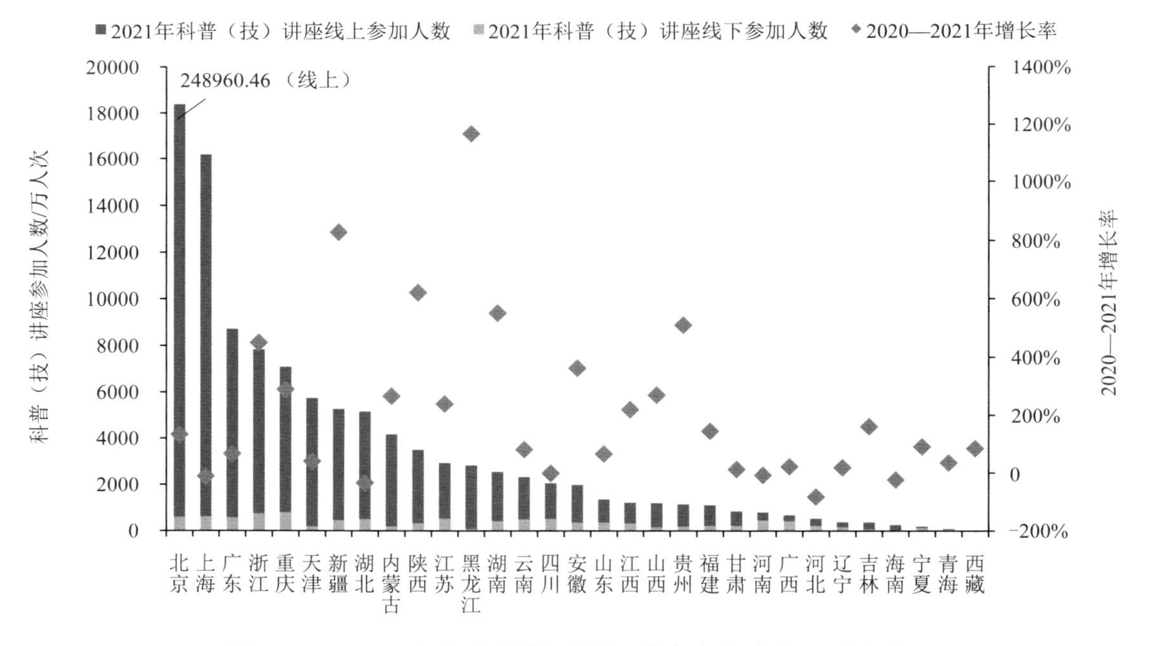

图 5-16　2021 年各省科普（技）讲座参加人数及增长率

注：北京科普（技）讲座线上参加人数为图示高度数值的 14 倍。

次，线上参加人数占比分别为95.32%和90.42%。其余省科普（技）讲座参加人数均在3000万人次以下，其中介于2000万~3000万人次的有5个省，介于1000万~2000万人次的有6个省，在1000万人次以下的有10个省。此外，黑龙江科普（技）讲座参加人数为2827.16万人次，其2020—2021年增长率高达1166.98%，主要原因是黑龙江省疾病预防控制中心和哈尔滨市科学技术协会举办的系列科普讲座吸引了众多观众参与，参加人数分别为1428.6万人次和1100万人次。

5.2.3　科普（技）展览

2021年全国科普（技）展览的举办次数和参观人数均比2020年出现下滑。科普（技）展览举办次数为10.07万次，比2020年减少9419次，降幅为8.55%，其中线下举办次数为9.41万次，线上举办次数为6553次；参观人数为2.05亿人次，比2020年减少1.15亿人次，降幅为35.91%，其中线下参观人数为1.35亿人次，线上参观人数为7060.80万人次。全国科普（技）展览每万人口参观人数为1454人次，比2020年减少816人次。

从部门来看，举办科普（技）展览次数居前5位的部门分别为教育、科协、文化和旅游、卫生健康和科技管理，这5个部门举办科普（技）展览次数总和与参观人数总和分别占全国总数的66.91%与63.15%，是举办科普（技）展览的主力部门。教育部门举办科普（技）展览次数为2.19万次，继续保持领先，占全国总次数的21.71%，其中线下举办次数为2万次，线上举办次数为1826次；参观人数为1763.98万人次，占全国总参观人数的8.59%，其中线下参观人数为1323.84万人次，线上参观人数为440.13万人次。科协组织举办科普（技）展览次数为1.70万次，占全国总次数的16.86%，其中线下举办次数为1.66万次，线上举办次数为335次；参观人数为4199.86万人次，占全国总参观人数的20.45%，其中线下参观人数为3146.83万人次，线上参观人数为1053.03万人次。文化和旅游部门举办科普（技）展览1.16万次，占全国总次数的11.56%，其中线下举办次数为9331次，线上举办次数为2313次；参观人数为5394.86万人次，占全国总参观人数的26.27%，其中线下参观人数为4112.97万人次，线上参观人数为1281.88万人次。卫生健康部门举办科普（技）展览9525次，占全国总次数的9.46%，其中线下举办次数为9199次，线上举办次数为326次；参观人数为422.95万人次，占全国总参观人数的2.06%，其中线下参观人数为385.11万人次，线上参观人数为 37.84 万人次。科技管理部门举办科普（技）展览 7371 次，占全国总次数的 7.32%，其中线下举办次数为 7169 次，线上举办次数为 202 次；参观人数为 1186.94 万人次，占全国总参观人数的 5.78%，其中线下参观人数为 921.24 万人次，线上参观人数为 165.70 万人次（图 5-17、图 5-18）。

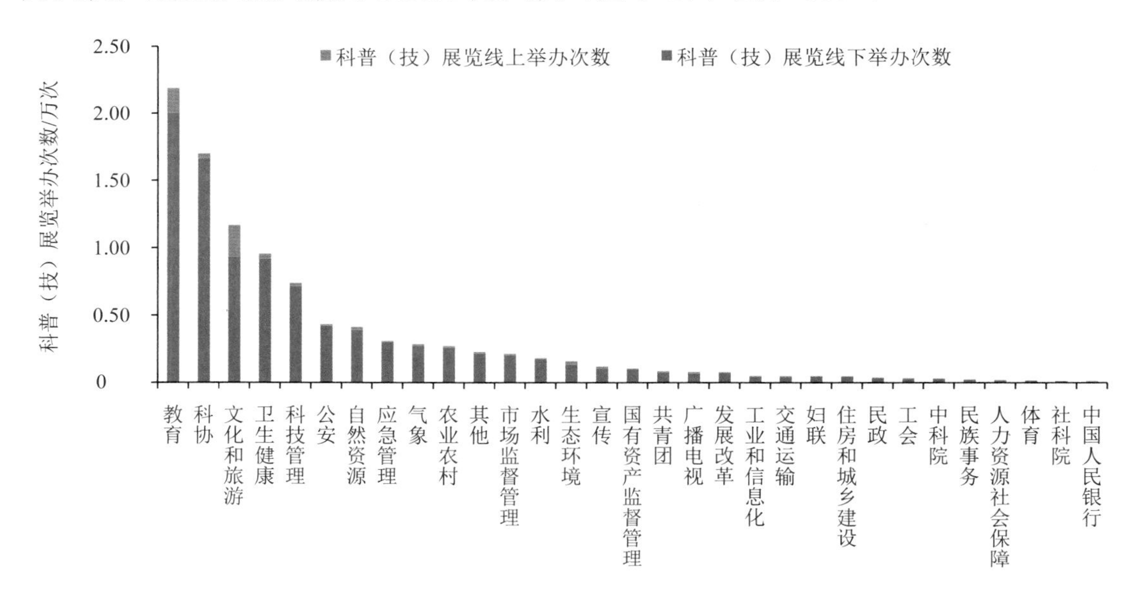

图 5-17 2021 年各部门科普（技）展览举办次数

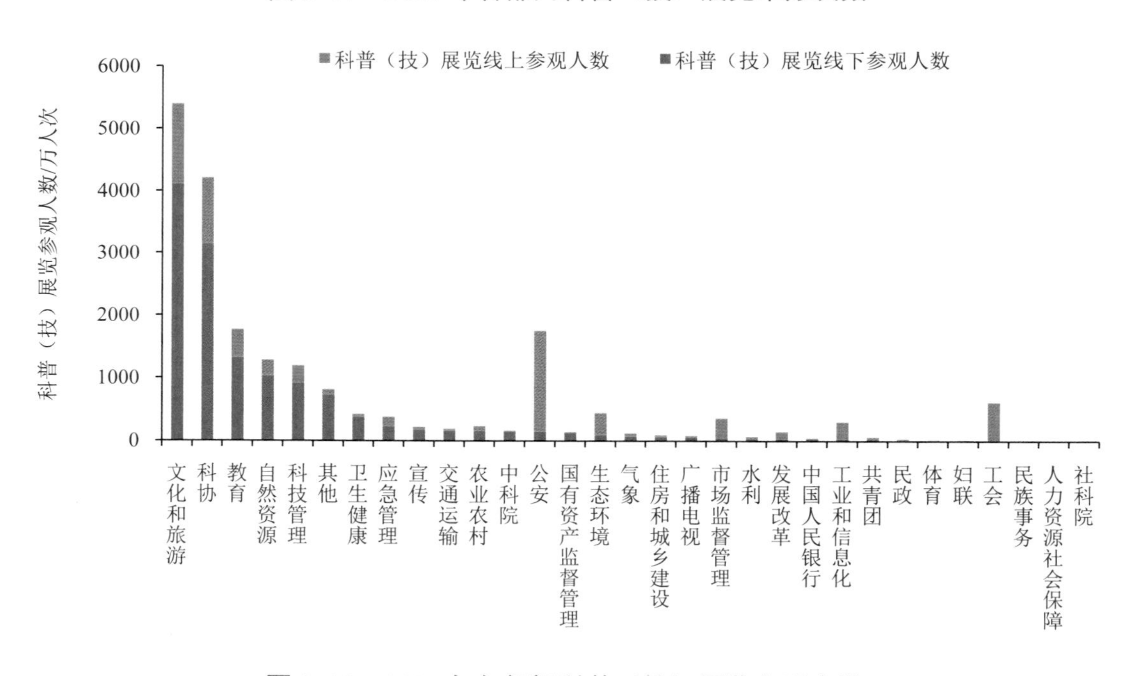

图 5-18 2021 年各部门科普（技）展览参观人数

从各省来看，科普（技）展览举办次数居前 10 位的省分别是湖北、广东、河南、江苏、浙江、四川、云南、重庆、江西和湖南。其中，中部地区省占 4 席，东部和西部地区省各占 3 席。科普（技）展览以线下举办为主，线下举办次数占总次数比例均在 80%以上，且其中 26 个省线下举办次数占总次数比例达到 90%以上。湖北以举办科普（技）展览 9201 次领先，其中线下举办次数为 8387 次，线上举办次数为 814 次。广东、河南、江苏和浙江 4 个省科普（技）展览举办次数介于 5000~7000 次。广东科普（技）展览举办次数为 7154 次，其中线下举办次数为 6676 次，线上举办次数为 478 次。河南科普（技）展览举办次数为 6031 次，其中线下举办次数为 5709 次，线上举办次数为 322 次。江苏科普（技）展览举办次数为 5312 次，其中线下举办次数为 5021 次，线上举办次数为 291 次。浙江科普（技）展览举办次数为 5155 次，其中线下举办次数为 4756 次，线上举办次数为 399 次。其余 26 个省的举办次数均在 5000 次以下。2020—2021 年科普（技）展览举办次数增长率最高的省是海南，增幅达 77.99%（图 5-19）。

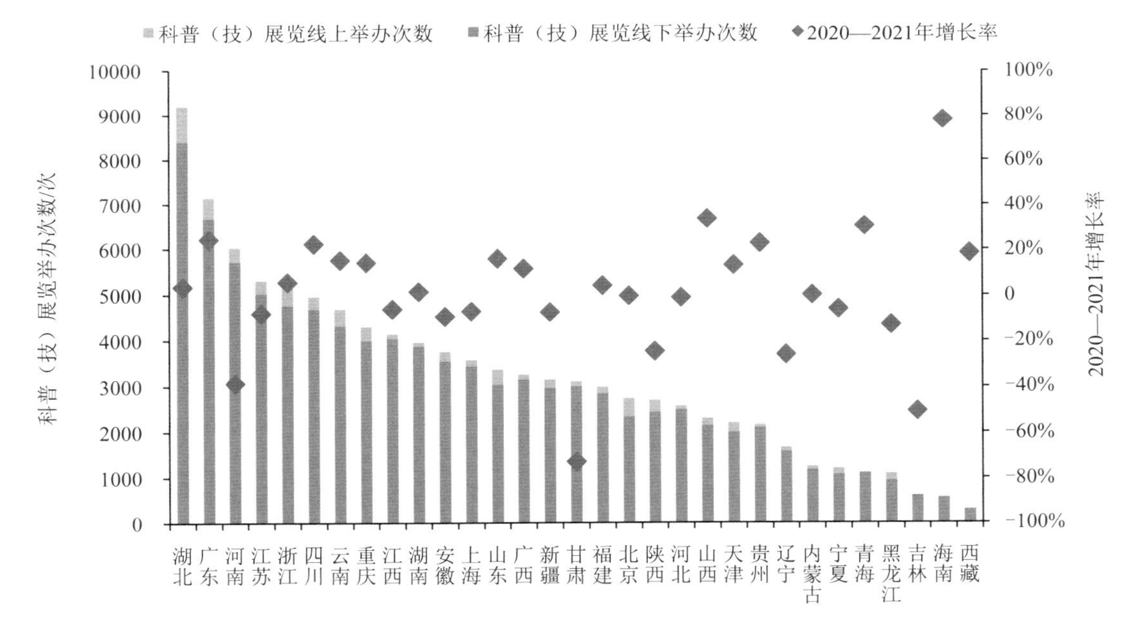

图 5-19　2021 年各省科普（技）展览举办次数及增长率

从各省来看，科普（技）展览参观人数居前 10 位的省分别是北京、广东、上海、云南、重庆、浙江、湖北、江苏、湖南和山东。其中，北京科普（技）展览参观人数遥遥领先，达 4000.21 万人次，比 2020 年下降 73.60%，其中线上参观人数为 2804.11 万人次，线下参观人数为 1196.09 万人次。广东紧随其后，科普（技）展览参观人数达 2181.64 万人次，比 2020 年增加 59.01%，其中线上参观人数为 779.36 万人次，线下参观人数为 1402.28 万人次。上海科普（技）展览参观人数为1594.47万人次，比2020年降低0.02%，其中线上参观人数为299.23万人次，线下参观人数为1295.24万人次。云南科普（技）展览参观人数为1456.90万人次，比 2020 年增加 83.42%，其中线上参观人数为 868.71 万人次，线下参观人数为 588.20 万人次。重庆科普（技）展览参观人数为 1151.52 万人次，比2020年增加0.06%，其中线上参观人数为206.95万人次，线下参观人数为944.56万人次。浙江科普（技）展览参观人数为1096.20万人次，比2020年增加5.11%，其中线上参观人数为224.25万人次，线下参观人数为871.95万人次。湖北和江苏科普（技）展览参观人数介于900万~1000万人次。湖南、山东、四川和福建参观人数介于500万~700万人次。其余省科普（技）展览参观人数均在500万人次以下（图 5-20）。

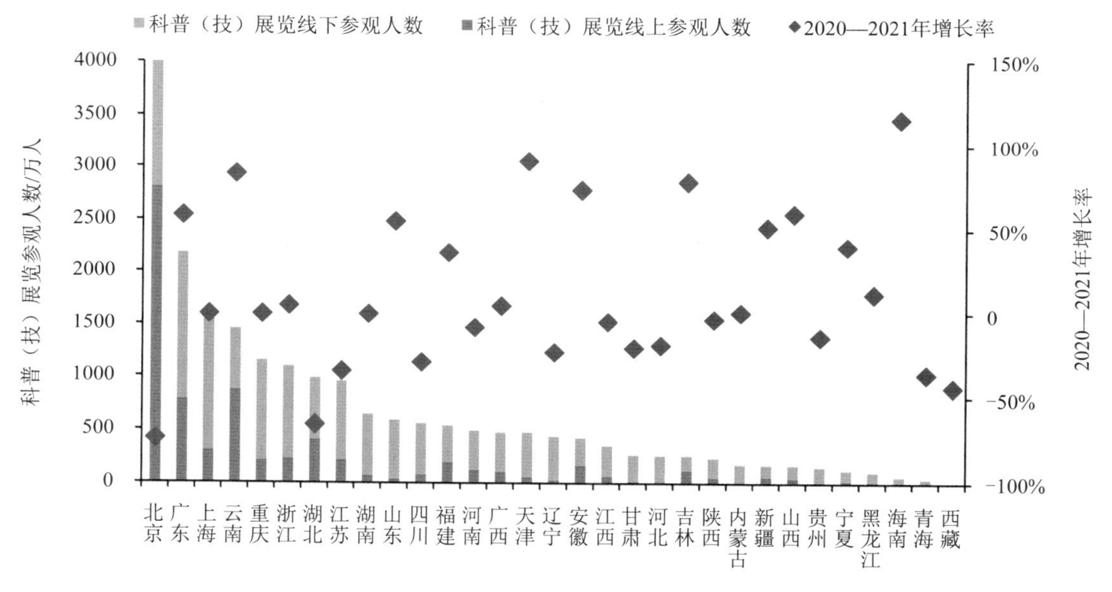

图 5-20　2021 年各省科普（技）展览参观人数及增长率

5.2.4　科普（技）竞赛

2021 年全国科普（技）竞赛举办次数和参加人数均比 2020 年增加。举办科普（技）竞赛 3.68 万次，比 2020 年增加 8615 次，增幅为 30.57%，其中线下举办次数为 3.11 万次，线上举办次数为 5659 次；参加人数为 7.26 亿人次，比 2020 年增加 5.41 亿人次，增幅为 294.22%，其中线下参加人数为 2207.93 万人次，线上参加人数为 7.03 亿人次。全国科普（技）竞赛每万人口参加人数为 5136 人次，比 2020 年增加 3832 人次。

从部门来看，举办科普（技）竞赛次数居前 5 位的部门分别为教育、科协、工会、卫生健康和科技管理，举办的科普（技）竞赛次数总和与参加人数总和分别占全国总数的 83.26%与 24.92%，呈现举办次数多、参加人数少的特点；科普（技）竞赛以线下举办、观众线上参与为主。教育部门共举办科普（技）竞赛 2.14 万次，继续保持领先，占全国总次数的 58.30%，其中线下举办次数为 1.88 万次，线上举办次数为 2663 次；参加人数为 1599.42 万人次，占全国总参加人数的 2.20%，其中线下参加人数为 923.86 万人次，线上参加人数为 675.56 万人次。科协组织举办科普（技）竞赛次数为 3909 次，占全国总次数的 10.62%，其中线下举办次数为 3418 次，线上举办次数为 491 次；参加人数为 1.22 亿人次，占全国总参加人数的 16.76%，其中线下参加人数为 721.98 万人次，线上参加人数为 1.14 亿人次。工会组织举办科普（技）竞赛 1961 次，占全国总次数的 5.33%，其中线下举办次数为 1913 次，线上举办次数为 48 次；参加人数为 156.51 万人次，占全国总参加人数的 0.22%，其中线下参加人数为 98.42 万人次，线上参加人数为 58.09 万人次。卫生健康部门举办科普（技）竞赛次数为 1716 次，占全国总次数的 4.66%，其中线下举办次数为 1377 次，线上举办次数为 339 次；参加人数为 3013.94 万人次，占全国总参加人数的 4.15%，其中线下参加人数为 44.85 万人次，线上参加人数为 2969.09 万人次。科技管理部门举办科普（技）竞赛次数为 1600 次，占全国总次数的 4.35%，其中线下举办次数为 1368 次，线上举办次数为 232 次；参加人数为 1145.17 万人次，占全国总参加人数的 1.58%，其中线下参加人数为 72.28 万人次，线上参加人数为 1072.89 万人次。值得注意的是，农业农村部门和应急管理部门科普（技）竞赛参加人数出现激增，2021 年科普（技）竞赛参加人数分别为 2.56 亿人次和 2.61 亿人次，同比增加 586.65%和 494.88%，而且绝大多数都是线上参加人数。主要原因是农业农村部人力资源开发中心、中国农学会举办第十一届全国农民科学素质网络竞赛，参加人数达 2.56 亿人次；河北省应急管理厅与河北广播电视台联合开办第二季《一路向前》全民应急知识竞技综艺节目，同时在微信小程序开展知识竞答，面向全网用户，主要包括生活安全、生产安全、突发事件应对等科普类内容，总参加人数达到 2.38 亿人次（图 5-21、图 5-22）。

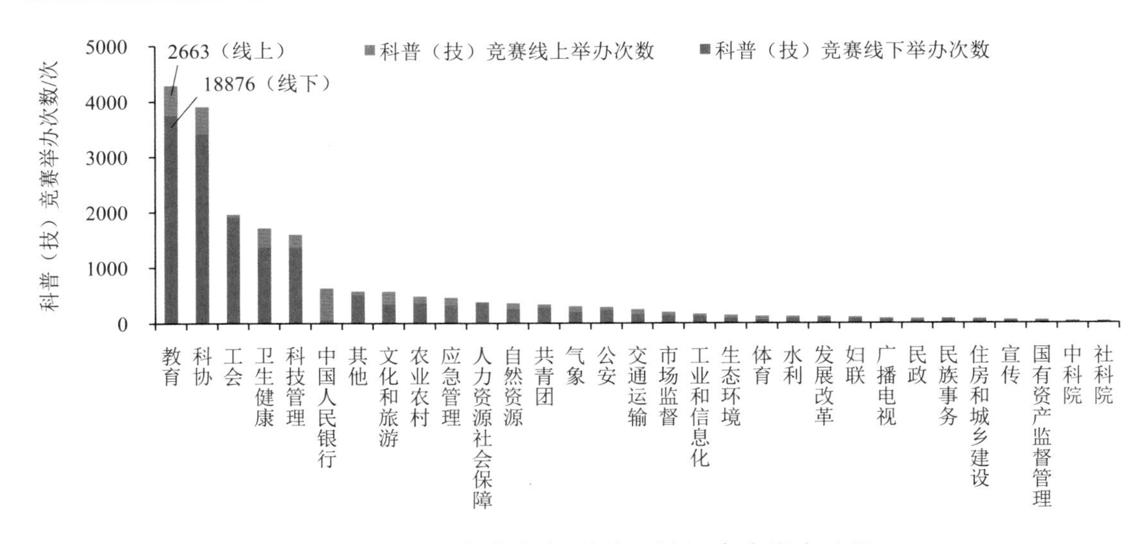

图 5-21　2021 年各部门科普（技）竞赛举办次数

注：教育部门科普（技）竞赛线上与线下举办次数均为图示高度数值的 5 倍。

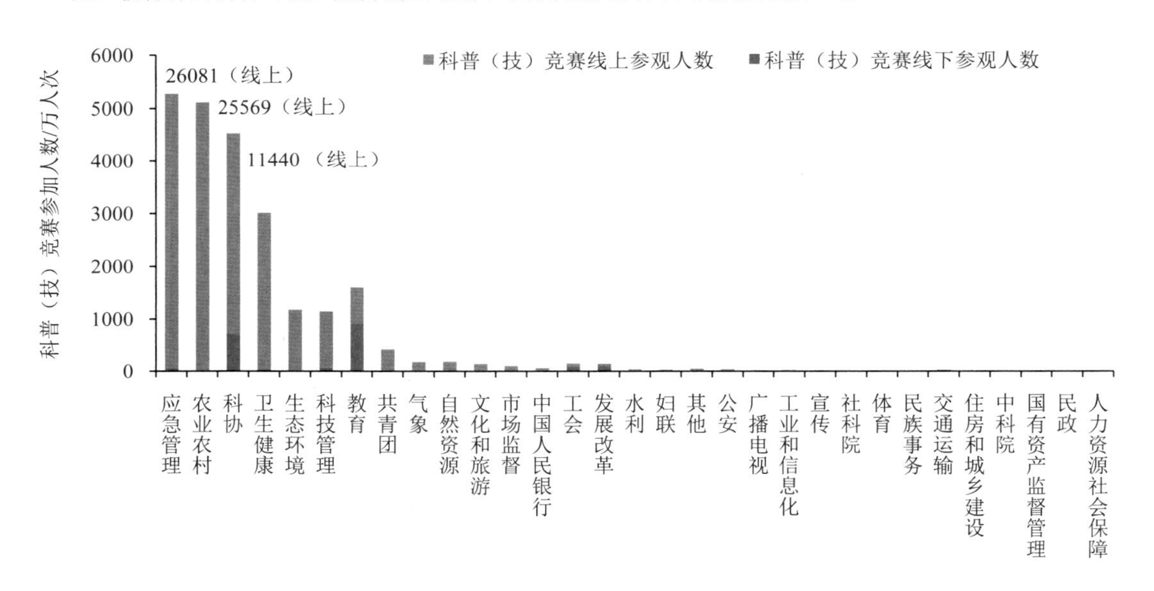

图 5-22　2021 年各部门科普（技）竞赛参加人数

注：应急管理与农业农村部门科普（技）竞赛线上参加人数均为图示高度数值的 5 倍，科协组织科普（技）竞赛线上参加人数为图示高度数值的 3 倍。

从各省来看，科普（技）竞赛举办次数排名居前 10 位的省分别是广东、江苏、浙江、上海、湖北、北京、四川、广西、天津和云南。其中，东部地区省占 6 席，西部地区省占 3 席，中部地区省占 1 席。科普（技）竞赛以线下举办为主，全国线下科普（技）竞赛举办次数占总科普（技）竞赛举办次数的 84.62%。排名居前 5 位的省科普（技）竞赛举办次数总和占全国总举办次数的 35.07%。其中，广东科普（技）竞赛举办次数最多，达 3388 次，其中线下举办次数为 2810 次，线上举办次数为 578 次。江苏科普（技）竞赛举办次数为 2957 次，其中线下举办次数为 2763 次，线上举办次数为 194 次。浙江科普（技）竞赛举办次数为 2666 次，其中线下举办次数为 2382 次，线上举办次数为 284 次。上海科普（技）竞赛举办次数为 2166 次，其中线下举办次数为 1788 次，线上举办次数为 378 次。其余 27 个省科普（技）竞赛举办次数均在 2000 次以下，其中湖北、北京等 13 个省的举办次数介于 1000~2000 次（图 5-23）。

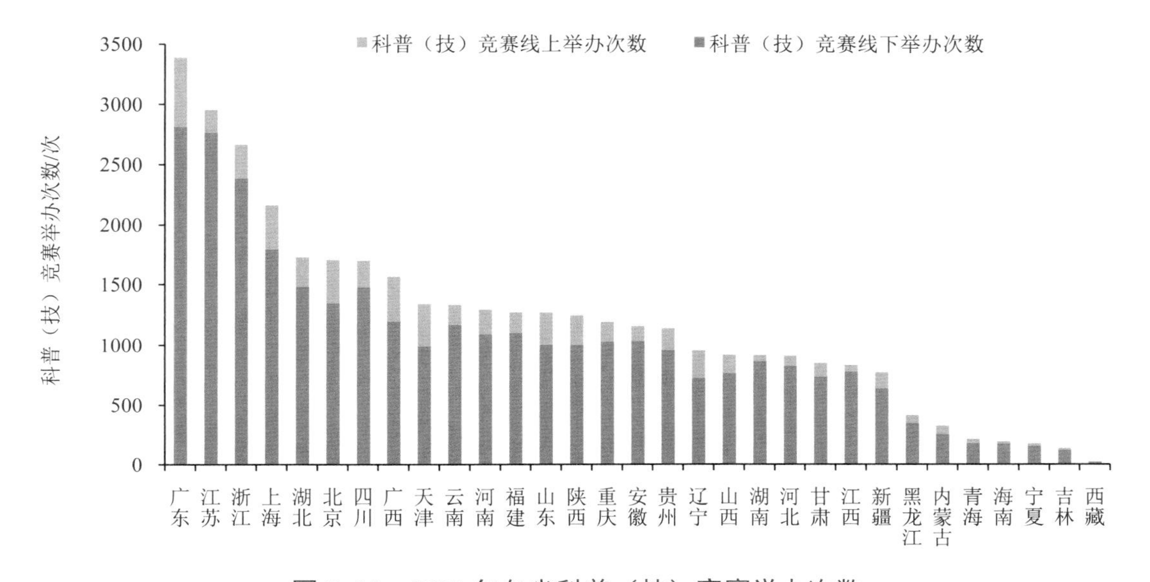

图 5-23 2021 年各省科普（技）竞赛举办次数

从各省来看，科普（技）竞赛参加人数排名居前 10 位的省分别是北京、河北、上海、河南、贵州、湖南、湖北、四川、广东和江苏。其中，东部地区省占 5 席，中部地区省占 3 席，西部地区省占 2 席。排名居前 5 位的省参加人数总和占全国总参加人数的 81.81%。北京科普（技）竞赛参加人数最高，达 2.71 亿人次，比 2020 年增加 552.95%，其中线下参加人数为 106.46 万人次，线上参加人数为 2.70 亿人次。河北科普（技）竞赛参加人数为 2.39 亿人次，比 2020 年激增 13973.98%，其中线下参加人数为 29.14 万人次，线上参加人数为 2.39 亿人次。河北科普（技）竞赛参加人数激增的原因是河北省应急管理厅与河北广播电视台联合开办第二季《一路向前》全民应急知识竞技综艺节目，同时在微信小程序面向全网用户开展知识竞答，参加总人数达到 2.38 亿人次。上海科普（技）竞赛参加人数为3022.25万人次，比2020年增加830.36%，其中线下参加人数为109.22万人次，线上参加人数为2913.02万人次。河南、贵州和湖南科普（技）竞赛参加人数介于2000万~3000万人次。湖北、四川、广东和江苏科普（技）竞赛参加人数介于1300万~2000万人次，其余21个省参加人数在1000万人次之下（图5-24）。

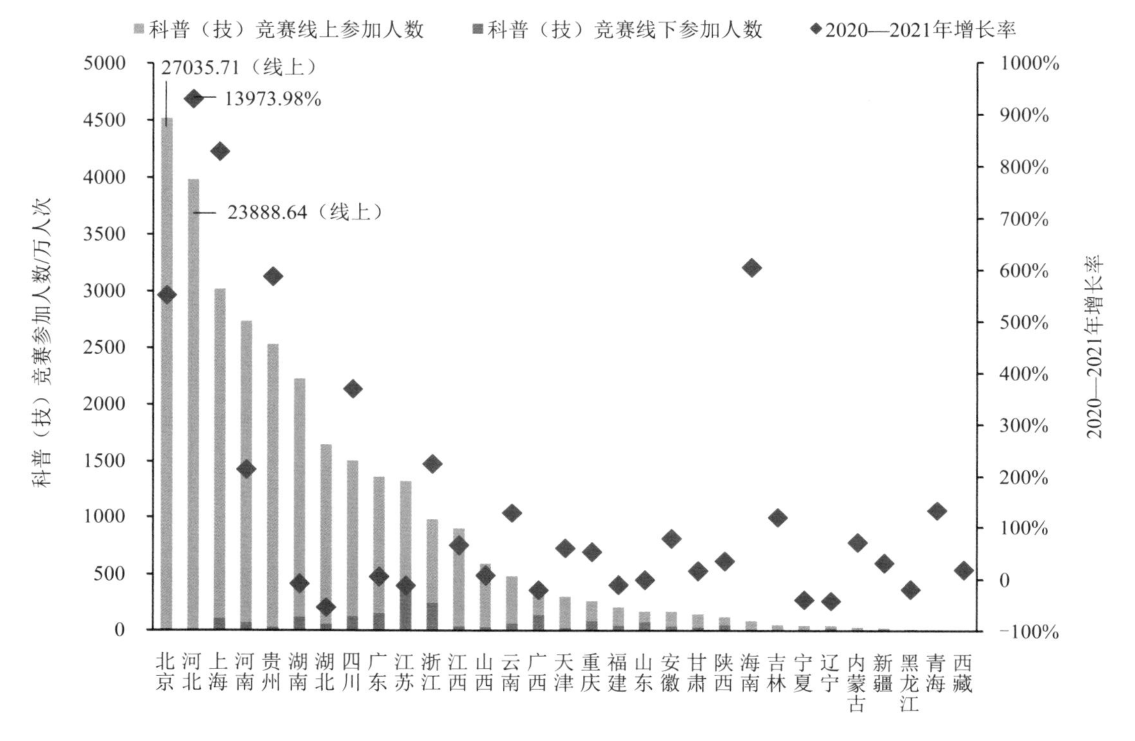

图5-24　2021年各省科普（技）竞赛参加人数及增长率

注：北京、河北科普（技）竞赛线上参加人数为图示高度数值的6倍，河北2020—2021年增长率为图示高度的15倍。

5.3　青少年科普活动

5.3.1　青少年科普活动概况

青少年科普活动的统计指标包括青少年科技兴趣小组、科技夏（冬）令营2个指标。受新冠感染疫情影响，青少年科技兴趣小组和科技夏（冬）令营举办次数和参加人数均比2020年出现下滑。

2021年，全国共成立青少年科技兴趣小组14.03万个，比2020年减少11.23%；参加人数为1088.69万人次，比2020年减少2.94%。开展科技夏（冬）令营活动 6849 次，比 2020 年减少 13.47%；参加人数为 175.68 万人次，比 2020 年减少 95.83%（表 5-3）。

表 5-3 2020—2021 年青少年科普活动开展情况

活动类型	活动次（个）数			参加人数		
	2020 年	2021 年	2020—2021 年增长率	2020 年/万人次	2021 年/万人次	2020—2021 年增长率
青少年科技兴趣小组	15.80 万个	14.03 万个	-11.23%	1121.72	1088.69	-2.94%
科技夏(冬)令营	0.79 万次	0.68 万次	-13.47%	4210.62	175.68	-95.83%

5.3.2 青少年科技兴趣小组

2021 年，东部、中部、西部 3 个地区成立青少年科技兴趣小组个数均比 2020 年减少；但参加人数变化存在差异，其中东部地区参加青少年科技兴趣小组人数比 2020 年增加，中部、西部 2 个地区参加人数比 2020 年减少。东部地区成立青少年科技兴趣小组 6.26 万个，比 2020 年减少 10.33%；参加人数为 456.90 万人次，比 2020 年增加 2.49%；中部地区成立青少年科技兴趣小组 4.02 万个，比 2020 年减少 14.97%；参加人数为 277.92 万人次，比 2020 年减少 7.91%；西部地区成立青少年科技兴趣小组 3.75 万个，比 2020 年减少 8.45%；参加人数为 353.88 万人次，比 2020 年减少 5.42%（图 5-25）。

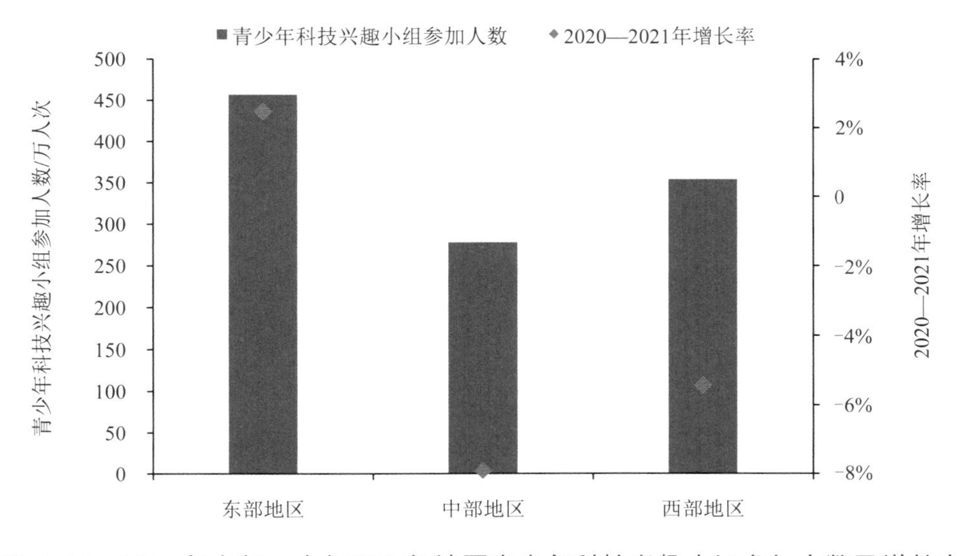

图 5-25 2021 年东部、中部和西部地区青少年科技兴趣小组参加人数及增长率

从各省来看，成立青少年科技兴趣小组数量排名居前 5 位的省是江苏、广东、浙江、湖北和河南，数量介于 0.8 万~1.3 万个，共占全国成立青少年科技兴趣小组总数的 36.89%。其中，江苏成立青少年科技兴趣小组数量为 1.23 万个，参加人数为 62.39 万人次。广东成立青少年科技兴趣小组数量为 1.19 万个，参加人数为 117.89 万人次。浙江成立青少年科技兴趣小组数量为 9859 个，参加人数为 50.27 万人次。湖北成立青少年科技兴趣小组数量为 9286 个，参加人数为 63.13 万人次。河南成立青少年科技兴趣小组数量为 8478 个参加人数为 55.46 万人次（图 5-26）。

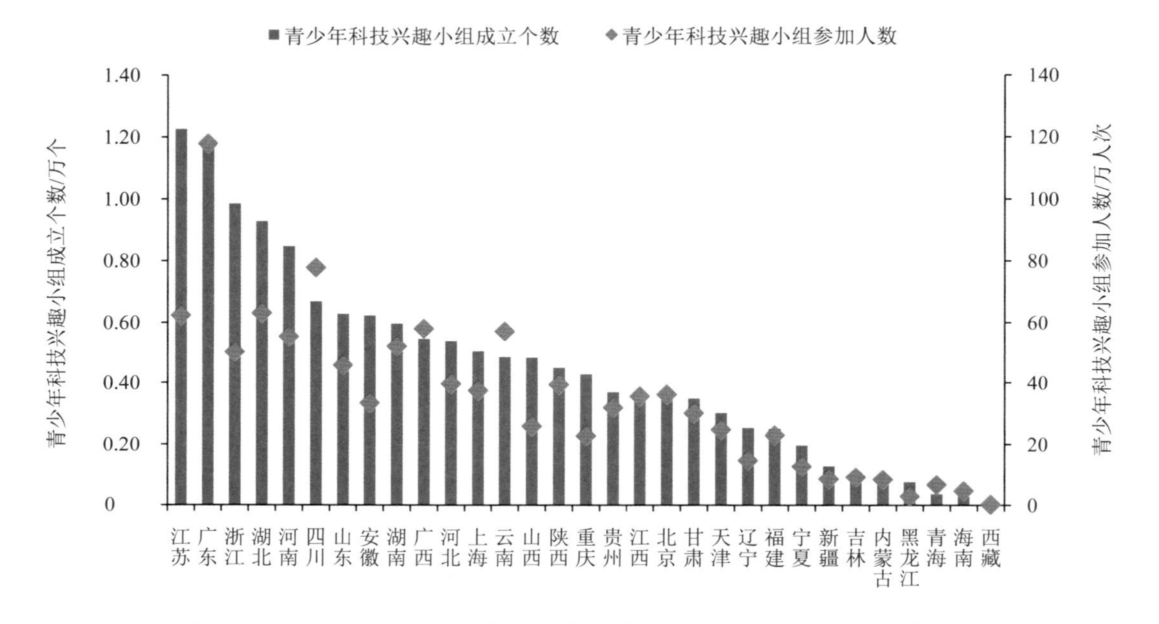

图 5-26　2021 年各省青少年科技兴趣小组成立数量及参加人数

从部门来看，成立青少年科技兴趣小组数量排名居前 5 位的部门是教育、科协、科技管理、共青团和妇联，数量介于 0.1 万~10.5 万个，这 5 个部门成立的小组数量共占全国成立青少年科技兴趣小组总数的 98.30%。其中，教育部门成立青少年科技兴趣小组数量为 10.39 万个，参加人数为 820.93 万人次。科协组织成立青少年科技兴趣小组数量为 2.05 万个，参加人数为 130.97 万人次。科技管理部门成立青少年科技兴趣小组数量为 6853 个，参加人数为 70.97 万人次。共青团组织成立青少年科技兴趣小组数量为 5504 个，参加人数为 20.01 万人次。妇联组织成立青少年科技兴趣小组数量为 1064 个，参加人数为 6.03 万人次（图 5-27）。

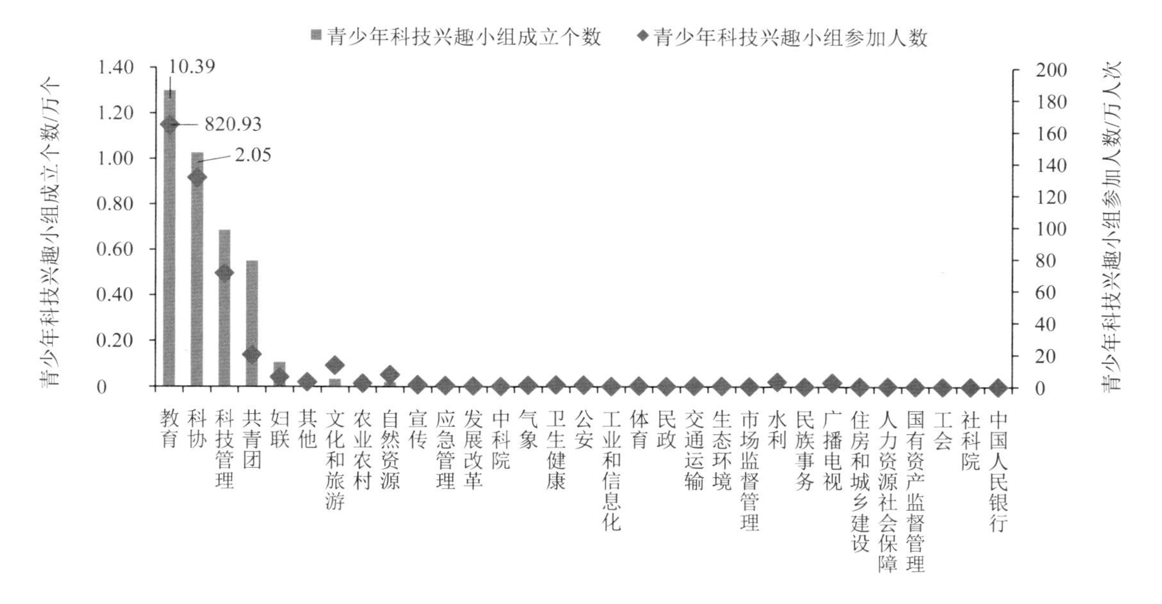

图 5-27　2021 年各部门青少年科技兴趣小组成立数及参加人数

注：教育部门青少年科技兴趣小组成立个数为图示高度数值的 8 倍，参加人数为图示高度的 5 倍；科协组织青少年科技兴趣小组成立个数为图示高度数值的 2 倍。

5.3.3 科技夏（冬）令营

2021 年，东部、中部、西部 3 个地区科技夏（冬）令营参加人数比 2020 年均出现不同程度的下滑。东部地区科技夏（冬）令营参加人数为 118.47 万人次，占全国参加总人数的 67.43%，比 2020 年下降 96.61%。中部地区的科技夏（冬）令营参加人数为 25.85 万人次，占全国参加总人数的 14.71%，比 2020 年下降 96.24%。西部地区参加人数为 31.37 万人次，占全国参加总人数的 17.86%，比 2020 年减少 1.94%（图 5-28）。

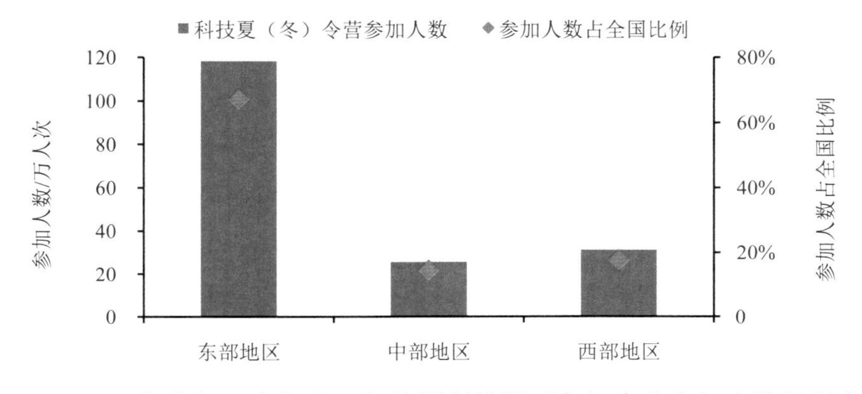

图 5-28　2021 年东部、中部和西部地区科技夏（冬）令营参加人数及所占比例

从各省来看，举办科技夏（冬）令营活动次数最多的 4 个省是江苏、上海、福建和广东，举办次数介于 500~850 次。其中，江苏举办科技夏（冬）令营次数为 810 次，参加人数为 12.57 万人次；上海举办科技夏（冬）令营次数为 789 次，参加人数为 20.32 万人次；福建举办科技夏（冬）令营次数为 737 次，参加人数为 7.91 万人次；广东举办科技夏（冬）令营次数为 516 次，参加人数为 9.07 万人次。此外，尽管北京和广西举办科技夏（冬）令营活动次数不是很多，但群众参与踊跃，分别吸引了 50.44 万人次和 11.86 万人次参加活动，处于领先地位（图 5-29）。

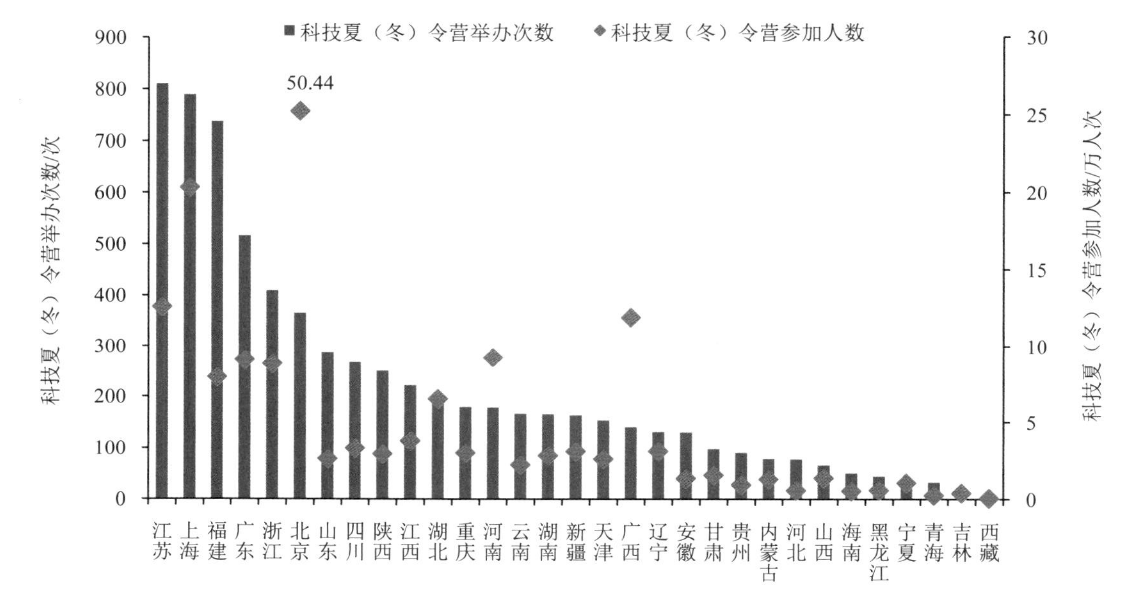

图 5-29　2021 年各省科技夏（冬）令营举办次数及参加人数

注：北京科技夏（冬）令营参加人数为图示高度数值的 2 倍。

从部门来看，举办科技夏（冬）令营活动次数最多的 4 个部门为教育、科协、科技管理、文化和旅游，这 4 个部门举办科技夏（冬）令营活动次数总和与参加人数总和分别占全国总数的 68.74%与 77.57%。其中，教育部门举办科技夏（冬）令营活动 2030 次，占全国举办科技夏（冬）令营活动总次数的 29.64%；参加人数为 45.24 万人次，占全国总参加人数的 25.75%。科协组织举办科技夏（冬）令营活动 1157 次，占全国总次数的 16.89%；参加人数为 32.25 万人次，占全国总参加人数的 18.36%。科技管理部门举办科技夏（冬）令营活动 934 次，占全国总次数的 13.64%；参加人数为 10.74 万人次，占全国总参加人数的 6.11%。文化和旅游部门举办科技夏（冬）令营活动 587 次，占全国总次数的 8.57%；参加人数为 48.05 万人次，占全国总参加人数的 27.35%。此外，尽管广播电视部门举办科技夏（冬）令营活动 37 次，仅占全国总次数的 0.54%；但参加人数为 10.24 万人次，占全国总参加人数的 5.83%（图 5-30）。

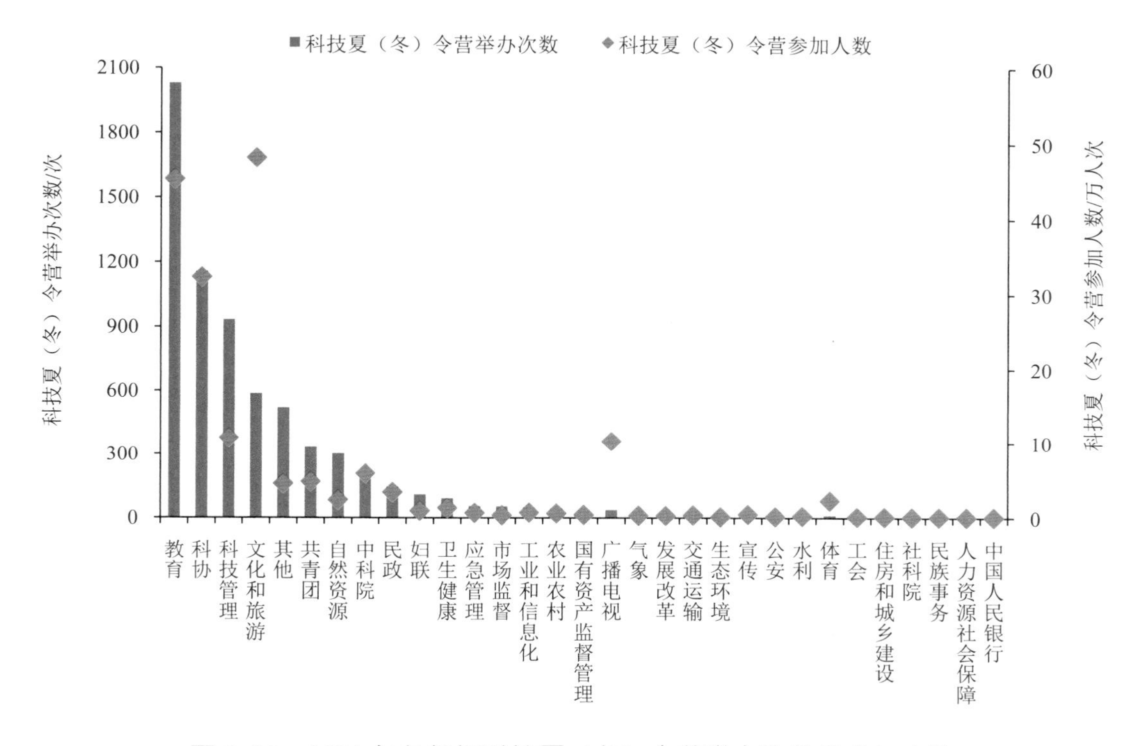

图 5-30 2021 年各部门科技夏（冬）令营举办次数及参加人数

5.4 科研机构、大学向社会开放情况

自 2006 年科技部等部门联合发布《关于科研机构和大学向社会开放开展科普活动的若干意见》以来，越来越多的科研机构、大学已经将向社会开放作为一项工作制度。开放范围包括科研机构和大学中的实验室、工程中心、技术中心、野外站（台）等研究实验基地；各类仪器中心、分析测试中心、自然科技资源库（馆）、科学数据中心（网）、科技文献中心（网）、科技信息服务中心（网）等科研基础设施；非涉密的科研仪器设施、实验和观测场所；科技类博物馆、标本馆、陈列馆、天文台（馆、站）和植物园等。开放活动激发了公众特别是青少年的科学兴趣，让他们走进科学殿堂，近距离接触科研活动，感受科技创新魅力，播下科学的种苗。

2021年受新冠感染疫情影响，全国共有7377个科研机构、大学向社会开放，比2020年减少11.42%；但通过线上开放引流，吸引了1471.15万人次参观，比2020年增长27.32%，平均每个开放单位接待参观人数为1994人次，比2020年增加607人次。

从地区来看，2021年东部地区科研机构、大学向社会开放单位数量和参观人数均最多，西部地区次之，中部地区再次之。东部地区科研机构、大学向社会开放单位数量达3423个，占全国总数的46.40%，比2020年降低14.51%，但参观人数为1015.04万人次，占全国总数的69%，比2020年增加85.77%，处于领先地位。西部地区开放数量为2238个，占全国总数的30.34%，比2020年降低8.8%，参观人数为165.53万人次，占全国总数的11.25%，比2020年降低59.40%。中部地区开放数量为1716个，占全国总数的23.26%，比2020年降低8.24%，但参观人数为290.59万人次，占全国总数的19.75%，比2020年增加44.23%（图5-31）。

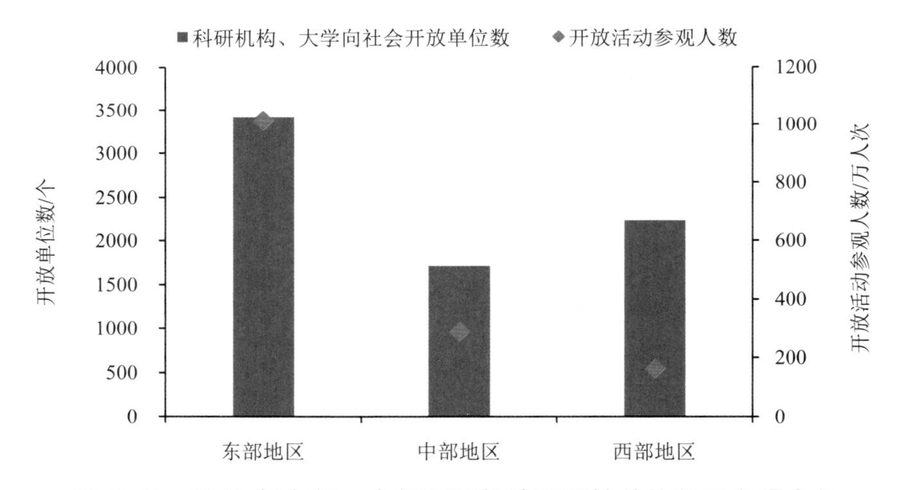

图5-31　2021年东部、中部和西部地区开放单位数及参观人数

从部门来看，开放单位数量居前5位的部门分别是教育、科技管理、市场监督管理、科协和农业农村，其中前4位与2020年相同。这5个部门开放单位总和与参观人数总和分别占全国总数的71.63%和29.58%，呈现开放单位数量占比高，但参观人数占比不高的特点。其中，教育部门开放单位数量为2891个，比2020年减少了498个，降幅14.69%；参观人数为254.07万人次。科技管理部门开放单位数量为952个，比2020年减少了118个，降幅11.03%；参观人数为59.17万人次。市场监督管理部门开放单位数量为674个，比2020年增加了29个，

增幅 4.50%；参观人数为 6.27 万人次。科协组织开放单位数量为 410 个，比 2020 年减少了 48 个，降幅 10.48%；参观人数为 93.75 万人次。农业农村部门开放单位数量为 357 个，比 2020 年增加 49 个，增幅 15.91%；参观人数为 21.92 万人次。此外，尽管中科院系统开放单位数量在前 5 名之外，但参观人数众多，共吸引了 856.09 万人次参观，比 2020 年大幅增加 215.74%。主要原因是 2021 年中科院高能物理研究所在第 17 届公众科学日开放活动中向公众开放重点实验室、大科学装置等，共吸引 615.30 万人次参观（图 5-32）。

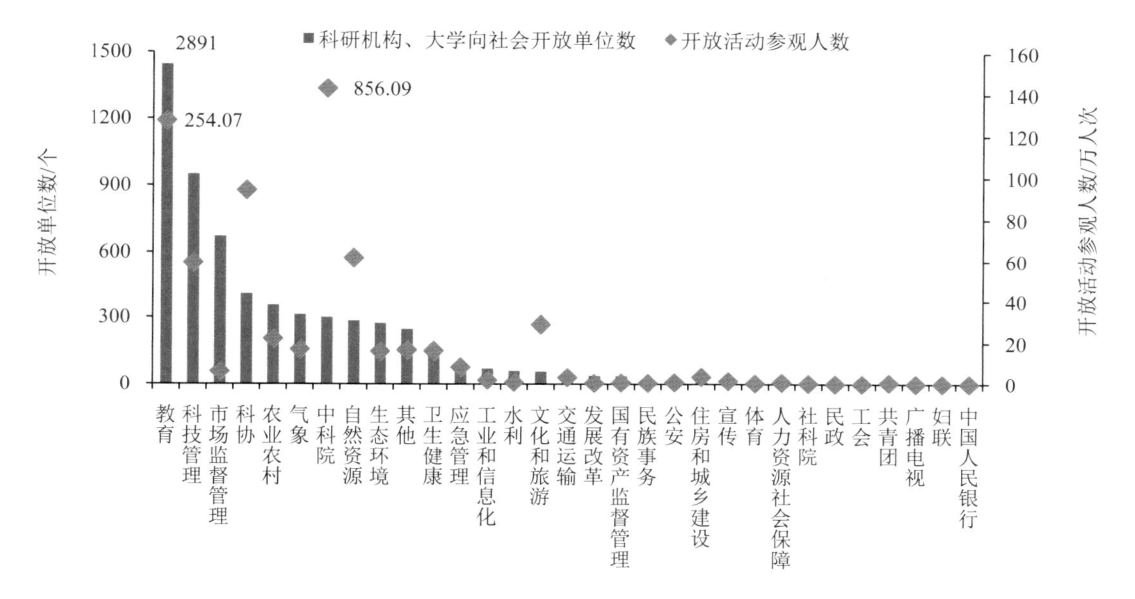

图 5-32　2021 年各部门开放单位数及参观人数

注：教育部门开放单位数量与参观人数均为图示高度数值的 2 倍，中科院系统参观人数为图示高度数值的 6 倍。

从各省来看，开放单位数量居前 5 位的省分别为江苏、四川、广东、浙江和陕西，开放单位数量总和与参观人数总和分别占全国总数的 32.53%和 19.30%。其中，江苏开放单位数量为 592 个，参观人数为 55.67 万人次。四川开放单位数量为 522 个，参观人数为 54.21 万人次。广东开放单位数量为 432 个，参观人数为 128.32 万人次。浙江开放单位数量为 428 个，参观人数为 27.96 万人次。陕西开放单位数量为 426 个，参观人数为 17.72 万人次。此外，尽管北京开放单位数量在前 5 之外，但其开放活动参观人数处于领先地位，共吸引 688.10 万人次参观，这与中科院高能物理研究所在第 17 届公众科学日开放活动中吸引众多观众有关（图 5-33）。

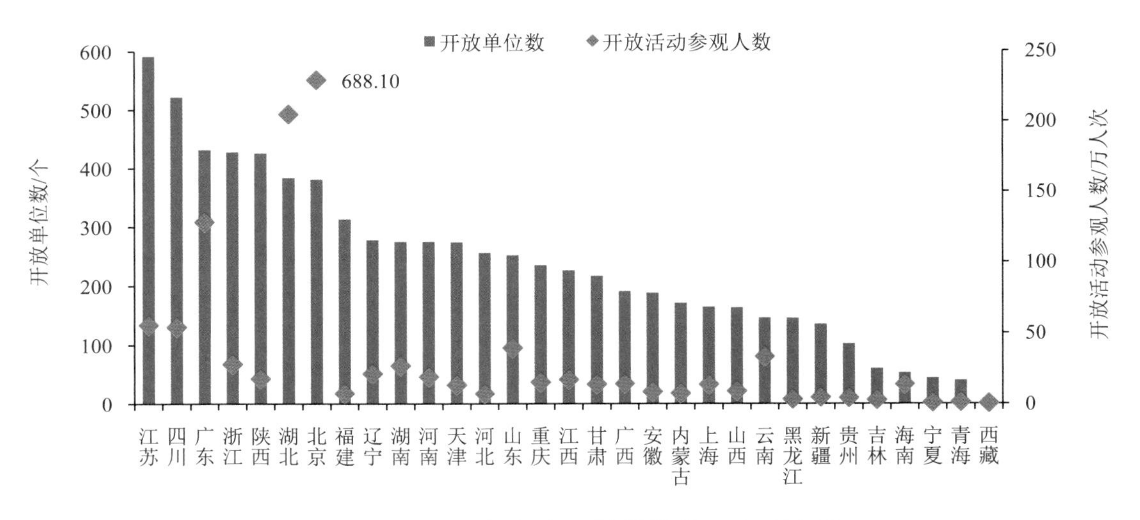

图 5-33　2021 年各省开放单位数及参观人数

注：北京开放单位参观人数为图示高度数值的 3 倍。

5.5　科普国际交流

科普国际交流[1]有利于促进国际科学传播的理论研究和发展实践，是提升我国科技软实力的重要载体。

2021 年，全国共开展科普国际交流活动 817 次，比 2020 年降低 7.58%，其中，线下开展 434 次，线上开展 383 次；参加人数为 2007.29 万人次，比 2020 年增长 250.08%，其中线下参加人数为 36.53 万人次，线上参加人数为 1970.76 万人次，占总参与人数的 98.18%，呈现以线上参与为主的特点。从地区来看，东部地区开展科普国际交流活动次数和参加人数均最多，共开展科普国际交流活动 424 次，比 2020 年减少 19.39%，其中线下开展科普国际交流 220 次，线上开展科普国际交流 204 次；参加科普国际交流活动人数为 1792.45 万人次，占全国总参加人数的 89.30%，比 2020 年增加 216.95%，其中，线下参加人数为 34.15 万人次，线上参加人数达 1758.31 万人次；西部地区开展科普国际交流次数和参加人数次之，共开展科普国际交流活动 228 次，比 2020 年增加 10.68%，其中，线下举办次数为 124 次，线上举办次数为 104 次。参加人数为 211.37 万人次，比 2020 年激增 3418.42%，其中线下参加人数为 1.39 万人次，线上参加人数为 209.98 万人次；中部地区开展科普国际交流活动 165 次，比 2020 年增加 8.55%，

[1] 2022 年起，全国科普统计调查中“科普国际交流”举办次数和参加人数按照“线下”和“线上”分别进行统计。

其中，线下开展科普国际交流活动次数为 90 次，线上开展科普国际交流活动次数为 75 次；参加人数为 3.46 万人次，比 2020 年增加 88.62%，其中线下参加人数为 9907 人次，线上参加人数为 2.47 万人次（图 5-34）。

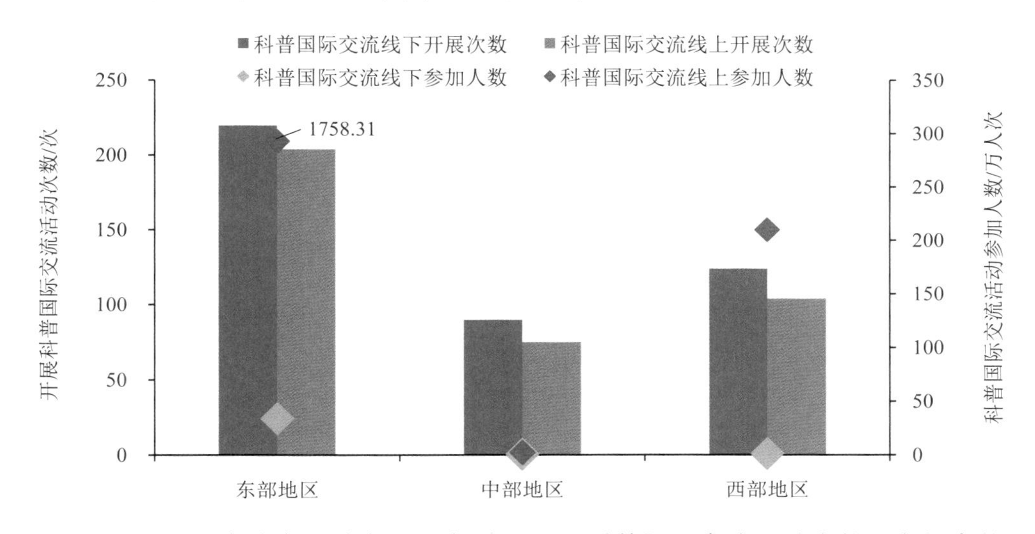

图 5-34　2021 年东部、中部和西部地区开展科普国际交流活动次数及参加人数

注：东部地区科普国际交流活动线上参加人数为图示高度数值的 6 倍。

从各省来看，开展科普国际交流活动次数居前 5 位的省为北京、江苏、天津、陕西和重庆。其中，北京开展科普国际交流活动 118 次，居于领先地位。其中，线下开展次数为 40 次，线上开展次数为 78 次；参加人数为 41.56 万人次，其中，线下参加人数为 9.52 万人次，线上参加人数为 32.04 万人次。江苏开展科普国际交流活动次数为 61 次，其中，线下开展次数为 21 次，线上开展次数为 40 次；参加人数为 13.67 万人次，其中线下参加人数为 1288 人次，线上参加人数为 13.54 万人次。天津开展科普国际交流活动次数为 54 次，其中线下开展次数为 41 次，线上开展次数为 13 次；参加人数为 7177 人次，其中线下参加人数为 5120 人次，线上参加人数为 2057 人次。陕西开展科普国际交流活动次数为 52 次，其中线下开展次数为 47 次，线上开展次数为 5 次；参加人数为 5381 人次，其中线下参加人数为 3693 人次，线上参加人数为 1688 人次。重庆市开展科普国际交流活动次数为 51 次，其中线下开展次数为 29 次，线上开展次数为 22 次；参加人数为 7622 人次，其中线下参加人数为 2878 人次，线上参加人数为 4784 人次。尽管前 5 个省开展科普国际交流活动很多，但参加人数较少，仅占全国总参加人数的 2.85%。国际交流活动参加人数领先的几个省为上海、浙江和广西，合计占全国总参加人数的96.30%。其中，上海开展科普国际交流活动次数为46次，其线下开展次数为39次，线上开展次数为7次，参加人数为1116.09万人次，线下参加人数为11.38万人次，线上参加人数为1104.70万人次。浙江开展科普国际交流活动次数为40次，其中线下开展次数为14次，线上开展次数为26次；参加人数为607.43万人次，其中线下参加人数为2231人次，线上参加人数为607.21万人次。广西开展科普国际交流活动次数为41次，其中，线下开展次数为28次，线上开展次数为13次；参加人数为209.57万人次，其中线下参加人数为5618人次，线上参加人数为209.01万人次（图5-35、图5-36）。

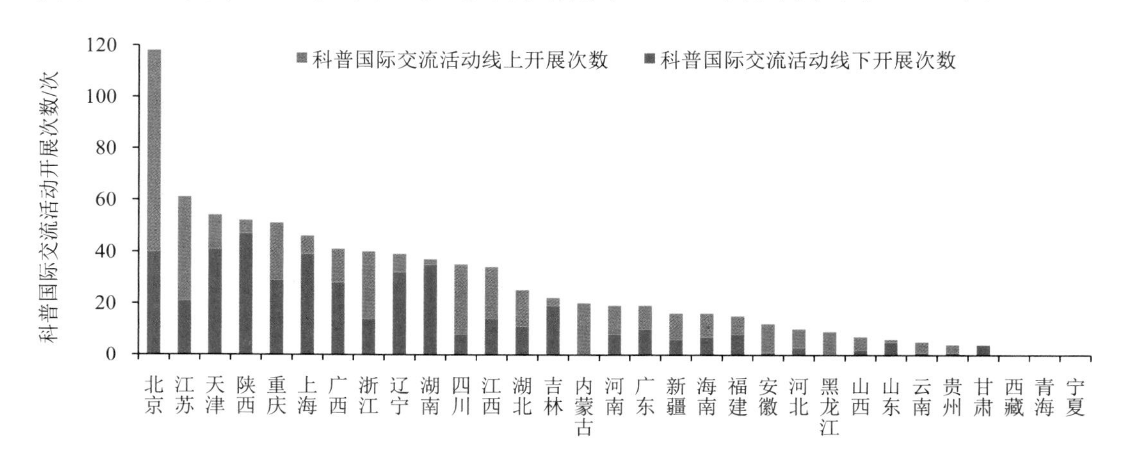

图5-35　2021年各省开展科普国际交流活动次数

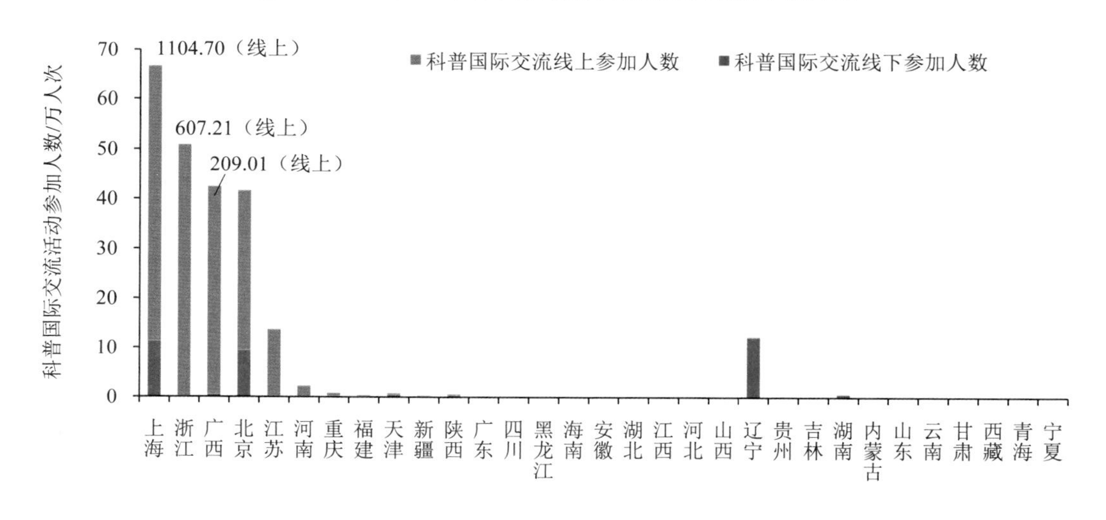

图5-36　2021年各省科普国际交流活动参加人数

注：上海科普国际交流活动线上参加人数为图示高度数值的20倍，浙江科普国际交流活动线上参加人数为图示高度数值的12倍，广西科普国际交流活动线上参加人数为图示高度数值的5倍。

从部门来看，开展科普国际交流活动较多的4个部门是教育、科技管理、科协、文化和旅游，这4个部门开展科普国际交流活动次数和参加人数分别占全国总数的70.62%和98.07%，是开展科普国际交流的主要部门，且交流活动以观众线上参与为主。教育部门活动开展科普国际交流活动次数为350次，其中线下开展167次，线上开展183次；参加人数为18.24万人次，其中线下参加人数为1.34万人次，线上参加人数为16.90万人次。科技管理部门开展科普国际交流活动次数为98次，其中线下开展次数为77次，线上开展次数为21次；参加人数为1090.06万人次，其中线下参加人数为8700人次，线上参加人数为1089.19万人次。科协组织开展科普国际交流活动次数为75次，其中线下开展次数为42次，线上开展次数为33次；参加人数为851.25万人次，其中线下参加人数为20.58万人次，线上参加人数为830.66万人次。文化和旅游部门开展科普国际交流活动次数为54次，其中线下开展次数为50次，线上开展次数为4次；参加人数为9.02万人次，其中线下参加人数为7.98万人次，线上参加人数为1.04万人次（图5-37、图5-38）。

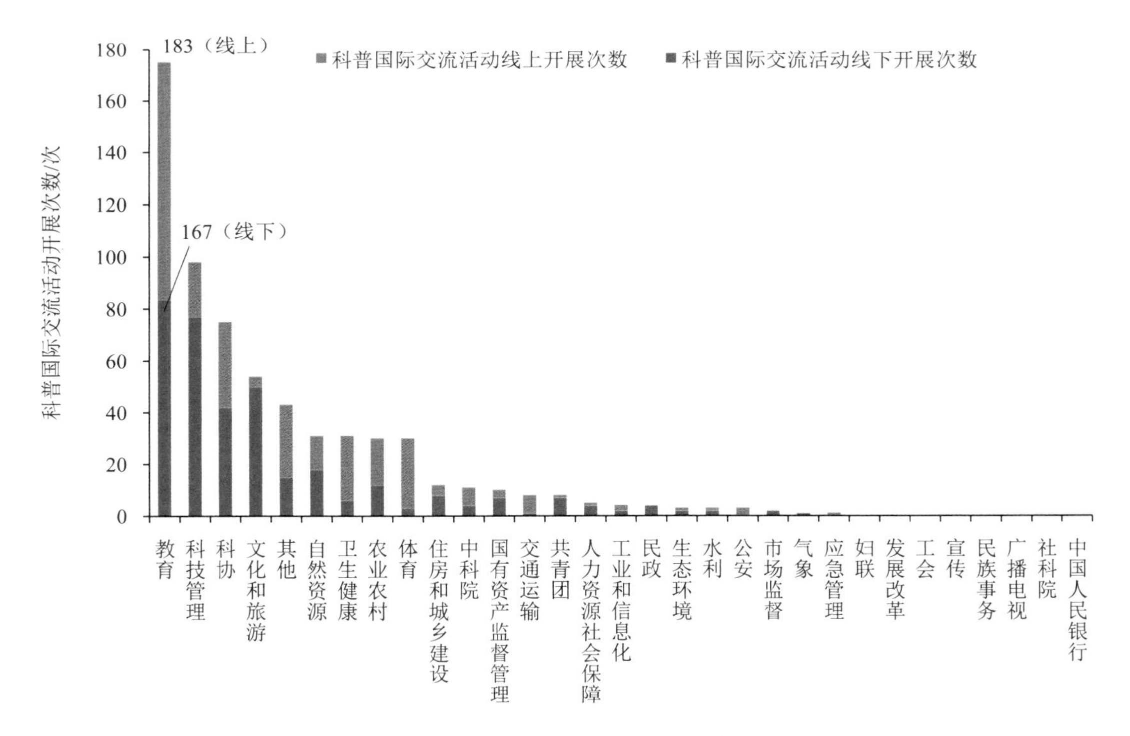

图5-37 2021年各部门开展科普国际交流活动次数

注：教育部门开展科普国际交流线上活动和线下活动次数均为图示高度数值的2倍。

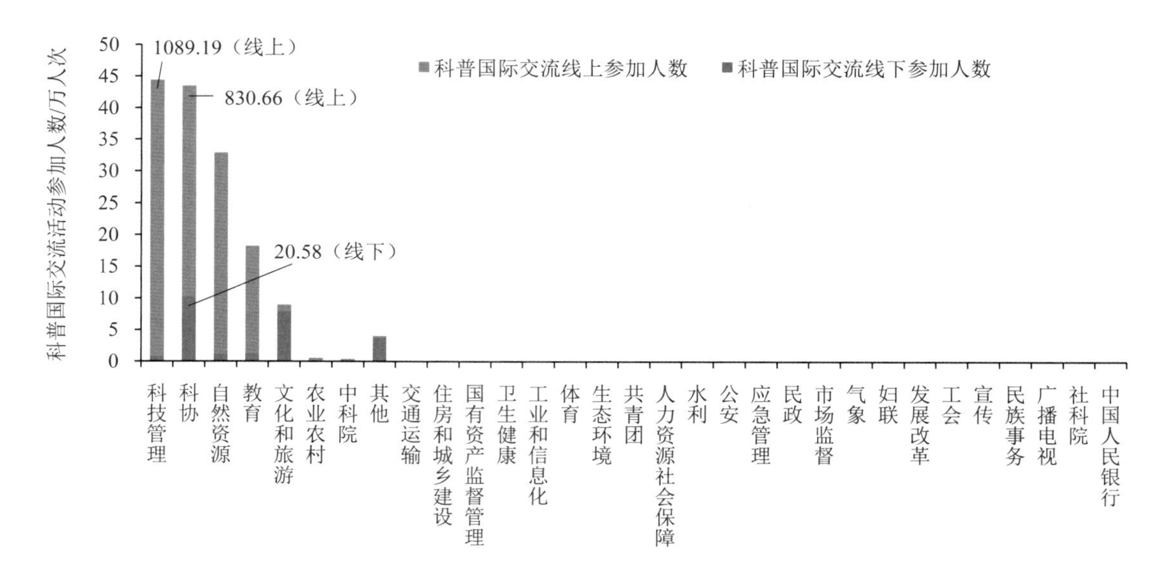

图 5-38　2021 年各部门开展科普国际交流活动参加人数

注：科技管理部门科普国际交流活动线上参加人数为图示高度数值的 25 倍；科协组织科普国际交流活动线下参加人数为图示高度数值的 2 倍，线上参加人数为图示高度数值的 25 倍。

5.6 实用技术培训

2021 年，全国共举办实用技术培训 38.78 万次，参加人数为 3734.80 万人次，分别比 2020 年减少 8.18%和 23.68%。

从地区来看，西部地区举办实用技术培训次数和参加人数最多，东部地区次之，中部地区最少。西部地区举办实用技术培训 21.22 万次，占全国总数的 54.72%，参加人数为 1882.70 万人次，占全国总数的 50.41%；东部地区举办实用技术培训 9.74 万次，占全国总数的 25.12%，参加人数为 1080.53 万人次，占全国总数的 28.93%；中部地区举办实用技术培训 7.82 万次，占全国总数的 20.16%；参加人数为 771.57 万人次，占全国总数的 20.66%（图 5-39）。

从各省来看，举办实用技术培训次数居前 5 位的省有云南、新疆、四川、陕西和广西。其中，云南举办实用技术培训次数和参加人数均居领先地位，举办实用技术培训次数为 5.02 万次，参加人数为 397.99 万人次，占全国总参加人数的 10.66%。新疆举办实用技术培训次数为 3.99 万次，参加人数为 381.04 万人次，占全国总参加人数的 10.20%。四川举办实用技术培训次数为 2.72 万次，参加人数为 211.20 万人次，占全国总参加人数的 5.66%。陕西举办实用技术培训次数为 2.54 万次，参加人数为 249.21 万人次，占全国总参加人数的 6.67%。广西举办实用技术培训次数为 2.13 万次，参加人数为 155.23 万人次，占全国总参加人数的 4.16%（图 5-40）。

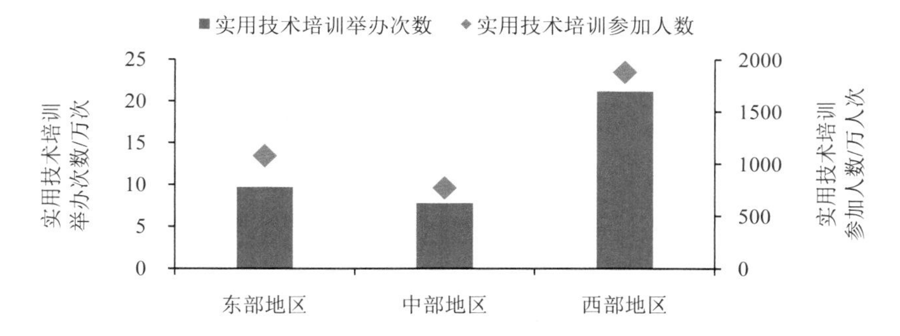

图 5-39 2021 年东部、中部、西部举办实用技术培训次数及参加人数

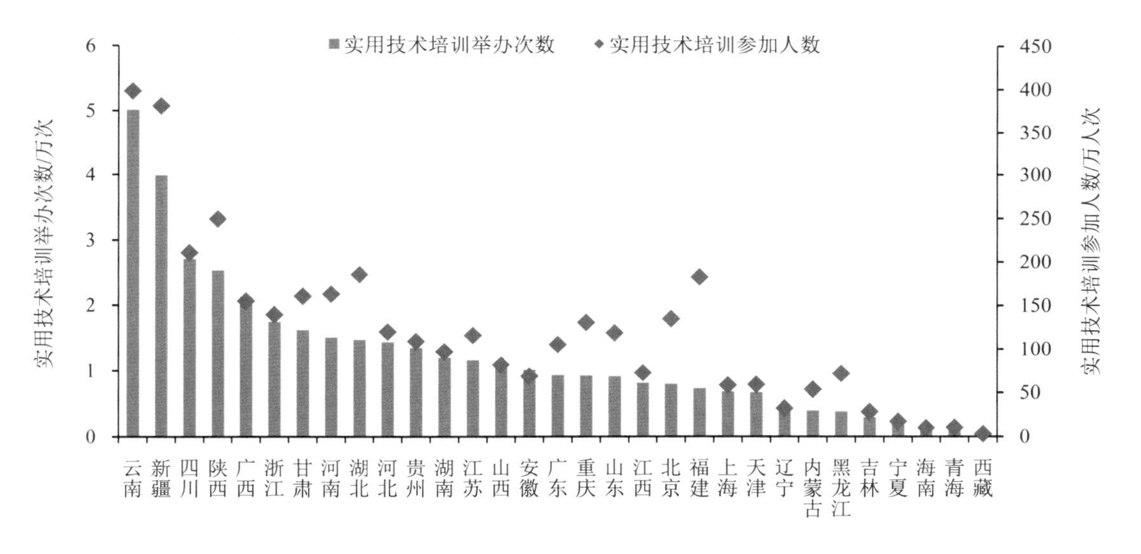

图 5-40 2021 年各省举办实用技术培训次数及参加人数

从部门来看，举办实用技术培训活动居前 5 位的部门分别是农业农村、人力资源社会保障、科协、科技管理和自然资源，这 5 个部门的举办次数总和与参加人数总和分别占全国总数的 76.86%和 70.17%。其中，农业农村部门举办实用技术培训次数为 12.91 万次，参加人数为 1030.86 万人次，举办次数和参加人数均居领先地位。人力资源社会保障部门举办实用技术培训次数为 4.90 万次，参加人数为 316.99 万人次。科协组织举办实用技术培训次数为 4.70 万次，参加人数为 589.83 万人次。科技管理部门举办实用技术培训次数为 4.50 万次，参加人数为 356.74 万人次。自然资源部门举办实用技术培训次数为 2.79 万次，参加人数为 326.28 万人次（图 5-41）。

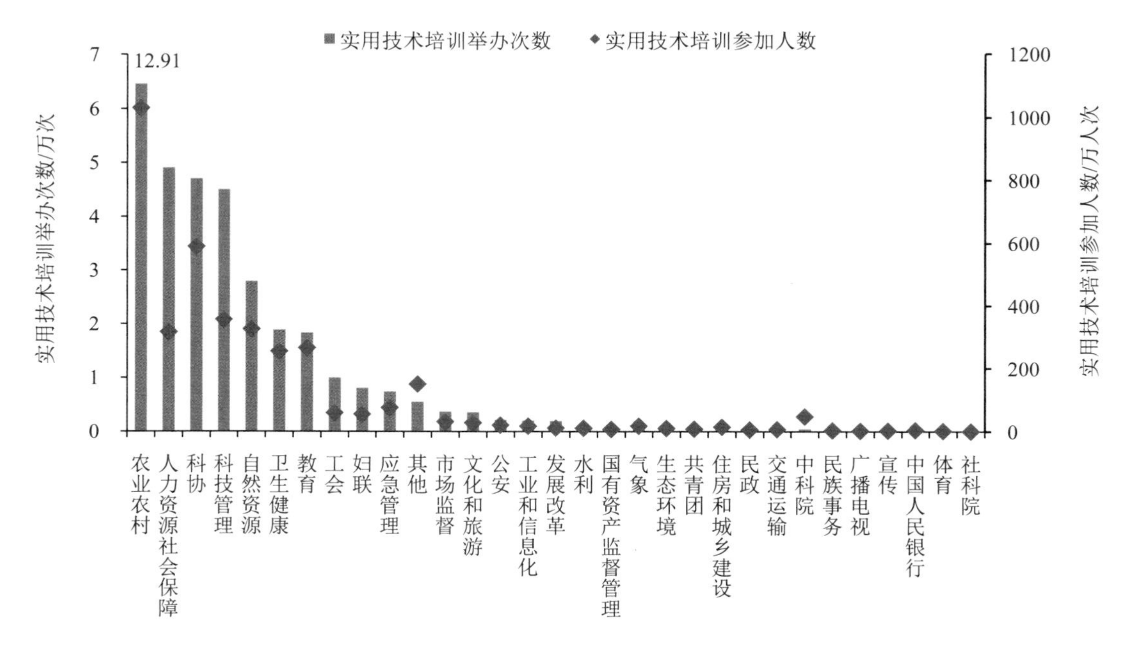

图 5-41　2021 年各部门实用技术培训举办次数及参加人数

注：农业农村部门实用技术培训举办次数为图示高度数值的 2 倍。

5.7　重大科普活动

2021 年，全国共举办参加人数在 1000 人次以上的重大科普活动 1.20 万次，比 2020 年减少 7.94%。从地区来看，东部地区举办重大科普活动次数为 4812 次，占全国重大科普活动总数的 40.09%，居领先地位，但比 2020 年降低 1.6%。中部地区举办重大科普活动次数为 2917 次，占全国重大科普活动总数 24.30%，比 2020 年降低 6.12%。西部地区举办重大科普活动次数为 4275 次，占全国重大科普活动总数 35.61%，比 2020 年降低 15.21%（图 5-42）。

从各省来看，举办重大科普活动次数排名居前 5 位的省分别为广东、江苏、河南、陕西和山东，共举办了 3634 次重大科普活动，占全国总数的 30.27%。其中，广东举办重大科普活动次数为 848 次，居于领先地位，比 2020 年下降 4.29%。江苏举办重大科普活动次数为 768 次，比 2020 年下降 2.29%。河南举办重大科普活动次数为 715 次，比 2020 年增加 1.56%。陕西举办重大科普活动次数为 661 次，比 2020 年下降 20.56%。山东举办重大科普活动次数为 642 次，比 2020 年增加 23.46%。此外，北京举办重大科普活动次数为 620 次，比 2020 年增加 19.69%。其余 25 个省举办重大科普活动次数均在 600 次以下（图 5-43）。

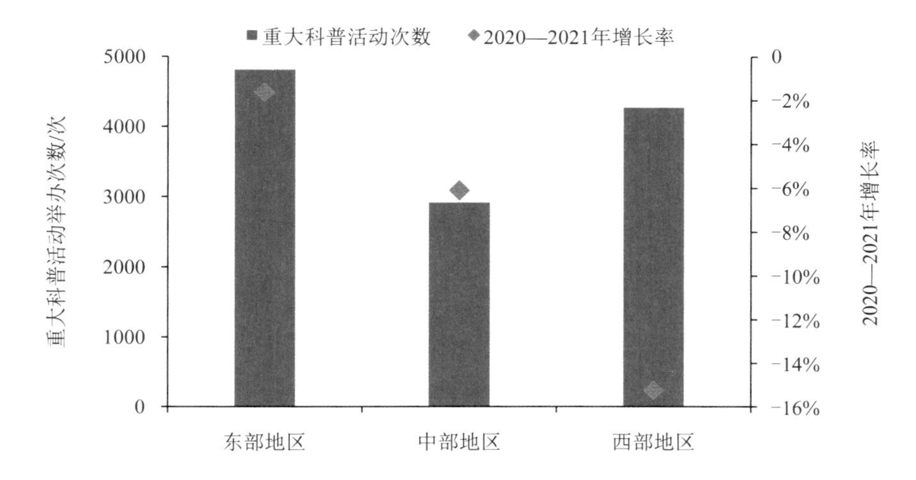

图 5-42 2021 年东部、中部、西部地区重大科普活动举办次数及增长率

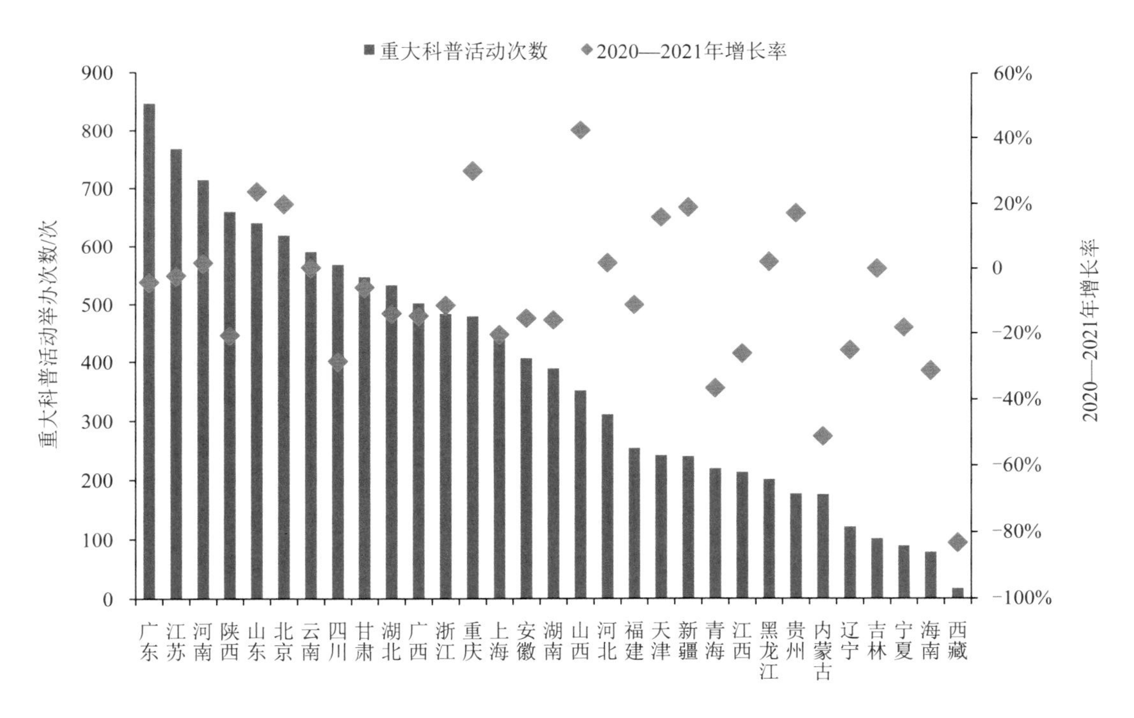

图 5-43 2021 年各省重大科普活动举办次数及增长率

从部门来看，举办重大科普活动次数居前 4 位的部门分别是科协、教育、科技管理、卫生健康。这 4 个部门的举办次数均在 1000 次以上，合计数占全国总数的 62.74%。其中，科协组织举办重大科普活动次数为 3734 次，比 2020 年降低 0.93%；教育部门举办重大科普活动次数为 1466 次，比 2020 年增加 10.64%；科技管理部门举办重大科普活动次数为 1184 次，比 2020 年降低 26.69%；卫生

健康部门举办重大科普活动次数为 1147 次，比 2020 年降低 28.27%。其余 27 个部门举办重大科普活动次数均在 600 次以下，其中，应急管理、自然资源和气象 3 个部门举办重大科普活动介于 550～600 次（图 5-44）。

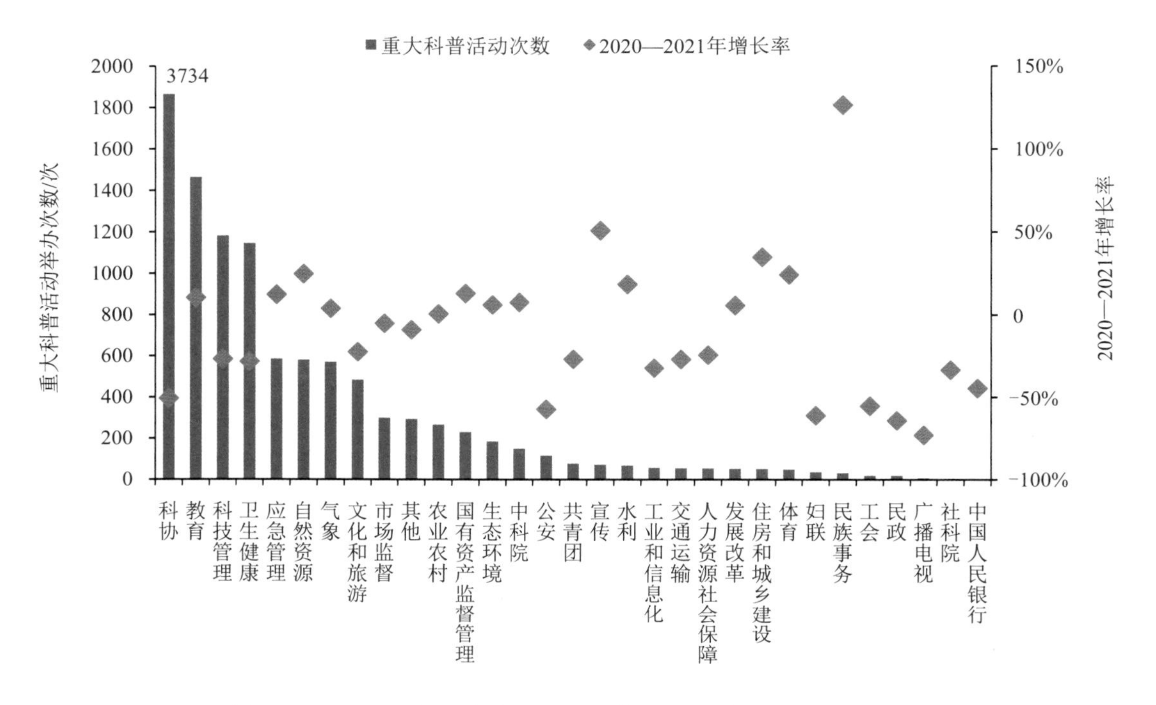

图 5-44　2021 年各部门重大科普活动举办次数及增长率

注：科协组织重大科普活动举办次数为图示高度数值的 2 倍。

附　　录

附录 1　2021 年度全国科普统计调查方案

一、科普统计的内容和任务

科普统计是国家科技统计的重要组成部分。通过开展全国科普统计调查，可以使政府管理部门及时掌握国家科普资源概况，更好地监测国家科普工作质量，为政府制定科普政策提供依据。全国科普统计的内容包括：科普人员、科普场地、科普经费、科普传媒、科普活动以及科学教育 6 个方面。

二、科普统计的范围

本次统计的范围包括中央和国家机关各有关单位，省级、市级、县级党委和人民政府有关部门及其直属单位、社会团体等机构和组织。

统计填报单位主要包括：

1. 中央和国家机关各有关单位：中央宣传部（含国家新闻出版署）、发展改革委（含粮食和储备局）、教育部、科技部、工业和信息化部、国家民委、公安部、民政部、人力资源社会保障部、自然资源部（含林草局）、生态环境部、住房城乡建设部、交通运输部（含民航局、铁路局、邮政局）、水利部、农业农村部、文化和旅游部、卫生健康委、应急部（含地震局、矿山安监局）、人民银行、国资委、市场监管总局（含药监局、知识产权局）、广电总局、体育总局、中科院、社科院、气象局、国防科工局、共青团中央、全国总工会、全国妇联、中国科协等。

2. 省级单位：省委宣传部（含新闻出版局）、发展改革委（含粮食和储备局）、教育厅、科技厅、工业和信息化厅（委）、民委、公安厅、民政厅、人力资源社会保障厅、自然资源厅（含林草局）、生态环境厅、住房城乡建设厅、交通运输厅（含民航局、铁路局、邮政局）、水利厅、农业农村厅、文化和旅游厅、卫生健康委、应急厅（含地震局、矿山安监局）、国资委、市场监管局（含药监局、知识产权局）、广电局、体育局、科学院、社科院、气象局、科工局（办）、共青团、工会、妇联、科协等。

3. 市级单位：市委宣传部（含新闻出版局）、发展改革委、教育局、科技局、工业和信息化局（委）、民委、公安局、民政局、人力资源社会保障局、自然资源局（含林草局）、生态环境局、住房城乡建设局、交通运输局（含民航局、铁路局、邮政局）、水利局、农业农村局、文化和旅游局、卫生健康委、应急局（含地震局、矿山安监局）、国资委、市场监管局（含药监局、知识产权局）、广电局、体育局、科学院、社科院、气象局、共青团、工会、妇联、科协等。

4. 县级单位：县委宣传部（含新闻出版局）、发展改革局、教育局、科技局、工业和信息化局（委）、民委、公安局、民政局、人力资源社会保障局、自然资源局（含林草局）、生态环境局、住房城乡建设局、交通运输局、水利局、农业农村局、文化和旅游局、卫生健康委、应急局（含地震局、矿山安监局）、国资委、市场监管局（含药监局、知识产权局）、广电局、体育局、气象局、共青团、工会、妇联、科协等。

三、科普统计的组织

科普统计由科技部牵头，会同有关部门共同组织实施。科技部负责制定统计方案，提出工作要求，指导和协调中央和国家机关各有关单位科技主管司局和各省科技厅（委、局）的统计工作。中国科学技术信息研究所负责具体实施工作。

各地方科技管理部门牵头组织本地方行政区域内各单位的科普统计。

四、科普统计的工作方式

全国科普统计按中央和国家机关各有关单位及省、市、县分级实施，采取条块结合的方式。

1. 科技部负责全国科普统计。包括：向中央和国家机关各有关单位科技主管部门以及各省科技厅（委、局）布置科普统计任务，开展统计人员在线填报培训，审核数据，汇总全国科普统计数据，形成国家科普统计年度报告。

2. 中央和国家机关各有关单位科技主管司局负责本单位及其直属机构的科普统计。包括：向直属机构布置科普统计任务，对统计人员进行培训，审核数据；将本部门已填报的数据汇总后盖章的纸质调查表报送科技部。

3. 省科技厅（委、局）负责本省科普统计。包括：向本省同级有关部门、所属各市科技局布置科普统计任务，对统计人员在线填报培训，审核数据；将本省已填报的数据汇总后盖章的纸质调查表报送科技部。

4. 市科技局负责本市科普统计。包括：向本市同级有关部门、所属县科技局布置科普统计任务，对统计人员进行培训，审核数据；将本市已填报的数据汇总后盖章的纸质调查表报送省科技厅（委、局）。

5. 县科技行政管理部门负责本县科普统计。包括：向本县同级有关部门布置科普统计任务，对统计人员进行培训，审核数据；将本县已填报的数据汇总后盖章的纸质调查表报送市科技局。

五、在线填报系统

2021 年度全国科普统计工作实行在线填报数据，各填报单位可在中国科技情报网（https://kptj.chinainfo.org.cn/kp2/）登录填报、审核、提交数据。

科普统计培训 PPT 及培训教材可在中国科技情报网下载。

六、填报时间

2022 年 6 月 30 日前，各地方、各部门完成在线填报及数据的审核、汇总与提交。

七、数据的修正和反馈

全国科普统计数据填报完成后，科技部将组织专家对填报数据进行审核，就上报数据质量进行评估。对数据质量存在问题的，将要求进行核实和修正。

八、注意事项

凡在“科普场地”报表中填写“科普场馆”数据的单位，需确保该场馆的数据单独填报，即该“科普场馆”如果有涉及科普人员、科普场地、科普经费、科普传媒、科普活动、科学教育的数据，均应当单独填报，不与其他数据汇总后填报。

附件

2021 年度科普统计调查表

中华人民共和国科学技术部制定

国家统计局批准

2022 年 1 月

本报表制度根据《中华人民共和国统计法》的有关规定制定

《中华人民共和国统计法》第七条规定：国家机关、企业事业单位和其他组织及个体工商户和个人等统计调查对象，必须依照本法和国家有关规定，真实、准确、完整、及时地提供统计调查所需的资料，不得提供不真实或者不完整的统计资料，不得迟报、拒报统计资料。

《中华人民共和国统计法》第九条规定：统计机构和统计人员对在统计工作中知悉的国家秘密、商业秘密和个人信息，应当予以保密。

《中华人民共和国统计法》第二十五条规定：统计调查中获得的能够识别或者推断单个统计调查对象身份的资料，任何单位和个人不得对外提供、泄露，不得用于统计以外的目的。

填报说明

（一）调查目的

为了掌握国家科普资源基本状况，了解国家科普工作运行质量；切实履行科技部门的职责，建立有序的工作制度，特制定本调查制度。

（二）调查对象和统计范围

国家机关、社会团体和企事业单位等机构和组织。

（三）调查内容

本调查制度主要调查上述对象的科普人员、科普场地、科普经费、科普传媒、科普活动、科学教育 6 个方面。

（四）调查频率和时间

本调查制度为年报。报告期为 1 月 1 日至 12 月 31 日。

（五）调查方法

本调查制度采用全面调查方法。

（六）组织实施

由科技部牵头，会同有关部门共同组织实施。科技部负责制定统计方案，提出工作要求，指导和协调中央、国务院有关部门和省科技行政管理部门的统计工作。中国科学技术信息研究所负责具体统计实施工作。

（七）填报和报送要求

填报单位需严格按照报表所规定的指标含义、指标解释进行填报。

本调查制度实行统一的统计分类标准编码，各有关部门必须严格执行。

（八）质量控制

本调查制度针对统计业务流程的各环节进行质量管理和控制。

（九）统计资料公布及数据共享

本调查制度综合统计数据每年 12 月向社会公布。

（十）统计信息共享的内容、方式、时限、渠道、责任单位和责任人

本调查制度综合统计数据可与其他政府部门及本系统内共享使用，按照协

定方式共享，在最终审定数据10个工作日后方可共享，共享责任单位为科技部人才与科普司，共享责任人为人才与科普司工作负责人。

（十一）使用名录库情况

与国家统计局建立衔接联动机制，本制度使用国家基本单位名录库补充完善调查单位基本信息，加强名录库信息互惠共享。

报表目录

序号	表名	指标个数
表 1	科普人员	14
表 2	科普场地	32
表 3	科普经费	13
表 4	科普传媒	26
表 5	科普活动	35
表 6	科学教育	19
合计		139

调查表式

（一）调查单位基本情况

表号：　KP-000
制定机关：　科学技术部
批准机关：　国家统计局
批准文号：　国统制〔2022〕11号
有效期至：　2025年1月

20　年

<table>
<tr><td>101</td><td colspan="3">统一社会信用代码□□□□□□□□□□□□□□□□□□
尚未领取统一社会信用代码的填写原组织机构代码号：
□□□□□□□□-□</td><td>102</td><td>单位详细名称</td></tr>
<tr><td>103</td><td colspan="2">机构主管部门类别代码（见说明）□□</td><td>104</td><td colspan="2">所属国民经济行业分类门类代码（见说明）□</td></tr>
<tr><td rowspan="5">105</td><td colspan="5">机构属性</td></tr>
<tr><td>政府部门</td><td>事业单位</td><td>人民团体</td><td>企业</td><td>其他</td></tr>
<tr><td>□国家机关</td><td>□科研院所</td><td>□中央机构编制部门直接管理类</td><td>□全民所有制企业</td><td>□其他</td></tr>
<tr><td></td><td>□高等教育机构</td><td>□民政部门登记类</td><td>□非全民所有制企业</td><td></td></tr>
<tr><td></td><td>□其他</td><td></td><td></td><td></td></tr>
<tr><td>106</td><td colspan="5">单位级别
中央级□　省级□　市级□　区县级□</td></tr>
<tr><td>107</td><td colspan="5">单位所在地及区划
省（自治区、直辖市）　地（区、市、州、盟）　县（区、市、旗）
区划代码　□□□□□□□□□□□□</td></tr>
<tr><td>108</td><td colspan="5">单位经费来源情况：
□财政全额拨款　□财政差额拨款　□自收自支</td></tr>
<tr><td>109</td><td colspan="3">法定代表人（单位负责人）</td><td colspan="2">填表人</td></tr>
<tr><td>110</td><td colspan="3">联系方式
长途区号　□□□□□
固定电话　□□□□-□□□□□□□□
邮政编码　□□□□□□</td><td colspan="2">
移动电话　□□□□□□□□□□□
传真号码　□□□□-□□□□□□□□</td></tr>
</table>

单位负责人：　统计负责人：　填表人：　联系电话：　报出日期：20　年　月　日

说明：

1. 机构主管部门类别代码：宣传部门（含新闻出版部门）（40）、发展改革部门[含粮食和储备系统

（23）］（25）、教育部门（03）、科技管理部门（01）、工业和信息化部门（19）、民族事务部门（21）、公安部门（20）、民政部门（26）、人力资源和社会保障部门（27）、自然资源部门[含林业和草原系统（11）］（04）、生态环境部门（09）、住房和城乡建设部门（34）、交通运输部门（含民用航空系统、铁路系统、邮政系统）（33）、水利部门（35）、农业农村部门（05）、文化和旅游部门（06）[旅游部门（12）合并到文化部门（06）］、卫生健康部门（07）[计生部门（08）合并到卫生部门（07）］、应急管理部门[含地震系统（14）、矿山安全监察系统]（22）、中国人民银行（36）、国有资产监督管理部门（32）、市场监督管理部门[含药品监督管理系统（29）、知识产权系统（37）］（24）、广电部门（10）、体育部门（28）、中科院所属部门（13）、社科院所属部门（31）、气象部门（15）、国防科技工业部门（39）、共青团组织（16）、工会组织（18）、妇联组织（17）、科协组织（02）、其他部门（30）。

2. 国民经济行业分类门类代码（GB/T 4754—2017）： A 农、林、牧、渔业；B 采矿业； C 制造业； D 电力、热力、燃气及水生产和供应业； E 建筑业； F 批发和零售业； G 交通运输、仓储和邮政业； H 住宿和餐饮业； I 信息传输、软件和信息技术服务业； J 金融业； K 房地产业； L 租赁和商务服务业； M 科学研究和技术服务业； N 水利、环境和公共设施管理业； O 居民服务、修理和其他服务业； P 教育； Q 卫生和社会工作； R 文化、体育和娱乐业； S 公共管理、社会保障和社会组织； T 国际组织。

3. 为减轻基层填报负担，将基本单位名录库信息维护到联网直报系统中，已获取的调查单位名录信息加载到调查系统中，企业无需重复填报，如有变更可更新相关信息。

（二）科普人员

表号：KP-001
制定机关：科学技术部
批准机关：国家统计局
批准文号：国统制〔2022〕11 号
有效期至：2025 年 1 月

统一社会信用代码□□□□□□□□□□□□□□□□□□
尚未领取统一社会信用代码的填写原组织机构代码号□□□□□□□□-□
单位详细名称：　　　　20　　年

指标名称	计量单位	代码	数量
甲	乙	丙	1
一、科普专职人员	人	KR100	
其中：中级职称及以上或本科及以上学历人员	人	KR110	
女性	人	KR120	
农村科普人员	人	KR130	
管理人员	人	KR140	
科普创作（研发）人员	人	KR150	
科普讲解（辅导）人员	人	KR160	
二、科普兼职人员	人	KR200	
其中：中级职称及以上或本科及以上学历人员	人	KR210	
女性	人	KR220	
农村科普人员	人	KR230	
科普讲解（辅导）人员	人	KR240	
当年实际投入工作量	人天	KR250	
三、注册科普（技）志愿者	人	KR300	

单位负责人：　　统计负责人：　　填表人：　　联系电话：　　报出日期：20　年　月　日

说明：主要平衡关系
KR110≤KR100，KR120≤KR100，KR130≤KR100，KR140≤KR100，KR150≤KR100，KR160≤KR100。
KR210≤KR200，KR220≤KR200，KR230≤KR200，KR240≤KR200。

（三）科普场地

表号：KP-002
制定机关：科学技术部
批准机关：国家统计局
批准文号：国统制〔2022〕11 号
有效期至：2025 年 1 月

统一社会信用代码□□□□□□□□□□□□□□□□□□□□
尚未领取统一社会信用代码的填写原组织机构代码号□□□□□□□□-□
单位详细名称：　　　　20　　年

指标名称	计量单位	代码	数量
甲	乙	丙	1
一、科普场馆	—	—	—
1. 科技馆	个	KC110	
建筑面积	平方米	KC111	
展厅面积	平方米	KC112	
当年参观人数	人次	KC113	
常设展品	件套	KC114	
门票收入	万元	KC116	
2. 科学技术类博物馆	个	KC120	
建筑面积	平方米	KC121	
展厅面积	平方米	KC122	
当年参观人数	人次	KC123	
常设展品	件套	KC124	
门票收入	万元	KC126	
3. 青少年科技馆站	个	KC130	
建筑面积	平方米	KC131	
展厅面积	平方米	KC132	
当年参观人数	人次	KC133	
常设展品	件套	KC134	
二、非场馆类科普场地	—	—	—
1. 个数	个	KC210	
2. 科普展厅面积	平方米	KC220	
3. 当年参观人数	人次	KC230	
三、公共场所科普宣传设施	—	—	—
1. 城市社区科普（技）活动场所	个	KC310	
当年服务人数	人次	KC311	
2. 农村科普（技）活动场所	个	KC320	
当年服务人数	人次	KC321	
3. 流动科普宣传设施	—	—	—
科普宣传专用车	辆	KC330	
当年服务人数	人次	KC331	

续表

指标名称	计量单位	代码	数量
甲	乙	丙	1
流动科技馆站	个	KC332	
当年服务人数	人次	KC333	
4. 科普宣传专栏	个	KC340	
当年内容更新次数	次	KC341	
四、科普基地	—	—	—
1. 国家级科普基地	个	KC410	
2. 省级科普基地	个	KC420	

单位负责人：　　　统计负责人：　　　填表人：　　　联系电话：　　　　　　报出日期：20　年　月　日

说明：

1. 主要平衡关系：KC112＜KC111；KC122＜KC121；KC132＜KC131。

2. 科普场馆必须是以上列举的 3 类。青少年科技馆站必须专门用于开展面向青少年的科普宣传教育。

3. 建筑面积（KC111、KC121、KC131）：建筑面积在 500 平米以下的，出租用于他用（商业经营等）或已丧失科普功能的，均不在此项统计范围内。

4. 展厅面积（KC112、KC122、KC132）：指用于各类展览的实际使用面积，不含公共设施、办公室和用于其他用途的使用面积。

5. 当年参观人数（KC113、KC123、KC133）：如果有参观票据，以票根上的年度内数字为准。如果没有参观票据，则以馆内统计的人数为准。馆内没有过任何统计，则填报零。不可随意填报。

6. 场馆数量不能出现大于 1 的情况，每个场馆要单独填报。

7. 场馆常设展品的件套数，以完整呈现一个展出物品为 1 件套。

（四）科普经费

表号：KP-003
制定机关：科学技术部
批准机关：国家统计局
批准文号：国统制〔2022〕11 号
有效期至：2025 年 1 月

统一社会信用代码□□□□□□□□□□□□□□□□□□
尚未领取统一社会信用代码的填写原组织机构代码号□□□□□□□□-□
单位详细名称：　　　　20　　年

指标名称	计量单位	代码	金额
甲	乙	丙	1
一、当年科普经费筹集额	万元	KJ100	
1. 政府拨款	万元	KJ110	
其中：科普专项经费	万元	KJ111	
2. 捐赠	万元	KJ120	
3. 自筹资金	万元	KJ130	
二、当年科普经费使用额	万元	KJ200	
1. 行政支出	万元	KJ210	
2. 科普活动支出	万元	KJ220	
其中：科技活动周经费支出	万元	KJ221	
3. 科普场馆基建支出	万元	KJ230	
其中：政府拨款支出	万元	KJ231	
4. 科普展品、设施支出	万元	KJ233	
5. 其他支出	万元	KJ240	

单位负责人：　　统计负责人：　　填表人：　　联系电话：　　报出日期：20　年　月　日

说明：

1. 主要平衡关系：KJ100＝KJ110＋KJ120＋KJ130；KJ200＝KJ210＋KJ220＋KJ230＋KJ233＋KJ240；KJ110≥KJ111；KJ220≥KJ221；KJ230≥KJ231。

2. 经费部分，所有单位均为万元。

（五）科普传媒

表号：KP-004
制定机关：科学技术部
批准机关：国家统计局
批准文号：国统制〔2022〕11号
有效期至：2025年1月

统一社会信用代码□□□□□□□□□□□□□□□□□□
尚未领取统一社会信用代码的填写原组织机构代码号□□□□□□□□-□
单位详细名称：　　　　　　　　　　　　20　　年

指标名称	计量单位	代码	数量
甲	乙	丙	1
一、科普图书	—	—	—
1. 当年出版种数	种	KM110	
2. 当年出版总册数	册	KM120	
二、科普期刊	—	—	—
1. 当年出版种数	种	KM210	
2. 当年出版总册数	册	KM220	
三、科技类报纸当年发行总份数	份	KM400	
四、科普电影	—	—	—
1. 当年放映片源数量	部	KM040	
其中：国产数量	部	KM0401	
进口数量	部	KM0402	
2. 当年观众数量	人次	KM041	
五、电视台当年播出科普（技）节目时长	小时	KM500	
六、电台当年播出科普（技）节目时长	小时	KM600	
七、科普网站	—	—	—
1. 建设数量	个	KM700	
2. 当年访问数量	次	KM710	
3. 当年发文数量	篇	KM720	
八、当年发放科普读物和资料	份	KM800	
九、科普类微博	—	—	—
1. 建设数量	个	KM010	
2. 当年发文数量	篇	KM011	
3. 当年阅读数量	次	KM012	
4. 粉丝数量	个	KM013	
十、科普类微信公众号	—	—	—
1. 建设数量	个	KM020	
2. 当年发文数量	篇	KM021	
3. 当年阅读数量	次	KM022	

续表

指标名称	计量单位	代码	数量
甲	乙	丙	1
4. 关注数量	个	KM023	
十一、网络科普视频	—	—	—
1. 当年发布数量	个	KM030	
2. 当年发布时长	小时	KM031	
3. 当年播放数量	次	KM032	

单位负责人：　　统计负责人：　　填表人：　　联系电话：　　报出日期：20　年　月　日

说明：

1. 主要平衡关系：KM040＝KM0401＋KM0402。

2. 科普传媒是指各填报单位产出的科普作品，而不是填报单位订阅的资料。

3. 科普图书需要取得 ISBN 编号，科普期刊和科技类报纸需要取得国内统一连续出版物号，科普电影需要取得电影片公映许可证。

4. KM500 和 KM600 由广播电视部门和宣传部门填报。

（六）科普活动

表号：　KP-004
制定机关：　科学技术部
批准机关：　国家统计局
批准文号：　国统制〔2022〕11 号
有效期至：　2025 年 1 月

统一社会信用代码□□□□□□□□□□□□□□□□□□
尚未领取统一社会信用代码的填写原组织机构代码号□□□□□□□□-□
单位详细名称：　　　　　　　　　　　　20　　年

指标名称	计量单位	代码	数量
甲	乙	丙	1
一、科普（技）讲座	—	—	—
1. 当年线下举办次数	次	KH110	
当年线下参加人数	人次	KH120	
2. 当年线上举办次数	次	KH130	
当年线上参加人数	人次	KH140	
二、科普（技）展览	—	—	—
1. 当年专题展览线下举办次数	次	KH210	
当年线下参观人数	人次	KH220	
2. 当年专题展览线上举办次数	次	KH230	
当年线上参观人数	人次	KH240	
三、科普（技）竞赛	—	—	—
1. 当年线下举办次数	次	KH310	
当年线下参加人数	人次	KH320	
2. 当年线上举办次数	次	KH330	
当年线上参加人数	人次	KH340	
四、科普国际交流	—	—	—
1. 当年线下举办次数	次	KH410	
当年线下参加人数	人次	KH420	
2. 当年线上举办次数	次	KH430	
当年线上参加人数	人次	KH440	
五、青少年科普	—	—	—
1. 青少年科技兴趣小组	—	—	—
当年成立个数	个	KH511	
当年参加人数	人次	KH512	
2. 科技夏（冬）令营	—	—	—
当年举办次数	次	KH521	

当年参加人数	人次	KH522	

续表

指标名称	计量单位	代码	数量
甲	乙	丙	1
3. 青少年主题科普活动	—	—	
当年举办次数	次	KH531	
当年参加人数	人次	KH532	
六、老年人科普			
1. 当年科普主题活动举办次数	次	KH010	
2. 当年参加人数	人次	KH020	
七、科技活动周	—	—	—
1. 科普专题活动线下举办次数	次	KH610	
线下参加人数	人次	KH620	
2. 科普专题活动线上举办次数	次	KH630	
线上参加人数	人次	KH640	
八、科研机构、大学向社会开放	—	—	—
1. 当年开放单位个数	个	KH710	
2. 当年参观人数	人次	KH720	
九、当年举办实用技术培训次数	次	KH810	
当年参加人数	人次	KH820	
十、当年重大科普活动次数	次	KH900	
十一、科普研发	—	—	—
当年获批市级及以上科普项目数量	项	KH030	
其中：当年获批省、部级及以上科普项目数量	项	KH0301	

单位负责人：　　统计负责人：　　填表人：　　联系电话：　　报出日期：20　年　月　日

说明：

1. 主要平衡关系：KH030≥KH0301。

2. 填报单位组织的科普活动，参加的活动不在统计范围内。

3. 多主办单位的活动由第一主办单位填报。如果第一填报单位不在调查统计范围内的，可以由第二主办单位填报，以此类推。

（七）科学教育

表号：KP-006
制定机关：科学技术部
批准机关：国家统计局
批准文号：国统制〔2022〕11号
有效期至：2025年1月

组织机构代码□□□□□□□□-□
统一社会信用代码□□□□□□□□□□□□□□□□□□
单位详细名称：　　　　　　　　　　　　20　　年

指标名称	计量单位	代码	数量
甲	乙	丙	1
一、师资队伍	—	—	—
1. 义务教育	—	—	—
本校全职科学教师数量	人	KX111	
本校兼职科学教师数量	人	KX112	
当年科学教育外聘专家数量	人	KX113	
2. 高中阶段教育	—	—	—
本校全职科学教育教师数量	人	KX121	
本校兼职科学教育教师数量	人	KX122	
当年科学教育外聘专家数量	人	KX123	
3. 高等教育	—	—	—
本校全职科学教育教师数量	人	KX131	
本校兼职科学教育教师数量	人	KX132	
当年科学教育外聘专家数量	人	KX133	
二、教学情况	—	—	—
1. 义务教育阶段科学教育	—	—	—
当年课程课时	节	KX211	
其中：当年校外课时	节	KX2111	
当年学生数量	人	KX212	
2. 高中阶段科学教育	—	—	—
当年课程课时	节	KX221	
其中：当年校外课时	节	KX2211	
当年学生数量	人	KX222	
3. 高等科学教育人才培养	—	—	—
当年本科专业学生数量	人	KX231	
当年研究生专业学生数量	人	KX232	

续表

指标名称	计量单位	代码	数量
甲	乙	丙	1
三、中小学科普（技）活动场所	—	—	—
1. 场所数量	个	KX310	
2. 当年服务学生数量	人	KX320	

单位负责人：　　统计负责人：　　填表人：　　联系电话：　　报出日期：20　年　月　日

说明：

主要平衡关系：KX211≥KX2111；KX221≥KX2211。

附录 2　2021 年全国科普统计分类数据统计表

各项统计数据均未包括香港特别行政区、澳门特别行政区和台湾地区的数据。

科普宣传专用车、科普图书、科普期刊、科普网站、科普国际交流情况均由市级以上（含市级）填报单位的数据统计得出。

非场馆类科普场地指标数据以及科普电影、网络科普视频、科普研发、科学教育等首次纳入统计调查的相关指标数据，因为理解差异，此次暂未列入。

东部、中部和西部地区的划分：东部地区包括北京、天津、河北、辽宁、上海、江苏、浙江、福建、山东、广东和海南 11 个省和直辖市；中部地区包括山西、吉林、黑龙江、安徽、江西、河南、湖北和湖南 8 个省；西部地区包括内蒙古、广西、重庆、四川、贵州、云南、西藏、陕西、甘肃、青海、宁夏和新疆 12 个省、自治区和直辖市。

附表 2-1　2021 年各省科普人员

Appendix table 2-1: S&T popularization personnel by region in 2021

单位：人
Unit: person

地　区 Region	科普专职人员 Full time S&T popularization personnel		
	人员总数 Total	中级职称及以上或大学本科及以上学历人员 With title of medium-rank or above / with college graduate or above	女性 Female
全　国 Total	264339	170517	109738
东　部 Eastern	94399	67596	44351
中　部 Middle	79408	46752	29529
西　部 Western	90532	56169	35858
北　京 Beijing	8796	7233	5004
天　津 Tianjin	4224	3495	2234
河　北 Hebei	10584	6984	4793
山　西 Shanxi	6180	3633	2755
内蒙古 Inner Mongolia	7524	4389	2860
辽　宁 Liaoning	8204	5900	3689
吉　林 Jilin	6533	3748	2759
黑龙江 Heilongjiang	4332	2885	2032
上　海 Shanghai	7466	5531	3981
江　苏 Jiangsu	11142	8569	5168
浙　江 Zhejiang	11200	8349	5151
安　徽 Anhui	10565	6616	3160
福　建 Fujian	5667	3946	2533
江　西 Jiangxi	8242	4618	2977
山　东 Shandong	12583	8165	5280
河　南 Henan	16495	8966	6579
湖　北 Hubei	12576	7993	4578
湖　南 Hunan	14485	8293	4689
广　东 Guangdong	12159	8273	5605
广　西 Guangxi	7073	4405	2980
海　南 Hainan	2374	1151	913
重　庆 Chongqing	8002	5730	3797
四　川 Sichuan	15928	9293	6260
贵　州 Guizhou	6633	4438	2355
云　南 Yunnan	13620	9529	4904
西　藏 Tibet	887	326	353
陕　西 Shaanxi	11766	6650	4376
甘　肃 Gansu	7469	4724	3032
青　海 Qinghai	1442	1011	670
宁　夏 Ningxia	2646	1524	1224
新　疆 Xinjiang	7542	4150	3047

附表 2-1　续表　Continued

地　区	Region	科普专职人员 Full time S&T popularization personnel			
		农村科普人员 Rural S&T popularization personnel	管理人员 S&T popularization administrators	科普创作（研发）人员 S&T popularization creators（researchers）	科普讲解（辅导）人员 S&T popularization docents(tutors)
全　国	Total	72105	50109	22363	49161
东　部	Eastern	18862	18226	9717	18229
中　部	Middle	26594	14960	4966	14930
西　部	Western	26649	16923	7680	16002
北　京	Beijing	759	1745	1625	1908
天　津	Tianjin	280	896	897	1183
河　北	Hebei	3294	1865	560	1333
山　西	Shanxi	1418	1232	395	899
内蒙古	Inner Mongolia	1978	1537	462	1224
辽　宁	Liaoning	1830	1738	684	1370
吉　林	Jilin	1992	1110	363	2633
黑龙江	Heilongjiang	823	930	343	833
上　海	Shanghai	798	1918	1051	2170
江　苏	Jiangsu	2234	2382	1157	2090
浙　江	Zhejiang	2427	1594	712	1675
安　徽	Anhui	4555	1546	474	1845
福　建	Fujian	1211	1100	508	966
江　西	Jiangxi	2523	1669	380	1401
山　东	Shandong	3473	2342	969	1961
河　南	Henan	5847	2964	1036	2723
湖　北	Hubei	4199	2430	843	2218
湖　南	Hunan	5237	3079	1132	2378
广　东	Guangdong	2123	2196	1391	3027
广　西	Guangxi	2041	1277	542	1296
海　南	Hainan	433	450	163	546
重　庆	Chongqing	1674	1632	1587	2223
四　川	Sichuan	5408	3118	1618	2326
贵　州	Guizhou	2186	1333	458	1151
云　南	Yunnan	3253	2040	802	2270
西　藏	Tibet	497	112	66	185
陕　西	Shaanxi	4282	2045	972	1438
甘　肃	Gansu	1832	1684	410	1351
青　海	Qinghai	192	194	151	222
宁　夏	Ningxia	642	577	234	579
新　疆	Xinjiang	2664	1374	378	1737

附表 2-1 续表 Continued

地 区 Region	科普兼职人员 Part time S&T popularization personnel		
	人员总数 Total	年度实际投入工作量/人天 Annual actual workload (man-day)	中级职称及以上或大学本科及以上学历人员 With title of medium-rank or above / with college graduate or above
全 国 Total	1563130	34549404	944976
东 部 Eastern	641823	14820985	398694
中 部 Middle	399958	8455254	234939
西 部 Western	521349	11273164	311343
北 京 Beijing	44640	1014801	31038
天 津 Tianjin	33253	834668	24726
河 北 Hebei	51130	1296171	28796
山 西 Shanxi	38031	516213	26064
内蒙古 Inner Mongolia	25970	556575	16626
辽 宁 Liaoning	33702	770482	21367
吉 林 Jilin	14806	322069	9926
黑龙江 Heilongjiang	20985	271768	12404
上 海 Shanghai	46267	1387813	28838
江 苏 Jiangsu	88296	2823614	59084
浙 江 Zhejiang	111026	2442444	64777
安 徽 Anhui	58671	1250183	37190
福 建 Fujian	54938	1014607	33955
江 西 Jiangxi	45932	1099753	26414
山 东 Shandong	63785	1589536	38315
河 南 Henan	82455	1924930	44118
湖 北 Hubei	85084	1716337	47696
湖 南 Hunan	53994	1354002	31127
广 东 Guangdong	108340	1487093	64420
广 西 Guangxi	58846	1258057	36096
海 南 Hainan	6446	159756	3378
重 庆 Chongqing	58148	1766721	33501
四 川 Sichuan	100217	1938856	58433
贵 州 Guizhou	48330	1097168	32123
云 南 Yunnan	82719	1725670	50102
西 藏 Tibet	2785	43247	1185
陕 西 Shaanxi	57294	1223975	33536
甘 肃 Gansu	34062	540594	19787
青 海 Qinghai	10801	559401	7511
宁 夏 Ningxia	10650	202334	6277
新 疆 Xinjiang	31527	360568	16166

附表 2-1　续表　　Continued

地　区 Region	科普兼职人员 Part time S&T popularization personnel			注册科普志愿者 Registered S&T popularization volunteers
	女性 Female	农村科普人员 Rural S&T popularization personnel	科普讲解（辅导）人员 S&T popularization docents(tutors)	
全　国 Total	692952	375951	310256	4837396
东　部 Eastern	293644	133631	127139	1646916
中　部 Middle	167281	108904	74967	2241022
西　部 Western	232027	133416	108150	949458
北　京 Beijing	25908	4317	10591	49433
天　津 Tianjin	19039	5427	7161	195863
河　北 Hebei	22160	16940	11891	78223
山　西 Shanxi	20419	6032	6874	63676
内蒙古 Inner Mongolia	13053	6771	5700	149559
辽　宁 Liaoning	17401	5308	8484	68433
吉　林 Jilin	5353	3843	2520	623979
黑龙江 Heilongjiang	9488	4542	4662	41327
上　海 Shanghai	26065	3234	7087	84912
江　苏 Jiangsu	38421	19995	15708	468533
浙　江 Zhejiang	46808	24283	14346	190356
安　徽 Anhui	22326	16545	8310	176346
福　建 Fujian	23417	13098	8907	105826
江　西 Jiangxi	18395	11885	7944	168293
山　东 Shandong	26839	21572	10035	204303
河　南 Henan	33929	26517	22788	752372
湖　北 Hubei	36869	20657	10539	117618
湖　南 Hunan	20502	18883	11330	297411
广　东 Guangdong	45501	17661	31462	195622
广　西 Guangxi	26744	14664	12078	79789
海　南 Hainan	2085	1796	1467	5412
重　庆 Chongqing	25312	14591	18488	71010
四　川 Sichuan	45533	30576	20828	204981
贵　州 Guizhou	18877	9854	7568	40832
云　南 Yunnan	35319	23809	15085	165940
西　藏 Tibet	968	1382	1131	968
陕　西 Shaanxi	27435	11881	9661	73316
甘　肃 Gansu	12004	8169	6943	25703
青　海 Qinghai	5168	3205	4037	19903
宁　夏 Ningxia	5142	3021	1344	66169
新　疆 Xinjiang	16472	5493	5287	51288

附表 2-2 2021 年各省科普场地

Appendix table 2-2: S&T popularization venues and facilities by region in 2021

地 区 Region	科技馆/个 S&T museums	建筑面积/平方米 Construction area (m^2)	展厅面积/平方米 Exhibition area (m^2)	当年参观人数/人次 Visitors
全 国 Total	661	5059444	2618248	57899904
东 部 Eastern	285	2475120	1266537	30775228
中 部 Middle	175	1256536	646087	13761133
西 部 Western	201	1327788	705624	13363543
北 京 Beijing	22	246527	130138	3716226
天 津 Tianjin	4	48208	30026	1011655
河 北 Hebei	20	119329	63466	438407
山 西 Shanxi	9	79613	35871	636912
内蒙古 Inner Mongolia	33	239432	114109	1635054
辽 宁 Liaoning	20	233979	111857	1702073
吉 林 Jilin	16	99978	48327	861591
黑龙江 Heilongjiang	18	128839	77122	1162171
上 海 Shanghai	26	174488	111443	3017661
江 苏 Jiangsu	25	227367	106839	2990127
浙 江 Zhejiang	32	315767	147763	4244776
安 徽 Anhui	28	204608	100637	3632265
福 建 Fujian	30	225446	108022	3422746
江 西 Jiangxi	10	139548	57662	678621
山 东 Shandong	42	376303	210801	4600464
河 南 Henan	29	216240	116285	2908893
湖 北 Hubei	49	277159	144317	2090444
湖 南 Hunan	16	110551	65866	1790236
广 东 Guangdong	40	366681	189251	4280515
广 西 Guangxi	9	125003	54004	1655962
海 南 Hainan	24	141025	56931	1350578
重 庆 Chongqing	19	113754	75691	2488701
四 川 Sichuan	28	177174	107613	2310040
贵 州 Guizhou	15	82596	48247	970038
云 南 Yunnan	20	82950	50777	792206
西 藏 Tibet	2	1000	270	6130
陕 西 Shaanxi	23	130261	76728	782120
甘 肃 Gansu	13	87430	27060	813079
青 海 Qinghai	3	41213	18378	338055
宁 夏 Ningxia	9	82285	42523	621507
新 疆 Xinjiang	27	164690	90224	950651

附表 2-2 续表 Continued

地 区 Region	科学技术类博物馆/个 S&T related museums				青少年科技馆站/个 Teenage S&T museums
		建筑面积/平方米 Construction area (m^2)	展厅面积/平方米 Exhibition area (m^2)	当年参观人数/人次 Visitors	
全 国 Total	1016	7747889	3594470	105594509	576
东 部 Eastern	489	4037893	1817999	55807547	198
中 部 Middle	207	1398539	675916	16301398	161
西 部 Western	320	2311457	1100555	33485564	217
北 京 Beijing	68	853542	338899	9382250	15
天 津 Tianjin	12	228888	82389	4903646	4
河 北 Hebei	39	223502	106661	2066749	22
山 西 Shanxi	15	131133	86909	509292	27
内蒙古 Inner Mongolia	19	198276	79618	2000421	21
辽 宁 Liaoning	38	263110	120559	2547943	11
吉 林 Jilin	15	102513	46323	832808	12
黑龙江 Heilongjiang	25	146456	80555	586141	13
上 海 Shanghai	109	800974	388611	11082264	24
江 苏 Jiangsu	44	422807	171053	5574318	29
浙 江 Zhejiang	53	416160	197537	3674074	37
安 徽 Anhui	18	96855	42722	1335294	26
福 建 Fujian	36	144716	79836	2409384	10
江 西 Jiangxi	31	177137	61821	1988362	14
山 东 Shandong	35	298552	148088	6144995	20
河 南 Henan	22	60576	38085	1206754	15
湖 北 Hubei	38	285537	147176	2623377	32
湖 南 Hunan	43	398332	172325	7219370	22
广 东 Guangdong	48	361751	170067	7959323	17
广 西 Guangxi	28	183767	82936	3417933	18
海 南 Hainan	7	23891	14299	62601	9
重 庆 Chongqing	34	218044	116612	2941861	26
四 川 Sichuan	49	310239	171220	10651714	43
贵 州 Guizhou	16	208689	88547	1824642	6
云 南 Yunnan	53	423893	179532	4361596	30
西 藏 Tibet	1	3500	2000	110000	2
陕 西 Shaanxi	32	198329	115913	2396161	21
甘 肃 Gansu	34	243089	114071	2856363	20
青 海 Qinghai	5	47009	15893	460003	4
宁 夏 Ningxia	18	125568	61484	1324343	3
新 疆 Xinjiang	31	151054	72729	1140527	23

附表 2-2　续表　　　　Continued

地　区 Region	城市社区科普（技）活动场所/个 Urban community S&T popularization sites	农村科普（技）活动场所/个 Rural S&T popularization sites	科普宣传专用车/辆 S&T popularization vehicles	科普宣传专栏/个 S&T popularization information bulletin boards
全　国 Total	47791	194455	1160	220508
东　部 Eastern	21850	83244	342	101011
中　部 Middle	13557	53765	391	59637
西　部 Western	12384	57446	427	59860
北　京 Beijing	1060	1486	23	6284
天　津 Tianjin	1292	2718	77	2704
河　北 Hebei	1610	8386	31	6228
山　西 Shanxi	1282	3245	20	7867
内蒙古 Inner Mongolia	1000	1971	30	1033
辽　宁 Liaoning	833	2605	32	3277
吉　林 Jilin	322	1894	20	1174
黑龙江 Heilongjiang	444	1117	26	2104
上　海 Shanghai	2264	1282	36	4787
江　苏 Jiangsu	4145	9005	36	20182
浙　江 Zhejiang	3398	13242	18	15436
安　徽 Anhui	1478	5828	31	6548
福　建 Fujian	1257	3906	13	6072
江　西 Jiangxi	1981	4319	37	7208
山　东 Shandong	2679	33387	26	25183
河　南 Henan	2380	14054	130	16997
湖　北 Hubei	3379	12866	32	9592
湖　南 Hunan	2291	10442	95	8147
广　东 Guangdong	3021	6579	41	10096
广　西 Guangxi	1014	8711	41	7861
海　南 Hainan	291	648	9	762
重　庆 Chongqing	1035	1389	79	5432
四　川 Sichuan	2785	13268	52	9868
贵　州 Guizhou	529	1040	9	1469
云　南 Yunnan	1701	9219	38	15234
西　藏 Tibet	42	1130	16	214
陕　西 Shaanxi	1518	7331	85	6310
甘　肃 Gansu	790	2771	33	6321
青　海 Qinghai	125	4415	16	2022
宁　夏 Ningxia	623	2180	4	1423
新　疆 Xinjiang	1222	4021	24	2673

附表 2-3　2021 年各省科普经费
Appendix table 2-3: S&T popularization funds by region in 2021

单位：万元
Unit: 10000 yuan

地　区 Region		年度科普经费筹集额 Annual funding for S&T popularization	政府拨款 Government funds	科普专项经费 Special funds	捐赠 Donates	自筹资金 Self-raised funds
全　国	Total	1890722	1502857	664663	16194	371671
东　部	Eastern	1010825	767907	362314	8403	234516
中　部	Middle	399441	338746	114998	2009	58687
西　部	Western	480456	396205	187350	5782	78469
北　京	Beijing	227979	164008	82104	879	63092
天　津	Tianjin	38953	20803	4367	92	18058
河　北	Hebei	31545	25937	14117	374	5233
山　西	Shanxi	32495	21482	7737	242	10770
内蒙古	Inner Mongolia	16954	15756	10116	44	1154
辽　宁	Liaoning	19486	14672	6648	232	4582
吉　林	Jilin	23582	21319	7286	11	2252
黑龙江	Heilongjiang	18821	13379	5755	50	5391
上　海	Shanghai	159772	113501	44809	713	45558
江　苏	Jiangsu	98320	80218	43054	540	17563
浙　江	Zhejiang	103381	90533	36918	538	12310
安　徽	Anhui	43447	37278	17452	540	5629
福　建	Fujian	67803	47429	22777	2489	17885
江　西	Jiangxi	71606	62757	13746	383	8467
山　东	Shandong	99705	80814	46975	2036	16855
河　南	Henan	60342	54832	21202	124	5386
湖　北	Hubei	94483	82838	20270	489	11156
湖　南	Hunan	54664	44860	21549	170	9635
广　东	Guangdong	134636	107688	54820	473	26475
广　西	Guangxi	44353	37971	18243	284	6098
海　南	Hainan	29244	22305	5726	35	6904
重　庆	Chongqing	70650	50720	20385	209	19720
四　川	Sichuan	85635	66295	39069	1916	17424
贵　州	Guizhou	39657	33907	11091	356	5393
云　南	Yunnan	86175	70157	34852	404	15614
西　藏	Tibet	5205	5021	4191	95	89
陕　西	Shaanxi	35225	29709	16147	149	5367
甘　肃	Gansu	28798	26405	10141	55	2338
青　海	Qinghai	16400	14187	6948	137	2077
宁　夏	Ningxia	17233	15622	5739	64	1546
新　疆	Xinjiang	34172	30454	10429	2070	1647

附表 2-3 续表 Continued

地 区 Region	年度科普经费使用额 Annual expenditure	行政支出 Administrative expenditure	科普活动支出 Activities expenditure	科技活动周经费支出 S&T week expenditure
全 国 Total	1895355	344109	838499	34325
东 部 Eastern	1001690	184084	430988	14368
中 部 Middle	407254	68523	158926	6713
西 部 Western	486411	91502	248584	13244
北 京 Beijing	218043	40185	116217	3497
天 津 Tianjin	37400	9424	11647	555
河 北 Hebei	33571	2693	16962	1106
山 西 Shanxi	32704	4382	12264	784
内蒙古 Inner Mongolia	16288	3017	9896	175
辽 宁 Liaoning	20620	5752	8034	305
吉 林 Jilin	20083	3518	8033	110
黑龙江 Heilongjiang	15603	2597	5634	124
上 海 Shanghai	153814	22225	67637	1314
江 苏 Jiangsu	96823	23109	48090	1272
浙 江 Zhejiang	103941	25769	48647	1216
安 徽 Anhui	60287	17439	19924	487
福 建 Fujian	73525	11964	26785	497
江 西 Jiangxi	63273	6870	25279	948
山 东 Shandong	101999	12666	22559	1233
河 南 Henan	60655	7453	25590	864
湖 北 Hubei	95928	14987	28377	1445
湖 南 Hunan	58722	11277	33825	1951
广 东 Guangdong	141759	27788	55799	2902
广 西 Guangxi	52055	8000	32237	1416
海 南 Hainan	20195	2509	8611	473
重 庆 Chongqing	76924	11713	36109	6824
四 川 Sichuan	87007	16231	42440	1276
贵 州 Guizhou	37608	9170	18768	964
云 南 Yunnan	83659	19877	49320	755
西 藏 Tibet	3801	433	1456	33
陕 西 Shaanxi	37458	7315	19240	725
甘 肃 Gansu	26995	3470	18205	316
青 海 Qinghai	13875	5189	5147	296
宁 夏 Ningxia	16990	2619	5885	193
新 疆 Xinjiang	33750	4468	9881	272

附表 2-3　续表　　Continued

地　区 Region	年度科普经费使用额 Annual expenditure			
	科普场馆基建支出 Infrastructure expenditures	政府拨款支出 Government expenditures	科普展品、设施支出 Exhibits & facilities expenditures	其他支出 Others
全　国 Total	333595	176070	193365	185788
东　部 Eastern	162469	80085	104666	119482
中　部 Middle	100802	63970	46056	32947
西　部 Western	70324	32015	42643	33359
北　京 Beijing	5661	2419	10087	45893
天　津 Tianjin	8332	841	4719	3277
河　北 Hebei	8648	6353	2491	2777
山　西 Shanxi	11917	3310	1591	2550
内蒙古 Inner Mongolia	782	291	1575	1018
辽　宁 Liaoning	3066	1348	2236	1532
吉　林 Jilin	4027	3397	837	3667
黑龙江 Heilongjiang	2959	951	3426	986
上　海 Shanghai	36504	25030	12542	14905
江　苏 Jiangsu	14762	7711	5424	5438
浙　江 Zhejiang	8636	4612	10162	10727
安　徽 Anhui	16357	5632	4486	2081
福　建 Fujian	13777	2141	5823	15177
江　西 Jiangxi	8374	4651	16682	6068
山　东 Shandong	22439	12802	35171	9164
河　南 Henan	23220	21542	2700	1691
湖　北 Hubei	28077	23110	12831	11657
湖　南 Hunan	5870	1378	3502	4248
广　东 Guangdong	35168	13629	13832	9173
广　西 Guangxi	2912	1744	3749	5157
海　南 Hainan	5476	3199	2180	1419
重　庆 Chongqing	16102	5336	7749	5251
四　川 Sichuan	15521	7389	6780	6035
贵　州 Guizhou	4382	4229	2157	3131
云　南 Yunnan	6898	1701	3960	3604
西　藏 Tibet	989	44	449	475
陕　西 Shaanxi	3886	1029	3303	3712
甘　肃 Gansu	2200	1223	2077	1044
青　海 Qinghai	903	97	1200	1436
宁　夏 Ningxia	5594	1224	2409	483
新　疆 Xinjiang	10156	7710	7234	2012

附表 2-4 2021 年各省科普传媒

Appendix table 2-4: S&T popularization media by region in 2021

地 区 Region	科普图书 Popular science books		科普期刊 Popularscience journals	
	出版种数/种 Types of publications	出版总册数/册 Total copies	出版种数/种 Types of publications	出版总册数/册 Total copies
全 国 Total	11115	85598881	1100	88346722
东 部 Eastern	6621	56748227	610	72169003
中 部 Middle	2646	18256165	175	7605012
西 部 Western	1848	10594489	315	8572707
北 京 Beijing	3382	26472458	89	13157192
天 津 Tianjin	348	2948175	173	7034465
河 北 Hebei	239	1009280	34	3077430
山 西 Shanxi	25	37300	15	158802
内蒙古 Inner Mongolia	149	350280	14	53400
辽 宁 Liaoning	163	747830	28	857175
吉 林 Jilin	533	4954740	10	302220
黑龙江 Heilongjiang	202	423550	9	325820
上 海 Shanghai	1022	15250828	62	9703324
江 苏 Jiangsu	319	3687721	42	750496
浙 江 Zhejiang	244	1443059	38	1541825
安 徽 Anhui	55	294921	12	1060500
福 建 Fujian	418	2809275	78	1659425
江 西 Jiangxi	790	7701398	57	3699240
山 东 Shandong	30	231100	35	780200
河 南 Henan	173	808100	16	88360
湖 北 Hubei	150	2955926	18	132340
湖 南 Hunan	718	1080230	38	1837730
广 东 Guangdong	352	1750301	26	32773240
广 西 Guangxi	109	691830	23	1204510
海 南 Hainan	104	398200	5	834231
重 庆 Chongqing	440	3763016	85	1114100
四 川 Sichuan	307	2826200	38	3048854
贵 州 Guizhou	40	58200	14	61200
云 南 Yunnan	432	1147246	40	2170957
西 藏 Tibet	41	86192	14	163600
陕 西 Shaanxi	188	973695	25	397030
甘 肃 Gansu	68	368100	22	97152
青 海 Qinghai	13	52900	13	69010
宁 夏 Ningxia	12	6100	1	320
新 疆 Xinjiang	49	270730	26	192574

附表 2-4　续表　　Continued

地　区 Region	科技类报纸年发行总份数/份 S&T newspaper printed copies	电视台播出科普（技）节目时间/小时 Broadcasting time of popular science programs on TV (h)	电台播出科普（技）节目时间/小时 Broadcasting time of popular science programs on radio (h)	科普网站数/个 S&T popularization websites (unit)	发放科普读物和资料/份 Number of S&T popularization books and materials
全　国 Total	94621227	177485	145972	1867	498413796
东　部 Eastern	49676567	74143	51281	918	172382766
中　部 Middle	14766500	47314	41729	429	135042552
西　部 Western	30178160	56028	52962	520	190988478
北　京 Beijing	22322183	10070	7199	183	23144495
天　津 Tianjin	1967633	1893	282	42	5050517
河　北 Hebei	6122627	7375	1785	56	19392205
山　西 Shanxi	5251216	6594	4425	29	8026718
内蒙古 Inner Mongolia	533730	3974	3341	31	6079729
辽　宁 Liaoning	655300	10857	8082	78	5439937
吉　林 Jilin	24240	6374	5431	20	2126169
黑龙江 Heilongjiang	11322	1666	1511	22	3516273
上　海 Shanghai	9683074	10007	2196	127	14528664
江　苏 Jiangsu	3121666	1231	1462	102	33902810
浙　江 Zhejiang	790595	5295	5210	58	17694959
安　徽 Anhui	126501	2867	4809	69	17382365
福　建 Fujian	787064	2189	1771	56	10025755
江　西 Jiangxi	1326404	3594	2075	55	14160530
山　东 Shandong	1266713	8543	11011	54	11005045
河　南 Henan	2382373	3333	2550	74	19774640
湖　北 Hubei	4978011	16931	17566	97	43865776
湖　南 Hunan	666433	5955	3362	63	26190081
广　东 Guangdong	2959712	15704	10777	156	30323815
广　西 Guangxi	11354932	2850	1591	65	24462056
海　南 Hainan	0	979	1506	6	1874564
重　庆 Chongqing	4272282	2320	2319	91	19890711
四　川 Sichuan	2861503	4931	3368	81	27595687
贵　州 Guizhou	2019313	3006	1634	16	14052466
云　南 Yunnan	1928014	18365	10271	73	49828046
西　藏 Tibet	2200000	0	0	3	4457494
陕　西 Shaanxi	3767489	7038	5780	70	16824807
甘　肃 Gansu	1097764	3162	1241	53	13679840
青　海 Qinghai	124636	1581	9875	16	3003159
宁　夏 Ningxia	2120	425	372	11	5216683
新　疆 Xinjiang	16377	8376	13170	10	5897800

附表 2-5 2021 年各省科普活动

Appendix table 2-5: S&T popularization activities by region in 2021

地　区 Region	科普（技）讲座 S&T popularization lectures			
	举办次数/次 Number of lectures held		参加人数/人次 Number of participants	
	线下 Offline	线上 Online	线下 Offline	线上 Online
全　国 Total	936149	102035	104961574	3275246173
东　部 Eastern	421328	60077	42755020	2903083625
中　部 Middle	207665	18915	23867810	137084203
西　部 Western	307156	23043	38338744	235078345
北　京 Beijing	38882	15188	6028632	2489604648
天　津 Tianjin	31793	3854	1898806	55479673
河　北 Hebei	19765	2188	2249158	3011510
山　西 Shanxi	17782	2499	1537395	10440210
内蒙古 Inner Mongolia	18810	1544	1950741	39710811
辽　宁 Liaoning	15016	1736	1644009	2102551
吉　林 Jilin	7806	1010	713054	3004652
黑龙江 Heilongjiang	7750	2441	819382	27452169
上　海 Shanghai	59921	5822	6161295	155610584
江　苏 Jiangsu	57081	5812	5330617	23968820
浙　江 Zhejiang	90930	8995	7498887	70790850
安　徽 Anhui	30395	2371	3598700	16188347
福　建 Fujian	20166	2054	2148768	8911126
江　西 Jiangxi	34647	1616	3318088	8836573
山　东 Shandong	38112	5598	3652519	9933081
河　南 Henan	37646	3437	4548723	3451334
湖　北 Hubei	43932	3887	5111568	46478734
湖　南 Hunan	27707	1654	4220900	21232184
广　东 Guangdong	46992	8495	5776100	81416329
广　西 Guangxi	26769	3492	4242357	2523787
海　南 Hainan	2670	335	366229	2254453
重　庆 Chongqing	35897	2550	8032668	62773528
四　川 Sichuan	44929	4690	5177116	15350341
贵　州 Guizhou	17982	508	1813308	9650586
云　南 Yunnan	53036	2060	5051476	18139345
西　藏 Tibet	843	45	93328	63624
陕　西 Shaanxi	25378	3111	3355079	31659767
甘　肃 Gansu	19842	1403	2176133	6247520
青　海 Qinghai	6402	1321	626123	259155
宁　夏 Ningxia	7530	302	1236867	634936
新　疆 Xinjiang	49738	2017	4583548	48064945

附表 2-5　续表　　　　Continued

地　区 Region	科普（技）展览 S&T popularization exhibitions			
	专题展览次数/次 Number of exhibitions held		参观人数/人次 Number of participants	
	线下 Offline	线上 Online	线下 Offline	线上 Online
全　国 Total	94133	6553	134737523	70607979
东　部 Eastern	34686	2654	75709179	46427426
中　部 Middle	29217	1895	24667598	9943261
西　部 Western	30230	2004	34360746	14237292
北　京 Beijing	2328	419	11960942	28041123
天　津 Tianjin	1988	219	4229405	559313
河　北 Hebei	2488	86	2517305	107656
山　西 Shanxi	2137	164	1270131	468832
内蒙古 Inner Mongolia	1157	94	1705318	104888
辽　宁 Liaoning	1567	100	4144646	278144
吉　林 Jilin	596	14	1426319	1192638
黑龙江 Heilongjiang	932	163	1014183	92859
上　海 Shanghai	3434	153	12952425	2992285
江　苏 Jiangsu	5021	291	7419452	2117163
浙　江 Zhejiang	4756	399	8719478	2242528
安　徽 Anhui	3547	212	2633995	1639519
福　建 Fujian	2839	157	3498971	1921495
江　西 Jiangxi	4044	106	2944557	623455
山　东 Shandong	3037	338	5601738	343482
河　南 Henan	5709	322	3749414	1221703
湖　北 Hubei	8387	814	5814643	4037537
湖　南 Hunan	3865	100	5814356	666718
广　东 Guangdong	6676	478	14022815	7793558
广　西 Guangxi	3146	120	3742664	1053664
海　南 Hainan	552	14	642002	30679
重　庆 Chongqing	3991	317	9445634	2069535
四　川 Sichuan	4681	282	4873055	773150
贵　州 Guizhou	2093	70	1501146	82319
云　南 Yunnan	4318	375	5881953	8687095
西　藏 Tibet	296	0	95426	0
陕　西 Shaanxi	2435	271	1884997	505569
甘　肃 Gansu	2998	114	2516829	168031
青　海 Qinghai	1094	21	465801	6004
宁　夏 Ningxia	1065	135	1074474	201259
新　疆 Xinjiang	2956	205	1173449	585778

附表 2-5 续表 Continued

地　区 Region	科普（技）竞赛 S&T popularization competitions			
	举办次数/次 Number of competitions held		参加人数/人次 Number of participants	
	线下 Offline	线上 Online	线下 Offline	线上 Online
全　国 Total	31134	5659	22079317	703447731
东　部 Eastern	15889	2944	12260174	573774756
中　部 Middle	6457	950	3942280	79708927
西　部 Western	8788	1765	5876863	49964048
北　京 Beijing	1344	359	1064605	270357102
天　津 Tianjin	989	354	254124	2857333
河　北 Hebei	820	89	291376	238886438
山　西 Shanxi	759	160	341780	5618260
内蒙古 Inner Mongolia	254	75	79650	276106
辽　宁 Liaoning	720	236	261554	220390
吉　林 Jilin	119	18	139612	429461
黑龙江 Heilongjiang	347	70	93717	63236
上　海 Shanghai	1788	378	1092239	29130232
江　苏 Jiangsu	2763	194	3924858	9366945
浙　江 Zhejiang	2382	284	2499691	7326300
安　徽 Anhui	1030	132	417967	1323870
福　建 Fujian	1100	176	472257	1666993
江　西 Jiangxi	774	58	399418	8626116
山　东 Shandong	1001	273	792061	970680
河　南 Henan	1092	207	723890	26664086
湖　北 Hubei	1478	247	589589	15908927
湖　南 Hunan	858	58	1236307	21074971
广　东 Guangdong	2810	578	1558749	12120755
广　西 Guangxi	1196	369	1416217	2362649
海　南 Hainan	172	23	48660	871588
重　庆 Chongqing	1028	170	896833	1809149
四　川 Sichuan	1474	223	1275331	13823477
贵　州 Guizhou	953	191	335903	24996071
云　南 Yunnan	1170	165	650607	4229200
西　藏 Tibet	22	0	7913	0
陕　西 Shaanxi	998	252	536335	733748
甘　肃 Gansu	730	119	328205	1192388
青　海 Qinghai	176	38	96642	15072
宁　夏 Ningxia	153	25	102387	411844
新　疆 Xinjiang	634	138	150840	114344

附表 2-5 续表 Continued

地 区 Region	科技活动周 Science & technology week			
	科普专题活动次数/次 Number of S&T week held		参加人数/人次 Number of participants	
	线下 Offline	线上 Online	线下 Offline	线上 Online
全 国 Total	101034	10529	42977867	549894556
东 部 Eastern	42827	5480	18849890	488704302
中 部 Middle	20480	2065	8900755	35742880
西 部 Western	37727	2984	15227222	25447374
北 京 Beijing	2438	736	1096872	326400835
天 津 Tianjin	5874	552	1409314	15975409
河 北 Hebei	3553	686	1064881	951934
山 西 Shanxi	2492	351	790958	354512
内蒙古 Inner Mongolia	1618	150	771812	24694
辽 宁 Liaoning	2134	230	960772	323390
吉 林 Jilin	700	35	320451	1215832
黑龙江 Heilongjiang	1308	248	546773	296491
上 海 Shanghai	5685	846	3664592	26514070
江 苏 Jiangsu	7045	547	3008834	1866462
浙 江 Zhejiang	3909	310	2961852	6090135
安 徽 Anhui	2952	222	833457	939576
福 建 Fujian	3582	254	1413331	52869717
江 西 Jiangxi	2978	304	1027056	787786
山 东 Shandong	2711	491	879498	1585596
河 南 Henan	3249	465	1511302	1184893
湖 北 Hubei	3759	304	1858247	3896147
湖 南 Hunan	3042	136	2012511	27067643
广 东 Guangdong	4777	800	2081122	56081755
广 西 Guangxi	4054	465	2234383	1380513
海 南 Hainan	1119	28	308822	44999
重 庆 Chongqing	2731	235	1915501	4708748
四 川 Sichuan	5553	464	2275791	7472673
贵 州 Guizhou	3346	149	1056916	2078130
云 南 Yunnan	5912	246	2223310	1199239
西 藏 Tibet	177	13	34418	2856
陕 西 Shaanxi	5927	485	1586119	7753201
甘 肃 Gansu	2861	163	1211386	85824
青 海 Qinghai	680	76	277985	7440
宁 夏 Ningxia	862	274	368104	145239
新 疆 Xinjiang	4006	264	1271497	588817

附表 2-5 续表 Continued

地 区 Region	成立青少年科技兴趣小组 Teenage S&T interest groups		科技夏（冬）令营 Summer /winter science camps	
	兴趣小组数/个 Number of groups	参加人数/人次 Number of participants	举办次数/次 Number of camps held	参加人数/人次 Number of participants
全 国 Total	140283	10886897	6849	1756827
东 部 Eastern	62626	4568952	4325	1184650
中 部 Middle	40164	2779186	1018	258468
西 部 Western	37493	3538759	1506	313709
北 京 Beijing	3519	362068	365	504419
天 津 Tianjin	3024	247875	153	25942
河 北 Hebei	5407	396845	78	5370
山 西 Shanxi	4847	259087	66	13348
内蒙古 Inner Mongolia	766	83974	79	12627
辽 宁 Liaoning	2541	147410	131	31138
吉 林 Jilin	931	91714	19	3638
黑龙江 Heilongjiang	760	28886	44	5493
上 海 Shanghai	5065	374877	789	203150
江 苏 Jiangsu	12263	623908	810	125743
浙 江 Zhejiang	9859	502749	409	88005
安 徽 Anhui	6244	334854	130	13118
福 建 Fujian	2510	229927	737	79117
江 西 Jiangxi	3643	356077	221	37872
山 东 Shandong	6292	457952	287	26097
河 南 Henan	8478	554575	178	92037
湖 北 Hubei	9286	631316	195	64792
湖 南 Hunan	5975	522677	165	28170
广 东 Guangdong	11862	1178877	516	90685
广 西 Guangxi	5476	580480	140	118621
海 南 Hainan	284	46464	50	4984
重 庆 Chongqing	4280	227581	179	29965
四 川 Sichuan	6699	777935	267	33088
贵 州 Guizhou	3703	319347	91	8976
云 南 Yunnan	4866	571686	166	22035
西 藏 Tibet	77	2617	4	343
陕 西 Shaanxi	4503	393814	250	29308
甘 肃 Gansu	3494	301485	98	15253
青 海 Qinghai	366	66895	32	2279
宁 夏 Ningxia	1978	127166	37	10253
新 疆 Xinjiang	1285	85779	163	30961

附表 2-5 续表 Continued

地 区 Region	科普国际交流 International S&T popularization exchanges		科研机构、大学向社会开放 Scientific institutions and universities open to public	
	举办次数/次 Number of exchanges held	参加人数/人次 Number of participants	开放单位数/个 Number of open units	参观人数/人次 Number of participants
全 国 Total	817	20072862	7377	14711541
东 部 Eastern	424	17924540	3423	10150422
中 部 Middle	165	34629	1716	2905857
西 部 Western	228	2113693	2238	1655262
北 京 Beijing	118	415620	381	6881023
天 津 Tianjin	54	7177	274	132269
河 北 Hebei	10	550	256	69891
山 西 Shanxi	7	345	163	88450
内蒙古 Inner Mongolia	20	44	171	71339
辽 宁 Liaoning	39	122978	278	212004
吉 林 Jilin	22	729	60	25716
黑龙江 Heilongjiang	9	1060	145	29644
上 海 Shanghai	46	11160858	164	135073
江 苏 Jiangsu	61	136678	592	556713
浙 江 Zhejiang	40	6074331	428	279597
安 徽 Anhui	12	1050	188	83570
福 建 Fujian	15	3134	313	71319
江 西 Jiangxi	34	1752	226	169836
山 东 Shandong	6	109	252	393564
河 南 Henan	19	21696	275	189523
湖 北 Hubei	25	1366	384	2050407
湖 南 Hunan	37	6631	275	268711
广 东 Guangdong	19	1957	432	1283170
广 西 Guangxi	41	2095717	191	140992
海 南 Hainan	16	1148	53	135799
重 庆 Chongqing	51	7662	235	151348
四 川 Sichuan	35	1317	522	542139
贵 州 Guizhou	4	667	102	39848
云 南 Yunnan	5	82	146	332636
西 藏 Tibet	0	0	9	971
陕 西 Shaanxi	52	5381	426	177231
甘 肃 Gansu	4	202	217	137936
青 海 Qinghai	0	0	40	10238
宁 夏 Ningxia	0	0	44	6932
新 疆 Xinjiang	16	2621	135	43652

附表 2-5 续表 Continued

地 区 Region	举办实用技术培训 Practical skill trainings		重大科普活动次数/次 Number of grand popularization activities
	举办次数/次 Number of trainings held	参加人数/人次 Number of participants	
全 国 Total	387816	37348041	12004
东 部 Eastern	97426	10805316	4812
中 部 Middle	78192	7715701	2917
西 部 Western	212198	18827024	4275
北 京 Beijing	8008	1350683	620
天 津 Tianjin	6764	595679	242
河 北 Hebei	14474	1202651	312
山 西 Shanxi	10824	823685	353
内蒙古 Inner Mongolia	4019	539520	177
辽 宁 Liaoning	4362	326051	122
吉 林 Jilin	3008	287594	102
黑龙江 Heilongjiang	3886	719429	202
上 海 Shanghai	6851	587849	441
江 苏 Jiangsu	11716	1161574	768
浙 江 Zhejiang	17542	1397827	484
安 徽 Anhui	10172	690535	407
福 建 Fujian	7339	1828742	254
江 西 Jiangxi	8197	728639	214
山 东 Shandong	9199	1191367	642
河 南 Henan	15180	1633308	715
湖 北 Hubei	14837	1857164	534
湖 南 Hunan	12088	975347	390
广 东 Guangdong	9384	1057720	848
广 西 Guangxi	21349	1552334	503
海 南 Hainan	1787	105173	79
重 庆 Chongqing	9317	1309806	480
四 川 Sichuan	27189	2112038	569
贵 州 Guizhou	13618	1094256	178
云 南 Yunnan	50216	3979890	591
西 藏 Tibet	480	37562	18
陕 西 Shaanxi	25420	2492086	661
甘 肃 Gansu	16325	1609320	548
青 海 Qinghai	1536	110778	220
宁 夏 Ningxia	2783	179045	90
新 疆 Xinjiang	39946	3810389	240

附录 3　2020 年全国科普统计分类数据统计表

各项统计数据均未包括香港特别行政区、澳门特别行政区和台湾地区的数据。

科普宣传专用车、科普图书、科普期刊、科普网站、科普国际交流情况和创新创业中的科普情况均由市级以上（含市级）填报单位的数据统计得出。

非场馆类科普基地，因为理解差异，此次暂未列入。

东部、中部和西部地区的划分：东部地区包括北京、天津、河北、辽宁、上海、江苏、浙江、福建、山东、广东和海南 11 个省和直辖市；中部地区包括山西、吉林、黑龙江、安徽、江西、河南、湖北和湖南 8 个省；西部地区包括内蒙古、广西、重庆、四川、贵州、云南、西藏、陕西、甘肃、青海、宁夏和新疆 12 个省、自治区和直辖市。

附表 3-1 2020 年各省科普人员

Appendix table 3-1: S&T popularization personnel by region in 2020

单位：人
Unit: person

地 区 Region	科普专职人员 Full time S&T popularization personnel		
	人员总数 Total	中级职称及以上或大学本科及以上学历人员 With title of medium-rank or above / with college graduate or above	女性 Female
全 国 Total	248670	155287	97511
东 部 Eastern	91028	59541	39632
中 部 Middle	75909	46611	25912
西 部 Western	81733	49135	31967
北 京 Beijing	8208	6277	4461
天 津 Tianjin	3689	2772	1720
河 北 Hebei	15425	7348	5722
山 西 Shanxi	5693	3490	2743
内蒙古 Inner Mongolia	6668	3933	2660
辽 宁 Liaoning	6886	4817	3150
吉 林 Jilin	6561	3794	2820
黑龙江 Heilongjiang	3964	2719	1781
上 海 Shanghai	7261	5309	3834
江 苏 Jiangsu	10413	7809	4727
浙 江 Zhejiang	9773	7249	4549
安 徽 Anhui	9510	5690	2689
福 建 Fujian	4706	3110	1965
江 西 Jiangxi	7109	4251	2523
山 东 Shandong	12125	7293	4577
河 南 Henan	13778	7574	5234
湖 北 Hubei	16980	12345	4163
湖 南 Hunan	12314	6748	3959
广 东 Guangdong	10756	6735	4188
广 西 Guangxi	5774	3396	2213
海 南 Hainan	1786	822	739
重 庆 Chongqing	5221	3527	2281
四 川 Sichuan	14089	8139	5457
贵 州 Guizhou	5268	3540	1687
云 南 Yunnan	13321	9416	5689
西 藏 Tibet	897	530	214
陕 西 Shaanxi	9137	5343	3390
甘 肃 Gansu	9954	4843	2856
青 海 Qinghai	1127	770	462
宁 夏 Ningxia	2122	1219	931
新 疆 Xinjiang	8155	4479	4127

附表 3-1　续表　　Continued

地　区 Region	科普专职人员 Full time S&T popularization personnel		
	农村科普人员 Rural S&T popularization personnel	管理人员 S&T popularization administrators	科普创作人员 S&T popularization creators
全　国 Total	66836	46281	18514
东　部 Eastern	17907	17233	8326
中　部 Middle	24950	13802	4526
西　部 Western	23979	15246	5662
北　京 Beijing	740	1770	1525
天　津 Tianjin	225	667	666
河　北 Hebei	3292	1832	463
山　西 Shanxi	1577	1151	658
内蒙古 Inner Mongolia	1763	1245	346
辽　宁 Liaoning	1433	1626	660
吉　林 Jilin	2141	1141	385
黑龙江 Heilongjiang	751	806	249
上　海 Shanghai	748	1851	1009
江　苏 Jiangsu	2179	2301	1109
浙　江 Zhejiang	2022	1523	653
安　徽 Anhui	4372	1374	345
福　建 Fujian	1097	1117	399
江　西 Jiangxi	2147	1464	325
山　东 Shandong	3606	2271	880
河　南 Henan	4901	2905	784
湖　北 Hubei	4934	2474	882
湖　南 Hunan	4127	2487	898
广　东 Guangdong	2237	1919	829
广　西 Guangxi	1878	1346	406
海　南 Hainan	328	356	133
重　庆 Chongqing	906	1289	938
四　川 Sichuan	5055	2860	1169
贵　州 Guizhou	2408	1124	347
云　南 Yunnan	3189	1980	630
西　藏 Tibet	381	91	12
陕　西 Shaanxi	3138	1741	734
甘　肃 Gansu	1688	1618	363
青　海 Qinghai	83	159	130
宁　夏 Ningxia	570	432	169
新　疆 Xinjiang	2920	1361	418

附表 3-1　续表　　　　Continued

地　区 Region	科普兼职人员 Part time S&T popularization personnel		
	人员总数 Total	年度实际投入工作量/人月 Annual actual workload (person-month)	中级职称及以上或大学本科及以上学历人员 With title of medium-rank or above / with college graduate or above
全　国 Total	1564281	1746568	863695
东　部 Eastern	673093	724876	372643
中　部 Middle	391057	444321	214920
西　部 Western	500131	577371	276132
北　京 Beijing	48371	49628	33306
天　津 Tianjin	28030	30282	18865
河　北 Hebei	61508	68894	30402
山　西 Shanxi	26266	23293	16692
内蒙古 Inner Mongolia	32555	25272	17958
辽　宁 Liaoning	42565	50477	25547
吉　林 Jilin	16844	16348	10833
黑龙江 Heilongjiang	18520	18853	11477
上　海 Shanghai	49402	71202	31528
江　苏 Jiangsu	94659	128957	58537
浙　江 Zhejiang	146100	113621	59767
安　徽 Anhui	51748	61743	29652
福　建 Fujian	60800	56433	34204
江　西 Jiangxi	47673	61171	26699
山　东 Shandong	61793	78830	33772
河　南 Henan	83052	100335	44031
湖　北 Hubei	84273	82560	48437
湖　南 Hunan	62681	80018	27099
广　东 Guangdong	72308	69587	43387
广　西 Guangxi	57906	59599	32685
海　南 Hainan	7557	6965	3328
重　庆 Chongqing	45730	66358	23587
四　川 Sichuan	95661	113993	50419
贵　州 Guizhou	40036	52180	24447
云　南 Yunnan	75495	86669	42743
西　藏 Tibet	2290	1012	932
陕　西 Shaanxi	60423	71107	31700
甘　肃 Gansu	37655	36119	20569
青　海 Qinghai	10438	25296	7409
宁　夏 Ningxia	10758	12595	6321
新　疆 Xinjiang	31184	27171	17362

附表 3-1　续表　　Continued

地　区 Region	科普兼职人员 Part time S&T popularization personnel		注册科普志愿者 Registered S&T popularization volunteers
	女性 Female	农村科普人员 Rural S&T popularization personnel	
全　国 Total	641434	410584	3939678
东　部 Eastern	291097	147496	1431461
中　部 Middle	149194	118390	1845939
西　部 Western	201143	144698	662278
北　京 Beijing	26291	4941	43667
天　津 Tianjin	15215	5712	215703
河　北 Hebei	26780	23261	34552
山　西 Shanxi	12233	5868	22525
内蒙古 Inner Mongolia	13320	8371	156804
辽　宁 Liaoning	20217	6074	52884
吉　林 Jilin	6913	4691	674500
黑龙江 Heilongjiang	7984	5793	109367
上　海 Shanghai	27246	3534	82982
江　苏 Jiangsu	37564	22073	447506
浙　江 Zhejiang	59623	26809	196290
安　徽 Anhui	17626	18563	122809
福　建 Fujian	22069	15521	92303
江　西 Jiangxi	18217	13103	109154
山　东 Shandong	24442	22246	86423
河　南 Henan	32626	28090	494676
湖　北 Hubei	34927	22850	89001
湖　南 Hunan	18668	19432	223907
广　东 Guangdong	29010	14600	175393
广　西 Guangxi	25405	16231	53844
海　南 Hainan	2640	2725	3758
重　庆 Chongqing	18296	11719	62543
四　川 Sichuan	37248	32882	90488
贵　州 Guizhou	14594	10732	44412
云　南 Yunnan	28975	23034	71798
西　藏 Tibet	661	979	385
陕　西 Shaanxi	25326	15908	58075
甘　肃 Gansu	13372	9989	22289
青　海 Qinghai	4510	3052	22148
宁　夏 Ningxia	4949	2951	58848
新　疆 Xinjiang	14487	8850	20644

附表 3-2 2020 年各省科普场地

Appendix table 3-2: S&T popularization venues and facilities by region in 2020

地　区 Region	科技馆/个 S&T museums	建筑面积/平方米 Construction area (m^2)	展厅面积/平方米 Exhibition area (m^2)	当年参观人数/人次 Visitors
全　国 Total	573	4577361	2320463	39344524
东　部 Eastern	263	2336447	1172511	19193626
中　部 Middle	148	1134504	539714	9282171
西　部 Western	162	1106410	608238	10868727
北　京 Beijing	26	256133	130997	1079888
天　津 Tianjin	4	47700	29200	545204
河　北 Hebei	16	127709	68755	362370
山　西 Shanxi	8	57083	26711	197097
内蒙古 Inner Mongolia	27	171241	84882	1181389
辽　宁 Liaoning	18	203052	96470	1886508
吉　林 Jilin	17	115634	59797	511583
黑龙江 Heilongjiang	11	107706	64752	993000
上　海 Shanghai	29	212360	111997	2506156
江　苏 Jiangsu	25	208311	100770	2328643
浙　江 Zhejiang	28	275573	124211	2558386
安　徽 Anhui	23	141617	68949	2432559
福　建 Fujian	29	216929	103923	2315777
江　西 Jiangxi	6	109629	33723	328322
山　东 Shandong	32	315606	177766	1954605
河　南 Henan	21	169473	87087	1718285
湖　北 Hubei	49	333791	141903	2172553
湖　南 Hunan	13	99571	56792	928772
广　东 Guangdong	36	347377	177887	2747373
广　西 Guangxi	7	86227	40111	811020
海　南 Hainan	20	125697	50535	908716
重　庆 Chongqing	13	85093	54765	1880027
四　川 Sichuan	26	159479	95430	2816472
贵　州 Guizhou	11	72416	40937	755492
云　南 Yunnan	16	70815	39300	673562
西　藏 Tibet	2	1000	270	25120
陕　西 Shaanxi	19	118013	64848	644312
甘　肃 Gansu	11	83548	52712	1016561
青　海 Qinghai	3	41213	18378	280029
宁　夏 Ningxia	5	55605	29690	304562
新　疆 Xinjiang	22	161760	86915	480181

附表 3-2 续表 Continued

地 区 Region	科学技术类博物馆/个 S&T related museums	建筑面积/平方米 Construction area (m^2)	展厅面积/平方米 Exhibition area (m^2)	当年参观人数/人次 Visitors	青少年科技馆站/个 Teenage S&T museums
全 国 Total	952	7014023	3175862	75455345	567
东 部 Eastern	512	3857938	1778703	34480295	193
中 部 Middle	166	1165907	491766	11409634	158
西 部 Western	274	1990178	905393	29565416	216
北 京 Beijing	82	1008468	383666	5056948	18
天 津 Tianjin	11	164610	68173	1418673	4
河 北 Hebei	38	216378	101683	2095514	17
山 西 Shanxi	10	48026	26642	501231	18
内蒙古 Inner Mongolia	17	202648	80459	2784171	31
辽 宁 Liaoning	42	306054	130216	1935779	10
吉 林 Jilin	14	227637	61541	919569	16
黑龙江 Heilongjiang	21	116900	64950	624961	17
上 海 Shanghai	134	832395	449578	8563149	24
江 苏 Jiangsu	44	315178	135445	3782338	34
浙 江 Zhejiang	51	357675	168347	3177050	32
安 徽 Anhui	19	98152	47222	784003	22
福 建 Fujian	36	167538	95905	2400298	19
江 西 Jiangxi	15	97170	20135	1067948	18
山 东 Shandong	23	152083	74853	1703806	16
河 南 Henan	20	44732	29795	568739	17
湖 北 Hubei	34	271668	126422	2396463	31
湖 南 Hunan	33	261622	115059	4546720	19
广 东 Guangdong	47	321569	160945	3736870	16
广 西 Guangxi	22	154214	51162	6778572	19
海 南 Hainan	4	15990	9892	609870	3
重 庆 Chongqing	35	229959	104795	2287900	21
四 川 Sichuan	48	302684	158860	7724854	41
贵 州 Guizhou	12	122436	38304	463702	7
云 南 Yunnan	41	333206	152245	3656935	29
西 藏 Tibet	1	33000	12000	100000	1
陕 西 Shaanxi	28	177530	104770	1919431	22
甘 肃 Gansu	28	198213	92421	2262333	17
青 海 Qinghai	7	55139	18573	278032	3
宁 夏 Ningxia	14	71755	34651	734000	2
新 疆 Xinjiang	21	109394	57153	575486	23

附表 3-2　续表　　　Continued

地　区 Region	城市社区科普（技）专用活动室/个 Urban community S&T popularization rooms	农村科普（技）活动场地/个 Rural S&T popularization sites	科普宣传专用车/辆 S&T popularization vehicles	科普画廊/个 S&T popularization galleries
全　国 Total	49812	196922	1147	136355
东　部 Eastern	22614	77513	347	76402
中　部 Middle	14842	59973	386	30994
西　部 Western	12356	59436	414	28959
北　京 Beijing	1017	1442	28	1772
天　津 Tianjin	1491	3145	69	1561
河　北 Hebei	1452	7793	51	2909
山　西 Shanxi	789	3359	8	2998
内蒙古 Inner Mongolia	1042	2360	28	1114
辽　宁 Liaoning	1434	3120	36	3843
吉　林 Jilin	513	2598	7	1191
黑龙江 Heilongjiang	504	2642	92	1438
上　海 Shanghai	2632	1323	29	4804
江　苏 Jiangsu	4099	10785	30	15282
浙　江 Zhejiang	3396	15499	15	14546
安　徽 Anhui	1355	5897	29	4346
福　建 Fujian	1385	5608	14	5538
江　西 Jiangxi	2099	5969	20	4873
山　东 Shandong	2445	20601	36	20880
河　南 Henan	2440	15318	110	4560
湖　北 Hubei	3520	14776	74	6447
湖　南 Hunan	3622	9414	46	5141
广　东 Guangdong	3164	7143	33	5051
广　西 Guangxi	1028	8267	75	4206
海　南 Hainan	99	1054	6	216
重　庆 Chongqing	1301	2283	35	3026
四　川 Sichuan	2137	13824	42	4702
贵　州 Guizhou	377	1578	8	436
云　南 Yunnan	1553	9370	29	5217
西　藏 Tibet	33	1138	18	63
陕　西 Shaanxi	1492	6952	79	3105
甘　肃 Gansu	699	3393	25	4374
青　海 Qinghai	78	4407	11	526
宁　夏 Ningxia	562	2397	6	546
新　疆 Xinjiang	2054	3467	58	1644

附表 3-3 2020 年各省科普经费 单位：万元

Appendix table 3-3: S&T popularization funds by region in 2020 Unit: 10000 yuan

地 区	Region	年度科普经费筹集额 Annual funding for S&T popularization	政府拨款 Government funds	科普专项经费 Special funds	捐赠 Donates	自筹资金 Self-raised funds	其他收入 Others
全 国	Total	1717228	1383933	588205	6190	247624	79482
东 部	Eastern	920637	705165	309526	3092	156498	55882
中 部	Middle	374349	322641	103411	1101	42586	8022
西 部	Western	422242	356127	175268	1998	48540	15578
北 京	Beijing	204185	143475	75599	924	40212	19574
天 津	Tianjin	30312	17325	3944	5	12027	956
河 北	Hebei	35753	22572	12729	64	12034	1083
山 西	Shanxi	20463	17393	8058	13	1955	1102
内蒙古	Inner Mongolia	17338	15628	9832	26	977	707
辽 宁	Liaoning	19623	14667	6730	112	3412	1432
吉 林	Jilin	26654	22143	8391	5	4454	50
黑龙江	Heilongjiang	10918	9884	3872	2	848	183
上 海	Shanghai	163291	119479	39044	1198	28460	14155
江 苏	Jiangsu	90008	72999	39781	284	13452	3272
浙 江	Zhejiang	102471	85933	35224	260	13270	3008
安 徽	Anhui	33519	28801	14025	392	3495	831
福 建	Fujian	81570	69151	22395	98	9624	2698
江 西	Jiangxi	45077	36857	11680	327	6513	1380
山 东	Shandong	64950	49248	14992	31	11249	4421
河 南	Henan	104017	99112	20051	49	4214	641
湖 北	Hubei	79497	69014	18077	133	8748	1603
湖 南	Hunan	54205	39437	19257	179	12358	2231
广 东	Guangdong	110565	94268	53407	116	11204	4976
广 西	Guangxi	37934	33126	14983	55	3500	1253
海 南	Hainan	17910	16049	5682	0	1555	306
重 庆	Chongqing	48218	38393	15588	58	8096	1671
四 川	Sichuan	79619	60799	35121	277	17525	1018
贵 州	Guizhou	38422	33212	13085	294	1987	2929
云 南	Yunnan	72287	61733	33822	505	8516	1534
西 藏	Tibet	5290	5073	4502	113	95	9
陕 西	Shaanxi	39912	33669	19076	165	3457	2621
甘 肃	Gansu	25766	23217	7521	191	1789	568
青 海	Qinghai	17883	15678	7123	63	1137	1005
宁 夏	Ningxia	14474	13159	4078	3	440	872
新 疆	Xinjiang	25100	22439	10537	247	1021	1392

附表 3-3　续表　　Continued

地　区 Region	科技活动周经费筹集额 Funding for S&T week	政府拨款 Government funds	企业赞助 Corporate donates	年度科普经费使用额 Annual expenditure	行政支出 Administrative expenditure	科普活动支出 Activities expenditure
全　国 Total	37949	28271	2240	1719431	313013	816278
东　部 Eastern	16958	13080	1105	938010	182239	443882
中　部 Middle	9219	6246	640	360261	48975	141133
西　部 Western	11772	8945	495	421159	81799	231263
北　京 Beijing	3352	2760	79	209320	39019	122073
天　津 Tianjin	458	279	61	30853	8374	12878
河　北 Hebei	1177	1007	25	37691	5729	25687
山　西 Shanxi	418	264	2	18713	3065	10024
内蒙古 Inner Mongolia	308	250	12	20243	2948	10952
辽　宁 Liaoning	619	319	211	20038	5325	8185
吉　林 Jilin	203	175	0	28878	3221	10954
黑龙江 Heilongjiang	120	98	9	10522	1828	6434
上　海 Shanghai	3461	2562	468	160728	20779	71386
江　苏 Jiangsu	2187	1681	87	89824	19382	46277
浙　江 Zhejiang	1434	1198	14	100796	26793	49919
安　徽 Anhui	1059	678	273	38921	6928	14890
福　建 Fujian	887	564	62	92020	12764	25274
江　西 Jiangxi	1293	890	75	39916	6041	19953
山　东 Shandong	723	430	11	78413	15247	22699
河　南 Henan	1041	733	25	82223	5202	23494
湖　北 Hubei	1962	1219	192	86684	12564	27814
湖　南 Hunan	3123	2190	64	54405	10125	27570
广　东 Guangdong	2275	1941	70	107242	26439	54428
广　西 Guangxi	2693	2233	32	41741	6283	26891
海　南 Hainan	385	340	16	11084	2388	5077
重　庆 Chongqing	1426	920	129	48883	6857	24885
四　川 Sichuan	1423	1003	81	75755	12743	40530
贵　州 Guizhou	1348	1088	9	34996	10376	19905
云　南 Yunnan	1370	1037	20	74116	16060	44174
西　藏 Tibet	338	186	130	4020	232	1755
陕　西 Shaanxi	867	580	61	43070	9346	22363
甘　肃 Gansu	883	758	6	25918	3610	15951
青　海 Qinghai	144	91	8	15733	6214	5369
宁　夏 Ningxia	269	219	0	14136	2991	6372
新　疆 Xinjiang	700	578	8	22548	4139	12115

附表 3-3　续表　　　　Continued

地　区 Region	年度科普经费使用额 Annual expenditure				
	科普场馆基建支出 Infrastructure expenditures	政府拨款支出 Government expenditures	场馆建设支出 Venue construction expenditures	展品、设施支出 Exhibits & facilities expenditures	其他支出 Others
全　国 Total	414267	190207	237273	117089	175877
东　部 Eastern	200246	68378	114313	58952	111643
中　部 Middle	140254	102693	87737	29473	29900
西　部 Western	73767	19136	35223	28664	34334
北　京 Beijing	10126	1306	2942	5700	38102
天　津 Tianjin	7417	74	3761	2902	2185
河　北 Hebei	4756	1303	1866	1469	1519
山　西 Shanxi	2411	837	985	924	3213
内蒙古 Inner Mongolia	4997	4359	2248	2564	1347
辽　宁 Liaoning	4836	1550	1688	2132	1692
吉　林 Jilin	11852	8079	9137	2647	2851
黑龙江 Heilongjiang	1385	206	528	771	873
上　海 Shanghai	52007	24627	40696	8367	16556
江　苏 Jiangsu	18441	6362	8935	6277	5724
浙　江 Zhejiang	11080	5187	4165	4286	13005
安　徽 Anhui	15449	5844	5127	4198	1654
福　建 Fujian	41279	5565	29539	7282	12704
江　西 Jiangxi	6763	3970	3976	1660	7159
山　东 Shandong	31840	11728	10766	14659	8628
河　南 Henan	50431	47591	46040	3886	3096
湖　北 Hubei	39091	33713	14924	11446	7215
湖　南 Hunan	12871	2454	7019	3941	3839
广　东 Guangdong	15154	8827	7657	5482	11221
广　西 Guangxi	4286	2751	1842	1719	4282
海　南 Hainan	3313	1848	2299	396	307
重　庆 Chongqing	12931	3179	8148	4118	4209
四　川 Sichuan	18656	2880	9986	6710	3826
贵　州 Guizhou	807	1	282	526	3907
云　南 Yunnan	9781	816	7034	2294	4100
西　藏 Tibet	905	152	483	357	1127
陕　西 Shaanxi	7890	1772	2423	3254	3471
甘　肃 Gansu	2748	693	368	1766	3614
青　海 Qinghai	1663	47	720	543	2486
宁　夏 Ningxia	4082	798	1313	1267	691
新　疆 Xinjiang	5020	1689	376	3546	1274

附表 3-4 2020 年各省科普传媒

Appendix table 3-4: S&T popularization media by region in 2020

地 区 Region	科普图书 Popular science books		科普期刊 Popularscience journals	
	出版种数/种 Types of publications	出版总册数/册 Total copies	出版种数/种 Types of publications	出版总册数/册 Total copies
全 国 Total	10756	98535977	1244	131053716
东 部 Eastern	6204	69474580	696	92981018
中 部 Middle	2892	20765358	271	9029985
西 部 Western	1660	8296039	277	29042713
北 京 Beijing	2474	29344865	163	18306135
天 津 Tianjin	286	2573699	180	22174496
河 北 Hebei	197	335205	25	197930
山 西 Shanxi	63	163040	16	86180
内蒙古 Inner Mongolia	78	134500	13	57800
辽 宁 Liaoning	187	887656	38	1014149
吉 林 Jilin	610	4277410	13	353220
黑龙江 Heilongjiang	99	474500	22	4223
上 海 Shanghai	971	15413747	77	9914207
江 苏 Jiangsu	334	4337152	100	4715950
浙 江 Zhejiang	196	1931357	40	3922769
安 徽 Anhui	53	312421	18	54500
福 建 Fujian	869	7038039	23	446562
江 西 Jiangxi	868	8117548	65	4114174
山 东 Shandong	90	655600	12	869100
河 南 Henan	219	2037250	34	126220
湖 北 Hubei	239	2789889	49	253668
湖 南 Hunan	741	2593300	54	4037800
广 东 Guangdong	540	6757370	32	30395520
广 西 Guangxi	114	433700	20	2147970
海 南 Hainan	60	199890	6	1024200
重 庆 Chongqing	284	3441738	57	20391838
四 川 Sichuan	192	1051166	37	1890350
贵 州 Guizhou	85	689930	17	128900
云 南 Yunnan	361	621375	38	3182860
西 藏 Tibet	25	155220	8	26100
陕 西 Shaanxi	246	885200	28	463705
甘 肃 Gansu	105	136400	24	150600
青 海 Qinghai	64	102730	18	73510
宁 夏 Ningxia	14	9700	6	369100
新 疆 Xinjiang	92	634380	11	159980

附表 3-4　续表　　Continued

地　区 Region	科普（技）音像制品 Popularization audio and video products			科技类报纸年发行总份数/份 S&T newspaper printed copies
	出版种数/种 Types of publications	光盘发行总量/张 Total CD copies released	录音、录像带发行总量/盒 Total copies of audio and video publications	
全　国 Total	4279	2314934	190843	157554099
东　部 Eastern	1245	393194	9297	106581906
中　部 Middle	1347	1502816	56395	25143413
西　部 Western	1687	418924	125151	25828780
北　京 Beijing	290	81993	591	55419401
天　津 Tianjin	27	5600	1	2141720
河　北 Hebei	73	8486	0	4363633
山　西 Shanxi	90	375	2012	267413
内蒙古 Inner Mongolia	30	18528	10100	583510
辽　宁 Liaoning	67	151966	305	4044161
吉　林 Jilin	15	16021	0	840
黑龙江 Heilongjiang	187	2969	174	19132
上　海 Shanghai	42	77763	0	12420859
江　苏 Jiangsu	117	8797	4640	12799465
浙　江 Zhejiang	99	8805	96	1358647
安　徽 Anhui	102	19993	1569	238839
福　建 Fujian	90	27981	529	1119476
江　西 Jiangxi	381	1290408	5938	3928266
山　东 Shandong	125	2825	100	2895108
河　南 Henan	205	24510	17402	2874582
湖　北 Hubei	159	20314	3350	6254061
湖　南 Hunan	208	128226	25950	11560280
广　东 Guangdong	307	15316	3035	10019436
广　西 Guangxi	328	56008	22	7749796
海　南 Hainan	8	3662	0	0
重　庆 Chongqing	48	5371	502	2600082
四　川 Sichuan	524	56995	7705	4905561
贵　州 Guizhou	21	1037	265	51344
云　南 Yunnan	159	171634	89301	1985321
西　藏 Tibet	9	6774	350	2126500
陕　西 Shaanxi	71	66383	10613	3554863
甘　肃 Gansu	108	8441	1737	1121761
青　海 Qinghai	33	8173	4500	1057638
宁　夏 Ningxia	54	13224	2	44660
新　疆 Xinjiang	302	6356	54	47744

附表 3-4 续表 Continued

地 区 Region	电视台播出科普（技）节目时间/小时 Broadcasting time of popular science programs on TV (h)	电台播出科普（技）节目时间/小时 Broadcasting time of popular science programs on radio (h)	科普网站数/个 S&T popularization websites (unit)	发放科普读物和资料/份 Number of S&T popularization books and materials
全 国 Total	164626	128314	2732	611923774
东 部 Eastern	65602	46415	1321	258417164
中 部 Middle	33957	38294	631	134853305
西 部 Western	65067	43605	780	218653305
北 京 Beijing	8294	8355	272	15821146
天 津 Tianjin	1898	506	72	7062549
河 北 Hebei	5299	2626	63	18552216
山 西 Shanxi	4689	2694	33	8884889
内蒙古 Inner Mongolia	6863	5678	63	7733736
辽 宁 Liaoning	13219	6945	112	9282929
吉 林 Jilin	6254	5505	24	3428932
黑龙江 Heilongjiang	1716	8508	32	13214615
上 海 Shanghai	8186	1283	219	27281895
江 苏 Jiangsu	685	1480	130	87823087
浙 江 Zhejiang	3059	5135	84	31011673
安 徽 Anhui	2335	6959	61	17620605
福 建 Fujian	5287	2532	98	12436468
江 西 Jiangxi	3559	2103	148	16039439
山 东 Shandong	6541	7235	72	11755854
河 南 Henan	4390	2902	123	19481642
湖 北 Hubei	7228	6868	128	29915661
湖 南 Hunan	3786	2755	82	26267522
广 东 Guangdong	11615	9246	185	32407201
广 西 Guangxi	7439	1353	105	32801041
海 南 Hainan	1519	1072	14	4982146
重 庆 Chongqing	63	838	94	17899759
四 川 Sichuan	5013	1501	180	34753866
贵 州 Guizhou	3510	1199	33	18230008
云 南 Yunnan	25787	8804	84	57566789
西 藏 Tibet	0	0	5	336702
陕 西 Shaanxi	3057	1100	98	18095136
甘 肃 Gansu	5609	6679	71	14181172
青 海 Qinghai	1633	9539	18	3993959
宁 夏 Ningxia	887	370	14	5285057
新 疆 Xinjiang	5206	6544	15	7776080

附表 3-5　2020 年各省科普活动

Appendix table 3-5: S&T popularization activities by region in 2020

地　区 Region	科普（技）讲座 S&T popularization lectures		科普（技）展览 S&T popularization exhibitions	
	举办次数/次 Number of lectures held	参加人数/人次 Number of participants	专题展览次数/次 Number of exhibitions held	参观人数/人次 Number of participants
全　国 Total	846601	1623223078	110105	320421591
东　部 Eastern	360463	1425136855	35960	225711800
中　部 Middle	211248	107189296	35411	50267655
西　部 Western	274890	90896927	38734	44442136
北　京 Beijing	28976	1073488902	2757	151522228
天　津 Tianjin	22131	41073122	1951	2508050
河　北 Hebei	29345	31206385	2602	3234398
山　西 Shanxi	15807	3251570	1723	1087677
内蒙古 Inner Mongolia	17233	11418428	1249	1796423
辽　宁 Liaoning	15965	3195256	2253	5742548
吉　林 Jilin	8963	1432357	1236	1467634
黑龙江 Heilongjiang	14864	2231421	1258	991483
上　海 Shanghai	50019	184199120	3864	15948426
江　苏 Jiangsu	58258	8663334	5785	14503399
浙　江 Zhejiang	66586	14259148	4885	10429357
安　徽 Anhui	29190	4292513	4151	2459075
福　建 Fujian	17526	4542401	2875	3968123
江　西 Jiangxi	27875	3818538	4425	3741799
山　东 Shandong	28174	8268751	2912	3824185
河　南 Henan	37889	8785111	9817	5403589
湖　北 Hubei	47682	79464686	8892	28636230
湖　南 Hunan	28978	3913100	3909	6480168
广　东 Guangdong	41483	52744864	5758	13720196
广　西 Guangxi	25309	5581924	2928	4576868
海　南 Hainan	2000	3495572	318	310890
重　庆 Chongqing	22913	18214404	3775	11507762
四　川 Sichuan	47122	21031092	4059	7949789
贵　州 Guizhou	16251	1881324	1763	1840354
云　南 Yunnan	44716	12900848	4075	7942993
西　藏 Tibet	470	85804	250	170549
陕　西 Shaanxi	31458	4864212	3591	2470907
甘　肃 Gansu	21762	7598091	11493	3377110
青　海 Qinghai	8012	660558	855	740193
宁　夏 Ningxia	6288	986949	1278	909900
新　疆 Xinjiang	33356	5673293	3418	1159288

附表 3-5　续表　　Continued

地　区 Region	科普（技）竞赛 S&T popularization competitions		科普国际交流 International S&T popularization exchanges	
	举办次数/次 Number of competitions held	参加人数/人次 Number of participants	举办次数/次 Number of exchanges held	参加人数/人次 Number of participants
全　国 Total	28178	184043431	884	5733770
东　部 Eastern	14396	84266442	526	5655336
中　部 Middle	6506	80774509	152	18359
西　部 Western	7276	19002480	206	60075
北　京 Beijing	1560	41568214	128	1634029
天　津 Tianjin	555	1938406	67	24593
河　北 Hebei	965	1699433	20	3113
山　西 Shanxi	244	5484444	4	800
内蒙古 Inner Mongolia	407	207329	0	0
辽　宁 Liaoning	717	810711	47	4238
吉　林 Jilin	175	258885	9	348
黑龙江 Heilongjiang	569	192135	1	180
上　海 Shanghai	1663	3248465	89	3903742
江　苏 Jiangsu	3036	14877679	109	17958
浙　江 Zhejiang	2448	3017210	26	30883
安　徽 Anhui	1145	975136	1	5
福　建 Fujian	958	2365041	22	33564
江　西 Jiangxi	753	5434871	26	167
山　东 Shandong	792	1760271	1	5
河　南 Henan	1048	8694694	4	150
湖　北 Hubei	1766	35724941	58	11719
湖　南 Hunan	806	24009403	49	4990
广　东 Guangdong	1577	12850598	9	3117
广　西 Guangxi	822	4682865	24	232
海　南 Hainan	125	130414	8	94
重　庆 Chongqing	472	1767176	44	883
四　川 Sichuan	1277	3209031	20	51602
贵　州 Guizhou	448	3678206	2	60
云　南 Yunnan	1145	2134586	5	1926
西　藏 Tibet	22	6635	0	0
陕　西 Shaanxi	1077	936088	63	2486
甘　肃 Gansu	715	1298937	14	489
青　海 Qinghai	159	47798	0	0
宁　夏 Ningxia	165	832797	2	200
新　疆 Xinjiang	567	201032	32	2197

附表 3-5　续表　　Continued

地　区	Region	成立青少年科技兴趣小组 Teenage S&T interest groups		科技夏（冬）令营 Summer /winter science camps	
		兴趣小组数/个 Number of groups	参加人数/人次 Number of participants	举办次数/次 Number of camps held	参加人数/人次 Number of participants
全　国	Total	158026	11217184	7915	42106225
东　部	Eastern	69840	4457958	4618	34907168
中　部	Middle	47233	3017852	1491	6879136
西　部	Western	40953	3741374	1806	319921
北　京	Beijing	2172	161967	264	32842122
天　津	Tianjin	2770	265101	211	106112
河　北	Hebei	8762	456041	85	14237
山　西	Shanxi	3621	201887	37	323979
内蒙古	Inner Mongolia	1082	136405	127	9486
辽　宁	Liaoning	2814	164032	222	67913
吉　林	Jilin	973	54917	34	6206724
黑龙江	Heilongjiang	1958	81238	85	9366
上　海	Shanghai	5346	362593	1050	1557292
江　苏	Jiangsu	14322	863027	989	153125
浙　江	Zhejiang	8366	522413	528	54057
安　徽	Anhui	5543	336299	262	38343
福　建	Fujian	3688	235906	579	39964
江　西	Jiangxi	4005	473237	286	52948
山　东	Shandong	8248	509282	231	33358
河　南	Henan	10340	557597	166	64069
湖　北	Hubei	12155	816006	362	103725
湖　南	Hunan	8638	496671	259	79982
广　东	Guangdong	13098	900169	407	33475
广　西	Guangxi	6006	502247	106	21847
海　南	Hainan	254	17427	52	5513
重　庆	Chongqing	4001	296378	97	20216
四　川	Sichuan	7382	776933	348	59596
贵　州	Guizhou	2511	307025	58	8184
云　南	Yunnan	5161	739750	206	83387
西　藏	Tibet	15	250	6	396
陕　西	Shaanxi	7087	466804	345	36918
甘　肃	Gansu	3986	305612	169	15790
青　海	Qinghai	275	34814	26	1770
宁　夏	Ningxia	2147	97414	19	1593
新　疆	Xinjiang	1300	77742	299	60738

附表 3-5 续表 Continued

地 区 Region	科技活动周 Science & technology week		科研机构、大学向社会开放 Scientific institutions and universities open to public	
	科普专题活动次数/次 Number of S&T week held	参加人数/人次 Number of participants	开放单位数/个 Number of open units	参观人数/人次 Number of participants
全 国 Total	109011	488914414	8328	11555211
东 部 Eastern	45590	410130064	4004	5463920
中 部 Middle	24935	34121509	1870	2014692
西 部 Western	38486	44662841	2454	4076599
北 京 Beijing	2888	328985069	474	746839
天 津 Tianjin	5528	2360787	244	211618
河 北 Hebei	4053	1634011	323	111434
山 西 Shanxi	2755	1172967	210	123264
内蒙古 Inner Mongolia	1707	1344449	133	76057
辽 宁 Liaoning	2277	2080165	381	555165
吉 林 Jilin	987	596146	51	55825
黑龙江 Heilongjiang	1488	2710784	161	35026
上 海 Shanghai	6574	32556425	232	161739
江 苏 Jiangsu	8261	7391060	736	609598
浙 江 Zhejiang	4658	16667610	400	346944
安 徽 Anhui	2812	1374207	219	90707
福 建 Fujian	3405	1949114	383	303643
江 西 Jiangxi	3423	1574271	277	244879
山 东 Shandong	2739	2362242	275	767535
河 南 Henan	4569	2705033	293	224607
湖 北 Hubei	4676	3559930	330	976130
湖 南 Hunan	4225	20428171	329	264254
广 东 Guangdong	4663	13900107	527	1606417
广 西 Guangxi	3811	6606287	202	109384
海 南 Hainan	544	243474	29	42988
重 庆 Chongqing	2610	8384805	238	169582
四 川 Sichuan	5854	8047926	666	2992060
贵 州 Guizhou	2910	1439295	97	34709
云 南 Yunnan	5754	10634933	151	217346
西 藏 Tibet	180	53092	7	1020
陕 西 Shaanxi	5295	3207979	422	197196
甘 肃 Gansu	2934	1507520	273	113289
青 海 Qinghai	1080	646685	77	48058
宁 夏 Ningxia	827	821202	90	42810
新 疆 Xinjiang	5524	1968668	98	75088

附表 3-5　续表　　Continued

地　区　Region	举办实用技术培训 Practical skill trainings		重大科普活动次数/次 Number of grand popularization activities
	举办次数/次 Number of trainings held	参加人数/人次 Number of participants	
全　国　Total	422381	48933410	13039
东　部　Eastern	99079	12787695	4890
中　部　Middle	83852	14167559	3107
西　部　Western	239450	21978156	5042
北　京　Beijing	6591	2097008	518
天　津　Tianjin	5869	391956	209
河　北　Hebei	10942	1362866	307
山　西　Shanxi	7431	670795	248
内蒙古　Inner Mongolia	7331	896722	363
辽　宁　Liaoning	6397	667428	163
吉　林　Jilin	5470	611324	102
黑龙江　Heilongjiang	5224	1052518	198
上　海　Shanghai	8234	766354	554
江　苏　Jiangsu	16318	1987246	786
浙　江　Zhejiang	17483	1262254	546
安　徽　Anhui	9836	781846	481
福　建　Fujian	7061	1753346	286
江　西　Jiangxi	10085	788314	290
山　东　Shandong	8968	984645	520
河　南　Henan	17085	1651092	704
湖　北　Hubei	17478	2793494	620
湖　南　Hunan	11243	5818176	464
广　东　Guangdong	9520	1381723	886
广　西　Guangxi	25681	2214908	589
海　南　Hainan	1696	132869	115
重　庆　Chongqing	8248	903195	370
四　川　Sichuan	34189	2540508	797
贵　州　Guizhou	16181	1190096	152
云　南　Yunnan	56798	4957111	590
西　藏　Tibet	415	36024	107
陕　西　Shaanxi	24969	2272486	833
甘　肃　Gansu	25859	2371848	582
青　海　Qinghai	2214	237751	347
宁　夏　Ningxia	3572	278284	110
新　疆　Xinjiang	33993	4079223	202

附表 3-6　2020 年创新创业中的科普

Appendix table 3-6: S&T popularization activities in innovation and entrepreneurship in 2020

地　区 Region	众创空间 Maker space		
	数量/个 Number of maker spaces	服务各类人员数量/人 Number of serving for people	孵化科技项目数量/个 Number of incubating S&T projects
全　国 Total	9593	963068	73938
东　部 Eastern	4416	563032	44970
中　部 Middle	2115	204959	11577
西　部 Western	3062	195077	17391
北　京 Beijing	171	38060	1674
天　津 Tianjin	188	20691	3151
河　北 Hebei	518	41307	4692
山　西 Shanxi	144	12788	1114
内蒙古 Inner Mongolia	153	9312	715
辽　宁 Liaoning	344	38073	2906
吉　林 Jilin	124	6522	222
黑龙江 Heilongjiang	123	13434	2693
上　海 Shanghai	1003	142192	14168
江　苏 Jiangsu	690	74144	4151
浙　江 Zhejiang	371	81162	3816
安　徽 Anhui	364	10589	1663
福　建 Fujian	480	41794	3063
江　西 Jiangxi	327	27160	1894
山　东 Shandong	268	19531	2129
河　南 Henan	152	13916	1105
湖　北 Hubei	482	32828	1704
湖　南 Hunan	399	87722	1182
广　东 Guangdong	330	32911	4344
广　西 Guangxi	357	26629	1446
海　南 Hainan	53	33167	876
重　庆 Chongqing	732	31302	1143
四　川 Sichuan	242	27855	1740
贵　州 Guizhou	98	4994	135
云　南 Yunnan	299	23907	765
西　藏 Tibet	53	1743	337
陕　西 Shaanxi	631	36870	9164
甘　肃 Gansu	183	9508	1115
青　海 Qinghai	18	1228	135
宁　夏 Ningxia	64	3917	324
新　疆 Xinjiang	232	17812	372

附表 3-6　续表　　　　Continued

地　区 Region	创新创业培训 Innovation and entrepreneurship trainings		创新创业赛事 Innovation and entrepreneurship competitions	
	培训次数/次 Number of trainings	参加人数/人次 Number of participants	赛事次数/次 Number of competitions	参加人数/人次 Number of participants
全　国 Total	87318	8467719	6375	2279157
东　部 Eastern	40116	5180257	3647	1314102
中　部 Middle	24144	1471450	1311	472801
西　部 Western	23058	1816012	1417	492254
北　京 Beijing	2751	1357916	350	102361
天　津 Tianjin	1325	73650	186	53193
河　北 Hebei	3054	126776	175	49055
山　西 Shanxi	1903	89475	48	24402
内蒙古 Inner Mongolia	1019	79216	121	21611
辽　宁 Liaoning	2119	162619	906	120236
吉　林 Jilin	2076	89999	64	18553
黑龙江 Heilongjiang	933	75169	73	26048
上　海 Shanghai	7368	1756241	484	59948
江　苏 Jiangsu	5601	270096	592	100236
浙　江 Zhejiang	8883	226504	292	56791
安　徽 Anhui	4187	166561	108	20252
福　建 Fujian	2375	474755	223	631749
江　西 Jiangxi	5295	258771	229	147980
山　东 Shandong	4502	172518	231	48283
河　南 Henan	2727	231043	262	85809
湖　北 Hubei	4428	304714	279	94594
湖　南 Hunan	2595	255718	248	55163
广　东 Guangdong	1217	527472	128	82523
广　西 Guangxi	2436	117545	132	78017
海　南 Hainan	921	31710	80	9727
重　庆 Chongqing	3359	128149	140	35185
四　川 Sichuan	3426	546785	233	110997
贵　州 Guizhou	867	25258	52	19568
云　南 Yunnan	2939	174354	33	14659
西　藏 Tibet	1430	20552	27	2432
陕　西 Shaanxi	4994	183421	356	111537
甘　肃 Gansu	1086	423735	208	45217
青　海 Qinghai	211	13723	20	8488
宁　夏 Ningxia	483	25559	19	9038
新　疆 Xinjiang	808	77715	76	35505

附录4　2019年全国科普统计分类数据统计表

各项统计数据均未包括香港特别行政区、澳门特别行政区和台湾地区的数据。

科普宣传专用车、科普图书、科普期刊、科普网站、科普国际交流情况和创新创业中的科普情况均由市级以上（含市级）填报单位的数据统计得出。

非场馆类科普基地，因为理解差异，此次暂未列入。

东部、中部和西部地区的划分：东部地区包括北京、天津、河北、辽宁、上海、江苏、浙江、福建、山东、广东和海南11个省和直辖市；中部地区包括山西、吉林、黑龙江、安徽、江西、河南、湖北和湖南8个省；西部地区包括内蒙古、广西、重庆、四川、贵州、云南、西藏、陕西、甘肃、青海、宁夏和新疆12个省、自治区和直辖市。

附表 4-1　2019 年各省科普人员

Appendix table 4-1: S&T popularization personnel by region in 2019

单位：人
Unit: person

地　区 Region	科普专职人员 Full time S&T popularization personnel		
	人员总数 Total	中级职称及以上或大学本科及以上学历人员 With title of medium-rank or above / with college graduate or above	女性 Female
全　国 Total	250197	151631	98099
东　部 Eastern	93897	60619	40830
中　部 Middle	74414	43497	26820
西　部 Western	81886	47515	30449
北　京 Beijing	8518	6438	4677
天　津 Tianjin	3341	2342	1446
河　北 Hebei	16913	7884	6449
山　西 Shanxi	5659	3351	2804
内蒙古 Inner Mongolia	6431	3712	2508
辽　宁 Liaoning	8593	5531	3466
吉　林 Jilin	6800	3911	2840
黑龙江 Heilongjiang	4081	2854	1904
上　海 Shanghai	7834	5552	4131
江　苏 Jiangsu	10010	7361	4568
浙　江 Zhejiang	11291	9174	6100
安　徽 Anhui	10235	6028	2818
福　建 Fujian	4201	2713	1600
江　西 Jiangxi	7200	4230	2541
山　东 Shandong	11695	6765	4039
河　南 Henan	15599	8409	5961
湖　北 Hubei	12555	7944	4015
湖　南 Hunan	12285	6770	3937
广　东 Guangdong	9934	6231	3713
广　西 Guangxi	5815	3575	2218
海　南 Hainan	1567	628	641
重　庆 Chongqing	5480	3746	2348
四　川 Sichuan	14080	8012	4781
贵　州 Guizhou	5403	3600	1717
云　南 Yunnan	13174	8799	5371
西　藏 Tibet	806	264	215
陕　西 Shaanxi	9474	5050	3225
甘　肃 Gansu	10609	4586	2810
青　海 Qinghai	1077	625	447
宁　夏 Ningxia	1934	1063	802
新　疆 Xinjiang	7603	4483	4007

附表 4-1 续表 Continued

地区 Region	科普专职人员 Full time S&T popularization personnel		
	农村科普人员 Rural S&T popularization personnel	管理人员 S&T popularization administrators	科普创作人员 S&T popularization creators
全 国 Total	71435	46609	17384
东 部 Eastern	19180	17602	8232
中 部 Middle	27296	14202	3974
西 部 Western	24959	14805	5178
北 京 Beijing	843	1802	1844
天 津 Tianjin	267	711	470
河 北 Hebei	3525	1894	459
山 西 Shanxi	1372	1135	281
内蒙古 Inner Mongolia	1892	1237	428
辽 宁 Liaoning	2109	1949	779
吉 林 Jilin	2435	1193	380
黑龙江 Heilongjiang	810	840	245
上 海 Shanghai	776	1895	1040
江 苏 Jiangsu	2118	2120	889
浙 江 Zhejiang	2167	1647	845
安 徽 Anhui	4636	1632	345
福 建 Fujian	1136	1032	366
江 西 Jiangxi	2322	1479	289
山 东 Shandong	3769	2256	745
河 南 Henan	5924	3096	762
湖 北 Hubei	5373	2407	826
湖 南 Hunan	4424	2420	846
广 东 Guangdong	2172	1993	702
广 西 Guangxi	1682	1043	355
海 南 Hainan	298	303	93
重 庆 Chongqing	1077	1385	797
四 川 Sichuan	5208	3125	1116
贵 州 Guizhou	2389	1113	252
云 南 Yunnan	3103	1817	508
西 藏 Tibet	234	89	10
陕 西 Shaanxi	3199	1651	534
甘 肃 Gansu	2911	1637	424
青 海 Qinghai	107	189	140
宁 夏 Ningxia	580	391	153
新 疆 Xinjiang	2577	1128	461

附表 4-1　续表　　　　　Continued

地　区 Region	科普兼职人员 Part time S&T popularization personnel		
	人员总数 Total	年度实际投入工作量/人月 Annual actual workload (person-month)	中级职称及以上或大学本科及以上学历人员 With title of medium-rank or above / with college graduate or above
全　国 Total	1620371	1855571	879790
东　部 Eastern	722187	786079	398425
中　部 Middle	402355	481669	212130
西　部 Western	495829	587823	269235
北　京 Beijing	57910	55645	40728
天　津 Tianjin	27575	24047	18258
河　北 Hebei	76619	83470	39886
山　西 Shanxi	26980	20071	16158
内蒙古 Inner Mongolia	32643	26885	17334
辽　宁 Liaoning	45881	57617	26840
吉　林 Jilin	16116	24016	9997
黑龙江 Heilongjiang	25060	31559	12934
上　海 Shanghai	50538	77959	30284
江　苏 Jiangsu	107546	144225	69169
浙　江 Zhejiang	159215	144614	62628
安　徽 Anhui	53189	66917	30147
福　建 Fujian	59901	55137	34460
江　西 Jiangxi	48611	64743	27403
山　东 Shandong	60115	77938	32531
河　南 Henan	86139	105427	42138
湖　北 Hubei	83623	79905	47264
湖　南 Hunan	62637	89031	26089
广　东 Guangdong	69751	57393	40717
广　西 Guangxi	52994	54911	29483
海　南 Hainan	7136	8035	2924
重　庆 Chongqing	37146	47498	19304
四　川 Sichuan	98667	121648	50229
贵　州 Guizhou	40141	52942	23649
云　南 Yunnan	74868	97599	41911
西　藏 Tibet	3169	1954	1181
陕　西 Shaanxi	60019	69423	31799
甘　肃 Gansu	39507	32742	21677
青　海 Qinghai	14260	45529	10396
宁　夏 Ningxia	13094	13262	6523
新　疆 Xinjiang	29321	23430	15749

附表 4-1 续表 Continued

地区 Region	科普兼职人员 Part time S&T popularization personnel		注册科普志愿者 Registered S&T popularization volunteers
	女性 Female	农村科普人员 Rural S&T popularization personnel	
全 国 Total	641016	409655	2817094
东 部 Eastern	301645	143440	1201928
中 部 Middle	142720	118899	1218766
西 部 Western	196651	147316	396400
北 京 Beijing	31983	5654	29575
天 津 Tianjin	14354	4292	174407
河 北 Hebei	23968	17046	24927
山 西 Shanxi	12567	6811	14257
内蒙古 Inner Mongolia	12976	8461	75186
辽 宁 Liaoning	22149	8409	45369
吉 林 Jilin	7097	5130	507844
黑龙江 Heilongjiang	8859	6080	116592
上 海 Shanghai	26351	3821	84344
江 苏 Jiangsu	45180	22690	424445
浙 江 Zhejiang	64577	27196	126770
安 徽 Anhui	18419	19559	158881
福 建 Fujian	22354	15965	105450
江 西 Jiangxi	18378	13790	61316
山 东 Shandong	22974	21540	46266
河 南 Henan	30229	27367	200454
湖 北 Hubei	29245	22978	69791
湖 南 Hunan	17926	17184	89631
广 东 Guangdong	25631	14009	137457
广 西 Guangxi	23142	14745	33727
海 南 Hainan	2124	2818	2918
重 庆 Chongqing	16177	8413	25879
四 川 Sichuan	37503	34908	65542
贵 州 Guizhou	14186	10636	40790
云 南 Yunnan	28721	26019	44701
西 藏 Tibet	922	1332	108
陕 西 Shaanxi	24392	16502	32100
甘 肃 Gansu	13908	11658	19293
青 海 Qinghai	5762	2701	10970
宁 夏 Ningxia	4976	3602	34758
新 疆 Xinjiang	13986	8339	13346

附表 4-2　2019 年各省科普场地

Appendix table 4-2: S&T popularization venues and facilities by region in 2019

地　区 Region	科技馆/个 S&T museums	建筑面积/平方米 Construction area (m^2)	展厅面积/平方米 Exhibition area (m^2)	当年参观人数/人次 Visitors
全　国 Total	533	4200616	2144241	84565244
东　部 Eastern	255	2212049	1099616	45998572
中　部 Middle	137	939488	478368	19625178
西　部 Western	141	1049078	566257	18941494
北　京 Beijing	27	270086	129968	6930673
天　津 Tianjin	4	23942	13880	769456
河　北 Hebei	16	115886	62724	1819605
山　西 Shanxi	6	52883	23741	1268650
内蒙古 Inner Mongolia	22	152602	75796	1851582
辽　宁 Liaoning	19	211975	97959	1988107
吉　林 Jilin	14	104547	52462	2013400
黑龙江 Heilongjiang	9	104954	62677	3112000
上　海 Shanghai	29	217864	114847	6346763
江　苏 Jiangsu	21	175626	86370	3301541
浙　江 Zhejiang	26	238852	110210	5137094
安　徽 Anhui	23	170717	87439	3471097
福　建 Fujian	28	216127	105890	5544957
江　西 Jiangxi	5	55823	29142	676085
山　东 Shandong	29	278859	159853	5832043
河　南 Henan	18	104628	50034	3104715
湖　北 Hubei	49	272665	134980	3349275
湖　南 Hunan	13	73271	37893	2629956
广　东 Guangdong	37	346046	171149	7234851
广　西 Guangxi	7	102197	44087	784142
海　南 Hainan	19	116786	46766	1093482
重　庆 Chongqing	11	89806	59615	3589100
四　川 Sichuan	20	112149	63287	3280574
贵　州 Guizhou	11	67734	36342	1478473
云　南 Yunnan	13	76571	44245	2418159
西　藏 Tibet	1	500	120	5100
陕　西 Shaanxi	18	111736	59601	1055052
甘　肃 Gansu	10	79886	48937	1411400
青　海 Qinghai	3	41213	18378	579310
宁　夏 Ningxia	5	55605	29843	1080728
新　疆 Xinjiang	20	159079	86006	1407874

附表 4-2 续表 Continued

地 区 Region	科学技术类博物馆/个 S&T related museums	建筑面积/平方米 Construction area (m^2)	展厅面积/平方米 Exhibition area (m^2)	当年参观人数/人次 Visitors	青少年科技馆站/个 Teenage S&T museums
全 国 Total	944	7192923	3229741	158024564	572
东 部 Eastern	499	3943054	1780405	86735694	197
中 部 Middle	166	1329645	587940	23810851	159
西 部 Western	279	1920224	861396	47478019	216
北 京 Beijing	83	969296	388381	17304065	14
天 津 Tianjin	9	230498	92794	6673500	4
河 北 Hebei	34	179966	84557	3816241	21
山 西 Shanxi	11	66346	29451	778803	16
内蒙古 Inner Mongolia	22	190316	79459	3736956	22
辽 宁 Liaoning	46	363951	150847	4631596	17
吉 林 Jilin	19	285437	97661	2276004	14
黑龙江 Heilongjiang	20	113878	61050	2344196	11
上 海 Shanghai	135	817555	449066	18046124	24
江 苏 Jiangsu	41	412617	166341	9304172	28
浙 江 Zhejiang	50	396649	166706	8993208	40
安 徽 Anhui	24	107097	55102	1361256	30
福 建 Fujian	30	155336	85281	5823959	14
江 西 Jiangxi	15	97822	22924	1913028	27
山 东 Shandong	21	91764	50543	1421163	18
河 南 Henan	16	118993	55687	2990164	23
湖 北 Hubei	29	261091	152746	4346498	24
湖 南 Hunan	32	278981	113319	7800902	14
广 东 Guangdong	46	308387	137208	9343359	15
广 西 Guangxi	26	149107	49759	12737151	19
海 南 Hainan	4	17035	8680	1378307	2
重 庆 Chongqing	35	279243	139889	6551101	19
四 川 Sichuan	50	301246	153586	6875583	44
贵 州 Guizhou	11	103727	29116	947607	6
云 南 Yunnan	41	266179	127151	7116631	32
西 藏 Tibet	2	53000	12700	78000	2
陕 西 Shaanxi	26	135834	76510	1687383	22
甘 肃 Gansu	26	180252	73734	3689833	16
青 海 Qinghai	6	39717	18273	845668	2
宁 夏 Ningxia	13	95502	41051	1791824	3
新 疆 Xinjiang	21	126101	60169	1420282	29

附表 4-2　续表　　　　Continued

地　区 Region	城市社区科普（技）专用活动室/个 Urban community S&T popularization rooms	农村科普（技）活动场地/个 Rural S&T popularization sites	科普宣传专用车/辆 S&T popularization vehicles	科普画廊/个 S&T popularization galleries
全　国 Total	54696	247338	1135	144825
东　部 Eastern	25158	94600	404	81810
中　部 Middle	14768	92120	348	35924
西　部 Western	14770	60618	383	27091
北　京 Beijing	1129	1613	39	2430
天　津 Tianjin	1516	3327	65	1507
河　北 Hebei	1126	9652	26	4088
山　西 Shanxi	860	4603	8	2431
内蒙古 Inner Mongolia	1042	2614	32	986
辽　宁 Liaoning	2154	3669	70	3859
吉　林 Jilin	552	2467	15	1093
黑龙江 Heilongjiang	661	2997	63	1415
上　海 Shanghai	3162	1420	33	5633
江　苏 Jiangsu	4761	13336	49	16190
浙　江 Zhejiang	3642	18635	16	16545
安　徽 Anhui	1762	7066	35	4977
福　建 Fujian	1824	7301	23	7543
江　西 Jiangxi	1736	6355	37	5168
山　东 Shandong	2758	26854	39	17858
河　南 Henan	2986	41893	105	8962
湖　北 Hubei	3822	16308	38	6795
湖　南 Hunan	2389	10431	47	5083
广　东 Guangdong	2998	7944	38	5633
广　西 Guangxi	1107	6477	29	2579
海　南 Hainan	88	849	6	524
重　庆 Chongqing	766	2666	49	3416
四　川 Sichuan	2568	16548	26	4851
贵　州 Guizhou	535	2860	11	659
云　南 Yunnan	1433	9831	31	5988
西　藏 Tibet	61	549	20	159
陕　西 Shaanxi	1618	7825	65	3369
甘　肃 Gansu	1145	4562	31	2004
青　海 Qinghai	74	570	13	539
宁　夏 Ningxia	638	1879	8	690
新　疆 Xinjiang	3783	4237	68	1851

附表 4-3　2019 年各省科普经费

Appendix table 4-3: S&T popularization funds by region in 2019

单位：万元
Unit: 10000 yuan

地　区 Region	年度科普经费筹集额 Annual funding for S&T popularization	政府拨款 Government funds	科普专项经费 Special funds	捐赠 Donates	自筹资金 Self-raised funds	其他收入 Others
全　国 Total	1855221	1477123	658703	8115	284913	85070
东　部 Eastern	1020288	759542	366731	4279	200639	55829
中　部 Middle	408133	357936	119474	1614	40554	8029
西　部 Western	426800	359646	172498	2222	43720	21212
北　京 Beijing	276991	198263	126187	1403	48763	28561
天　津 Tianjin	31058	19365	5567	31	11012	651
河　北 Hebei	37339	20700	11328	170	15341	1128
山　西 Shanxi	20529	18495	7898	14	1403	618
内蒙古 Inner Mongolia	17185	15436	10609	135	1295	318
辽　宁 Liaoning	21491	16309	8002	117	4058	1007
吉　林 Jilin	24134	23788	9239	5	246	95
黑龙江 Heilongjiang	13348	12318	6024	17	601	412
上　海 Shanghai	178664	113228	46932	1403	56686	7346
江　苏 Jiangsu	94209	74737	44484	227	15019	4226
浙　江 Zhejiang	124255	103282	39583	412	16412	4148
安　徽 Anhui	38095	32764	16747	397	3926	1008
福　建 Fujian	64113	46677	21052	311	13704	3421
江　西 Jiangxi	36724	30396	11026	244	4651	1434
山　东 Shandong	74060	67306	12666	131	4318	2304
河　南 Henan	121508	108682	21144	39	11720	1067
湖　北 Hubei	103626	91311	29802	716	9691	1909
湖　南 Hunan	50168	40183	17595	181	8317	1487
广　东 Guangdong	105209	90768	46014	73	12743	1625
广　西 Guangxi	37119	31363	13160	81	4014	1661
海　南 Hainan	12900	8905	4916	0	2583	1412
重　庆 Chongqing	47615	36754	17211	130	6780	3950
四　川 Sichuan	76231	64686	38970	393	9727	1425
贵　州 Guizhou	48672	42443	12661	383	2528	3318
云　南 Yunnan	63353	49124	22358	234	10465	3530
西　藏 Tibet	4309	3965	2786	33	115	197
陕　西 Shaanxi	43664	37449	21339	347	3392	2475
甘　肃 Gansu	29464	26460	8926	309	2062	633
青　海 Qinghai	20725	18262	6700	2	1681	780
宁　夏 Ningxia	14030	11874	5803	71	522	1563
新　疆 Xinjiang	24435	21830	11974	104	1141	1361

附表 4-3 续表 Continued

地 区 Region	科技活动周经费筹集额 Funding for S&T week	政府拨款 Government funds	企业赞助 Corporate donates	年度科普经费使用额 Annual expenditure	行政支出 Administrative expenditure	科普活动支出 Activities expenditure
全 国 Total	41856	31548	2512	1865295	305826	884227
东 部 Eastern	19959	15497	1278	987105	168690	512476
中 部 Middle	9553	6836	547	402306	55434	153308
西 部 Western	12343	9214	687	475884	81702	218443
北 京 Beijing	4665	3796	202	253270	49656	150396
天 津 Tianjin	767	424	99	31398	6078	8653
河 北 Hebei	943	760	52	40318	6637	25897
山 西 Shanxi	336	290	5	20344	3834	10709
内蒙古 Inner Mongolia	311	212	38	17721	2579	11720
辽 宁 Liaoning	835	478	276	23502	4690	10831
吉 林 Jilin	146	120	0	19491	3317	9302
黑龙江 Heilongjiang	203	162	16	14135	1653	8336
上 海 Shanghai	4431	3577	369	169294	12501	112078
江 苏 Jiangsu	2775	1977	133	91074	17178	51267
浙 江 Zhejiang	1875	1586	13	117873	27446	48521
安 徽 Anhui	898	708	63	41636	8051	21414
福 建 Fujian	965	662	58	70656	10001	27365
江 西 Jiangxi	1293	859	80	34143	8019	19846
山 东 Shandong	420	302	21	73640	7272	18021
河 南 Henan	1119	766	22	113712	7207	22377
湖 北 Hubei	2308	1466	236	105754	14421	34853
湖 南 Hunan	3252	2464	126	53091	8932	26472
广 东 Guangdong	1919	1599	44	104868	26052	54282
广 西 Guangxi	2703	2176	14	38465	8053	20952
海 南 Hainan	365	337	10	11213	1181	5165
重 庆 Chongqing	1488	985	194	46335	5596	20951
四 川 Sichuan	1715	1166	169	105959	15265	43729
贵 州 Guizhou	1648	1396	20	45475	11142	19291
云 南 Yunnan	1275	915	20	63042	14269	36254
西 藏 Tibet	201	48	130	2705	340	1438
陕 西 Shaanxi	897	617	58	43136	9783	24557
甘 肃 Gansu	836	605	13	56287	2247	16896
青 海 Qinghai	229	186	13	19425	3373	6601
宁 夏 Ningxia	265	213	0	13744	3328	6383
新 疆 Xinjiang	776	694	18	23589	5727	9672

附表 4-3 续表 Continued

地 区 Region	年度科普经费使用额 Annual expenditure				
	科普场馆基建支出 Infrastructure expenditures	政府拨款支出 Government expenditures	场馆建设支出 Venue construction expenditures	展品、设施支出 Exhibits & facilities expenditures	其他支出 Others
全 国 Total	516407	260915	323665	121556	158835
东 部 Eastern	210715	99708	110467	68859	95225
中 部 Middle	164695	131088	115860	22137	28869
西 部 Western	140997	30118	97338	30560	34742
北 京 Beijing	18034	7800	8896	7188	35184
天 津 Tianjin	14519	6033	9644	3673	2148
河 北 Hebei	5309	3652	2422	1738	2475
山 西 Shanxi	1755	523	601	931	4046
内蒙古 Inner Mongolia	1551	177	442	650	1872
辽 宁 Liaoning	6526	1237	2980	3172	1455
吉 林 Jilin	2877	562	876	1707	3995
黑龙江 Heilongjiang	3144	1841	1306	1209	1001
上 海 Shanghai	37764	13972	12172	16333	6951
江 苏 Jiangsu	16636	5036	7247	5429	5993
浙 江 Zhejiang	27182	7460	9178	13912	14725
安 徽 Anhui	9973	7766	3474	3488	2199
福 建 Fujian	22591	8579	12440	6494	10699
江 西 Jiangxi	2726	1183	1411	1429	3553
山 东 Shandong	42657	37110	36707	2727	5689
河 南 Henan	80634	71032	70941	2621	3494
湖 北 Hubei	50419	45729	29854	6871	6061
湖 南 Hunan	13166	2451	7398	3881	4521
广 东 Guangdong	15360	8520	5621	7440	9175
广 西 Guangxi	5482	2827	2569	1903	3978
海 南 Hainan	4136	309	3159	752	731
重 庆 Chongqing	13233	3368	7329	3870	6556
四 川 Sichuan	41252	3029	37041	1943	5713
贵 州 Guizhou	11083	10010	10257	298	3960
云 南 Yunnan	10137	3227	5994	2230	2381
西 藏 Tibet	293	236	56	224	635
陕 西 Shaanxi	5683	1262	2611	2450	3112
甘 肃 Gansu	34532	2373	21164	11925	2613
青 海 Qinghai	8077	67	7763	225	1374
宁 夏 Ningxia	3386	280	373	1960	646
新 疆 Xinjiang	6288	3262	1741	2883	1901

附表 4-4　2019 年各省科普传媒

Appendix table 4-4: S&T popularization media by region in 2019

地　区 Region	科普图书 Popular science books		科普期刊 Popular science journals	
	出版种数/种 Types of publications	出版总册数/册 Total copies	出版种数/种 Types of publications	出版总册数/册 Total copies
全　国 Total	12468	135272100	1468	99184867
东　部 Eastern	7572	109756196	812	50686339
中　部 Middle	3110	16745128	294	20036879
西　部 Western	1786	8770776	362	28461649
北　京 Beijing	4441	80450246	193	8248811
天　津 Tianjin	255	1401867	180	9706000
河　北 Hebei	208	293010	28	124710
山　西 Shanxi	30	102600	24	190904
内蒙古 Inner Mongolia	92	484790	16	111500
辽　宁 Liaoning	487	1865059	56	8087050
吉　林 Jilin	391	2568647	16	359900
黑龙江 Heilongjiang	193	361461	7	670300
上　海 Shanghai	776	13428834	131	15495845
江　苏 Jiangsu	330	3854094	96	3990718
浙　江 Zhejiang	195	1606924	44	3499210
安　徽 Anhui	70	576051	20	1058200
福　建 Fujian	437	3079333	28	412274
江　西 Jiangxi	951	8490003	65	3597521
山　东 Shandong	101	1091000	8	226800
河　南 Henan	465	1644046	51	12680020
湖　北 Hubei	287	2114906	42	812658
湖　南 Hunan	723	887414	69	667376
广　东 Guangdong	266	2364229	42	429021
广　西 Guangxi	194	785500	29	2307180
海　南 Hainan	76	321600	6	465900
重　庆 Chongqing	281	3274508	61	19673380
四　川 Sichuan	186	691324	38	2025780
贵　州 Guizhou	73	932940	33	324100
云　南 Yunnan	397	572471	45	1053006
西　藏 Tibet	70	101028	15	51150
陕　西 Shaanxi	233	1184580	38	2154600
甘　肃 Gansu	91	227920	26	143631
青　海 Qinghai	31	44030	13	70501
宁　夏 Ningxia	39	87807	11	374860
新　疆 Xinjiang	99	383878	37	171961

附表 4-4 续表 Continued

地 区 Region	科普（技）音像制品 Popularization audio and video products			科技类报纸年发行总份数/份 S&T newspaper printed copies
	出版种数/种 Types of publications	光盘发行总量/张 Total CD copies released	录音、录像带发行总量/盒 Total copies of audio and video publications	
全 国 Total	3725	3938983	227576	171364355
东 部 Eastern	1462	1125915	13056	102328647
中 部 Middle	1276	2358186	105138	39765890
西 部 Western	987	454882	109382	29269818
北 京 Beijing	153	475486	630	36049763
天 津 Tianjin	36	9550	101	2608400
河 北 Hebei	33	57422	510	4400902
山 西 Shanxi	87	1611	4	5874065
内蒙古 Inner Mongolia	56	3188	531	687333
辽 宁 Liaoning	154	336165	302	4291246
吉 林 Jilin	16	15428	0	1244
黑龙江 Heilongjiang	20	7645	150	848323
上 海 Shanghai	69	58402	20	18703834
江 苏 Jiangsu	424	16342	4668	17165853
浙 江 Zhejiang	82	23833	904	1679528
安 徽 Anhui	76	21384	10554	137623
福 建 Fujian	35	23162	1029	1201861
江 西 Jiangxi	318	2056118	692	4154374
山 东 Shandong	46	9499	331	8393206
河 南 Henan	366	89668	74881	5078695
湖 北 Hubei	192	23316	2852	10183650
湖 南 Hunan	201	143016	16005	13487916
广 东 Guangdong	395	102289	1561	7834054
广 西 Guangxi	81	20670	14	14935603
海 南 Hainan	35	13765	3000	0
重 庆 Chongqing	55	65726	33873	272418
四 川 Sichuan	145	227611	6958	1663378
贵 州 Guizhou	28	908	311	134858
云 南 Yunnan	212	26101	56714	2416293
西 藏 Tibet	36	38859	630	2030610
陕 西 Shaanxi	46	5928	513	4466730
甘 肃 Gansu	71	33219	6156	1131996
青 海 Qinghai	25	8376	2000	1171001
宁 夏 Ningxia	31	13663	50	271069
新 疆 Xinjiang	201	10633	1632	88529

附表 4-4　续表　　　　Continued

地　区 Region	电视台播出科普（技）节目时间/小时 Broadcasting time of popular science programs on TV (h)	电台播出科普（技）节目时间/小时 Broadcasting time of popular science programs on radio (h)	科普网站数/个 S&T popularization websites (unit)	发放科普读物和资料/份 Number of S&T popularization books and materials
全　国 Total	145048	116493	2818	681836212
东　部 Eastern	68864	42814	1383	290294610
中　部 Middle	37268	41677	590	164936517
西　部 Western	38917	32002	845	226605085
北　京 Beijing	7444	5317	273	31161993
天　津 Tianjin	267	747	75	7761501
河　北 Hebei	5108	2668	71	21997335
山　西 Shanxi	5309	4776	40	10536721
内蒙古 Inner Mongolia	7912	5076	59	9195652
辽　宁 Liaoning	2108	3107	114	9961137
吉　林 Jilin	5323	5485	29	8238923
黑龙江 Heilongjiang	4777	8286	46	16548670
上　海 Shanghai	7925	1268	246	32361918
江　苏 Jiangsu	499	1043	138	81994084
浙　江 Zhejiang	3069	3474	98	31710316
安　徽 Anhui	2144	7095	67	19406280
福　建 Fujian	3997	2703	139	13629696
江　西 Jiangxi	7405	2634	71	14494131
山　东 Shandong	6647	8089	71	12560741
河　南 Henan	3052	5828	118	39041857
湖　北 Hubei	5679	5158	133	30658117
湖　南 Hunan	3579	2414	86	26011818
广　东 Guangdong	29408	12758	144	31713668
广　西 Guangxi	440	4	123	33897993
海　南 Hainan	2393	1642	14	15442221
重　庆 Chongqing	561	82	100	19378024
四　川 Sichuan	2995	1168	157	38702876
贵　州 Guizhou	3410	784	31	21668181
云　南 Yunnan	11669	6307	97	46731141
西　藏 Tibet	2	5	13	342622
陕　西 Shaanxi	6040	5352	136	17577662
甘　肃 Gansu	1722	1300	70	16474812
青　海 Qinghai	538	7469	18	7722135
宁　夏 Ningxia	117	313	20	6066820
新　疆 Xinjiang	3513	4143	21	8847166

附表 4-5　2019 年各省科普活动

Appendix table 4-5: S&T popularization activities by region in 2019

地　区 Region	科普（技）讲座 S&T popularization lectures		科普（技）展览 S&T popularization exhibitions	
	举办次数/次 Number of lectures held	参加人数/人次 Number of participants	专题展览次数/次 Number of exhibitions held	参观人数/人次 Number of participants
全　国 Total	1060320	277625317	136045	360648231
东　部 Eastern	457502	166612234	48748	250369748
中　部 Middle	305417	59466514	40314	45028234
西　部 Western	297401	51546569	46983	65250249
北　京 Beijing	61553	98689108	4449	145857385
天　津 Tianjin	19195	2149183	2334	6310229
河　北 Hebei	30562	3389657	2977	5891406
山　西 Shanxi	16769	1811050	3898	1948271
内蒙古 Inner Mongolia	14280	1579481	1470	5624460
辽　宁 Liaoning	30705	4622987	3001	9576502
吉　林 Jilin	12602	23147133	2127	3151086
黑龙江 Heilongjiang	17260	5205896	1441	2740278
上　海 Shanghai	73651	9476879	5502	23415654
江　苏 Jiangsu	67638	19601029	6664	10468689
浙　江 Zhejiang	69252	11377310	5850	10888672
安　徽 Anhui	34010	3498888	4533	2979901
福　建 Fujian	28193	2934800	3163	9741939
江　西 Jiangxi	27055	3879017	3958	3281535
山　东 Shandong	32959	4902805	4043	5943750
河　南 Henan	116762	9857179	10176	10493039
湖　北 Hubei	53413	8129104	9943	11468346
湖　南 Hunan	27546	3938247	4238	8965778
广　东 Guangdong	41107	6660466	10409	21984126
广　西 Guangxi	24645	3419478	2628	6222000
海　南 Hainan	2687	2808010	356	291396
重　庆 Chongqing	26010	7720275	3757	12463897
四　川 Sichuan	45313	7905786	7898	8953875
贵　州 Guizhou	15245	1755408	1888	1720290
云　南 Yunnan	50952	6626559	5134	11777835
西　藏 Tibet	664	163741	117	99015
陕　西 Shaanxi	37093	4306813	3670	3925659
甘　肃 Gansu	22486	3034220	14512	7899022
青　海 Qinghai	10221	877595	850	2344482
宁　夏 Ningxia	8168	2018139	1586	2722817
新　疆 Xinjiang	42324	12139074	3473	1496897

附表 4-5　续表　　Continued

地　区 Region	科普（技）竞赛 S&T popularization competitions		科普国际交流 International S&T popularization exchanges	
	举办次数/次 Number of competitions held	参加人数/人次 Number of participants	举办次数/次 Number of exchanges held	参加人数/人次 Number of participants
全　国 Total	39901	229564967	2637	1103982
东　部 Eastern	23584	154390499	1516	414974
中　部 Middle	7382	46970101	477	77673
西　部 Western	8935	28204367	644	611335
北　京 Beijing	2022	34388938	493	185542
天　津 Tianjin	723	572322	104	32190
河　北 Hebei	1091	89263784	24	2559
山　西 Shanxi	421	6001388	28	3941
内蒙古 Inner Mongolia	577	502536	15	2580
辽　宁 Liaoning	1295	1271427	52	3712
吉　林 Jilin	303	2177292	29	1401
黑龙江 Heilongjiang	679	201111	9	1903
上　海 Shanghai	3522	4525854	272	119168
江　苏 Jiangsu	3395	15161566	160	20548
浙　江 Zhejiang	2543	4736072	95	17213
安　徽 Anhui	1323	3055910	6	623
福　建 Fujian	6215	1262726	176	23280
江　西 Jiangxi	825	1364730	25	4474
山　东 Shandong	1029	1217014	15	3119
河　南 Henan	1048	7636770	28	1305
湖　北 Hubei	1903	17074411	93	13689
湖　南 Hunan	880	9458489	259	50337
广　东 Guangdong	1637	1863616	108	6774
广　西 Guangxi	830	1344715	75	5452
海　南 Hainan	112	127180	17	869
重　庆 Chongqing	696	1430769	106	67190
四　川 Sichuan	1053	3950000	178	39376
贵　州 Guizhou	615	15620968	11	361
云　南 Yunnan	1688	2112749	38	7660
西　藏 Tibet	12	7014	1	15
陕　西 Shaanxi	1442	1052811	153	15753
甘　肃 Gansu	838	1566496	24	1053
青　海 Qinghai	165	59693	3	470010
宁　夏 Ningxia	240	205460	7	130
新　疆 Xinjiang	779	351156	33	1755

附表 4-5 续表 Continued

地 区 Region	成立青少年科技兴趣小组 Teenage S&T interest groups		科技夏（冬）令营 Summer /winter science camps	
	兴趣小组数/个 Number of groups	参加人数/人次 Number of participants	举办次数/次 Number of camps held	参加人数/人次 Number of participants
全 国 Total	182547	13821406	13580	2388980
东 部 Eastern	81500	5263404	7988	1330209
中 部 Middle	57845	3656404	2401	453737
西 部 Western	43202	4901598	3191	605034
北 京 Beijing	3791	254326	1461	271743
天 津 Tianjin	3154	319310	347	115593
河 北 Hebei	10620	431507	181	32632
山 西 Shanxi	3331	242244	68	8196
内蒙古 Inner Mongolia	1574	181823	192	35014
辽 宁 Liaoning	5180	257348	305	71719
吉 林 Jilin	1632	125311	82	26608
黑龙江 Heilongjiang	2590	110729	148	16849
上 海 Shanghai	6822	590615	2116	271760
江 苏 Jiangsu	16481	1002342	1305	201144
浙 江 Zhejiang	9333	555711	727	135949
安 徽 Anhui	6533	370604	446	66214
福 建 Fujian	5345	335664	774	72606
江 西 Jiangxi	3905	519792	537	60290
山 东 Shandong	7676	490461	233	45402
河 南 Henan	19537	567314	244	76287
湖 北 Hubei	11934	851118	430	136320
湖 南 Hunan	8383	869292	446	62973
广 东 Guangdong	12753	997458	450	97003
广 西 Guangxi	4218	478429	172	31986
海 南 Hainan	345	28662	89	14658
重 庆 Chongqing	4397	480905	201	35575
四 川 Sichuan	7736	1049177	543	169336
贵 州 Guizhou	2963	750721	91	18708
云 南 Yunnan	5314	535267	446	92992
西 藏 Tibet	7	392	13	1328
陕 西 Shaanxi	6044	436910	456	48011
甘 肃 Gansu	4977	457389	120	10513
青 海 Qinghai	343	32854	23	1490
宁 夏 Ningxia	2488	131423	34	4337
新 疆 Xinjiang	3141	366308	900	155744

附表 4-5　续表　　Continued

地　区 Region	科技活动周 Science & technology week		科研机构、大学向社会开放 Scientific institutions and universities open to public	
	科普专题活动次数/次 Number of S&T week held	参加人数/人次 Number of participants	开放单位数/个 Number of open units	参观人数/人次 Number of participants
全　国 Total	118937	201577999	11597	9479673
东　部 Eastern	48860	143036878	6065	4779481
中　部 Middle	25457	28907379	2691	2375833
西　部 Western	44620	29633742	2841	2324359
北　京 Beijing	3764	92461172	1102	468096
天　津 Tianjin	4081	3990895	434	154699
河　北 Hebei	4328	2345112	444	325804
山　西 Shanxi	3053	1036892	214	104122
内蒙古 Inner Mongolia	1709	1195434	138	124322
辽　宁 Liaoning	2692	1739781	614	517520
吉　林 Jilin	1295	568325	92	45176
黑龙江 Heilongjiang	1681	1494679	189	98259
上　海 Shanghai	8475	11537511	671	410886
江　苏 Jiangsu	9179	7174305	975	882196
浙　江 Zhejiang	4671	15631721	637	516719
安　徽 Anhui	3741	1664251	255	175332
福　建 Fujian	4425	2335188	381	171991
江　西 Jiangxi	3537	3100574	287	248378
山　东 Shandong	2836	2820366	240	203160
河　南 Henan	3998	2102426	812	682021
湖　北 Hubei	5018	15998582	543	830338
湖　南 Hunan	3134	2941650	299	192207
广　东 Guangdong	3687	2648724	542	997822
广　西 Guangxi	3564	4178830	219	166122
海　南 Hainan	722	352103	25	130588
重　庆 Chongqing	4031	4954699	437	389833
四　川 Sichuan	5843	3906664	665	667409
贵　州 Guizhou	3047	1608641	101	46809
云　南 Yunnan	6946	5229599	176	346668
西　藏 Tibet	224	50533	8	564
陕　西 Shaanxi	7156	2821532	489	250691
甘　肃 Gansu	3822	2441017	346	154244
青　海 Qinghai	738	509323	56	22822
宁　夏 Ningxia	890	967074	69	59228
新　疆 Xinjiang	6650	1770396	137	95647

附表 4-5 续表 Continued

地 区 Region	举办实用技术培训 Practical skill trainings		重大科普活动次数/次 Number of grand popularization activities
	举办次数/次 Number of trainings held	参加人数/人次 Number of participants	
全 国 Total	481965	52406575	23515
东 部 Eastern	118752	14130952	8587
中 部 Middle	100233	12291675	6382
西 部 Western	262980	25983948	8546
北 京 Beijing	9529	844519	723
天 津 Tianjin	5568	353540	455
河 北 Hebei	14136	1984115	685
山 西 Shanxi	8381	759416	635
内蒙古 Inner Mongolia	9175	1047003	573
辽 宁 Liaoning	6328	898356	509
吉 林 Jilin	6541	824034	239
黑龙江 Heilongjiang	12949	2399563	361
上 海 Shanghai	10601	813870	1011
江 苏 Jiangsu	17690	1905999	1504
浙 江 Zhejiang	20766	2801471	936
安 徽 Anhui	12599	970920	691
福 建 Fujian	8596	1605752	630
江 西 Jiangxi	9778	771915	479
山 东 Shandong	10525	1662002	679
河 南 Henan	18976	2325492	1021
湖 北 Hubei	19517	2590427	1759
湖 南 Hunan	11492	1649908	1197
广 东 Guangdong	12487	1088816	1370
广 西 Guangxi	20432	1790496	846
海 南 Hainan	2526	172512	85
重 庆 Chongqing	8373	1175634	1165
四 川 Sichuan	46191	4276103	1432
贵 州 Guizhou	18762	1773493	329
云 南 Yunnan	62747	5577268	925
西 藏 Tibet	515	44641	128
陕 西 Shaanxi	29001	2545253	977
甘 肃 Gansu	33484	2590956	932
青 海 Qinghai	2461	299181	446
宁 夏 Ningxia	3872	287369	269
新 疆 Xinjiang	27967	4576551	524

附表 4-6　2019 年创新创业中的科普

Appendix table 4-6: S&T popularization activities in innovation and entrepreneurship in 2019

地　区 Region	众创空间　Maker space		
	数量/个 Number of maker spaces	服务各类人员数量/人 Number of serving for people	孵化科技项目数量/个 Number of incubating S&T projects
全　国 Total	9725	1090230	101223
东　部 Eastern	5032	474735	76859
中　部 Middle	2090	278104	10490
西　部 Western	2603	337391	13874
北　京 Beijing	523	69799	27240
天　津 Tianjin	182	20379	2762
河　北 Hebei	546	45426	4839
山　西 Shanxi	280	25860	1217
内蒙古 Inner Mongolia	155	13430	1030
辽　宁 Liaoning	421	58602	4279
吉　林 Jilin	127	11164	271
黑龙江 Heilongjiang	189	12210	2410
上　海 Shanghai	1298	103606	19238
江　苏 Jiangsu	582	31029	4515
浙　江 Zhejiang	357	43297	4705
安　徽 Anhui	228	13898	1203
福　建 Fujian	501	40807	1865
江　西 Jiangxi	268	97879	1335
山　东 Shandong	231	18742	1929
河　南 Henan	154	12646	1496
湖　北 Hubei	526	25088	1399
湖　南 Hunan	318	79359	1159
广　东 Guangdong	342	30042	4751
广　西 Guangxi	486	29816	2362
海　南 Hainan	49	13006	736
重　庆 Chongqing	205	74125	1604
四　川 Sichuan	478	137384	1541
贵　州 Guizhou	126	7309	1477
云　南 Yunnan	481	26713	2359
西　藏 Tibet	48	1088	335
陕　西 Shaanxi	193	16409	1098
甘　肃 Gansu	178	10503	873
青　海 Qinghai	18	1754	178
宁　夏 Ningxia	45	2741	680
新　疆 Xinjiang	190	16119	337

附表 4-6 续表 Continued

地 区 Region	创新创业培训 Innovation and entrepreneurship trainings		创新创业赛事 Innovation and entrepreneurship competitions	
	培训次数/次 Number of trainings	参加人数/人次 Number of participants	赛事次数/次 Number of competitions	参加人数/人次 Number of participants
全 国 Total	88420	5333597	8697	2837819
东 部 Eastern	40116	2194080	4674	863994
中 部 Middle	26566	1532230	1956	984994
西 部 Western	21738	1607287	2067	988831
北 京 Beijing	6519	391136	376	89524
天 津 Tianjin	1546	77584	136	44630
河 北 Hebei	4463	183880	197	52748
山 西 Shanxi	2186	81628	445	18342
内蒙古 Inner Mongolia	1028	65969	171	28435
辽 宁 Liaoning	2630	256700	1024	120014
吉 林 Jilin	1999	40246	32	13463
黑龙江 Heilongjiang	1976	101033	98	26723
上 海 Shanghai	7489	333032	876	71744
江 苏 Jiangsu	5154	393642	556	87994
浙 江 Zhejiang	6634	204194	388	69130
安 徽 Anhui	1878	75551	274	43252
福 建 Fujian	2699	138666	315	209608
江 西 Jiangxi	4666	235879	245	110577
山 东 Shandong	623	49893	239	39566
河 南 Henan	2381	209975	267	93608
湖 北 Hubei	4992	470044	340	125743
湖 南 Hunan	6488	317874	255	553286
广 东 Guangdong	1461	132918	376	75075
广 西 Guangxi	2302	141825	435	63249
海 南 Hainan	898	32435	191	3961
重 庆 Chongqing	2983	150703	135	59352
四 川 Sichuan	3558	531779	486	612502
贵 州 Guizhou	1593	37880	56	21308
云 南 Yunnan	4583	204287	65	15441
西 藏 Tibet	1446	16000	24	1472
陕 西 Shaanxi	1428	137428	330	100303
甘 肃 Gansu	847	163399	184	44890
青 海 Qinghai	244	26335	25	10819
宁 夏 Ningxia	513	35124	82	21447
新 疆 Xinjiang	1213	96558	74	9613

附录 5　2018 年全国科普统计分类数据统计表

各项统计数据均未包括香港特别行政区、澳门特别行政区和台湾地区的数据。

科普宣传专用车、科普图书、科普期刊、科普网站、科普国际交流情况和创新创业中的科普情况均由市级以上（含市级）填报单位的数据统计得出。

非场馆类科普基地，因为理解差异，此次暂未列入。

东部、中部和西部地区的划分：东部地区包括北京、天津、河北、辽宁、上海、江苏、浙江、福建、山东、广东和海南 11 个省和直辖市；中部地区包括山西、吉林、黑龙江、安徽、江西、河南、湖北和湖南 8 个省；西部地区包括内蒙古、广西、重庆、四川、贵州、云南、西藏、陕西、甘肃、青海、宁夏和新疆 12 个省、自治区和直辖市。

附表 5-1　2018 年各省科普人员　单位：人

Appendix table 5-1: S&T popularization personnel by region in 2018　Unit: person

地　区 Region	科普专职人员 Full time S&T popularization personnel		
	人员总数 Total	中级职称及以上或大学本科及以上学历人员 With title of medium-rank or above / with college graduate or above	女性 Female
全　国 Total	223958	136623	88533
东　部 Eastern	89354	56070	37357
中　部 Middle	64853	39354	23725
西　部 Western	69751	41199	27451
北　京 Beijing	8490	6255	4745
天　津 Tianjin	2582	1727	1188
河　北 Hebei	15973	7488	6040
山　西 Shanxi	4792	2644	2259
内蒙古 Inner Mongolia	6422	3934	2792
辽　宁 Liaoning	8675	5641	3580
吉　林 Jilin	4606	3161	1914
黑龙江 Heilongjiang	4053	2795	1854
上　海 Shanghai	8702	6423	4407
江　苏 Jiangsu	9292	6855	3919
浙　江 Zhejiang	7813	5765	3418
安　徽 Anhui	9969	5782	2778
福　建 Fujian	5120	3188	1781
江　西 Jiangxi	7014	4189	2415
山　东 Shandong	12463	7065	4432
河　南 Henan	12356	7137	4999
湖　北 Hubei	10943	7346	3827
湖　南 Hunan	11120	6300	3679
广　东 Guangdong	8867	5116	3258
广　西 Guangxi	6075	2956	2207
海　南 Hainan	1377	547	589
重　庆 Chongqing	5241	3509	2098
四　川 Sichuan	12066	6463	4106
贵　州 Guizhou	4718	3017	1689
云　南 Yunnan	11791	7926	4748
西　藏 Tibet	452	235	173
陕　西 Shaanxi	7722	4717	2800
甘　肃 Gansu	6502	3895	2501
青　海 Qinghai	854	421	444
宁　夏 Ningxia	2201	1052	853
新　疆 Xinjiang	5707	3074	3040

附表 5-1　续表　　Continued

地　区	Region	科普专职人员 Full time S&T popularization personnel		
		农村科普人员 Rural S&T popularization personnel	管理人员 S&T popularization administrators	科普创作人员 S&T popularization creators
全　国	Total	64697	45175	15523
东　部	Eastern	20181	17554	7450
中　部	Middle	23439	13377	3523
西　部	Western	21077	14244	4550
北　京	Beijing	337	2004	1535
天　津	Tianjin	167	563	352
河　北	Hebei	3911	1874	535
山　西	Shanxi	1134	1076	188
内蒙古	Inner Mongolia	1575	1298	405
辽　宁	Liaoning	2281	1859	635
吉　林	Jilin	1522	1025	345
黑龙江	Heilongjiang	1075	888	187
上　海	Shanghai	1000	2064	1335
江　苏	Jiangsu	2360	2063	848
浙　江	Zhejiang	2114	1533	548
安　徽	Anhui	4734	1635	501
福　建	Fujian	1711	1208	274
江　西	Jiangxi	2412	1495	302
山　东	Shandong	3639	2091	675
河　南	Henan	3956	2818	584
湖　北	Hubei	4663	2142	695
湖　南	Hunan	3943	2298	721
广　东	Guangdong	2323	1990	607
广　西	Guangxi	2446	1265	570
海　南	Hainan	338	305	106
重　庆	Chongqing	1248	1217	679
四　川	Sichuan	3786	2944	736
贵　州	Guizhou	1702	1180	212
云　南	Yunnan	2995	1728	441
西　藏	Tibet	150	108	58
陕　西	Shaanxi	2714	1624	586
甘　肃	Gansu	1439	1319	366
青　海	Qinghai	58	173	81
宁　夏	Ningxia	871	489	129
新　疆	Xinjiang	2093	899	287

附表 5-1 续表 Continued

地 区 Region	科普兼职人员 Part time S&T popularization personnel		
	人员总数 Total	年度实际投入工作量/人月 Annual actual workload (person-month)	中级职称及以上或大学本科及以上学历人员 With title of medium-rank or above / with college graduate or above
全 国 Total	1560912	1805318	822953
东 部 Eastern	711819	751311	375143
中 部 Middle	375730	487604	195978
西 部 Western	473363	566403	251832
北 京 Beijing	52829	51755	35672
天 津 Tianjin	27281	24516	17998
河 北 Hebei	77114	90813	39255
山 西 Shanxi	22184	15554	12819
内蒙古 Inner Mongolia	33554	27364	18037
辽 宁 Liaoning	42260	34302	23700
吉 林 Jilin	14918	20600	9050
黑龙江 Heilongjiang	24069	31087	12612
上 海 Shanghai	48652	81704	31709
江 苏 Jiangsu	96611	138902	56680
浙 江 Zhejiang	142316	116945	56982
安 徽 Anhui	55971	72672	32540
福 建 Fujian	62015	64292	36787
江 西 Jiangxi	44634	64559	24819
山 东 Shandong	91159	88250	36674
河 南 Henan	77041	107002	36863
湖 北 Hubei	70427	76477	39925
湖 南 Hunan	66486	99653	27350
广 东 Guangdong	65131	51507	37324
广 西 Guangxi	52939	63527	24105
海 南 Hainan	6451	8325	2362
重 庆 Chongqing	38238	48951	19302
四 川 Sichuan	90661	115227	47763
贵 州 Guizhou	38160	50235	22173
云 南 Yunnan	70214	95836	39082
西 藏 Tibet	3893	2098	1343
陕 西 Shaanxi	58037	66475	31003
甘 肃 Gansu	38614	35975	21677
青 海 Qinghai	10147	23654	5014
宁 夏 Ningxia	11573	14406	6777
新 疆 Xinjiang	27333	22655	15556

附表 5-1　续表　　Continued

地　区　Region	科普兼职人员　Part time S&T popularization personnel		注册科普志愿者 Registered S&T popularization volunteers
	女性 Female	农村科普人员 Rural S&T popularization personnel	
全　国　Total	621557	443841	2136883
东　部　Eastern	300324	175458	1070998
中　部　Middle	135375	123303	698688
西　部　Western	185858	145080	367197
北　京　Beijing	28190	6451	27300
天　津　Tianjin	15296	3164	14859
河　北　Hebei	33763	28786	32256
山　西　Shanxi	9848	6843	13881
内蒙古　Inner Mongolia	13632	7942	24239
辽　宁　Liaoning	20473	9644	46637
吉　林　Jilin	6471	4552	384271
黑龙江　Heilongjiang	8870	6385	17011
上　海　Shanghai	26795	4278	97532
江　苏　Jiangsu	41113	28262	413658
浙　江　Zhejiang	53107	27617	119645
安　徽　Anhui	20598	21165	34882
福　建　Fujian	23246	17759	62113
江　西　Jiangxi	16380	13670	42459
山　东　Shandong	32797	32871	50760
河　南　Henan	28037	27324	42471
湖　北　Hubei	25832	23414	77410
湖　南　Hunan	19339	19950	86303
广　东　Guangdong	23408	14077	204104
广　西　Guangxi	22885	15147	24110
海　南　Hainan	2136	2549	2134
重　庆　Chongqing	15392	11130	41345
四　川　Sichuan	34832	35066	47179
贵　州　Guizhou	12951	9849	37038
云　南　Yunnan	26619	24839	111508
西　藏　Tibet	1138	1930	156
陕　西　Shaanxi	23100	15323	21532
甘　肃　Gansu	14146	11298	15574
青　海　Qinghai	3552	1513	2100
宁　夏　Ningxia	4980	3814	17444
新　疆　Xinjiang	12631	7229	24972

附表 5-2　2018 年各省科普场地

Appendix table 5-2: S&T popularization venues and facilities by region in 2018

地　区 Region	科技馆/个 S&T museums	建筑面积/平方米 Construction area (m^2)	展厅面积/平方米 Exhibition area (m^2)	当年参观人数/人次 Visitors
全　国 Total	518	3997066	2019388	76365107
东　部 Eastern	262	2256490	1111518	39327551
中　部 Middle	129	791148	405533	16597869
西　部 Western	127	949428	502337	20439687
北　京 Beijing	28	318800	167134	6187673
天　津 Tianjin	4	23942	13880	480963
河　北 Hebei	17	117962	55683	1320116
山　西 Shanxi	4	31600	14339	1084200
内蒙古 Inner Mongolia	20	148864	73406	1592373
辽　宁 Liaoning	19	209431	86870	1940400
吉　林 Jilin	14	95544	43700	862100
黑龙江 Heilongjiang	9	103454	61437	3019500
上　海 Shanghai	31	190854	119025	5930371
江　苏 Jiangsu	23	196821	103613	3523203
浙　江 Zhejiang	26	263844	119518	3774288
安　徽 Anhui	19	134904	68894	2972325
福　建 Fujian	29	209008	103481	4172000
江　西 Jiangxi	5	61623	32942	785993
山　东 Shandong	29	244668	139956	5727246
河　南 Henan	16	108223	65869	3175576
湖　北 Hubei	49	189369	83591	2964466
湖　南 Hunan	13	66431	34761	1733709
广　东 Guangdong	37	378091	154220	5589722
广　西 Guangxi	7	108218	48717	2103206
海　南 Hainan	19	103069	48138	681569
重　庆 Chongqing	10	67524	42505	3576100
四　川 Sichuan	17	88339	53496	3220989
贵　州 Guizhou	11	66834	35592	987690
云　南 Yunnan	12	62554	32120	1268629
西　藏 Tibet	0	0	0	0
陕　西 Shaanxi	14	88607	47361	3504762
甘　肃 Gansu	11	68955	40670	1095463
青　海 Qinghai	3	41213	17753	640619
宁　夏 Ningxia	6	57505	30843	1207856
新　疆 Xinjiang	16	150815	79874	1242000

附表 5-2　续表　　Continued

地　区 Region	科学技术类博物馆/个 S&T related museums	建筑面积/平方米 Construction area (m^2)	展厅面积/平方米 Exhibition area (m^2)	当年参观人数/人次 Visitors	青少年科技馆站/个 Teenage S&T museums
全　国 Total	943	7092019	3237635	142316316	559
东　部 Eastern	499	3970220	1820800	89176652	203
中　部 Middle	160	1240950	510006	19491482	160
西　部 Western	284	1880849	906829	33648182	196
北　京 Beijing	81	988767	392202	20442314	12
天　津 Tianjin	9	189798	83094	4351864	4
河　北 Hebei	36	187448	87225	3899649	16
山　西 Shanxi	9	54080	26654	865600	13
内蒙古 Inner Mongolia	22	268883	114911	2973043	17
辽　宁 Liaoning	46	333384	138957	4157585	18
吉　林 Jilin	18	182167	44067	1959238	16
黑龙江 Heilongjiang	25	150528	80280	2610105	12
上　海 Shanghai	138	827440	459485	18734167	24
江　苏 Jiangsu	41	412116	176094	10404346	38
浙　江 Zhejiang	47	397591	174145	7494118	42
安　徽 Anhui	19	118279	57052	1238853	30
福　建 Fujian	28	168403	88388	4764719	11
江　西 Jiangxi	13	52961	14425	934945	24
山　东 Shandong	21	106874	60757	2079581	23
河　南 Henan	15	114857	32421	1751544	19
湖　北 Hubei	30	303052	164063	5085389	28
湖　南 Hunan	31	265026	91044	5045808	18
广　东 Guangdong	46	333254	145493	11488879	14
广　西 Guangxi	26	98889	58317	2694512	17
海　南 Hainan	6	25145	14960	1359430	1
重　庆 Chongqing	35	266905	142780	5051537	17
四　川 Sichuan	51	237466	139910	7776397	43
贵　州 Guizhou	11	134342	39125	728264	5
云　南 Yunnan	41	337709	146066	6103471	27
西　藏 Tibet	2	41088	14796	120009	1
陕　西 Shaanxi	25	114851	70121	1391576	19
甘　肃 Gansu	34	177368	78266	3652173	16
青　海 Qinghai	6	35630	12626	864000	2
宁　夏 Ningxia	12	53054	31876	1235651	3
新　疆 Xinjiang	19	114664	58035	1057549	29

附表 5-2 续表 Continued

地 区 Region	城市社区科普（技）专用活动室/个 Urban community S&T popularization rooms	农村科普（技）活动场地/个 Rural S&T popularization sites	科普宣传专用车/辆 S&T popularization vehicles	科普画廊/个 S&T popularization galleries
全 国 Total	58648	252747	1365	161541
东 部 Eastern	27908	105679	580	95690
中 部 Middle	16381	76621	259	35502
西 部 Western	14359	70447	526	30349
北 京 Beijing	1246	1682	106	2615
天 津 Tianjin	1516	2647	74	2095
河 北 Hebei	1214	11083	39	4278
山 西 Shanxi	810	8545	35	2718
内蒙古 Inner Mongolia	1143	3236	98	986
辽 宁 Liaoning	2769	4933	21	3777
吉 林 Jilin	729	3091	17	1155
黑龙江 Heilongjiang	939	3954	34	2181
上 海 Shanghai	3423	1643	47	7166
江 苏 Jiangsu	4799	14636	44	16530
浙 江 Zhejiang	3847	20610	149	22974
安 徽 Anhui	1943	8255	38	5213
福 建 Fujian	2180	9509	20	8936
江 西 Jiangxi	1804	7252	37	5477
山 东 Shandong	3713	29293	27	20876
河 南 Henan	2495	13850	29	5723
湖 北 Hubei	4958	18168	26	7490
湖 南 Hunan	2703	13506	43	5545
广 东 Guangdong	3074	8374	46	6095
广 西 Guangxi	1145	6870	26	3445
海 南 Hainan	127	1269	7	348
重 庆 Chongqing	826	3456	91	4100
四 川 Sichuan	3338	20186	64	5058
贵 州 Guizhou	686	3052	7	1056
云 南 Yunnan	1459	11291	25	6385
西 藏 Tibet	77	511	21	106
陕 西 Shaanxi	1956	10419	53	3692
甘 肃 Gansu	937	4871	38	2077
青 海 Qinghai	119	308	10	549
宁 夏 Ningxia	646	2007	19	1008
新 疆 Xinjiang	2027	4240	74	1887

附表 5-3　2018 年各省科普经费　单位：万元

Appendix table 5-3: S&T popularization funds by region in 2018　Unit: 10000 yuan

地　区 Region		年度科普经费筹集额 Annual funding for S&T popularization	政府拨款 Government funds	科普专项经费 Special funds	捐赠 Donates	自筹资金 Self-raised funds	其他收入 Others
全　国	Total	1611380	1260150	620922	7255	260934	83043
东　部	Eastern	937637	697213	357085	4020	180978	55427
中　部	Middle	275799	232161	103876	1399	34833	7407
西　部	Western	397944	330777	159961	1836	45124	20209
北　京	Beijing	261786	189376	117005	1311	43654	27445
天　津	Tianjin	22726	15906	7109	32	6135	652
河　北	Hebei	50663	36122	9025	146	12983	1412
山　西	Shanxi	17630	15658	8378	1	1424	546
内蒙古	Inner Mongolia	24296	20146	7658	54	2089	2008
辽　宁	Liaoning	27589	19137	9181	131	7114	1207
吉　林	Jilin	18866	17759	7829	59	758	289
黑龙江	Heilongjiang	13041	11949	5090	13	804	274
上　海	Shanghai	179019	114315	59288	882	58280	5542
江　苏	Jiangsu	90066	72721	40187	194	12522	4630
浙　江	Zhejiang	108532	87479	38636	320	12750	7984
安　徽	Anhui	39772	34073	17775	82	4032	1585
福　建	Fujian	55343	41680	18685	382	9630	3651
江　西	Jiangxi	31552	25713	8814	385	4555	899
山　东	Shandong	38314	33661	14509	62	3718	873
河　南	Henan	33976	26408	13649	214	6595	758
湖　北	Hubei	74590	63839	24026	448	8953	1349
湖　南	Hunan	46373	36760	18315	196	7711	1706
广　东	Guangdong	92855	77686	39582	558	12856	1754
广　西	Guangxi	35001	29486	15353	62	3837	1616
海　南	Hainan	10743	9129	3880	2	1335	277
重　庆	Chongqing	43937	33233	14913	61	7369	3274
四　川	Sichuan	75920	62722	36228	241	11791	1165
贵　州	Guizhou	38820	33129	12899	385	2032	3274
云　南	Yunnan	60778	49990	21935	229	9020	1539
西　藏	Tibet	6298	5416	3928	241	162	480
陕　西	Shaanxi	40610	33154	18664	343	3844	3269
甘　肃	Gansu	26570	23193	7249	120	2603	654
青　海	Qinghai	10164	8673	6177	17	748	726
宁　夏	Ningxia	11830	9729	5503	45	626	1431
新　疆	Xinjiang	23720	21907	9454	37	1004	773

附表 5-3 续表 Continued

地 区 Region	科技活动周经费筹集额 Funding for S&T week	政府拨款 Government funds	企业赞助 Corporate donates	年度科普经费使用额 Annual expenditure	行政支出 Administrative expenditure	科普活动支出 Activities expenditure
全 国 Total	45558	35348	2903	1592868	292231	847868
东 部 Eastern	22245	17832	1656	904374	158389	493289
中 部 Middle	9673	6981	749	269774	56445	132393
西 部 Western	13639	10535	498	418720	77397	222186
北 京 Beijing	3742	3076	237	248166	40396	151585
天 津 Tianjin	614	381	86	22793	6328	9667
河 北 Hebei	1090	825	97	48199	9744	21116
山 西 Shanxi	389	342	7	17755	3595	9293
内蒙古 Inner Mongolia	507	380	30	23478	2822	11766
辽 宁 Liaoning	870	596	171	27830	5610	12197
吉 林 Jilin	258	114	108	13185	1176	8928
黑龙江 Heilongjiang	419	351	17	13431	1630	7681
上 海 Shanghai	6258	5178	586	168779	9315	103680
江 苏 Jiangsu	3130	2381	200	90607	20548	47035
浙 江 Zhejiang	2326	1892	18	101153	26900	47186
安 徽 Anhui	1035	846	58	41751	8090	17912
福 建 Fujian	1094	857	97	53936	9341	25001
江 西 Jiangxi	1153	819	88	30297	8154	16693
山 东 Shandong	722	585	32	39484	5928	19333
河 南 Henan	1086	657	37	32088	7568	18586
湖 北 Hubei	2030	1345	262	74410	17038	28624
湖 南 Hunan	3305	2507	173	46856	9194	24676
广 东 Guangdong	2006	1742	85	93067	22384	50819
广 西 Guangxi	2583	2367	15	44332	6803	24324
海 南 Hainan	393	319	47	10360	1895	5670
重 庆 Chongqing	1483	1043	173	45312	5117	20360
四 川 Sichuan	1466	1141	66	74135	13504	41044
贵 州 Guizhou	1793	1569	58	36599	11436	19429
云 南 Yunnan	1092	718	32	64418	16166	40746
西 藏 Tibet	408	328	0	4109	184	2676
陕 西 Shaanxi	1590	1298	84	40740	9107	23790
甘 肃 Gansu	561	425	5	29333	2876	14204
青 海 Qinghai	413	385	7	10835	3539	4983
宁 夏 Ningxia	197	168	0	11646	1664	5251
新 疆 Xinjiang	1545	713	29	33785	4179	13613

附表 5-3 续表 Continued

地 区 Region	年度科普经费使用额 Annual expenditure				
	科普场馆基建支出 Infrastructure expenditures	政府拨款支出 Government expenditures	场馆建设支出 Venue construction expenditures	展品、设施支出 Exhibits & facilities expenditures	其他支出 Others
全 国 Total	321174	144021	131218	125697	131595
东 部 Eastern	172582	86117	75049	71122	80114
中 部 Middle	62377	29380	25324	23729	18559
西 部 Western	86216	28524	30845	30846	32922
北 京 Beijing	19880	8057	8680	7431	36305
天 津 Tianjin	5409	2469	1556	2644	1389
河 北 Hebei	13483	10850	10676	1895	3856
山 西 Shanxi	1113	418	170	734	3755
内蒙古 Inner Mongolia	6235	1579	1816	1130	2655
辽 宁 Liaoning	8362	2149	5192	2303	1661
吉 林 Jilin	2856	273	318	2266	225
黑龙江 Heilongjiang	3125	1644	1149	1469	995
上 海 Shanghai	51592	28857	13238	30214	4193
江 苏 Jiangsu	15797	4567	6298	6609	7227
浙 江 Zhejiang	13294	6523	6149	5196	13773
安 徽 Anhui	13922	7527	7101	3103	1827
福 建 Fujian	16789	8142	9784	3850	2805
江 西 Jiangxi	3876	2050	1374	1675	1575
山 东 Shandong	11662	7671	7004	3694	2561
河 南 Henan	4326	704	1002	2434	1608
湖 北 Hubei	24210	14768	11765	8003	4538
湖 南 Hunan	8950	1996	2446	4045	4036
广 东 Guangdong	14070	6222	5138	6686	5795
广 西 Guangxi	11368	5575	2845	4474	1837
海 南 Hainan	2245	610	1334	599	550
重 庆 Chongqing	13855	4284	6990	6111	5979
四 川 Sichuan	13721	4142	6243	3961	5866
贵 州 Guizhou	1001	488	99	896	4734
云 南 Yunnan	5028	1600	946	1203	2478
西 藏 Tibet	650	469	174	361	599
陕 西 Shaanxi	6277	2152	3156	2021	1566
甘 肃 Gansu	10067	4272	4265	4871	2185
青 海 Qinghai	1424	71	101	792	888
宁 夏 Ningxia	2899	463	1629	1758	1831
新 疆 Xinjiang	13690	3430	2582	3267	2303

附表 5-4　2018 年各省科普传媒

Appendix table 5-4: S&T popularization media by region in 2018

地　区 Region	科普图书 Popular science books		科普期刊 Popular science journals	
	出版种数/种 Types of publications	出版总册数/册 Total copies	出版种数/种 Types of publications	出版总册数/册 Total copies
全　国 Total	11120	86065954	1339	67877371
东　部 Eastern	7464	66512461	673	49793898
中　部 Middle	2047	12921152	319	7036455
西　部 Western	1609	6632341	347	11047018
北　京 Beijing	4400	51365240	211	10361521
天　津 Tianjin	312	927760	34	3007600
河　北 Hebei	270	435094	28	312600
山　西 Shanxi	36	63000	21	154665
内蒙古 Inner Mongolia	123	370310	8	84400
辽　宁 Liaoning	418	1637322	41	7345638
吉　林 Jilin	460	502340	63	163000
黑龙江 Heilongjiang	248	908711	28	713900
上　海 Shanghai	1131	5545062	121	15781813
江　苏 Jiangsu	396	3788122	98	6940864
浙　江 Zhejiang	205	1044154	43	3504660
安　徽 Anhui	84	709700	25	1082700
福　建 Fujian	110	481525	23	85951
江　西 Jiangxi	544	8810360	57	3284030
山　东 Shandong	47	704650	19	213296
河　南 Henan	219	499530	30	188820
湖　北 Hubei	217	657211	32	872040
湖　南 Hunan	239	770300	63	577300
广　东 Guangdong	131	519032	49	2209755
广　西 Guangxi	190	834890	19	1494520
海　南 Hainan	44	64500	6	30200
重　庆 Chongqing	207	1709270	85	4212550
四　川 Sichuan	145	815313	38	2033858
贵　州 Guizhou	34	203300	19	67130
云　南 Yunnan	204	609297	46	793582
西　藏 Tibet	75	67750	19	45500
陕　西 Shaanxi	233	1005991	43	1607300
甘　肃 Gansu	240	580870	29	160600
青　海 Qinghai	40	73000	12	90201
宁　夏 Ningxia	38	138000	7	44000
新　疆 Xinjiang	80	224350	22	413377

附表 5-4　续表　　Continued

地　区 Region	科普（技）音像制品 Popularization audio and video products			科技类报纸年发行总份数/份 S&T newspaper printed copies
	出版种数/种 Types of publications	光盘发行总量/张 Total CD copies released	录音、录像带发行总量/盒 Total copies of audio and video publications	
全　国 Total	3669	4460603	175448	145461553
东　部 Eastern	1249	3100325	28833	79354724
中　部 Middle	1363	617794	63381	36152792
西　部 Western	1057	742484	83234	29954037
北　京 Beijing	144	792488	4224	17084307
天　津 Tianjin	60	37500	101	2842923
河　北 Hebei	37	63194	1801	4648737
山　西 Shanxi	129	10710	129	5187436
内蒙古 Inner Mongolia	128	34651	556	126231
辽　宁 Liaoning	241	457930	605	8290513
吉　林 Jilin	129	64262	5021	350140
黑龙江 Heilongjiang	46	74021	273	839011
上　海 Shanghai	99	1363295	300	16576316
江　苏 Jiangsu	264	24571	7631	16465443
浙　江 Zhejiang	94	21920	801	2470423
安　徽 Anhui	92	9522	1254	1242564
福　建 Fujian	49	41807	9107	746214
江　西 Jiangxi	246	61632	561	2312288
山　东 Shandong	72	9603	2563	5810251
河　南 Henan	280	163637	33553	2792333
湖　北 Hubei	267	35728	6399	9195780
湖　南 Hunan	174	198282	16191	14233240
广　东 Guangdong	171	252627	1700	4419597
广　西 Guangxi	112	14923	8712	16613333
海　南 Hainan	18	35390	0	0
重　庆 Chongqing	85	69657	32405	275567
四　川 Sichuan	165	232953	8156	1859415
贵　州 Guizhou	1	800	0	91500
云　南 Yunnan	150	130928	4403	1075183
西　藏 Tibet	39	72785	1140	2031500
陕　西 Shaanxi	58	29609	11000	4199003
甘　肃 Gansu	128	54452	11309	1147799
青　海 Qinghai	22	49319	0	2257312
宁　夏 Ningxia	33	45015	1	217208
新　疆 Xinjiang	136	7392	5552	59986

附表 5-4 续表 Continued

地 区 Region	电视台播出科普（技）节目时间/小时 Broadcasting time of popular science programs on TV (h)	电台播出科普（技）节目时间/小时 Broadcasting time of popular science programs on radio (h)	科普网站数/个 S&T popularization websites (unit)	发放科普读物和资料/份 Number of S&T popularization books and materials
全 国 Total	77979	53749	2688	697862863
东 部 Eastern	37280	24451	1321	315238684
中 部 Middle	19660	17493	607	159792915
西 部 Western	21039	11805	760	222831264
北 京 Beijing	2468	746	286	50748350
天 津 Tianjin	1290	635	73	8062478
河 北 Hebei	3311	2115	75	20922947
山 西 Shanxi	4345	3201	36	8934588
内蒙古 Inner Mongolia	3060	1655	61	7364054
辽 宁 Liaoning	4050	4390	81	10520415
吉 林 Jilin	396	208	66	5747826
黑龙江 Heilongjiang	1583	1730	59	9001787
上 海 Shanghai	10928	1455	213	30516668
江 苏 Jiangsu	307	1497	130	95042375
浙 江 Zhejiang	3850	3936	110	38377463
安 徽 Anhui	2487	4605	70	24645495
福 建 Fujian	1907	1611	93	12898438
江 西 Jiangxi	1719	833	62	14094267
山 东 Shandong	3944	2349	67	14411727
河 南 Henan	1846	981	117	22815199
湖 北 Hubei	3087	3066	113	44126245
湖 南 Hunan	4197	2869	84	30427508
广 东 Guangdong	5225	5709	172	30926394
广 西 Guangxi	507	7	65	26191979
海 南 Hainan	0	8	21	2811429
重 庆 Chongqing	76	1	109	19752806
四 川 Sichuan	4136	1626	136	38132739
贵 州 Guizhou	913	399	55	24128258
云 南 Yunnan	7041	2818	88	52854672
西 藏 Tibet	335	68	15	1043820
陕 西 Shaanxi	1601	1372	99	21042143
甘 肃 Gansu	1485	1358	70	14421619
青 海 Qinghai	212	20	15	4315069
宁 夏 Ningxia	0	0	22	5888583
新 疆 Xinjiang	1673	2481	25	7695522

附表 5-5　2018 年各省科普活动

Appendix table 5-5: S&T popularization activities by region in 2018

地　区 Region	科普（技）讲座 S&T popularization lectures		科普（技）展览 S&T popularization exhibitions	
	举办次数/次 Number of lectures held	参加人数/人次 Number of participants	专题展览次数/次 Number of exhibitions held	参观人数/人次 Number of participants
全　国 Total	910069	205507672	116403	255946219
东　部 Eastern	434880	124330299	47281	158618072
中　部 Middle	213035	33192310	30941	36382771
西　部 Western	262154	47985063	38181	60945376
北　京 Beijing	64064	73550370	4829	69813746
天　津 Tianjin	15564	1353241	2613	3774197
河　北 Hebei	23326	3482134	3128	5285542
山　西 Shanxi	17065	2178302	1688	1384354
内蒙古 Inner Mongolia	18346	1895679	2308	8048049
辽　宁 Liaoning	25803	3612265	3575	8295481
吉　林 Jilin	10104	2422115	2284	3176388
黑龙江 Heilongjiang	19046	4375696	1699	3286757
上　海 Shanghai	71527	10012138	6548	22406011
江　苏 Jiangsu	64362	9159517	6829	9275655
浙　江 Zhejiang	66420	6918640	7046	9974460
安　徽 Anhui	36382	3149214	4360	2948029
福　建 Fujian	26211	3802096	3400	4988774
江　西 Jiangxi	20488	3345655	4387	3655592
山　东 Shandong	34565	4452754	3157	6923444
河　南 Henan	34478	5563551	4573	6653309
湖　北 Hubei	44756	7924253	7703	7870693
湖　南 Hunan	30716	4233524	4247	7407649
广　东 Guangdong	40794	7652510	4804	17625452
广　西 Guangxi	20897	3256258	3366	4642475
海　南 Hainan	2244	334634	1352	255310
重　庆 Chongqing	20066	9315072	2265	7562301
四　川 Sichuan	41040	8035132	4703	9203412
贵　州 Guizhou	15990	2407145	1842	1955765
云　南 Yunnan	41607	4941953	6747	11349628
西　藏 Tibet	726	145619	147	356125
陕　西 Shaanxi	30336	5333521	4129	4842306
甘　肃 Gansu	24667	3713592	5922	8051368
青　海 Qinghai	7590	1535742	1162	1300937
宁　夏 Ningxia	7917	1539483	1260	1283200
新　疆 Xinjiang	32972	5865867	4330	2349810

附表 5-5 续表 Continued

地 区 Region	科普（技）竞赛 S&T popularization competitions		科普国际交流 International S&T popularization exchanges	
	举办次数/次 Number of competitions held	参加人数/人次 Number of participants	举办次数/次 Number of exchanges held	参加人数/人次 Number of participants
全 国 Total	40032	183398951	2579	936604
东 部 Eastern	24295	139895531	1476	691099
中 部 Middle	7310	31131029	467	109195
西 部 Western	8427	12372391	636	136310
北 京 Beijing	2356	105349989	470	442803
天 津 Tianjin	717	1003884	62	26793
河 北 Hebei	1278	1431813	51	4130
山 西 Shanxi	405	497378	16	1982
内蒙古 Inner Mongolia	587	498262	17	3311
辽 宁 Liaoning	1370	1472607	56	5226
吉 林 Jilin	320	242702	30	8041
黑龙江 Heilongjiang	757	182633	30	1511
上 海 Shanghai	3601	3849349	291	142508
江 苏 Jiangsu	3322	14691670	196	21132
浙 江 Zhejiang	3010	2299967	83	6326
安 徽 Anhui	1423	859271	13	2242
福 建 Fujian	6120	1818542	85	30383
江 西 Jiangxi	803	3026323	38	5482
山 东 Shandong	1102	1510178	58	6065
河 南 Henan	949	6902446	26	2169
湖 北 Hubei	1801	14345015	49	8774
湖 南 Hunan	852	5075261	265	78994
广 东 Guangdong	1320	6357195	90	3865
广 西 Guangxi	792	1284981	94	5461
海 南 Hainan	99	110337	34	1868
重 庆 Chongqing	686	2080497	129	67778
四 川 Sichuan	958	2717389	68	24432
贵 州 Guizhou	653	461259	17	462
云 南 Yunnan	1043	1722351	137	17570
西 藏 Tibet	22	7479	4	30
陕 西 Shaanxi	1345	995593	99	12268
甘 肃 Gansu	867	1448323	29	2440
青 海 Qinghai	148	97329	2	33
宁 夏 Ningxia	245	254703	5	90
新 疆 Xinjiang	1081	804225	35	2435

附表 5-5　续表　　Continued

地　区	Region	成立青少年科技兴趣小组 Teenage S&T interest groups		科技夏（冬）令营 Summer /winter science camps	
		兴趣小组数/个 Number of groups	参加人数/人次 Number of participants	举办次数/次 Number of camps held	参加人数/人次 Number of participants
全　国	Total	191910	17105984	14552	2317938
东　部	Eastern	86035	5713348	8720	1270804
中　部	Middle	59763	4833892	2837	456337
西　部	Western	46112	6558744	2995	590797
北　京	Beijing	3654	428270	1431	193315
天　津	Tianjin	2719	339757	437	120106
河　北	Hebei	9835	409135	213	39941
山　西	Shanxi	4226	211229	71	9173
内蒙古	Inner Mongolia	1530	163465	224	35809
辽　宁	Liaoning	5804	359990	354	64949
吉　林	Jilin	3936	240278	373	17323
黑龙江	Heilongjiang	2894	141606	198	24494
上　海	Shanghai	7269	517620	1895	247913
江　苏	Jiangsu	16520	974115	1664	223050
浙　江	Zhejiang	12492	672112	915	145528
安　徽	Anhui	6424	423495	405	72991
福　建	Fujian	4518	452863	633	62018
江　西	Jiangxi	3791	504676	626	93680
山　东	Shandong	11257	667395	519	74893
河　南	Henan	16515	1550321	279	65352
湖　北	Hubei	12934	858785	423	104608
湖　南	Hunan	9043	903502	462	68716
广　东	Guangdong	11621	850378	561	65101
广　西	Guangxi	4880	706123	126	15618
海　南	Hainan	346	41713	98	33990
重　庆	Chongqing	5158	1785841	219	81729
四　川	Sichuan	8156	986119	401	111431
贵　州	Guizhou	2637	652801	69	11954
云　南	Yunnan	5508	400822	297	63973
西　藏	Tibet	35	8336	14	1146
陕　西	Shaanxi	6361	288000	518	65649
甘　肃	Gansu	5009	445106	99	9017
青　海	Qinghai	353	7791	25	2184
宁　夏	Ningxia	3020	173303	40	4419
新　疆	Xinjiang	3465	941037	963	187868

附表 5-5 续表 Continued

地　区 Region	科技活动周 Science & technology week		科研机构、大学向社会开放 Scientific institutions and universities open to public	
	科普专题活动次数/次 Number of S&T week held	参加人数/人次 Number of participants	开放单位数/个 Number of open units	参观人数/人次 Number of participants
全　国 Total	116828	161024339	10563	9966859
东　部 Eastern	51663	114043211	5057	5393559
中　部 Middle	25115	17902753	2774	1949760
西　部 Western	40050	29078375	2732	2623540
北　京 Beijing	3468	62230053	810	875414
天　津 Tianjin	3738	2129276	375	163247
河　北 Hebei	4044	2523290	420	262091
山　西 Shanxi	1800	987996	134	45006
内蒙古 Inner Mongolia	1613	1157719	103	55137
辽　宁 Liaoning	3375	2096460	489	444796
吉　林 Jilin	1186	965580	71	59760
黑龙江 Heilongjiang	2159	1924284	294	114440
上　海 Shanghai	7687	6672967	119	373078
江　苏 Jiangsu	9456	8359463	853	767782
浙　江 Zhejiang	8207	3623986	897	466829
安　徽 Anhui	3921	1846771	412	363934
福　建 Fujian	3802	2479067	259	256211
江　西 Jiangxi	3528	1750029	158	236614
山　东 Shandong	3738	3100679	198	196515
河　南 Henan	3853	3547134	851	247021
湖　北 Hubei	5508	3581414	419	665854
湖　南 Hunan	3160	3299545	435	217131
广　东 Guangdong	3480	20433398	480	1331990
广　西 Guangxi	3651	2359287	225	325008
海　南 Hainan	668	394572	157	255606
重　庆 Chongqing	3106	6764416	419	345396
四　川 Sichuan	5694	3649837	409	504756
贵　州 Guizhou	3080	1901852	93	45753
云　南 Yunnan	6303	3607544	212	308644
西　藏 Tibet	262	124713	15	3965
陕　西 Shaanxi	6579	4106100	655	297380
甘　肃 Gansu	3569	1964765	221	164504
青　海 Qinghai	563	478349	58	380970
宁　夏 Ningxia	1032	995099	102	56348
新　疆 Xinjiang	4598	1968694	220	135679

附表 5-5　续表　Continued

地　区	Region	举办实用技术培训 Practical skill trainings		重大科普活动次数/次 Numberof grand popularization activities
		举办次数/次 Number of trainings held	参加人数/人次 Number of participants	
全　国	Total	535142	56640327	25661
东　部	Eastern	135446	17449700	10133
中　部	Middle	109317	12802264	6290
西　部	Western	290379	26388363	9238
北　京	Beijing	10193	721822	1056
天　津	Tianjin	6006	437781	410
河　北	Hebei	16851	2513730	814
山　西	Shanxi	9911	990547	582
内蒙古	Inner Mongolia	14709	1549271	703
辽　宁	Liaoning	8088	915046	732
吉　林	Jilin	7682	978975	275
黑龙江	Heilongjiang	14205	1808572	437
上　海	Shanghai	14367	2544508	1112
江　苏	Jiangsu	19993	1996338	1928
浙　江	Zhejiang	24128	2619748	1099
安　徽	Anhui	13334	1260680	821
福　建	Fujian	9818	1788692	785
江　西	Jiangxi	10666	869777	468
山　东	Shandong	11196	2740765	721
河　南	Henan	17306	1983869	1414
湖　北	Hubei	21979	3024927	1146
湖　南	Hunan	14234	1884917	1147
广　东	Guangdong	12406	987000	1325
广　西	Guangxi	22597	1852237	748
海　南	Hainan	2400	184270	151
重　庆	Chongqing	8029	978877	841
四　川	Sichuan	44161	3932823	1434
贵　州	Guizhou	18718	1793932	388
云　南	Yunnan	72315	5782435	1190
西　藏	Tibet	445	42848	186
陕　西	Shaanxi	35076	2771323	1261
甘　肃	Gansu	31618	2657727	1243
青　海	Qinghai	2667	231399	368
宁　夏	Ningxia	3894	374439	224
新　疆	Xinjiang	36150	4421052	652

附表 5-6 2018 年创新创业中的科普

Appendix table 5-6: S&T popularization activities in innovation and entrepreneurship in 2018

地　区 Region	众创空间 Maker space		
	数量/个 Number of maker spaces	服务各类人员数量/人 Number of serving for people	孵化科技项目数量/个 Number of incubating S&T projects
全　国 Total	9771	2133475	185947
东　部 Eastern	4505	1286836	155843
中　部 Middle	1777	238310	14192
西　部 Western	3489	608329	15912
北　京 Beijing	609	929745	106321
天　津 Tianjin	273	27464	4901
河　北 Hebei	450	26722	5082
山　西 Shanxi	208	21956	1128
内蒙古 Inner Mongolia	278	13876	924
辽　宁 Liaoning	233	36545	2773
吉　林 Jilin	125	5338	198
黑龙江 Heilongjiang	183	12893	2630
上　海 Shanghai	1279	95821	22400
江　苏 Jiangsu	504	24742	4059
浙　江 Zhejiang	117	11639	1386
安　徽 Anhui	280	20057	1618
福　建 Fujian	492	34726	1028
江　西 Jiangxi	257	69403	1090
山　东 Shandong	175	19329	1862
河　南 Henan	117	11169	921
湖　北 Hubei	293	17265	1206
湖　南 Hunan	314	80229	5401
广　东 Guangdong	297	58738	5418
广　西 Guangxi	462	27756	1751
海　南 Hainan	76	21365	613
重　庆 Chongqing	217	20211	1395
四　川 Sichuan	269	21165	934
贵　州 Guizhou	99	7062	1406
云　南 Yunnan	503	36472	2729
西　藏 Tibet	51	7119	435
陕　西 Shaanxi	1332	449005	5192
甘　肃 Gansu	48	4594	322
青　海 Qinghai	12	2117	292
宁　夏 Ningxia	23	1813	263
新　疆 Xinjiang	195	17139	269

附表 5-6　续表　　　Continued

地　区　Region	创新创业培训　Innovation and entrepreneurship trainings		创新创业赛事　Innovation and entrepreneurship competitions	
	培训次数/次 Number of trainings	参加人数/人次 Number of participants	赛事次数/次 Number of competitions	参加人数/人次 Number of participants
全　国　Total	80438	4797036	7546	3093316
东　部　Eastern	34094	2024177	3805	1570284
中　部　Middle	23411	1607270	1881	1078738
西　部　Western	22933	1165589	1860	444294
北　京　Beijing	2482	278040	331	147787
天　津　Tianjin	2211	81174	126	44054
河　北　Hebei	4224	183317	202	41542
山　西　Shanxi	3136	66503	68	18598
内蒙古　Inner Mongolia	2265	75491	179	16494
辽　宁　Liaoning	1784	157669	753	72946
吉　林　Jilin	1680	26045	37	11878
黑龙江　Heilongjiang	1923	89096	154	44040
上　海　Shanghai	11089	475142	870	337618
江　苏　Jiangsu	4536	215450	583	75139
浙　江　Zhejiang	2064	148148	482	75579
安　徽　Anhui	2506	141809	637	117943
福　建　Fujian	1682	96573	179	399706
江　西　Jiangxi	2767	573569	182	51044
山　东　Shandong	1141	174144	39	208892
河　南　Henan	2891	206029	264	71629
湖　北　Hubei	3330	223807	351	170357
湖　南　Hunan	5178	280412	188	593249
广　东　Guangdong	1536	122341	213	162119
广　西　Guangxi	2342	140224	230	55798
海　南　Hainan	1345	92179	27	4902
重　庆　Chongqing	2258	116302	222	56312
四　川　Sichuan	2889	180274	146	36795
贵　州　Guizhou	1589	27718	74	11740
云　南　Yunnan	2936	209272	110	19376
西　藏　Tibet	1805	18703	27	2176
陕　西　Shaanxi	3871	142340	559	169638
甘　肃　Gansu	916	92379	206	46102
青　海　Qinghai	362	37699	29	4496
宁　夏　Ningxia	315	21729	29	17570
新　疆　Xinjiang	1385	103458	49	7797

附录6　2017年全国科普统计分类数据统计表

各项统计数据均未包括香港特别行政区、澳门特别行政区和台湾地区的数据。

科普宣传专用车、科普图书、科普期刊、科普网站、科普国际交流情况和创新创业中的科普情况均由市级以上（含市级）填报单位的数据统计得出。

非场馆类科普基地，因为理解差异，此次暂未列入。

东部、中部和西部地区的划分：东部地区包括北京、天津、河北、辽宁、上海、江苏、浙江、福建、山东、广东和海南11个省和直辖市；中部地区包括山西、吉林、黑龙江、安徽、江西、河南、湖北和湖南8个省；西部地区包括内蒙古、广西、重庆、四川、贵州、云南、西藏、陕西、甘肃、青海、宁夏和新疆12个省、自治区和直辖市。

附表 6-1 2017 年各省科普人员
Appendix table 6-1: S&T popularization personnel by region in 2017

单位：人
Unit: person

地 区 Region	科普专职人员 Full time S&T popularization personnel		
	人员总数 Total	中级职称及以上或大学本科及以上学历人员 With title of medium-rank or above / with college graduate or above	女性 Female
全 国 Total	227008	139497	87980
东 部 Eastern	83922	55652	35464
中 部 Middle	67192	40268	23984
西 部 Western	75894	43577	28532
北 京 Beijing	8077	6103	4377
天 津 Tianjin	1780	1475	946
河 北 Hebei	10896	6765	4364
山 西 Shanxi	3353	1908	1719
内蒙古 Inner Mongolia	5025	3066	1909
辽 宁 Liaoning	7414	4963	2922
吉 林 Jilin	3606	2552	1428
黑龙江 Heilongjiang	4289	2730	1741
上 海 Shanghai	8779	6294	4369
江 苏 Jiangsu	11058	7836	4521
浙 江 Zhejiang	7857	5838	3443
安 徽 Anhui	8975	5600	2556
福 建 Fujian	4567	2926	1588
江 西 Jiangxi	6661	4309	2339
山 东 Shandong	14036	8156	5274
河 南 Henan	12569	7070	4737
湖 北 Hubei	13284	8776	4566
湖 南 Hunan	14455	7323	4898
广 东 Guangdong	7910	4651	2988
广 西 Guangxi	9046	4552	2918
海 南 Hainan	1548	645	672
重 庆 Chongqing	5232	3230	1765
四 川 Sichuan	12083	7160	4651
贵 州 Guizhou	3673	2375	1398
云 南 Yunnan	13580	8387	5710
西 藏 Tibet	394	208	181
陕 西 Shaanxi	9790	5504	3557
甘 肃 Gansu	8945	4618	2738
青 海 Qinghai	876	499	382
宁 夏 Ningxia	1729	816	747
新 疆 Xinjiang	5521	3162	2576

附表 6-1 续表 Continued

地区 Region	科普专职人员 Full time S&T popularization personnel		
	农村科普人员 Rural S&T popularization personnel	管理人员 S&T popularization administrators	科普创作人员 S&T popularization creators
全国 Total	72839	49110	14907
东部 Eastern	21504	18590	7099
中部 Middle	26374	14819	3589
西部 Western	24961	15701	4219
北京 Beijing	817	1924	1269
天津 Tianjin	166	466	308
河北 Hebei	3952	1934	492
山西 Shanxi	597	873	188
内蒙古 Inner Mongolia	1255	1288	310
辽宁 Liaoning	1837	2112	553
吉林 Jilin	1468	1188	170
黑龙江 Heilongjiang	1555	943	265
上海 Shanghai	1016	2193	1341
江苏 Jiangsu	2980	2569	815
浙江 Zhejiang	2332	1599	586
安徽 Anhui	4609	1896	405
福建 Fujian	1442	1081	248
江西 Jiangxi	2239	1719	337
山东 Shandong	4664	2424	875
河南 Henan	4516	2926	661
湖北 Hubei	6022	2451	804
湖南 Hunan	5368	2823	759
广东 Guangdong	1793	1987	531
广西 Guangxi	4143	1428	416
海南 Hainan	505	301	81
重庆 Chongqing	1782	1020	599
四川 Sichuan	4783	3281	765
贵州 Guizhou	1012	1069	128
云南 Yunnan	3747	1848	431
西藏 Tibet	106	102	36
陕西 Shaanxi	3433	2070	684
甘肃 Gansu	1805	1615	309
青海 Qinghai	54	195	79
宁夏 Ningxia	591	475	127
新疆 Xinjiang	2250	1310	335

附表 6-1　续表　　　　Continued

地　区 Region	科普兼职人员 Part time S&T popularization personnel		
	人员总数 Total	年度实际投入工作量/人月 Annual actual workload (person-month)	中级职称及以上或大学本科及以上学历人员 With title of medium-rank or above / with college graduate or above
全　国 Total	1567453	1897764	857287
东　部 Eastern	682640	774860	389339
中　部 Middle	392958	514093	210134
西　部 Western	491855	608811	257814
北　京 Beijing	42958	48756	27564
天　津 Tianjin	15393	17437	11049
河　北 Hebei	78909	97856	39362
山　西 Shanxi	15963	13070	9704
内蒙古 Inner Mongolia	32586	30765	17171
辽　宁 Liaoning	49974	28761	28340
吉　林 Jilin	12764	14908	6166
黑龙江 Heilongjiang	25214	32847	16344
上　海 Shanghai	47980	80209	29192
江　苏 Jiangsu	110622	150594	66584
浙　江 Zhejiang	129620	151798	75924
安　徽 Anhui	47084	66034	24782
福　建 Fujian	58510	65953	31966
江　西 Jiangxi	43891	67939	24093
山　东 Shandong	77236	111356	38929
河　南 Henan	90610	118331	47611
湖　北 Hubei	78924	87368	44560
湖　南 Hunan	78508	113596	36874
广　东 Guangdong	62827	12523	36724
广　西 Guangxi	56026	81354	26519
海　南 Hainan	8611	9617	3705
重　庆 Chongqing	37857	54588	19341
四　川 Sichuan	93704	112804	50302
贵　州 Guizhou	38895	58113	21751
云　南 Yunnan	77081	105823	41257
西　藏 Tibet	1515	1432	638
陕　西 Shaanxi	61810	77805	33228
甘　肃 Gansu	38486	35355	17462
青　海 Qinghai	7129	4487	4029
宁　夏 Ningxia	11993	10058	7215
新　疆 Xinjiang	34773	36227	18901

附表 6-1 续表 Continued

地 区 Region	科普兼职人员 Part time S&T popularization personnel		注册科普志愿者 Registered S&T popularization volunteers
	女性 Female	农村科普人员 Rural S&T popularization personnel	
全 国 Total	633280	499269	2256036
东 部 Eastern	288197	193630	1357608
中 部 Middle	146799	140923	527018
西 部 Western	198284	164716	371410
北 京 Beijing	24228	6233	23709
天 津 Tianjin	8110	2978	11736
河 北 Hebei	35034	31419	51037
山 西 Shanxi	6997	3903	12642
内蒙古 Inner Mongolia	13674	9752	28241
辽 宁 Liaoning	23830	12129	54350
吉 林 Jilin	5997	5134	19302
黑龙江 Heilongjiang	11399	6515	27478
上 海 Shanghai	26343	4493	101716
江 苏 Jiangsu	40659	32816	721130
浙 江 Zhejiang	52573	36102	123148
安 徽 Anhui	17234	18588	45547
福 建 Fujian	20289	17129	34876
江 西 Jiangxi	16036	13844	35934
山 东 Shandong	30778	32280	56673
河 南 Henan	35990	32280	188785
湖 北 Hubei	28128	26898	105229
湖 南 Hunan	25018	33761	92101
广 东 Guangdong	22797	14446	174905
广 西 Guangxi	25077	16364	25576
海 南 Hainan	3556	3605	4328
重 庆 Chongqing	15854	12650	46730
四 川 Sichuan	38792	38485	45217
贵 州 Guizhou	13113	11834	43392
云 南 Yunnan	31595	29456	99661
西 藏 Tibet	528	634	31
陕 西 Shaanxi	24878	17647	27734
甘 肃 Gansu	11191	9874	23602
青 海 Qinghai	2741	505	1842
宁 夏 Ningxia	5467	3584	18637
新 疆 Xinjiang	15374	13931	10747

附表 6-2　2017 年各省科普场地

Appendix table 6-2: S&T popularization venues and facilities by region in 2017

地　区 Region	科技馆/个 S&T museums	建筑面积/平方米 Construction area (m^2)	展厅面积/平方米 Exhibition area (m^2)	当年参观人数/人次 Visitors
全　国 Total	488	3710704	1800353	63017452
东　部 Eastern	259	2023316	967877	34395395
中　部 Middle	113	747858	363891	14219882
西　部 Western	116	939530	468585	14402175
北　京 Beijing	29	248542	119358	4698814
天　津 Tianjin	1	18000	10000	487034
河　北 Hebei	11	66732	34316	1075780
山　西 Shanxi	4	35400	16059	1307000
内蒙古 Inner Mongolia	17	118806	45075	2089308
辽　宁 Liaoning	17	207117	82893	1991700
吉　林 Jilin	8	16903	8250	88600
黑龙江 Heilongjiang	8	102954	60606	2677000
上　海 Shanghai	31	196485	118564	5440382
江　苏 Jiangsu	18	173026	86693	3038965
浙　江 Zhejiang	24	280660	120762	4556878
安　徽 Anhui	13	131520	56571	3057304
福　建 Fujian	36	133415	72972	2829809
江　西 Jiangxi	5	61623	32942	702528
山　东 Shandong	30	201547	109205	3457635
河　南 Henan	14	103127	61334	2180200
湖　北 Hubei	50	220340	96148	3071825
湖　南 Hunan	11	75991	31981	1135425
广　东 Guangdong	43	393899	168161	5545032
广　西 Guangxi	6	107318	50637	1617610
海　南 Hainan	19	103893	44953	1273366
重　庆 Chongqing	10	81868	42770	2991300
四　川 Sichuan	17	92724	57376	1106470
贵　州 Guizhou	9	61344	31659	625800
云　南 Yunnan	13	53458	26800	1180642
西　藏 Tibet	1	33000	12000	100000
陕　西 Shaanxi	13	96361	48890	1154177
甘　肃 Gansu	8	68623	41230	247596
青　海 Qinghai	3	41213	17753	732672
宁　夏 Ningxia	6	52905	29963	1316108
新　疆 Xinjiang	13	131910	64432	1240492

附表 6-2 续表 Continued

地 区 Region	科学技术类博物馆/个 S&T related museums	建筑面积/平方米 Construction area (m^2)	展厅面积/平方米 Exhibition area (m^2)	当年参观人数/人次 Visitors	青少年科技馆站/个 Teenage S&T museums
全 国 Total	951	6585799	3048889	141934662	549
东 部 Eastern	521	3943086	1806681	87822474	183
中 部 Middle	132	956088	457606	15543418	152
西 部 Western	298	1686625	784602	38568770	214
北 京 Beijing	82	1039394	406354	24385834	12
天 津 Tianjin	8	155315	77913	2451806	5
河 北 Hebei	36	199050	90190	3482407	23
山 西 Shanxi	4	35929	19640	607000	3
内蒙古 Inner Mongolia	20	159807	86770	1305146	16
辽 宁 Liaoning	54	441892	168720	5617266	17
吉 林 Jilin	9	63872	33924	638272	16
黑龙江 Heilongjiang	24	151728	80490	2673354	19
上 海 Shanghai	137	827507	451902	19168083	24
江 苏 Jiangsu	46	342424	144203	11101145	27
浙 江 Zhejiang	49	361007	187278	8181739	37
安 徽 Anhui	21	124820	58350	1804822	26
福 建 Fujian	22	122234	55188	1713588	3
江 西 Jiangxi	10	17450	9900	1060187	23
山 东 Shandong	35	184038	101230	4507203	19
河 南 Henan	12	83217	21890	1061548	12
湖 北 Hubei	31	296943	158569	3556830	35
湖 南 Hunan	21	182129	74843	4141405	18
广 东 Guangdong	46	262061	117620	6977620	13
广 西 Guangxi	21	92185	55997	1675436	24
海 南 Hainan	6	8164	6083	235783	3
重 庆 Chongqing	39	325649	130303	7555347	16
四 川 Sichuan	56	273245	133602	6784172	49
贵 州 Guizhou	12	132007	34823	506242	9
云 南 Yunnan	49	234821	121453	5406005	27
西 藏 Tibet	0	0	0	0	1
陕 西 Shaanxi	31	160250	89411	9315362	26
甘 肃 Gansu	32	115666	50021	2210621	18
青 海 Qinghai	5	31430	11826	1152800	4
宁 夏 Ningxia	11	50450	27690	1825490	1
新 疆 Xinjiang	22	111115	42706	832149	23

附表 6-2　续表　　　Continued

地　区 Region	城市社区科普（技）专用活动室/个 Urban community S&T popularization rooms	农村科普（技）活动场地/个 Rural S&T popularization sites	科普宣传专用车/辆 S&T popularization vehicles	科普画廊/个 S&T popularization galleries
全　国 Total	71445	342258	1694	175397
东　部 Eastern	36336	123806	634	103346
中　部 Middle	18519	137470	524	35699
西　部 Western	16590	80982	536	36352
北　京 Beijing	1582	1870	84	3414
天　津 Tianjin	1497	6420	66	1782
河　北 Hebei	1292	11993	40	4516
山　西 Shanxi	762	12897	147	2740
内蒙古 Inner Mongolia	1268	3636	99	2018
辽　宁 Liaoning	4687	8883	87	7349
吉　林 Jilin	617	4147	14	1254
黑龙江 Heilongjiang	1119	4813	40	2025
上　海 Shanghai	3531	1751	53	7599
江　苏 Jiangsu	6086	14753	45	19487
浙　江 Zhejiang	8153	22319	154	18976
安　徽 Anhui	2246	7894	29	5384
福　建 Fujian	2398	8933	14	8794
江　西 Jiangxi	1827	8152	48	5145
山　东 Shandong	3921	36120	28	23424
河　南 Henan	2102	17347	79	5189
湖　北 Hubei	6159	20043	136	7817
湖　南 Hunan	3687	62177	31	6145
广　东 Guangdong	2875	9143	49	7249
广　西 Guangxi	1109	7896	25	4162
海　南 Hainan	314	1621	14	756
重　庆 Chongqing	1527	4074	102	4078
四　川 Sichuan	3569	22246	68	5776
贵　州 Guizhou	585	3800	17	1375
云　南 Yunnan	1834	14217	34	8106
西　藏 Tibet	98	493	11	199
陕　西 Shaanxi	2527	10728	45	4500
甘　肃 Gansu	1025	5614	39	1916
青　海 Qinghai	105	501	19	453
宁　夏 Ningxia	552	1911	14	1114
新　疆 Xinjiang	2391	5866	63	2655

附表 6-3　2017 年各省科普经费　　单位：万元

Appendix table 5-3: S&T popularization funds by region in 2017　Unit: 10000 yuan

地　区 Region		年度科普经费筹集额 Annual funding for S&T popularization	政府拨款 Government funds	科普专项经费 Special funds	捐赠 Donates	自筹资金 Self-raised funds	其他收入 Others
全　国	Total	1600541	1229580	626945	18684	288071	63842
东　部	Eastern	917512	679823	368398	14830	191092	31879
中　部	Middle	276413	220753	100717	884	40007	14794
西　部	Western	406616	329004	157830	2970	56972	17169
北　京	Beijing	269586	194379	113276	988	66363	7867
天　津	Tianjin	23422	18141	8722	13	4398	875
河　北	Hebei	28019	20850	11790	88	5037	2047
山　西	Shanxi	19387	14758	6916	41	1182	3408
内蒙古	Inner Mongolia	38227	35096	6024	28	2942	156
辽　宁	Liaoning	28877	21990	12144	146	5066	1677
吉　林	Jilin	6104	3985	2002	6	1966	149
黑龙江	Heilongjiang	17227	15227	6606	28	1508	466
上　海	Shanghai	173064	113300	54812	724	54211	4835
江　苏	Jiangsu	92924	70746	42047	866	17540	3773
浙　江	Zhejiang	98799	84485	43206	593	10853	2883
安　徽	Anhui	39583	30887	15985	124	3888	4685
福　建	Fujian	59696	38028	20100	11168	8143	2414
江　西	Jiangxi	29589	24304	11222	141	4417	731
山　东	Shandong	44630	34320	19330	37	7090	3184
河　南	Henan	40457	28994	12971	92	10345	1028
湖　北	Hubei	76339	65197	25106	247	9173	1725
湖　南	Hunan	47727	37401	19909	205	7528	2602
广　东	Guangdong	88147	75222	38694	207	10886	1843
广　西	Guangxi	37716	31036	17510	68	4509	2112
海　南	Hainan	10348	8362	4277	0	1505	481
重　庆	Chongqing	39622	32395	18110	285	5100	1846
四　川	Sichuan	78125	60710	31145	1236	14052	2133
贵　州	Guizhou	36961	30325	10996	203	3956	2474
云　南	Yunnan	64108	52466	24024	367	9003	1733
西　藏	Tibet	6645	6492	4447	0	92	61
陕　西	Shaanxi	42108	29897	15828	48	9860	2308
甘　肃	Gansu	16202	12700	5501	269	2283	969
青　海	Qinghai	10330	8697	7427	4	826	805
宁　夏	Ningxia	10323	8034	5282	93	520	1675
新　疆	Xinjiang	26249	21156	11536	369	3829	897

附表 6-3　续表　　　　Continued

地　区 Region	科技活动周经费筹集额 Funding for S&T week	政府拨款 Government funds	企业赞助 Corporatedonates	年度科普经费使用额 Annual expenditure	行政支出 Administrative expenditure	科普活动支出 Activities expenditure
全　国 Total	49850	37638	3676	1613614	244299	875876
东　部 Eastern	26222	20234	2129	902599	129458	518263
中　部 Middle	10636	7609	858	280622	50378	145164
西　部 Western	12992	9795	689	430393	64463	212449
北　京 Beijing	4093	3112	367	234019	32527	152638
天　津 Tianjin	598	366	57	22583	6310	10756
河　北 Hebei	1155	876	89	31494	2276	15627
山　西 Shanxi	491	303	109	23193	3947	10714
内蒙古 Inner Mongolia	679	533	43	35990	2244	9472
辽　宁 Liaoning	1176	835	219	29111	4732	17519
吉　林 Jilin	143	104	0	5518	863	3691
黑龙江 Heilongjiang	294	239	28	15507	1803	8343
上　海 Shanghai	6241	4898	569	164773	9806	104822
江　苏 Jiangsu	3835	2848	191	98506	17173	53192
浙　江 Zhejiang	2412	2054	92	106569	19153	46883
安　徽 Anhui	1148	935	112	45700	5572	27471
福　建 Fujian	1270	935	127	71424	8589	36098
江　西 Jiangxi	1419	922	89	28358	7372	15026
山　东 Shandong	1160	641	77	47969	7642	24472
河　南 Henan	1200	852	40	37564	8007	21122
湖　北 Hubei	2480	1669	291	77023	14445	33430
湖　南 Hunan	3461	2585	189	47759	8369	25367
广　东 Guangdong	3612	3104	292	87149	19603	51026
广　西 Guangxi	1947	1566	119	39403	6472	19242
海　南 Hainan	670	565	49	9002	1647	5230
重　庆 Chongqing	1664	1068	190	46469	6004	21933
四　川 Sichuan	1978	1368	79	88721	11271	38815
贵　州 Guizhou	1593	1439	44	37244	8955	20335
云　南 Yunnan	1494	1020	77	63281	10074	40250
西　藏 Tibet	190	166	0	6268	366	4621
陕　西 Shaanxi	1353	988	72	44393	8291	24933
甘　肃 Gansu	638	495	8	14966	2048	8914
青　海 Qinghai	290	200	11	9528	2823	4371
宁　夏 Ningxia	172	126	1	10184	1664	6360
新　疆 Xinjiang	994	826	45	33946	4251	13203

附表 6-3 续表 Continued

地 区 Region	年度科普经费使用额 Annual expenditure				
	科普场馆基建支出 Infrastructure expenditures	政府拨款支出 Government expenditures	场馆建设支出 Venue construction expenditures	展品、设施支出 Exhibits & facilities expenditures	其他支出 Others
全 国 Total	374126	143062	161783	157925	118522
东 部 Eastern	184874	80569	78521	77787	68786
中 部 Middle	63936	25513	31130	23862	21329
西 部 Western	125316	36980	52132	56276	28407
北 京 Beijing	21709	10620	7026	8983	25754
天 津 Tianjin	4714	1996	2034	2627	815
河 北 Hebei	10986	8682	8149	2581	2608
山 西 Shanxi	4240	3833	201	4051	4312
内蒙古 Inner Mongolia	23754	5761	13971	5676	517
辽 宁 Liaoning	5632	2918	2164	2657	1236
吉 林 Jilin	688	257	238	327	277
黑龙江 Heilongjiang	4270	1689	1442	2123	1104
上 海 Shanghai	46027	22104	17513	25421	4150
江 苏 Jiangsu	21744	7803	7800	11058	6433
浙 江 Zhejiang	23528	6631	8709	5117	17033
安 徽 Anhui	12059	6095	7930	3562	628
福 建 Fujian	23708	7527	12898	7288	3047
江 西 Jiangxi	3032	1485	1148	1073	2950
山 东 Shandong	13416	6828	6453	5282	2446
河 南 Henan	5418	542	2406	2325	3044
湖 北 Hubei	24618	8804	13660	6652	4558
湖 南 Hunan	9611	2808	4105	3749	4456
广 东 Guangdong	11643	4789	4884	6058	4899
广 西 Guangxi	10681	7856	4190	4739	3031
海 南 Hainan	1767	671	891	715	365
重 庆 Chongqing	13872	4965	5230	4771	4675
四 川 Sichuan	33155	5094	14070	16968	5522
贵 州 Guizhou	4298	2330	1783	1315	3689
云 南 Yunnan	9307	5239	6003	9618	3677
西 藏 Tibet	1128	1048	676	89	156
陕 西 Shaanxi	9096	535	2802	5038	2101
甘 肃 Gansu	3360	1422	1370	1402	690
青 海 Qinghai	1456	92	148	1205	886
宁 夏 Ningxia	1182	351	446	790	985
新 疆 Xinjiang	14027	2287	1443	4665	2478

附表 6-4　2017 年各省科普传媒

Appendix table 6-4: S&T popularization media by region in 2017

地　区 Region	科普图书 Popular science books		科普期刊 Popular science journals	
	出版种数/种 Types of publications	出版总册数/册 Total copies	出版种数/种 Types of publications	出版总册数/册 Total copies
全　国 Total	14059	111875518	1252	125437946
东　部 Eastern	8655	72704552	651	100881597
中　部 Middle	2797	27547001	204	7906093
西　部 Western	2607	11623965	397	16650256
北　京 Beijing	4240	46316898	117	8121976
天　津 Tianjin	380	1908430	39	18391718
河　北 Hebei	474	2016031	29	1878860
山　西 Shanxi	155	982850	35	1154950
内蒙古 Inner Mongolia	308	1099014	14	226500
辽　宁 Liaoning	515	2110418	42	7795281
吉　林 Jilin	384	3060090	9	42750
黑龙江 Heilongjiang	246	1018910	13	821200
上　海 Shanghai	1023	5559696	119	19432700
江　苏 Jiangsu	666	5488648	86	4764111
浙　江 Zhejiang	357	3372279	65	1612820
安　徽 Anhui	96	1166700	22	106820
福　建 Fujian	111	662830	32	1867966
江　西 Jiangxi	672	9384610	36	3410460
山　东 Shandong	80	765800	37	787200
河　南 Henan	448	2318048	26	497300
湖　北 Hubei	241	1169043	50	324943
湖　南 Hunan	555	8446750	13	1547670
广　东 Guangdong	741	4167622	75	36204365
广　西 Guangxi	227	1103138	26	824485
海　南 Hainan	68	335900	10	24600
重　庆 Chongqing	251	2280800	73	6149450
四　川 Sichuan	225	1047427	50	3779942
贵　州 Guizhou	47	375200	16	133200
云　南 Yunnan	257	495324	66	2156244
西　藏 Tibet	33	104380	4	34000
陕　西 Shaanxi	244	2285760	52	1275230
甘　肃 Gansu	291	1262926	38	398273
青　海 Qinghai	152	226268	14	64400
宁　夏 Ningxia	104	188700	9	22800
新　疆 Xinjiang	468	1155028	35	1585732

附表 6-4 续表 Continued

地 区 Region	科普（技）音像制品 Popularization audio and video products			科技类报纸年发行总份数/份 S&T newspaper printed copies
	出版种数/种 Types of publications	光盘发行总量/张 Total CD copies released	录音、录像带发行总量/盒 Total copies of audio and video publications	
全 国 Total	4255	5696954	391964	490629330
东 部 Eastern	1690	3384325	165524	142969647
中 部 Middle	1337	1036930	132950	293724296
西 部 Western	1228	1275699	93490	53935387
北 京 Beijing	349	1627431	105508	27222075
天 津 Tianjin	54	83750	100	3594510
河 北 Hebei	54	126046	12732	27429249
山 西 Shanxi	161	77189	70239	18741758
内蒙古 Inner Mongolia	121	63736	11237	238069
辽 宁 Liaoning	307	519369	21374	8772120
吉 林 Jilin	17	12819	150	282152
黑龙江 Heilongjiang	98	114830	2570	772032
上 海 Shanghai	78	486405	1500	14851913
江 苏 Jiangsu	246	134242	1344	17653253
浙 江 Zhejiang	186	68624	1335	9920793
安 徽 Anhui	108	20792	2168	119312
福 建 Fujian	53	104748	11927	1897210
江 西 Jiangxi	189	105372	1961	10187009
山 东 Shandong	63	24717	3042	2649721
河 南 Henan	152	162869	32421	6589094
湖 北 Hubei	287	58979	6782	12046130
湖 南 Hunan	325	484080	16659	244986809
广 东 Guangdong	228	182383	6062	28978792
广 西 Guangxi	92	15254	2326	18635505
海 南 Hainan	72	26610	600	11
重 庆 Chongqing	75	70592	33803	302223
四 川 Sichuan	182	301682	10723	2942436
贵 州 Guizhou	13	2540	40	71768
云 南 Yunnan	285	220089	19936	1898228
西 藏 Tibet	12	12102	1450	2105500
陕 西 Shaanxi	85	49672	2050	23718702
甘 肃 Gansu	147	99579	9345	1151913
青 海 Qinghai	31	35358	0	1716203
宁 夏 Ningxia	53	52073	52	351801
新 疆 Xinjiang	132	353022	2528	803039

附表 6-4　续表　　Continued

地　区 Region	电视台播出科普（技）节目时间/小时 Broadcasting time of popular science programs on TV (h)	电台播出科普（技）节目时间/小时 Broadcasting time of popular science programs on radio (h)	科普网站数/个 S&T popularization websites (unit)	发放科普读物和资料/份 Number of S&T popularization books and materials
全　国 Total	89741	73737	2570	785942063
东　部 Eastern	44301	36819	1281	323563724
中　部 Middle	21399	18554	553	181355894
西　部 Western	24041	18364	736	281022445
北　京 Beijing	4261	9109	270	46985150
天　津 Tianjin	3508	235	65	6593808
河　北 Hebei	4912	1620	66	23570473
山　西 Shanxi	2174	3863	42	11986115
内蒙古 Inner Mongolia	990	675	52	10734105
辽　宁 Liaoning	8180	9196	110	17268532
吉　林 Jilin	143	144	15	6419675
黑龙江 Heilongjiang	2438	706	52	33641382
上　海 Shanghai	1375	1336	222	32664910
江　苏 Jiangsu	2612	1666	132	92868468
浙　江 Zhejiang	5675	4146	113	32737201
安　徽 Anhui	1870	2587	87	21659902
福　建 Fujian	4178	2579	58	12894910
江　西 Jiangxi	3319	1254	85	15917334
山　东 Shandong	5416	2056	70	18849217
河　南 Henan	4074	2103	82	25329459
湖　北 Hubei	2874	2811	90	31170401
湖　南 Hunan	4507	5086	100	35231626
广　东 Guangdong	4182	4853	151	34709126
广　西 Guangxi	4161	2562	59	44070328
海　南 Hainan	2	23	24	4421929
重　庆 Chongqing	21	1	120	21643259
四　川 Sichuan	5270	3448	115	44696773
贵　州 Guizhou	1746	1429	36	21114204
云　南 Yunnan	1193	1111	87	54954466
西　藏 Tibet	18	15	14	280222
陕　西 Shaanxi	4771	2282	102	24200655
甘　肃 Gansu	2683	1837	77	19455348
青　海 Qinghai	392	400	16	25075010
宁　夏 Ningxia	83	114	22	5079832
新　疆 Xinjiang	2713	4490	36	9718243

附表 6-5 2017 年各省科普活动

Appendix table 6-5: S&T popularization activities by region in 2017

地　区 Region	科普（技）讲座 S&T popularization lectures		科普（技）展览 S&T popularization exhibitions	
	举办次数/次 Number of lectures held	参加人数/人次 Number of participants	专题展览次数/次 Number of exhibitions held	参观人数/人次 Number of participants
全　国 Total	880097	146145255	119943	256028849
东　部 Eastern	414750	66387948	50653	148195590
中　部 Middle	208919	30631907	33232	44906897
西　部 Western	256428	49125400	36058	62926362
北　京 Beijing	52839	10532446	4425	51392598
天　津 Tianjin	14373	1267984	4563	4344345
河　北 Hebei	21941	3748105	3502	7560221
山　西 Shanxi	16453	1483972	1549	1928222
内蒙古 Inner Mongolia	16602	2015166	2077	3425779
辽　宁 Liaoning	27806	6256051	3790	7372055
吉　林 Jilin	8278	1797047	2466	1601547
黑龙江 Heilongjiang	19331	2700469	2254	3850343
上　海 Shanghai	66246	9238708	5800	21584206
江　苏 Jiangsu	66253	8367391	7819	14309875
浙　江 Zhejiang	61193	10599946	7042	11184813
安　徽 Anhui	30495	3301736	4896	5278492
福　建 Fujian	27028	3950861	3437	4603425
江　西 Jiangxi	18200	2790716	4969	5208680
山　东 Shandong	42283	5500752	4160	8913171
河　南 Henan	38382	5709491	5212	7372940
湖　北 Hubei	43847	8377607	7688	9715545
湖　南 Hunan	33933	4470869	4198	9951128
广　东 Guangdong	30596	6361761	4531	15103864
广　西 Guangxi	27261	5187749	3171	4493213
海　南 Hainan	4192	563943	1584	1827017
重　庆 Chongqing	16606	6388010	2484	8445213
四　川 Sichuan	43827	8950305	6392	10631257
贵　州 Guizhou	11906	2128138	2237	2750310
云　南 Yunnan	41700	5910703	4922	12207050
西　藏 Tibet	514	83230	155	313814
陕　西 Shaanxi	31571	4855140	5349	6314552
甘　肃 Gansu	25103	3799350	3749	5304328
青　海 Qinghai	4925	1663918	972	1428075
宁　夏 Ningxia	6288	1563087	1090	1946975
新　疆 Xinjiang	30125	6580604	3460	5665796

附表 6-5　续表　　　Continued

地　区 Region	科普（技）竞赛 S&T popularization competitions		科普国际交流 International S&T popularization exchanges	
	举办次数/次 Number of competitions held	参加人数/人次 Number of participants	举办次数/次 Number of exchanges held	参加人数/人次 Number of participants
全　国 Total	48900	101428543	2713	702133
东　部 Eastern	31606	78602217	1611	447720
中　部 Middle	8624	10806229	401	83772
西　部 Western	8670	12020097	701	170641
北　京 Beijing	2116	55487749	415	224110
天　津 Tianjin	701	1461699	77	24919
河　北 Hebei	1535	1403715	40	4764
山　西 Shanxi	431	541723	23	3371
内蒙古 Inner Mongolia	441	322873	14	3268
辽　宁 Liaoning	1910	1423269	118	7051
吉　林 Jilin	281	233992	4	50
黑龙江 Heilongjiang	716	309760	29	887
上　海 Shanghai	3586	4007298	351	74363
江　苏 Jiangsu	9684	6203648	216	60171
浙　江 Zhejiang	3089	2286270	101	21492
安　徽 Anhui	1168	747319	1	1
福　建 Fujian	6313	1701797	91	21064
江　西 Jiangxi	846	932752	26	3649
山　东 Shandong	1140	2081222	68	6441
河　南 Henan	1623	3320912	35	5610
湖　北 Hubei	2480	3118925	82	41757
湖　南 Hunan	1079	1600846	201	28447
广　东 Guangdong	1363	2490234	76	1764
广　西 Guangxi	845	1581321	143	25258
海　南 Hainan	169	55316	58	1581
重　庆 Chongqing	726	2949741	131	87871
四　川 Sichuan	1216	2434634	60	4882
贵　州 Guizhou	698	595472	23	895
云　南 Yunnan	1031	1209825	138	28734
西　藏 Tibet	32	6928	7	44
陕　西 Shaanxi	1364	1236513	110	12825
甘　肃 Gansu	840	692110	22	1035
青　海 Qinghai	118	60960	22	5169
宁　夏 Ningxia	206	239411	5	100
新　疆 Xinjiang	1153	690309	26	560

附表 6-5 续表 Continued

地 区 Region	成立青少年科技兴趣小组 Teenage S&T interest groups		科技夏（冬）令营 Summer /winter science camps	
	兴趣小组数/个 Number of groups	参加人数/人次 Number of participants	举办次数/次 Number of camps held	参加人数/人次 Number of participants
全 国 Total	213280	18825157	15617	3031271
东 部 Eastern	91229	6879388	9331	1845421
中 部 Middle	63573	5273705	2600	485317
西 部 Western	58478	6672064	3686	700533
北 京 Beijing	3334	388933	1574	199108
天 津 Tianjin	3723	415783	466	208975
河 北 Hebei	10299	541994	210	34538
山 西 Shanxi	4523	217898	100	10850
内蒙古 Inner Mongolia	1620	133055	225	51004
辽 宁 Liaoning	8651	616347	381	130670
吉 林 Jilin	2625	191840	372	27568
黑龙江 Heilongjiang	3247	177855	177	31043
上 海 Shanghai	7675	603973	1769	247819
江 苏 Jiangsu	17028	1011570	1634	652868
浙 江 Zhejiang	11687	1115841	856	101616
安 徽 Anhui	6087	339982	429	55906
福 建 Fujian	4702	336550	734	65600
江 西 Jiangxi	4469	801491	293	71018
山 东 Shandong	10927	855362	788	103844
河 南 Henan	17803	1483860	350	51986
湖 北 Hubei	13693	1015641	472	98423
湖 南 Hunan	11126	1045138	407	138523
广 东 Guangdong	12517	950543	872	95025
广 西 Guangxi	7000	1210527	165	53343
海 南 Hainan	686	42492	47	5358
重 庆 Chongqing	5019	807199	224	34977
四 川 Sichuan	11746	1249073	680	135712
贵 州 Guizhou	3530	650638	92	9606
云 南 Yunnan	6409	453990	473	92792
西 藏 Tibet	20	1836	17	878
陕 西 Shaanxi	7423	409080	374	60604
甘 肃 Gansu	5011	366755	195	13061
青 海 Qinghai	511	26583	75	8201
宁 夏 Ningxia	2974	144877	53	8508
新 疆 Xinjiang	7215	1218451	1113	231847

附表 6-5 续表 Continued

地 区 Region	科技活动周 Science & technology week		科研机构、大学向社会开放 Scientific institutions and universities open to public	
	科普专题活动次数/次 Number of S&T week held	参加人数/人次 Number of participants	开放单位数/个 Number of open units	参观人数/人次 Number of participants
全 国 Total	115999	164336096	8461	8786514
东 部 Eastern	47671	100571566	4276	5010617
中 部 Middle	26871	22308724	1915	1997483
西 部 Western	41457	41455806	2270	1778414
北 京 Beijing	3867	54583160	797	950277
天 津 Tianjin	4184	2961968	154	62904
河 北 Hebei	4714	6286806	367	225958
山 西 Shanxi	1779	1002811	107	81288
内蒙古 Inner Mongolia	1844	1334845	94	50342
辽 宁 Liaoning	4368	2750343	560	473108
吉 林 Jilin	1128	1813544	35	26115
黑龙江 Heilongjiang	2569	2489669	266	115427
上 海 Shanghai	6037	7524734	110	423670
江 苏 Jiangsu	8679	11660951	770	922166
浙 江 Zhejiang	5735	3762834	520	533070
安 徽 Anhui	4154	2884335	196	123985
福 建 Fujian	3584	2618489	251	245235
江 西 Jiangxi	3805	2483205	232	352523
山 东 Shandong	3293	4538877	279	229791
河 南 Henan	5011	3967697	305	221972
湖 北 Hubei	5186	4350055	474	869807
湖 南 Hunan	3239	3317408	300	206366
广 东 Guangdong	2154	3170771	391	704150
广 西 Guangxi	4278	3815899	222	192759
海 南 Hainan	1056	712633	77	240288
重 庆 Chongqing	2482	7445485	374	301175
四 川 Sichuan	7113	4324891	421	495325
贵 州 Guizhou	3201	1599445	114	60055
云 南 Yunnan	5874	4342588	227	151806
西 藏 Tibet	256	68371	7	4900
陕 西 Shaanxi	6040	11465031	372	229724
甘 肃 Gansu	3440	2169899	137	91947
青 海 Qinghai	662	500170	65	10681
宁 夏 Ningxia	993	1943331	84	60161
新 疆 Xinjiang	5274	2445851	153	129539

附表 6-5 续表 Continued

地 区 Region	举办实用技术培训 Practical skill trainings		重大科普活动次数/次 Number of grand popularization activities
	举办次数/次 Number of trainings held	参加人数/人次 Number of participants	
全 国 Total	598385	71738529	27802
东 部 Eastern	161709	21142902	9936
中 部 Middle	120456	17591242	7204
西 部 Western	316220	33004385	10662
北 京 Beijing	14906	1432111	809
天 津 Tianjin	8094	572921	341
河 北 Hebei	21839	2912230	980
山 西 Shanxi	10866	1169627	720
内蒙古 Inner Mongolia	17964	2301508	608
辽 宁 Liaoning	10647	1588869	1009
吉 林 Jilin	7893	825168	319
黑龙江 Heilongjiang	16078	2742094	620
上 海 Shanghai	15462	3382343	1142
江 苏 Jiangsu	23694	2342903	1587
浙 江 Zhejiang	26973	3105686	1175
安 徽 Anhui	15344	2042755	821
福 建 Fujian	13147	2252292	721
江 西 Jiangxi	11660	1026251	542
山 东 Shandong	12798	2220205	976
河 南 Henan	20046	4413842	1381
湖 北 Hubei	23809	3358567	1331
湖 南 Hunan	14760	2012938	1470
广 东 Guangdong	11514	1092918	985
广 西 Guangxi	30130	2275687	830
海 南 Hainan	2635	240424	211
重 庆 Chongqing	7901	1108784	947
四 川 Sichuan	53231	5468552	1881
贵 州 Guizhou	18554	1832942	424
云 南 Yunnan	67010	6540185	1367
西 藏 Tibet	377	35009	132
陕 西 Shaanxi	37935	3959249	1400
甘 肃 Gansu	29354	2950162	1342
青 海 Qinghai	2391	186220	402
宁 夏 Ningxia	5204	482769	354
新 疆 Xinjiang	46169	5863318	975

附表 6-6　2017 年创新创业中的科普

Appendix table 6-6: S&T popularization activities in innovation and entrepreneurship in 2017

地　区 Region	众创空间 Maker space		
	数量/个 Number of maker spaces	服务各类人员数量/人 Number of serving for people	孵化科技项目数量/个 Number of incubating S&T projects
全　国 Total	8236	1397672	166301
东　部 Eastern	4546	917855	126932
中　部 Middle	1503	269678	17314
西　部 Western	2187	210139	22055
北　京 Beijing	411	617501	75693
天　津 Tianjin	274	19841	4449
河　北 Hebei	451	36889	2922
山　西 Shanxi	169	18686	3916
内蒙古 Inner Mongolia	210	14636	858
辽　宁 Liaoning	203	32717	2557
吉　林 Jilin	81	10580	152
黑龙江 Heilongjiang	183	18061	2474
上　海 Shanghai	1306	80908	22957
江　苏 Jiangsu	705	29990	6242
浙　江 Zhejiang	112	10553	1185
安　徽 Anhui	226	54037	3668
福　建 Fujian	487	19389	1109
江　西 Jiangxi	161	42069	1208
山　东 Shandong	266	24401	3088
河　南 Henan	104	17123	828
湖　北 Hubei	327	19236	1051
湖　南 Hunan	252	89886	4017
广　东 Guangdong	258	20518	4315
广　西 Guangxi	354	23127	1586
海　南 Hainan	73	25148	2415
重　庆 Chongqing	332	28562	2215
四　川 Sichuan	393	21436	1002
贵　州 Guizhou	96	4578	438
云　南 Yunnan	327	40435	1702
西　藏 Tibet	17	3236	43
陕　西 Shaanxi	205	16744	13417
甘　肃 Gansu	88	3921	211
青　海 Qinghai	22	3816	44
宁　夏 Ningxia	47	44944	218
新　疆 Xinjiang	96	4704	321

附表 6-6 续表 Continued

地 区 Region	创新创业培训 Innovation and entrepreneurship trainings		创新创业赛事 Innovation and entrepreneurship competitions	
	培训次数/次 Number of trainings	参加人数/人次 Number of participants	赛事次数/次 Number of competitions	参加人数/人次 Number of participants
全 国 Total	79470	4387842	7209	2748910
东 部 Eastern	37429	2195735	3744	1513672
中 部 Middle	21691	1030498	1526	478343
西 部 Western	20350	1161609	1939	756895
北 京 Beijing	1822	245896	263	149847
天 津 Tianjin	4013	173657	142	490287
河 北 Hebei	2255	106770	193	46832
山 西 Shanxi	633	53112	164	45099
内蒙古 Inner Mongolia	2164	87621	243	19809
辽 宁 Liaoning	1664	149167	597	82174
吉 林 Jilin	1912	30839	12	2575
黑龙江 Heilongjiang	1486	88304	145	58756
上 海 Shanghai	11206	534056	900	390230
江 苏 Jiangsu	5557	293885	561	80499
浙 江 Zhejiang	2267	98693	243	61928
安 徽 Anhui	3610	157377	345	49082
福 建 Fujian	2185	134736	288	67254
江 西 Jiangxi	2172	109351	189	72829
山 东 Shandong	2904	222119	301	62461
河 南 Henan	4249	208836	225	42454
湖 北 Hubei	2429	197664	273	161839
湖 南 Hunan	5200	185015	173	45709
广 东 Guangdong	2318	138090	229	76038
广 西 Guangxi	2666	138331	209	58797
海 南 Hainan	1238	98666	27	6122
重 庆 Chongqing	2787	143185	278	82812
四 川 Sichuan	3642	245733	174	49891
贵 州 Guizhou	1718	36548	261	61250
云 南 Yunnan	2981	200193	298	29587
西 藏 Tibet	93	7297	16	1300
陕 西 Shaanxi	1764	123195	261	379666
甘 肃 Gansu	750	54149	87	36181
青 海 Qinghai	200	11447	9	2440
宁 夏 Ningxia	218	15040	42	26610
新 疆 Xinjiang	1367	98870	61	8552

附录 7　2016 年全国科普统计分类数据统计表

各项统计数据均未包括香港特别行政区、澳门特别行政区和台湾地区的数据。

科普宣传专用车、科普图书、科普期刊、科普网站、科普国际交流情况和创新创业中的科普情况均由市级以上（含市级）填报单位的数据统计得出。

非场馆类科普基地，因为理解差异，此次暂未列入。

东部、中部和西部地区的划分：东部地区包括北京、天津、河北、辽宁、上海、江苏、浙江、福建、山东、广东和海南 11 个省和直辖市；中部地区包括山西、吉林、黑龙江、安徽、江西、河南、湖北和湖南 8 个省；西部地区包括内蒙古、广西、重庆、四川、贵州、云南、西藏、陕西、甘肃、青海、宁夏和新疆 12 个省、自治区和直辖市。

附表 7-1　2016 年各省科普人员

Appendix table 7-1: S&T popularization personnel by region in 2016

单位：人
Unit: person

地　区 Region	科普专职人员 Full time S&T popularization personnel		
	人员总数 Total	中级职称及以上或大学本科及以上学历人员 With title of medium-rank or above / with college graduate or above	女性 Female
全　国 Total	223544	133371	82120
东　部 Eastern	82349	52526	32943
中　部 Middle	70793	41730	23835
西　部 Western	70402	39115	25342
北　京 Beijing	9291	6586	4291
天　津 Tianjin	2404	1803	1266
河　北 Hebei	8094	4421	3150
山　西 Shanxi	7171	3890	3053
内蒙古 Inner Mongolia	6842	4090	2681
辽　宁 Liaoning	9047	6094	3642
吉　林 Jilin	822	577	341
黑龙江 Heilongjiang	3728	2554	1501
上　海 Shanghai	8544	6130	4156
江　苏 Jiangsu	13064	7906	4508
浙　江 Zhejiang	7563	5590	2951
安　徽 Anhui	11755	6691	2787
福　建 Fujian	4399	2441	1449
江　西 Jiangxi	6409	3803	2053
山　东 Shandong	10302	6197	4023
河　南 Henan	14499	8027	5438
湖　北 Hubei	12827	8190	4227
湖　南 Hunan	13582	7998	4435
广　东 Guangdong	8976	5004	3334
广　西 Guangxi	5810	3157	2019
海　南 Hainan	665	354	173
重　庆 Chongqing	4248	2596	1661
四　川 Sichuan	8962	4658	2974
贵　州 Guizhou	2779	1623	955
云　南 Yunnan	14214	8249	4967
西　藏 Tibet	673	294	153
陕　西 Shaanxi	11393	5794	4252
甘　肃 Gansu	8287	4514	2479
青　海 Qinghai	1041	737	490
宁　夏 Ningxia	1531	838	688
新　疆 Xinjiang	4622	2565	2023

附表 7-1　续表　　　　Continued

地　区	Region	科普专职人员 Full time S&T popularization personnel		
		农村科普人员 Rural S&T popularization personnel	管理人员 S&T popularization administrators	科普创作人员 S&T popularization creators
全　国	Total	68403	47004	14148
东　部	Eastern	19744	18331	6778
中　部	Middle	25743	14065	3822
西　部	Western	22916	14608	3548
北　京	Beijing	1880	1852	1323
天　津	Tianjin	257	787	231
河　北	Hebei	2395	1746	388
山　西	Shanxi	2296	1773	420
内蒙古	Inner Mongolia	2746	2097	274
辽　宁	Liaoning	2024	2370	627
吉　林	Jilin	176	188	83
黑龙江	Heilongjiang	1007	831	251
上　海	Shanghai	953	2046	1315
江　苏	Jiangsu	2647	2532	791
浙　江	Zhejiang	2204	1501	410
安　徽	Anhui	5824	2091	467
福　建	Fujian	1205	1034	312
江　西	Jiangxi	1825	1243	365
山　东	Shandong	3904	2103	670
河　南	Henan	4637	2655	651
湖　北	Hubei	5256	2620	773
湖　南	Hunan	4722	2664	812
广　东	Guangdong	1985	2212	697
广　西	Guangxi	2325	1252	384
海　南	Hainan	290	148	14
重　庆	Chongqing	1186	1270	448
四　川	Sichuan	3193	1945	390
贵　州	Guizhou	865	660	174
云　南	Yunnan	3845	2219	261
西　藏	Tibet	232	236	79
陕　西	Shaanxi	4277	2050	756
甘　肃	Gansu	2134	1249	409
青　海	Qinghai	128	204	47
宁　夏	Ningxia	510	346	75
新　疆	Xinjiang	1475	1080	251

附表 7-1 续表 Continued

地 区 Region	科普兼职人员 Part time S&T popularization personnel		
	人员总数 Total	年度实际投入工作量/人月 Annual actual workload (person-month)	中级职称及以上或大学本科及以上学历人员 With title of medium-rank or above / with college graduate or above
全 国 Total	1628842	1854613	866219
东 部 Eastern	718763	782565	407741
中 部 Middle	427139	499087	216925
西 部 Western	482940	572961	241553
北 京 Beijing	45669	56414	30026
天 津 Tianjin	32238	31640	16610
河 北 Hebei	56913	10017	26894
山 西 Shanxi	33583	32512	13292
内蒙古 Inner Mongolia	29217	32630	15539
辽 宁 Liaoning	79519	93253	43051
吉 林 Jilin	5610	6695	2637
黑龙江 Heilongjiang	24703	35176	16249
上 海 Shanghai	51476	77450	32600
江 苏 Jiangsu	97032	135419	60315
浙 江 Zhejiang	137823	120840	83959
安 徽 Anhui	66816	96856	35142
福 建 Fujian	72525	65366	42428
江 西 Jiangxi	41933	60834	19245
山 东 Shandong	71430	99685	31510
河 南 Henan	93917	143539	47794
湖 北 Hubei	75542	15827	41112
湖 南 Hunan	85035	107648	41454
广 东 Guangdong	67912	86028	38405
广 西 Guangxi	48026	62815	23693
海 南 Hainan	6226	6453	1943
重 庆 Chongqing	48723	9605	24767
四 川 Sichuan	81765	127847	38336
贵 州 Guizhou	37929	52705	20969
云 南 Yunnan	73756	90179	38096
西 藏 Tibet	1460	844	512
陕 西 Shaanxi	68972	86986	32467
甘 肃 Gansu	49381	52667	23324
青 海 Qinghai	7201	9248	4513
宁 夏 Ningxia	10569	13455	6697
新 疆 Xinjiang	25941	33980	12640

附表 7-1　续表　　Continued

地　区 Region	科普兼职人员 Part time S&T popularization personnel		注册科普志愿者 Registered S&T popularization volunteers
	女性 Female	农村科普人员 Rural S&T popularization personnel	
全　国 Total	632834	502852	2315363
东　部 Eastern	301035	187422	1255822
中　部 Middle	154195	164592	554666
西　部 Western	177604	150838	504875
北　京 Beijing	26932	5619	18174
天　津 Tianjin	19008	3002	30239
河　北 Hebei	26217	21822	46597
山　西 Shanxi	13650	13669	19167
内蒙古 Inner Mongolia	11797	9715	25042
辽　宁 Liaoning	34090	17661	66192
吉　林 Jilin	2324	1926	4200
黑龙江 Heilongjiang	10345	6927	30776
上　海 Shanghai	26880	4397	101197
江　苏 Jiangsu	39950	27861	630648
浙　江 Zhejiang	48555	35138	116340
安　徽 Anhui	21298	27983	42518
福　建 Fujian	26282	19955	36697
江　西 Jiangxi	13223	16061	21813
山　东 Shandong	27046	31187	54149
河　南 Henan	39325	40862	193671
湖　北 Hubei	27562	27789	89579
湖　南 Hunan	26468	29375	152942
广　东 Guangdong	24235	17754	146992
广　西 Guangxi	16120	12619	17223
海　南 Hainan	1840	3026	8597
重　庆 Chongqing	17702	15273	65783
四　川 Sichuan	28304	29892	54499
贵　州 Guizhou	13243	9771	45572
云　南 Yunnan	27823	24601	154040
西　藏 Tibet	260	558	21
陕　西 Shaanxi	26154	21886	23993
甘　肃 Gansu	17781	13072	37643
青　海 Qinghai	2857	1009	41743
宁　夏 Ningxia	4386	3944	28772
新　疆 Xinjiang	11177	8498	10544

附表 7-2　2016 年各省科普场地

Appendix table 7-2: S&T popularization venues and facilities by region in 2016

地　区 Region	科技馆/个 S&T museums	建筑面积/平方米 Construction area (m^2)	展厅面积/平方米 Exhibition area (m^2)	当年参观人数/人次 Visitors
全　国 Total	473	3156591	1538494	50405336
东　部 Eastern	241	1889998	929438	31586085
中　部 Middle	120	608439	280491	7733786
西　部 Western	112	658154	328565	11085465
北　京 Beijing	30	266907	149481	4799433
天　津 Tianjin	1	18000	10000	472200
河　北 Hebei	9	53392	25941	1720400
山　西 Shanxi	5	6800	3700	98000
内蒙古 Inner Mongolia	17	128015	47600	1220406
辽　宁 Liaoning	19	224846	90737	2275306
吉　林 Jilin	8	31862	15860	150312
黑龙江 Heilongjiang	8	103025	61009	2190320
上　海 Shanghai	32	230359	135394	7344529
江　苏 Jiangsu	19	157246	88982	2298347
浙　江 Zhejiang	23	236901	88333	3183198
安　徽 Anhui	10	119656	32144	257042
福　建 Fujian	38	225213	103103	3255551
江　西 Jiangxi	5	61223	32542	785032
山　东 Shandong	24	112323	67238	1737285
河　南 Henan	13	73978	46884	1803239
湖　北 Hubei	56	142082	51529	1840841
湖　南 Hunan	15	69813	36823	609000
广　东 Guangdong	42	361011	168127	4434100
广　西 Guangxi	4	80977	40357	1658391
海　南 Hainan	4	3800	2102	65736
重　庆 Chongqing	10	70288	42935	2529100
四　川 Sichuan	17	54530	35102	1655584
贵　州 Guizhou	9	38315	17339	147200
云　南 Yunnan	12	25389	16602	529149
西　藏 Tibet	1	500	340	1200
陕　西 Shaanxi	11	81430	42944	511275
甘　肃 Gansu	7	19116	6551	112093
青　海 Qinghai	3	35179	14950	696262
宁　夏 Ningxia	6	52183	30051	764855
新　疆 Xinjiang	15	72232	33794	1259950

附表 7-2　续表　　Continued

地　区 Region	科学技术类博物馆/个 S&T related museums	建筑面积/平方米 Construction area (m^2)	展厅面积/平方米 Exhibition area (m^2)	当年参观人数/人次 Visitors	青少年科技馆站/个 Teenage S&T museums
全　国 Total	920	6090804	2824908	110158720	596
东　部 Eastern	522	3752280	1798395	66406551	202
中　部 Middle	158	870134	416668	15369934	183
西　部 Western	240	1468390	609845	28382235	211
北　京 Beijing	74	889500	325406	15006733	17
天　津 Tianjin	10	244665	134113	3832071	8
河　北 Hebei	31	109295	51547	2003203	22
山　西 Shanxi	14	60319	25772	1083258	34
内蒙古 Inner Mongolia	15	76381	34447	2031580	19
辽　宁 Liaoning	81	651099	271357	7518700	25
吉　林 Jilin	5	24565	13000	334500	1
黑龙江 Heilongjiang	30	150398	89703	1384655	21
上　海 Shanghai	143	746285	457001	15193596	25
江　苏 Jiangsu	41	217415	119428	5811514	19
浙　江 Zhejiang	36	286844	119588	6537842	31
安　徽 Anhui	17	62621	38860	1216177	26
福　建 Fujian	38	173147	82863	1816690	12
江　西 Jiangxi	13	93053	23256	3120130	19
山　东 Shandong	22	168194	110401	2002916	16
河　南 Henan	13	64755	17850	1441118	15
湖　北 Hubei	41	288320	152241	3816273	35
湖　南 Hunan	25	126103	55986	2973823	32
广　东 Guangdong	44	256012	124071	6575269	25
广　西 Guangxi	10	51945	21132	430503	22
海　南 Hainan	2	9824	2620	108017	2
重　庆 Chongqing	27	223544	88561	4944213	22
四　川 Sichuan	42	332886	123213	6870259	39
贵　州 Guizhou	11	178665	35091	2695200	8
云　南 Yunnan	45	215304	115290	6976381	30
西　藏 Tibet	2	6020	3850	121000	5
陕　西 Shaanxi	29	134245	72419	1300056	23
甘　肃 Gansu	21	98481	51751	1889868	6
青　海 Qinghai	5	39977	12500	18208	2
宁　夏 Ningxia	6	28154	17685	138136	4
新　疆 Xinjiang	27	82788	33906	966831	31

附表 7-2 续表 Continued

地　区 Region	城市社区科普（技）专用活动室/个 Urban community S&T popularization rooms	农村科普（技）活动场地/个 Rural S&T popularization sites	科普宣传专用车/辆 S&T popularization vehicles	科普画廊/个 S&T popularization galleries
全　国 Total	84824	346570	1898	210167
东　部 Eastern	42166	141381	539	117995
中　部 Middle	24679	108135	402	48802
西　部 Western	17979	97054	957	43370
北　京 Beijing	1297	2065	53	5335
天　津 Tianjin	3242	6561	93	3089
河　北 Hebei	1458	12240	86	4661
山　西 Shanxi	2610	8471	26	5315
内蒙古 Inner Mongolia	1456	4031	34	2252
辽　宁 Liaoning	6997	14069	56	10883
吉　林 Jilin	167	1179	1	364
黑龙江 Heilongjiang	2209	5401	35	1879
上　海 Shanghai	3536	1692	71	7161
江　苏 Jiangsu	8418	23303	31	24804
浙　江 Zhejiang	4122	18699	21	16367
安　徽 Anhui	3772	12965	31	10773
福　建 Fujian	2159	6513	17	7273
江　西 Jiangxi	2219	9604	36	6158
山　东 Shandong	6704	45076	32	29425
河　南 Henan	2845	21502	143	6920
湖　北 Hubei	5804	26342	57	9544
湖　南 Hunan	5053	22671	73	7849
广　东 Guangdong	3961	9589	65	8320
广　西 Guangxi	1345	11711	36	4545
海　南 Hainan	272	1574	14	677
重　庆 Chongqing	2400	4899	220	5294
四　川 Sichuan	3996	28538	51	9043
贵　州 Guizhou	298	1342	30	716
云　南 Yunnan	1977	13986	37	9362
西　藏 Tibet	91	1307	97	158
陕　西 Shaanxi	2369	13016	134	4450
甘　肃 Gansu	1399	7012	124	3151
青　海 Qinghai	237	1306	57	1418
宁　夏 Ningxia	551	3399	7	721
新　疆 Xinjiang	1860	6507	130	2260

附表 7-3　2016 年各省科普经费

Appendix table 7-3: S&T popularization funds by region in 2016

单位：万元
Unit: 10000 yuan

地　区 Region	年度科普经费筹集额 Annual funding for S&T popularization	政府拨款 Government funds	科普专项经费 Special funds	捐赠 Donates	自筹资金 Self-raised funds	其他收入 Others
全　国 Total	1519763	1157509	620062	15672	275990	71325
东　部 Eastern	909685	678928	380632	12319	179664	39447
中　部 Middle	234401	180685	86452	1820	42873	8990
西　部 Western	375677	297896	152979	1533	53453	22887
北　京 Beijing	251204	180408	126305	4053	54807	12003
天　津 Tianjin	24504	19181	7274	306	4637	379
河　北 Hebei	37062	23019	14200	5028	4518	4677
山　西 Shanxi	9387	7658	3888	0	1264	465
内蒙古 Inner Mongolia	20051	17873	10276	20	1477	730
辽　宁 Liaoning	45855	31055	15622	173	11967	2665
吉　林 Jilin	2789	1885	478	2	615	286
黑龙江 Heilongjiang	14796	13084	7678	62	1272	379
上　海 Shanghai	160277	108770	47774	926	46001	4579
江　苏 Jiangsu	95932	74939	42980	1014	16385	3593
浙　江 Zhejiang	96335	72356	32225	456	18680	5375
安　徽 Anhui	28784	23736	15267	336	3705	1007
福　建 Fujian	40442	31197	13925	100	7378	1766
江　西 Jiangxi	27548	19574	7375	469	6702	807
山　东 Shandong	52351	45824	33596	93	3748	2567
河　南 Henan	31178	25710	11241	120	4487	825
湖　北 Hubei	73899	58534	23140	648	12555	2163
湖　南 Hunan	46019	30504	17386	183	12273	3058
广　东 Guangdong	93979	80876	39911	152	11220	1742
广　西 Guangxi	44768	33590	18490	86	4439	6654
海　南 Hainan	11745	11302	6820	19	323	102
重　庆 Chongqing	55036	41390	21059	154	10003	3615
四　川 Sichuan	46569	36514	19756	90	8878	1085
贵　州 Guizhou	41775	33437	14145	307	5692	2339
云　南 Yunnan	76658	63879	30711	434	10125	2221
西　藏 Tibet	2737	2604	1584	0	107	26
陕　西 Shaanxi	34775	25460	14901	114	5938	3258
甘　肃 Gansu	18180	13455	7001	104	3450	1171
青　海 Qinghai	9427	7818	2377	103	782	725
宁　夏 Ningxia	7606	6801	4473	42	553	210
新　疆 Xinjiang	18095	15076	8206	80	2010	854

附表 7-3　续表　　　Continued

地　区 Region	科技活动周经费筹集额 Funding for S&T week	政府拨款 Government funds	企业赞助 Corporate donates	年度科普经费使用额 Annual expenditure	行政支出 Administrative expenditure	科普活动支出 Activities expenditure
全　国 Total	50289	37797	3408	1522149	250267	837407
东　部 Eastern	25810	20339	1607	880389	133412	505785
中　部 Middle	11504	7322	1111	261282	35350	125435
西　部 Western	12975	10136	690	380478	81505	206187
北　京 Beijing	3937	3454	128	233118	30424	144325
天　津 Tianjin	687	385	83	22296	4390	16053
河　北 Hebei	1070	827	60	35095	6861	22984
山　西 Shanxi	694	465	136	10216	2204	4819
内蒙古 Inner Mongolia	583	487	20	20974	2667	9622
辽　宁 Liaoning	1355	1025	119	46460	7207	30359
吉　林 Jilin	61	47	0	2859	1301	909
黑龙江 Heilongjiang	321	222	58	13389	2470	9106
上　海 Shanghai	5447	4374	512	157707	9283	99412
江　苏 Jiangsu	4586	3502	284	90960	14500	52137
浙　江 Zhejiang	2640	2182	31	95151	25856	45487
安　徽 Anhui	994	716	57	35199	4197	17971
福　建 Fujian	1198	805	169	45025	7479	18911
江　西 Jiangxi	1605	850	293	27053	5914	14042
山　东 Shandong	955	487	97	50167	5580	21438
河　南 Henan	1740	672	42	35627	3803	15360
湖　北 Hubei	2637	1729	251	82242	8661	34904
湖　南 Hunan	3452	2622	274	54697	6801	28324
广　东 Guangdong	3453	2854	98	92450	18579	51544
广　西 Guangxi	1641	1402	35	46009	14658	19081
海　南 Hainan	483	444	26	11959	3252	3135
重　庆 Chongqing	1620	1219	145	49454	5004	29393
四　川 Sichuan	2240	1638	140	52950	8203	31398
贵　州 Guizhou	1884	1600	130	40063	11639	22890
云　南 Yunnan	1714	1251	89	75094	22186	41783
西　藏 Tibet	40	25	0	2698	85	2179
陕　西 Shaanxi	1563	1229	65	35534	7045	22348
甘　肃 Gansu	534	390	25	18086	2433	10010
青　海 Qinghai	162	120	2	12118	3290	3877
宁　夏 Ningxia	168	140	9	5592	462	4323
新　疆 Xinjiang	826	635	30	21906	3834	9281

附表 7-3　续表　　Continued

地　区 Region	年度科普经费使用额 Annual expenditure				
	科普场馆基建支出 Infrastructure expenditures	政府拨款支出 Government expenditures	场馆建设支出 Venue construction expenditures	展品、设施支出 Exhibits & facilities expenditures	其他支出 Others
全　国 Total	338443	141661	169842	135796	96039
东　部 Eastern	178516	81755	87185	72660	62661
中　部 Middle	83064	36967	44962	23277	17216
西　部 Western	76864	22940	37695	39860	16163
北　京 Beijing	31883	13475	12838	13836	26599
天　津 Tianjin	1110	220	517	471	742
河　北 Hebei	2950	1047	1594	1062	2100
山　西 Shanxi	2816	808	847	1798	379
内蒙古 Inner Mongolia	8393	1918	3069	4932	465
辽　宁 Liaoning	7218	3054	2388	3772	1686
吉　林 Jilin	455	18	385	93	195
黑龙江 Heilongjiang	1596	709	180	678	217
上　海 Shanghai	45054	23378	18792	19245	3958
江　苏 Jiangsu	15768	4857	6218	10200	8555
浙　江 Zhejiang	19299	5973	9425	8582	4558
安　徽 Anhui	11084	3794	5388	4291	1947
福　建 Fujian	15058	2761	9294	3947	3560
江　西 Jiangxi	6513	4290	3166	1894	326
山　东 Shandong	22556	19741	16753	4755	621
河　南 Henan	14790	7425	8968	3376	1675
湖　北 Hubei	30101	17153	17429	6077	8576
湖　南 Hunan	15710	2768	8599	5069	3900
广　东 Guangdong	16884	6968	8803	6684	5445
广　西 Guangxi	10065	7240	4215	4887	2252
海　南 Hainan	735	281	563	105	4837
重　庆 Chongqing	12723	1736	2279	9777	2335
四　川 Sichuan	11675	2833	7800	1709	1701
贵　州 Guizhou	2725	1430	1781	933	2809
云　南 Yunnan	7925	4558	4544	1922	3193
西　藏 Tibet	433	0	0	0	1
陕　西 Shaanxi	4828	973	7500	6720	1314
甘　肃 Gansu	5192	695	1720	2615	451
青　海 Qinghai	4454	73	2864	1486	498
宁　夏 Ningxia	595	50	188	374	209
新　疆 Xinjiang	7857	1435	1737	4504	935

附表 7-4 2016 年各省科普传媒

Appendix table 7-4: S&T popularization media by region in 2016

地 区 Region	科普图书 Popular science books		科普期刊 Popular science journals	
	出版种数/种 Types of publications	出版总册数/册 Total copies	出版种数/种 Types of publications	出版总册数/册 Total copies
全 国 Total	11937	134873318	1265	159696620
东 部 Eastern	7808	85294711	634	134948214
中 部 Middle	2486	25555505	271	15341452
西 部 Western	1643	24023102	360	9406954
北 京 Beijing	3572	28695217	130	37026395
天 津 Tianjin	551	3640051	21	1533100
河 北 Hebei	72	3270895	26	3886700
山 西 Shanxi	334	1904102	42	1865110
内蒙古 Inner Mongolia	95	10296800	13	164500
辽 宁 Liaoning	80	855380	24	791218
吉 林 Jilin	66	120900	5	18602
黑龙江 Heilongjiang	150	463372	14	193000
上 海 Shanghai	972	13145565	133	19238459
江 苏 Jiangsu	266	781654	48	4032612
浙 江 Zhejiang	1719	32724947	85	26208046
安 徽 Anhui	253	2158208	10	3372012
福 建 Fujian	86	214631	50	202758
江 西 Jiangxi	558	6086501	42	3594132
山 东 Shandong	45	195800	13	466700
河 南 Henan	436	9524930	74	4586172
湖 北 Hubei	261	1073240	55	1068800
湖 南 Hunan	428	4224252	29	643624
广 东 Guangdong	377	1452831	75	40505226
广 西 Guangxi	100	772260	25	2491724
海 南 Hainan	68	317740	29	1057000
重 庆 Chongqing	301	2463276	53	896103
四 川 Sichuan	145	1103820	43	1872360
贵 州 Guizhou	26	3120000	19	202600
云 南 Yunnan	236	751234	66	1052112
西 藏 Tibet	19	92600	5	29200
陕 西 Shaanxi	242	1067571	45	1273726
甘 肃 Gansu	214	988576	41	171024
青 海 Qinghai	96	317159	24	70900
宁 夏 Ningxia	31	514630	2	26000
新 疆 Xinjiang	138	2535176	24	1156705

附表 7-4　续表　　Continued

地　区 Region	科普（技）音像制品 Popularization audio and video products			科技类报纸年发行总份数/份 S&T newspaper printed copies
	出版种数/种 Types of publications	光盘发行总量/张 Total CD copies released	录音、录像带发行总量/盒 Total copies of audio and video publications	
全　国 Total	5465	4334693	358717	267407129
东　部 Eastern	1976	1968100	81405	185287300
中　部 Middle	1282	1250578	151292	62088310
西　部 Western	2207	1116015	126020	20031519
北　京 Beijing	531	457194	170	78221765
天　津 Tianjin	52	94708	100	3659112
河　北 Hebei	66	120484	11465	11042323
山　西 Shanxi	71	116738	72250	12111185
内蒙古 Inner Mongolia	149	56323	11866	2112768
辽　宁 Liaoning	370	435489	38814	10198548
吉　林 Jilin	25	3890	630	4110
黑龙江 Heilongjiang	112	134311	3774	8339022
上　海 Shanghai	95	188640	5632	17750843
江　苏 Jiangsu	102	110511	1350	11030280
浙　江 Zhejiang	247	169649	849	18180291
安　徽 Anhui	143	188154	9245	1430872
福　建 Fujian	54	224225	5187	845087
江　西 Jiangxi	141	217679	4364	9389038
山　东 Shandong	123	88035	5922	23632036
河　南 Henan	117	246006	6788	16623882
湖　北 Hubei	512	196290	12916	12218304
湖　南 Hunan	161	147510	41325	1971897
广　东 Guangdong	282	67668	6810	10723215
广　西 Guangxi	213	36908	7912	10483408
海　南 Hainan	54	11497	5106	3800
重　庆 Chongqing	89	133229	36821	315192
四　川 Sichuan	548	133668	26577	1228762
贵　州 Guizhou	23	17188	4246	192301
云　南 Yunnan	365	289534	983	721551
西　藏 Tibet	21	12981	2771	2244650
陕　西 Shaanxi	428	112777	2193	465136
甘　肃 Gansu	271	205822	14540	362720
青　海 Qinghai	38	24023	7000	1347554
宁　夏 Ningxia	12	17870	0	253310
新　疆 Xinjiang	50	75692	11111	304167

附表 7-4 续表 Continued

地 区 Region	电视台播出科普（技）节目时间/小时 Broadcasting time of popular science programs on TV (h)	电台播出科普（技）节目时间/小时 Broadcasting time of popular science programs on radio (h)	科普网站数/个 S&T popularization websites (unit)	发放科普读物和资料/份 Number of S&T popularization books and materials
全 国 Total	135392	126799	2975	823071593
东 部 Eastern	91390	88717	1534	315755467
中 部 Middle	21401	21195	588	179387027
西 部 Western	22601	16887	853	327929099
北 京 Beijing	3560	7853	359	42405224
天 津 Tianjin	6897	429	114	11088998
河 北 Hebei	5964	4364	69	25209723
山 西 Shanxi	1843	731	35	14223460
内蒙古 Inner Mongolia	2718	2054	52	10101191
辽 宁 Liaoning	24311	24543	114	23050398
吉 林 Jilin	249	213	16	2234195
黑龙江 Heilongjiang	1013	1024	79	12308665
上 海 Shanghai	6591	2032	263	36090411
江 苏 Jiangsu	2203	2012	119	59202731
浙 江 Zhejiang	13152	10791	145	34677217
安 徽 Anhui	2520	6084	84	30537872
福 建 Fujian	1324	2100	72	12220167
江 西 Jiangxi	8837	8065	92	14815553
山 东 Shandong	14202	1804	84	24289675
河 南 Henan	1315	1159	104	30166346
湖 北 Hubei	4613	3191	117	41084165
湖 南 Hunan	1011	728	61	34016771
广 东 Guangdong	13129	32734	178	45088144
广 西 Guangxi	2669	630	68	32992782
海 南 Hainan	57	55	17	2432779
重 庆 Chongqing	0	0	175	30053805
四 川 Sichuan	3242	1951	87	65784381
贵 州 Guizhou	1506	1172	41	35769236
云 南 Yunnan	4462	2667	99	67613986
西 藏 Tibet	29	1622	11	324612
陕 西 Shaanxi	943	804	105	36220207
甘 肃 Gansu	4277	3545	120	21490569
青 海 Qinghai	137	101	28	6048340
宁 夏 Ningxia	595	82	20	6514303
新 疆 Xinjiang	2023	2259	47	15015687

附表 7-5　2016 年各省科普活动

Appendix table 7-5: S&T popularization activities by region in 2016

地　区 Region	科普（技）讲座 S&T popularization lectures		科普（技）展览 S&T popularization exhibitions	
	举办次数/次 Number of lectures held	参加人数/人次 Number of participants	专题展览次数/次 Number of exhibitions held	参观人数/人次 Number of participants
全　国 Total	856884	145836168	165754	212666177
东　部 Eastern	451894	69291510	76767	119940854
中　部 Middle	175388	28506854	32396	36431941
西　部 Western	229602	48037804	56591	56293382
北　京 Beijing	66506	8136999	4286	38495531
天　津 Tianjin	42118	2342158	28061	4924576
河　北 Hebei	22122	3702597	3205	2900197
山　西 Shanxi	17058	1778838	2986	1308187
内蒙古 Inner Mongolia	12247	3990557	2052	1709318
辽　宁 Liaoning	38701	8170197	4612	8624351
吉　林 Jilin	4638	435522	232	628317
黑龙江 Heilongjiang	14842	2409700	2429	2305445
上　海 Shanghai	75859	7675114	5505	17438687
江　苏 Jiangsu	58700	9765740	9993	12431600
浙　江 Zhejiang	58494	12666004	7356	11958734
安　徽 Anhui	18323	3534178	3765	2831742
福　建 Fujian	20983	3443486	4258	3333891
江　西 Jiangxi	13881	2486942	3967	3516566
山　东 Shandong	30769	6403160	3822	3671388
河　南 Henan	45087	6448044	6663	11780128
湖　北 Hubei	38237	7442777	7902	8930084
湖　南 Hunan	23322	3970853	4452	5131472
广　东 Guangdong	36346	6703066	4951	15875410
广　西 Guangxi	17800	3669056	3099	3714397
海　南 Hainan	1296	282989	718	286489
重　庆 Chongqing	14545	5822294	2448	8526950
四　川 Sichuan	34330	6444072	16966	10624280
贵　州 Guizhou	11866	2717506	2746	3019759
云　南 Yunnan	42520	6634700	9972	15422795
西　藏 Tibet	745	96033	184	102114
陕　西 Shaanxi	27589	5680517	4893	5138838
甘　肃 Gansu	20891	4576091	4409	3716681
青　海 Qinghai	6185	1058397	961	1666644
宁　夏 Ningxia	4192	1390490	819	256537
新　疆 Xinjiang	36692	5958091	8042	2395069

附表 7-5 续表 Continued

地　区 Region	科普（技）竞赛 S&T popularization competitions		科普国际交流 International S&T popularization exchanges	
	举办次数/次 Number of competitions held	参加人数/人次 Number of participants	举办次数/次 Number of exchanges held	参加人数/人次 Number of participants
全　国 Total	64468	112503131	2481	616849
东　部 Eastern	41843	82678909	1657	332686
中　部 Middle	11791	12436958	250	40065
西　部 Western	10834	17387264	574	244098
北　京 Beijing	2367	10158427	466	110272
天　津 Tianjin	10769	1045206	54	35233
河　北 Hebei	1077	39590140	33	198
山　西 Shanxi	727	575311	25	458
内蒙古 Inner Mongolia	537	242817	88	24119
辽　宁 Liaoning	2741	3717909	139	64543
吉　林 Jilin	96	66617	6	594
黑龙江 Heilongjiang	1465	377551	25	22623
上　海 Shanghai	4432	5267631	371	66747
江　苏 Jiangsu	11117	10724618	242	27508
浙　江 Zhejiang	3315	2412143	112	10035
安　徽 Anhui	1221	1509436	19	3639
福　建 Fujian	1740	1549957	27	5150
江　西 Jiangxi	923	1170330	14	2133
山　东 Shandong	1724	2399759	85	5827
河　南 Henan	2443	3438015	25	1562
湖　北 Hubei	3374	3153125	72	2803
湖　南 Hunan	1542	2146573	64	6253
广　东 Guangdong	2423	5780994	112	3323
广　西 Guangxi	915	1595435	50	2958
海　南 Hainan	138	32125	16	3850
重　庆 Chongqing	765	5866273	70	55299
四　川 Sichuan	1866	3484110	112	121528
贵　州 Guizhou	637	991020	15	2151
云　南 Yunnan	1356	1327991	53	20746
西　藏 Tibet	65	7721	0	0
陕　西 Shaanxi	1323	2063631	111	13666
甘　肃 Gansu	1194	906847	22	1971
青　海 Qinghai	644	158291	23	660
宁　夏 Ningxia	244	321874	13	341
新　疆 Xinjiang	1288	421254	17	659

附表 7-5 续表 Continued

地 区	Region	成立青少年科技兴趣小组 Teenage S&T interest groups		科技夏（冬）令营 Summer /winter science camps	
		兴趣小组数/个 Number of groups	参加人数/人次 Number of participants	举办次数/次 Number of camps held	参加人数/人次 Number of participants
全 国	Total	222446	17151843	14094	3036360
东 部	Eastern	104602	7015158	8616	1999518
中 部	Middle	60817	4280925	1579	403343
西 部	Western	57027	5855760	3899	633499
北 京	Beijing	4140	330162	1371	249884
天 津	Tianjin	6490	391117	208	72462
河 北	Hebei	10707	547833	322	90568
山 西	Shanxi	5295	266873	72	20419
内蒙古	Inner Mongolia	2240	153985	90	24200
辽 宁	Liaoning	15025	990153	828	396274
吉 林	Jilin	339	60863	38	4573
黑龙江	Heilongjiang	4030	230568	167	55013
上 海	Shanghai	7822	558105	1691	408624
江 苏	Jiangsu	20558	1113279	1528	359498
浙 江	Zhejiang	14189	873304	981	172717
安 徽	Anhui	5247	399625	251	31091
福 建	Fujian	4471	436398	771	66556
江 西	Jiangxi	4005	463447	169	63295
山 东	Shandong	10651	891644	310	140521
河 南	Henan	13764	766717	209	60066
湖 北	Hubei	16336	1141335	398	81801
湖 南	Hunan	11801	951497	275	87085
广 东	Guangdong	9728	855850	533	38431
广 西	Guangxi	5518	802348	73	12510
海 南	Hainan	821	27313	73	3983
重 庆	Chongqing	4695	534717	127	16347
四 川	Sichuan	13599	1763131	415	142445
贵 州	Guizhou	3097	662014	111	62064
云 南	Yunnan	6122	455556	1090	146398
西 藏	Tibet	46	5456	26	1222
陕 西	Shaanxi	8175	517881	304	46508
甘 肃	Gansu	9127	541200	914	79115
青 海	Qinghai	340	14931	37	4054
宁 夏	Ningxia	1148	87218	31	7275
新 疆	Xinjiang	2920	317323	681	91361

附表 7-5 续表 Continued

地 区 Region	科技活动周 Science & technology week		科研机构、大学向社会开放 Scientific institutions and universities open to public	
	科普专题活动次数/次 Number of S&T week held	参加人数/人次 Number of participants	开放单位数/个 Number of open units	参观人数/人次 Number of participants
全 国 Total	128545	147408455	8080	8633658
东 部 Eastern	58102	103819733	4344	4854264
中 部 Middle	26153	16115430	1609	1917431
西 部 Western	44290	27473292	2127	1861963
北 京 Beijing	6774	58536108	807	750011
天 津 Tianjin	7311	2535511	216	130162
河 北 Hebei	4832	3243954	261	152793
山 西 Shanxi	1510	725426	135	94820
内蒙古 Inner Mongolia	1694	1410713	64	103066
辽 宁 Liaoning	4315	3831087	718	582141
吉 林 Jilin	293	197863	32	15730
黑龙江 Heilongjiang	2886	1233294	223	167336
上 海 Shanghai	5845	6956778	100	250150
江 苏 Jiangsu	12056	11205250	357	973779
浙 江 Zhejiang	7009	4270392	584	330909
安 徽 Anhui	4311	1544932	111	107104
福 建 Fujian	3603	1661544	246	153183
江 西 Jiangxi	3099	1849809	168	145755
山 东 Shandong	2855	7774854	242	240292
河 南 Henan	5261	3415207	328	147623
湖 北 Hubei	5079	4265057	434	888505
湖 南 Hunan	3714	2883842	178	350558
广 东 Guangdong	2404	3148548	769	1219344
广 西 Guangxi	4228	3108435	89	106926
海 南 Hainan	1098	655707	44	71500
重 庆 Chongqing	2230	2408520	456	233310
四 川 Sichuan	5062	4199266	209	382229
贵 州 Guizhou	3822	2239744	148	48927
云 南 Yunnan	6156	3188092	248	122729
西 藏 Tibet	217	25933	12	9710
陕 西 Shaanxi	9093	4334477	359	415844
甘 肃 Gansu	5031	2365620	183	363010
青 海 Qinghai	950	712512	76	16390
宁 夏 Ningxia	1214	1465785	61	7209
新 疆 Xinjiang	4593	2014195	222	52613

附表 7-5　续表　　Continued

地　区	Region	举办实用技术培训 Practical skill trainings		重大科普活动次数/次 Number ofgrand popularization activities
		举办次数/次 Number of trainings held	参加人数/人次 Number of participants	
全　国	Total	646933	77466929	27528
东　部	Eastern	189512	24749545	9868
中　部	Middle	122897	15161678	6482
西　部	Western	334524	37555706	11178
北　京	Beijing	15412	932430	633
天　津	Tianjin	12552	1515396	301
河　北	Hebei	22020	3466851	826
山　西	Shanxi	13903	1511405	636
内蒙古	Inner Mongolia	24212	2337038	756
辽　宁	Liaoning	20229	2758395	1456
吉　林	Jilin	3532	349358	100
黑龙江	Heilongjiang	19171	2787703	654
上　海	Shanghai	15415	3293215	1112
江　苏	Jiangsu	28584	3273989	1579
浙　江	Zhejiang	28922	3557396	1120
安　徽	Anhui	24710	2322834	789
福　建	Fujian	12222	1685595	687
江　西	Jiangxi	11812	927985	528
山　东	Shandong	15958	2459490	798
河　南	Henan	28915	4881785	1138
湖　北	Hubei	743	61074	1434
湖　南	Hunan	20111	2319534	1203
广　东	Guangdong	16060	1611914	1217
广　西	Guangxi	29233	2887759	904
海　南	Hainan	2138	194874	139
重　庆	Chongqing	8920	1259538	1067
四　川	Sichuan	51016	6730171	1816
贵　州	Guizhou	15004	2345581	391
云　南	Yunnan	72530	6825087	1417
西　藏	Tibet	652	99352	56
陕　西	Shaanxi	27926	3722244	1631
甘　肃	Gansu	37780	4175349	1307
青　海	Qinghai	8334	622277	700
宁　夏	Ningxia	8562	1033246	295
新　疆	Xinjiang	50355	5518064	838

附表 7-6 2016 年创新创业中的科普

Appendix table 7-6: S&T popularization activities in innovation and entrepreneurship in 2016

地 区 Region	众创空间 Maker space			
	数量/个 Number of maker spaces	服务各类人员数量/人 Number of serving for people	获得政府经费支持/万元 Funds from government (10000 yuan)	孵化科技项目数量/个 Number of incubating S&T projects
全 国 Total	6711	631235	338728	80792
东 部 Eastern	3697	323523	168246	55801
中 部 Middle	1286	97139	62860	15818
西 部 Western	1728	210573	107622	9173
北 京 Beijing	333	47509	30865	6879
天 津 Tianjin	254	27471	19420	4212
河 北 Hebei	332	28517	5840	7415
山 西 Shanxi	105	9946	3352	264
内蒙古 Inner Mongolia	160	31678	8215	502
辽 宁 Liaoning	180	22027	10239	1661
吉 林 Jilin	70	2291	2338	130
黑龙江 Heilongjiang	183	9763	21528	1358
上 海 Shanghai	1245	77557	39057	18852
江 苏 Jiangsu	492	17421	11917	9541
浙 江 Zhejiang	205	41246	12114	2042
安 徽 Anhui	141	16978	4330	560
福 建 Fujian	246	24918	11543	1920
江 西 Jiangxi	125	6974	14624	2257
山 东 Shandong	198	14518	2876	544
河 南 Henan	260	11765	7611	8197
湖 北 Hubei	260	19897	5453	1649
湖 南 Hunan	142	19525	3624	1403
广 东 Guangdong	204	21844	23775	2707
广 西 Guangxi	49	8232	3502	285
海 南 Hainan	8	495	600	28
重 庆 Chongqing	180	28430	16014	1388
四 川 Sichuan	257	33442	26865	2701
贵 州 Guizhou	60	13213	2043	240
云 南 Yunnan	394	27150	37449	1587
西 藏 Tibet	1	20	675	100
陕 西 Shaanxi	316	31382	7342	1043
甘 肃 Gansu	65	26507	3719	196
青 海 Qinghai	8	1463	457	88
宁 夏 Ningxia	33	3091	663	227
新 疆 Xinjiang	205	5965	678	816

附表 7-6　续表　　　Continued

地　区 Region	创新创业培训 Innovation and entrepreneurship trainings		创新创业赛事 Innovation and entrepreneurship competitions	
	培训次数/次 Number of trainings	参加人数/人次 Number of participants	赛事次数/次 Number of competitions	参加人数/人次 Number of participants
全　国 Total	85925	4589271	6618	2429230
东　部 Eastern	51884	2471446	4100	1282043
中　部 Middle	14125	805361	988	859700
西　部 Western	19916	1312464	1530	287487
北　京 Beijing	2784	373646	452	143809
天　津 Tianjin	7344	194016	208	364092
河　北 Hebei	6371	171102	295	25903
山　西 Shanxi	1123	73915	44	376404
内蒙古 Inner Mongolia	1633	53466	143	12540
辽　宁 Liaoning	2194	155414	597	63484
吉　林 Jilin	192	8960	5	350
黑龙江 Heilongjiang	1670	91481	93	25407
上　海 Shanghai	13352	510979	773	78216
江　苏 Jiangsu	8102	429368	415	54873
浙　江 Zhejiang	1418	93820	255	32289
安　徽 Anhui	2229	67211	166	23569
福　建 Fujian	3106	144845	599	123977
江　西 Jiangxi	1364	89561	149	22915
山　东 Shandong	4511	175333	326	152538
河　南 Henan	3539	237107	151	27201
湖　北 Hubei	1935	150813	296	158431
湖　南 Hunan	2073	86313	84	225423
广　东 Guangdong	2633	215222	173	241725
广　西 Guangxi	1643	118527	58	15539
海　南 Hainan	69	7701	7	1137
重　庆 Chongqing	2429	171343	258	26417
四　川 Sichuan	3219	238216	409	52296
贵　州 Guizhou	995	53519	29	7645
云　南 Yunnan	3340	233228	138	17268
西　藏 Tibet	104	4546	2	123
陕　西 Shaanxi	2567	151054	224	121286
甘　肃 Gansu	923	78018	113	26671
青　海 Qinghai	242	9215	15	894
宁　夏 Ningxia	214	25502	31	4866
新　疆 Xinjiang	2607	175830	110	1942

附录8 2015年全国科普统计分类数据统计表

各项统计数据均未包括香港特别行政区、澳门特别行政区和台湾地区的数据。

科普宣传专用车、科普图书、科普期刊、科普网站、科普国际交流情况和创新创业中的科普情况均由市级以上（含市级）填报单位的数据统计得出。

非场馆类科普基地，因为理解差异，此次暂未列入。

东部、中部和西部地区的划分：东部地区包括北京、天津、河北、辽宁、上海、江苏、浙江、福建、山东、广东和海南11个省和直辖市；中部地区包括山西、吉林、黑龙江、安徽、江西、河南、湖北和湖南8个省；西部地区包括内蒙古、广西、重庆、四川、贵州、云南、西藏、陕西、甘肃、青海、宁夏和新疆12个省、自治区和直辖市。

附表 8-1　2015 年各省科普人员

Appendix table 8-1: S&T popularization personnel by region in 2015

单位：人
Unit: person

地　区 Region	科普专职人员 Full time S&T popularization personnel		
	人员总数 Total	中级职称及以上或大学本科及以上学历人员 With title of medium-rank or above / with college graduate or above	女性 Female
全　国 Total	221511	130944	81552
东　部 Eastern	83206	54001	33219
中　部 Middle	65282	37424	22279
西　部 Western	73023	39519	26054
北　京 Beijing	7324	5070	3593
天　津 Tianjin	3039	2005	1325
河　北 Hebei	6771	4006	2875
山　西 Shanxi	4941	2522	1866
内蒙古 Inner Mongolia	5671	3716	2165
辽　宁 Liaoning	7425	5185	3063
吉　林 Jilin	1501	930	664
黑龙江 Heilongjiang	3499	2328	1568
上　海 Shanghai	8090	5721	3806
江　苏 Jiangsu	13516	9398	5055
浙　江 Zhejiang	7523	5265	2997
安　徽 Anhui	11589	6294	2822
福　建 Fujian	5074	2788	1479
江　西 Jiangxi	6113	3656	1924
山　东 Shandong	14286	9022	5062
河　南 Henan	11630	6667	4529
湖　北 Hubei	12564	7836	3929
湖　南 Hunan	13445	7191	4977
广　东 Guangdong	8410	4601	3158
广　西 Guangxi	5506	3138	1941
海　南 Hainan	1748	940	806
重　庆 Chongqing	4252	2600	1667
四　川 Sichuan	9391	6105	3803
贵　州 Guizhou	3041	1929	1024
云　南 Yunnan	14877	8470	4988
西　藏 Tibet	609	333	179
陕　西 Shaanxi	11527	4889	3556
甘　肃 Gansu	9751	4157	3279
青　海 Qinghai	1531	817	596
宁　夏 Ningxia	1348	613	634
新　疆 Xinjiang	5519	2752	2222

附表 8-1 续表 Continued

地 区 Region	科普专职人员 Full time S&T popularization personnel		
	农村科普人员 Rural S&T popularization personnel	管理人员 S&T popularization administrators	科普创作人员 S&T popularization creators
全 国 Total	72752	46579	13337
东 部 Eastern	20817	19077	6770
中 部 Middle	25475	13787	3480
西 部 Western	26460	13715	3087
北 京 Beijing	956	1536	1084
天 津 Tianjin	561	1057	231
河 北 Hebei	1978	1597	422
山 西 Shanxi	1599	1240	376
内蒙古 Inner Mongolia	1844	1381	231
辽 宁 Liaoning	1377	2081	411
吉 林 Jilin	466	390	54
黑龙江 Heilongjiang	947	857	239
上 海 Shanghai	948	1984	1299
江 苏 Jiangsu	3590	2868	879
浙 江 Zhejiang	2084	1409	469
安 徽 Anhui	6356	2047	392
福 建 Fujian	1569	1084	393
江 西 Jiangxi	1910	1497	330
山 东 Shandong	5472	3032	878
河 南 Henan	4281	2625	657
湖 北 Hubei	5216	2519	748
湖 南 Hunan	4700	2612	684
广 东 Guangdong	2101	2151	661
广 西 Guangxi	2539	1126	225
海 南 Hainan	181	278	43
重 庆 Chongqing	1184	1269	442
四 川 Sichuan	2408	1916	526
贵 州 Guizhou	1193	712	164
云 南 Yunnan	7257	2103	271
西 藏 Tibet	177	177	105
陕 西 Shaanxi	4206	2189	448
甘 肃 Gansu	3046	1265	269
青 海 Qinghai	219	277	69
宁 夏 Ningxia	295	311	70
新 疆 Xinjiang	2092	989	267

附表 8-1　续表　　Continued

地　区 Region	科普兼职人员 Part time S&T popularization personnel		
	人员总数 Total	年度实际投入工作量/人月 Annual actual workload (person-month)	中级职称及以上或大学本科及以上学历人员 With title of medium-rank or above / with college graduate or above
全　国 Total	1832309	1782937	884802
东　部 Eastern	801864	815010	430436
中　部 Middle	401206	436762	192925
西　部 Western	629239	531165	261441
北　京 Beijing	40939	46936	26690
天　津 Tianjin	34902	27134	16216
河　北 Hebei	55983	91817	32028
山　西 Shanxi	38012	26887	11271
内蒙古 Inner Mongolia	39460	38471	21646
辽　宁 Liaoning	70734	91655	40799
吉　林 Jilin	14680	17911	5858
黑龙江 Heilongjiang	22173	28228	14579
上　海 Shanghai	43151	73948	25256
江　苏 Jiangsu	150179	146791	86827
浙　江 Zhejiang	110913	116399	61731
安　徽 Anhui	59997	92026	25345
福　建 Fujian	114819	68465	58826
江　西 Jiangxi	46816	63523	24071
山　东 Shandong	105943	129737	45039
河　南 Henan	76622	101957	39410
湖　北 Hubei	69294	9363	38562
湖　南 Hunan	73612	96867	33829
广　东 Guangdong	64147	9743	34901
广　西 Guangxi	42246	52242	19135
海　南 Hainan	10154	12385	2123
重　庆 Chongqing	46952	8112	23124
四　川 Sichuan	206771	136089	59391
贵　州 Guizhou	40103	64899	21700
云　南 Yunnan	80603	106335	39150
西　藏 Tibet	3908	1158	701
陕　西 Shaanxi	68366	64048	29591
甘　肃 Gansu	51404	9055	22446
青　海 Qinghai	7164	9852	4410
宁　夏 Ningxia	12163	10249	5841
新　疆 Xinjiang	30099	30655	14306

附表 8-1 续表 Continued

地 区 Region	科普兼职人员 Part time S&T popularization personnel		注册科普志愿者 Registered S&T popularization volunteers
	女性 Female	农村科普人员 Rural S&T popularization personnel	
全 国 Total	651670	676836	2756225
东 部 Eastern	315639	256045	1565922
中 部 Middle	138794	166569	596538
西 部 Western	197237	254222	593765
北 京 Beijing	22256	4503	24083
天 津 Tianjin	19938	4494	44363
河 北 Hebei	22792	23308	50210
山 西 Shanxi	10651	21171	17147
内蒙古 Inner Mongolia	17724	11417	34806
辽 宁 Liaoning	31823	17535	63692
吉 林 Jilin	5796	7080	9702
黑龙江 Heilongjiang	9659	6048	40697
上 海 Shanghai	20865	4372	96841
江 苏 Jiangsu	57805	55893	844195
浙 江 Zhejiang	42221	37999	99427
安 徽 Anhui	18251	25837	42877
福 建 Fujian	35206	23477	52928
江 西 Jiangxi	16381	19612	29989
山 东 Shandong	38946	62223	147011
河 南 Henan	30916	30848	177155
湖 北 Hubei	25063	24871	119160
湖 南 Hunan	22077	31102	159811
广 东 Guangdong	21793	18504	138743
广 西 Guangxi	14108	15466	13837
海 南 Hainan	1994	3737	4429
重 庆 Chongqing	17361	15271	65844
四 川 Sichuan	44035	116168	60153
贵 州 Guizhou	14471	11644	117072
云 南 Yunnan	31247	29671	190742
西 藏 Tibet	455	801	318
陕 西 Shaanxi	22983	20829	45710
甘 肃 Gansu	13888	16811	19616
青 海 Qinghai	2445	1037	2529
宁 夏 Ningxia	5118	4565	34826
新 疆 Xinjiang	13402	10542	8312

附表 8-2　2015 年各省科普场地

Appendix table 8-2: S&T popularization venues and facilities by region in 2015

地　区 Region	科技馆/个 S&T museums	建筑面积/平方米 Construction area (m^2)	展厅面积/平方米 Exhibition area (m^2)	当年参观人数/人次 Visitors
全　国 Total	444	3138406	1542017	46950919
东　部 Eastern	221	1862553	919617	28699904
中　部 Middle	123	622663	306071	7646400
西　部 Western	100	653190	316329	10604615
北　京 Beijing	25	215659	125166	4561714
天　津 Tianjin	1	18000	10000	465700
河　北 Hebei	10	61212	27858	625300
山　西 Shanxi	5	11350	4570	54300
内蒙古 Inner Mongolia	18	147607	41392	743627
辽　宁 Liaoning	16	215988	83587	2455717
吉　林 Jilin	9	13300	8090	81800
黑龙江 Heilongjiang	8	79616	50278	1095197
上　海 Shanghai	32	232444	132412	6999446
江　苏 Jiangsu	13	119429	66687	1536855
浙　江 Zhejiang	26	250851	106020	2727302
安　徽 Anhui	14	131702	62118	1787406
福　建 Fujian	35	193344	112663	2885122
江　西 Jiangxi	7	36981	19242	535479
山　东 Shandong	24	211460	110156	2205968
河　南 Henan	12	90915	44934	1422000
湖　北 Hubei	60	201749	88068	2051100
湖　南 Hunan	8	57050	28771	619118
广　东 Guangdong	34	322720	138823	3239393
广　西 Guangxi	3	51877	29472	1434900
海　南 Hainan	5	21446	6245	997387
重　庆 Chongqing	10	70288	42935	2529100
四　川 Sichuan	8	57063	33675	1514633
贵　州 Guizhou	7	29252	16200	535020
云　南 Yunnan	8	38801	24400	372758
西　藏 Tibet	0	0	0	0
陕　西 Shaanxi	12	84770	39575	626443
甘　肃 Gansu	7	18150	9148	21643
青　海 Qinghai	4	37101	15710	690547
宁　夏 Ningxia	4	48503	26181	872564
新　疆 Xinjiang	19	69778	37641	1263380

附表 8-2 续表 Continued

地 区 Region	科学技术类博物馆/个 S&T related museums	建筑面积/平方米 Construction area (m^2)	展厅面积/平方米 Exhibition area (m^2)	当年参观人数/人次 Visitors	青少年科技馆站/个 Teenage S&T museums
全 国 Total	814	5746300	2697349	105111221	592
东 部 Eastern	475	3807848	1779126	69362450	250
中 部 Middle	147	641123	351159	12057174	165
西 部 Western	192	1297329	567064	23691597	177
北 京 Beijing	46	543889	208683	10152367	20
天 津 Tianjin	13	270802	164380	4930906	13
河 北 Hebei	24	165723	79654	3399394	31
山 西 Shanxi	12	61729	26802	1014498	26
内蒙古 Inner Mongolia	20	133355	55954	1232775	14
辽 宁 Liaoning	77	873419	335534	8390056	31
吉 林 Jilin	6	12430	4810	227035	6
黑龙江 Heilongjiang	25	139936	96046	1217363	14
上 海 Shanghai	141	684847	422494	13478571	26
江 苏 Jiangsu	34	314936	132618	13856344	33
浙 江 Zhejiang	34	343099	109274	4369945	24
安 徽 Anhui	20	62874	35797	419065	40
福 建 Fujian	36	116679	69255	2792852	29
江 西 Jiangxi	13	42423	25057	1905730	4
山 东 Shandong	26	187049	93061	1952963	16
河 南 Henan	15	58928	25841	2928600	15
湖 北 Hubei	37	175701	110969	2800608	26
湖 南 Hunan	19	87102	25837	1544275	34
广 东 Guangdong	38	224505	95093	4953789	23
广 西 Guangxi	7	39440	31050	581935	12
海 南 Hainan	6	82900	69080	1085263	4
重 庆 Chongqing	29	227044	89561	4964213	23
四 川 Sichuan	20	160881	61907	4934859	23
贵 州 Guizhou	6	68729	29210	755300	6
云 南 Yunnan	37	257754	111825	7336125	20
西 藏 Tibet	4	101870	66450	221600	6
陕 西 Shaanxi	18	94182	37845	1950324	18
甘 肃 Gansu	14	48654	24040	610113	14
青 海 Qinghai	5	43400	17000	80645	6
宁 夏 Ningxia	7	56718	17061	661447	5
新 疆 Xinjiang	25	65302	25161	362261	30

附表 8-2　续表　　Continued

地　区 Region	城市社区科普（技）专用活动室/个 Urban community S&T popularization rooms	农村科普（技）活动场地/个 Rural S&T popularization sites	科普宣传专用车/辆 S&T popularization vehicles	科普画廊/个 S&T popularization galleries
全　国 Total	81975	386769	1875	222671
东　部 Eastern	43279	187598	697	137254
中　部 Middle	19674	98284	425	40137
西　部 Western	19022	100887	753	45280
北　京 Beijing	1112	12011	62	4268
天　津 Tianjin	4380	6766	150	4137
河　北 Hebei	2951	21905	78	6665
山　西 Shanxi	661	8306	126	3436
内蒙古 Inner Mongolia	1281	4785	33	2263
辽　宁 Liaoning	6080	12821	55	10165
吉　林 Jilin	478	3705	6	1625
黑龙江 Heilongjiang	1767	4696	32	2286
上　海 Shanghai	3510	1646	72	6969
江　苏 Jiangsu	6878	26590	53	24301
浙　江 Zhejiang	6866	20798	36	19657
安　徽 Anhui	1902	10342	23	5955
福　建 Fujian	2434	9340	38	11404
江　西 Jiangxi	2014	9267	43	6060
山　东 Shandong	5899	61965	79	39403
河　南 Henan	1317	3827	29	1376
湖　北 Hubei	5051	26695	68	9669
湖　南 Hunan	6484	31446	98	9730
广　东 Guangdong	2821	12492	56	9395
广　西 Guangxi	1388	10310	33	3766
海　南 Hainan	348	1264	18	890
重　庆 Chongqing	2404	4899	220	5295
四　川 Sichuan	4316	24043	58	8557
贵　州 Guizhou	413	1772	13	1050
云　南 Yunnan	1986	15331	45	8741
西　藏 Tibet	114	1159	51	177
陕　西 Shaanxi	2369	16614	90	4449
甘　肃 Gansu	1310	8800	132	3017
青　海 Qinghai	128	1142	16	1325
宁　夏 Ningxia	898	1623	26	1527
新　疆 Xinjiang	2415	10409	36	5113

附表 8-3　2015 年各省科普经费　单位：万元

Appendix table 8-3: S&T popularization funds by region in 2015　Unit: 10000 yuan

地　区 Region		年度科普经费筹集额 Annual funding for S&T popularization	政府拨款 Government funds	科普专项经费 Special funds	捐赠 Donates	自筹资金 Self-raised funds	其他收入 Others
全　国	Total	1412010	1066601	635868	11076	257380	77173
东　部	Eastern	832378	605867	383170	5757	172952	47988
中　部	Middle	205300	154191	79493	2141	36702	12287
西　部	Western	374332	306543	173204	3177	47726	16898
北　京	Beijing	212622	163029	119852	1297	33878	14434
天　津	Tianjin	21284	17281	6975	98	3472	437
河　北	Hebei	28212	20711	9754	524	5987	990
山　西	Shanxi	7382	6395	3743	3	804	180
内蒙古	Inner Mongolia	18136	15988	12152	23	1520	605
辽　宁	Liaoning	41038	28210	17222	153	9940	2742
吉　林	Jilin	4575	3706	1241	6	820	44
黑龙江	Heilongjiang	8904	6849	2956	74	1776	204
上　海	Shanghai	136441	82095	60766	881	48924	4541
江　苏	Jiangsu	104307	80747	48011	933	19456	3171
浙　江	Zhejiang	85674	68834	36287	426	11996	4537
安　徽	Anhui	26360	21158	15900	49	2668	2485
福　建	Fujian	43069	31529	21527	240	9819	1481
江　西	Jiangxi	27735	18812	9830	843	6556	1525
山　东	Shandong	51511	42494	21039	514	7577	925
河　南	Henan	26155	22094	8412	115	3109	854
湖　北	Hubei	66613	47605	22653	800	13808	4399
湖　南	Hunan	37576	27573	14758	251	7160	2596
广　东	Guangdong	98724	63093	38735	174	20950	14547
广　西	Guangxi	35991	30055	18028	125	3632	2184
海　南	Hainan	9498	7844	3003	518	954	183
重　庆	Chongqing	60310	46687	21026	154	9855	3615
四　川	Sichuan	44951	36256	22249	136	6280	2281
贵　州	Guizhou	43285	37183	17198	243	4416	1443
云　南	Yunnan	68804	57319	33962	285	8804	2396
西　藏	Tibet	8103	7840	2677	3	194	67
陕　西	Shaanxi	28395	21534	14907	84	5340	1438
甘　肃	Gansu	16022	11656	6708	141	3695	537
青　海	Qinghai	16143	14362	9557	0	1002	779
宁　夏	Ningxia	5490	4731	3919	6	605	148
新　疆	Xinjiang	28701	22932	10822	1979	2383	1407

附表 8-3　续表　Continued

地　区 Region	科技活动周经费筹集额 Funding for S&T week	政府拨款 Government funds	企业赞助 Corporate donates	年度科普经费使用额 Annual expenditure	行政支出 Administrative expenditure	科普活动支出 Activities expenditure
全　国 Total	60704	46577	3952	1465105	226124	848250
东　部 Eastern	35485	28926	2025	842528	121030	494008
中　部 Middle	11081	6818	1180	233415	41398	134709
西　部 Western	14138	10833	747	389162	63696	219533
北　京 Beijing	4156	3813	41	201601	26953	126323
天　津 Tianjin	707	394	80	20165	3513	15629
河　北 Hebei	985	695	93	25837	2794	23868
山　西 Shanxi	405	235	136	10947	1816	3373
内蒙古 Inner Mongolia	765	404	45	33210	2170	11712
辽　宁 Liaoning	1806	1475	121	42220	5513	26235
吉　林 Jilin	96	68	8	5234	1370	2817
黑龙江 Heilongjiang	329	233	42	8312	1714	4911
上　海 Shanghai	5277	4186	483	134631	8881	87141
江　苏 Jiangsu	4914	3505	386	106267	12439	58995
浙　江 Zhejiang	3572	3024	67	81761	18455	46706
安　徽 Anhui	970	703	52	32478	4710	17321
福　建 Fujian	9168	7907	478	62419	10609	21371
江　西 Jiangxi	2260	920	280	26336	5362	17074
山　东 Shandong	1051	771	106	61137	9597	30737
河　南 Henan	1033	774	92	25375	3524	15675
湖　北 Hubei	2648	1827	267	86585	14489	49781
湖　南 Hunan	3340	2057	302	38148	8412	23756
广　东 Guangdong	3127	2496	147	96672	19801	52296
广　西 Guangxi	2069	1818	59	36390	6187	18216
海　南 Hainan	721	660	23	9819	2475	4709
重　庆 Chongqing	1620	1220	145	64721	10454	39310
四　川 Sichuan	1959	1357	89	45146	7799	30305
贵　州 Guizhou	2462	2067	61	41184	15822	19923
云　南 Yunnan	1889	1433	75	75645	6889	42005
西　藏 Tibet	50	41	0	7998	148	7593
陕　西 Shaanxi	1388	1008	169	31262	6049	20085
甘　肃 Gansu	793	631	28	15600	2485	9400
青　海 Qinghai	159	103	1	7889	1079	3913
宁　夏 Ningxia	111	77	3	3993	281	3007
新　疆 Xinjiang	872	673	73	26126	4332	14062

附表 8-3 续表 Continued

地 区 Region	年度科普经费使用额 Annual expenditure				
	科普场馆基建支出 Infrastructure expenditures	政府拨款支出 Government expenditures	场馆建设支出 Venue construction expenditures	展品、设施支出 Exhibits & facilities expenditures	其他支出 Others
全 国 Total	308943	111180	120827	136101	91495
东 部 Eastern	173664	65672	78382	79743	63003
中 部 Middle	46981	15187	19124	24690	10353
西 部 Western	88299	30321	23320	31667	18139
北 京 Beijing	14160	7010	2650	10227	30606
天 津 Tianjin	525	54	916	221	503
河 北 Hebei	2648	773	842	1688	6526
山 西 Shanxi	5405	3454	3650	1728	353
内蒙古 Inner Mongolia	19072	3282	2448	3943	264
辽 宁 Liaoning	8642	2363	3128	4050	1825
吉 林 Jilin	967	780	804	191	79
黑龙江 Heilongjiang	1336	686	467	762	352
上 海 Shanghai	35187	14630	15812	17535	3422
江 苏 Jiangsu	31558	14620	18447	11871	5961
浙 江 Zhejiang	12506	6418	4808	6436	4108
安 徽 Anhui	8779	1230	2078	3704	1668
福 建 Fujian	27620	5445	10091	12980	2859
江 西 Jiangxi	3378	876	1842	1127	520
山 东 Shandong	19320	10669	9317	8404	1481
河 南 Henan	5818	4026	3872	1234	384
湖 北 Hubei	17184	2942	4824	10314	5132
湖 南 Hunan	4115	1195	1588	5632	1866
广 东 Guangdong	19833	3402	12133	6006	4741
广 西 Guangxi	9927	5879	3680	4263	2412
海 南 Hainan	1665	287	238	325	971
重 庆 Chongqing	12622	1737	2202	9773	2335
四 川 Sichuan	5457	2155	3176	1580	1596
贵 州 Guizhou	414	97	248	166	5024
云 南 Yunnan	23327	13926	6315	4591	3425
西 藏 Tibet	210	65	3	65	47
陕 西 Shaanxi	4677	1062	2010	1501	453
甘 肃 Gansu	3141	688	1649	868	574
青 海 Qinghai	2504	13	294	2195	391
宁 夏 Ningxia	317	64	79	154	388
新 疆 Xinjiang	6631	1352	1216	2569	1230

附表 8-4　2015 年各省科普传媒

Appendix table 8-4: S&T popularization media by region in 2015

地　区 Region	科普图书 Popular science books		科普期刊 Popular science journals	
	出版种数/种 Types of publications	出版总册数/册 Total copies	出版种数/种 Types of publications	出版总册数/册 Total copies
全　国 Total	16600	133577831	1249	178501740
东　部 Eastern	8740	98980675	653	135475814
中　部 Middle	2621	13742754	183	11473464
西　部 Western	5239	20854402	413	31552462
北　京 Beijing	4595	73344594	111	18885030
天　津 Tianjin	211	633000	19	3690000
河　北 Hebei	62	393300	40	1739056
山　西 Shanxi	260	1640000	16	1658502
内蒙古 Inner Mongolia	754	2070001	91	5363100
辽　宁 Liaoning	216	2342056	16	744900
吉　林 Jilin	128	207849	4	19206
黑龙江 Heilongjiang	287	385990	27	2540819
上　海 Shanghai	1074	7584317	129	21995312
江　苏 Jiangsu	504	1921990	101	8791122
浙　江 Zhejiang	593	4503652	62	8533218
安　徽 Anhui	188	1314590	16	118817
福　建 Fujian	346	892562	50	395316
江　西 Jiangxi	557	5888688	40	4445972
山　东 Shandong	375	3084730	39	1008314
河　南 Henan	261	1284676	19	1003700
湖　北 Hubei	815	2444441	48	1135498
湖　南 Hunan	125	576520	13	550950
广　东 Guangdong	646	3992006	83	69680346
广　西 Guangxi	378	3356740	17	163200
海　南 Hainan	118	288468	3	13200
重　庆 Chongqing	248	2262666	41	865209
四　川 Sichuan	825	3957800	47	2362167
贵　州 Guizhou	83	534250	9	48000
云　南 Yunnan	469	2042421	57	409596
西　藏 Tibet	76	145800	7	43060
陕　西 Shaanxi	759	3466031	32	4699200
甘　肃 Gansu	188	610000	26	402930
青　海 Qinghai	288	1025593	19	111800
宁　夏 Ningxia	198	466100	14	8014200
新　疆 Xinjiang	973	917000	53	9070000

附表 8-4 续表 Continued

地 区 Region	科普（技）音像制品 Popularization audio and video products			科技类报纸年发行总份数/份 S&T newspaper printed copies
	出版种数/种 Types of publications	光盘发行总量/张 Total CD copies released	录音、录像带发行总量/盒 Total copies of audio and video publications	
全 国 Total	5048	9885543	1573630	392218840
东 部 Eastern	1926	3167759	239611	275054052
中 部 Middle	1269	1363570	212835	57361403
西 部 Western	1853	5354214	1121184	59803385
北 京 Beijing	253	1224233	67600	120548775
天 津 Tianjin	56	198465	60640	3393526
河 北 Hebei	136	127571	11270	26603220
山 西 Shanxi	93	115621	73102	11983022
内蒙古 Inner Mongolia	170	1173412	12451	5226660
辽 宁 Liaoning	369	467165	36771	10114781
吉 林 Jilin	13	28865	582	200
黑龙江 Heilongjiang	196	299643	3932	860232
上 海 Shanghai	140	472951	6806	20392131
江 苏 Jiangsu	252	216389	27427	18954120
浙 江 Zhejiang	178	66932	941	39429345
安 徽 Anhui	77	77036	1371	4010424
福 建 Fujian	77	167358	875	492886
江 西 Jiangxi	169	315925	71713	12540639
山 东 Shandong	186	153509	20463	21154188
河 南 Henan	162	164937	21079	10234884
湖 北 Hubei	348	195768	12916	15909387
湖 南 Hunan	211	165775	28140	1822615
广 东 Guangdong	222	64143	5205	13939280
广 西 Guangxi	143	450326	1875	31110923
海 南 Hainan	57	9043	1613	31800
重 庆 Chongqing	101	133349	36821	305192
四 川 Sichuan	486	589958	18155	1003472
贵 州 Guizhou	22	13430	0	549892
云 南 Yunnan	224	357196	21193	3611494
西 藏 Tibet	21	58200	250	3844440
陕 西 Shaanxi	184	121134	11572	6962388
甘 肃 Gansu	185	136354	8846	636250
青 海 Qinghai	12	19739	3020	1440886
宁 夏 Ningxia	14	29230	5030	277433
新 疆 Xinjiang	291	2271886	1001971	4834355

附表 8-4 续表 Continued

地 区 Region	电视台播出科普（技）节目时间/小时 Broadcasting time of popular science programs on TV (h)	电台播出科普（技）节目时间/小时 Broadcasting time of popular science programs on radio (h)	科普网站数/个 S&T popularization websites (unit)	发放科普读物和资料/份 Number of S&T popularization books and materials
全 国 Total	197280	145053	3062	899248259
东 部 Eastern	104053	83191	1727	403821740
中 部 Middle	36382	31050	460	173221933
西 部 Western	56845	30812	875	322204586
北 京 Beijing	8922	12592	343	78730936
天 津 Tianjin	5874	416	158	34962010
河 北 Hebei	17418	11566	58	30353239
山 西 Shanxi	7480	4404	27	10326600
内蒙古 Inner Mongolia	8273	1173	65	10610045
辽 宁 Liaoning	23179	23876	100	21036008
吉 林 Jilin	631	670	10	5626473
黑龙江 Heilongjiang	3596	4329	35	11318635
上 海 Shanghai	6622	1364	256	36587261
江 苏 Jiangsu	5780	5651	182	74158275
浙 江 Zhejiang	14609	11656	115	34219676
安 徽 Anhui	2946	5616	65	20275024
福 建 Fujian	7522	5789	123	16480469
江 西 Jiangxi	5405	5083	83	15704178
山 东 Shandong	10843	7264	194	33940244
河 南 Henan	3376	3386	67	28522923
湖 北 Hubei	8335	5666	144	42520288
湖 南 Hunan	4613	1896	29	38927812
广 东 Guangdong	3180	3005	145	38505696
广 西 Guangxi	5612	2958	52	35719612
海 南 Hainan	104	12	53	4847926
重 庆 Chongqing	510	375	177	30033605
四 川 Sichuan	8399	2868	114	60921229
贵 州 Guizhou	7191	2284	34	24701480
云 南 Yunnan	6695	4568	90	70297737
西 藏 Tibet	233	3111	14	922012
陕 西 Shaanxi	5294	3754	76	30217815
甘 肃 Gansu	4703	4087	110	21897903
青 海 Qinghai	625	55	28	6408013
宁 夏 Ningxia	166	554	25	6311711
新 疆 Xinjiang	9144	5025	90	24163424

附表 8-5 2015 年各省科普活动

Appendix table 8-5: S&T popularization activities by region in 2015

地 区 Region	科普（技）讲座 S&T popularization lectures		科普（技）展览 S&T popularization exhibitions	
	举办次数/次 Number of lectures held	参加人数/人次 Number of participants	专题展览次数/次 Number of exhibitions held	参观人数/人次 Number of participants
全 国 Total	888496	150431959	161050	249364958
东 部 Eastern	453970	68220675	67432	139400429
中 部 Middle	188998	33925496	42955	48631901
西 部 Western	245528	48285788	50663	61332628
北 京 Beijing	46345	5654314	5170	48716333
天 津 Tianjin	42131	4456657	15594	4408220
河 北 Hebei	27140	6660516	4052	5348846
山 西 Shanxi	19652	1644119	1587	994787
内蒙古 Inner Mongolia	15542	2648661	1854	2250642
辽 宁 Liaoning	35276	6122082	4224	8819283
吉 林 Jilin	9795	947517	4103	879116
黑龙江 Heilongjiang	15894	2937169	1969	2167498
上 海 Shanghai	73765	7498146	5063	15380444
江 苏 Jiangsu	75232	11715386	9932	16438144
浙 江 Zhejiang	54225	10232747	7451	9557967
安 徽 Anhui	30643	4089263	3910	3503749
福 建 Fujian	25862	3157142	5367	5688174
江 西 Jiangxi	14915	2897423	3751	3087973
山 东 Shandong	40736	6617410	4815	11643220
河 南 Henan	24657	6675692	5048	14366327
湖 北 Hubei	48023	9880891	8923	8493852
湖 南 Hunan	25419	4853422	13664	15138599
广 东 Guangdong	30470	5635697	4771	11788314
广 西 Guangxi	20882	4377062	3053	5130773
海 南 Hainan	2788	470578	993	1611484
重 庆 Chongqing	14414	5783219	2409	8508699
四 川 Sichuan	33163	7472887	6124	10616732
贵 州 Guizhou	10179	2230928	2504	2930414
云 南 Yunnan	46759	7478077	15602	15689604
西 藏 Tibet	913	135273	300	94408
陕 西 Shaanxi	31656	4653021	5295	6481618
甘 肃 Gansu	24320	5078957	4948	4444493
青 海 Qinghai	5077	824620	749	2099901
宁 夏 Ningxia	3600	1055739	788	403514
新 疆 Xinjiang	39023	6547344	7037	2681830

附表 8-5　续表　　Continued

地　区 Region	科普（技）竞赛 S&T popularization competitions		科普国际交流 International S&T popularization exchanges	
	举办次数/次 Number of competitions held	参加人数/人次 Number of participants	举办次数/次 Number of exchanges held	参加人数/人次 Number of participants
全　国 Total	55424	157238701	2279	726425
东　部 Eastern	32932	113198424	1465	559564
中　部 Middle	8840	26846424	184	39844
西　部 Western	13652	17193853	630	127017
北　京 Beijing	3362	84637476	345	22380
天　津 Tianjin	5187	2076986	64	14262
河　北 Hebei	1597	680100	33	2940
山　西 Shanxi	362	347180	18	228
内蒙古 Inner Mongolia	577	241856	23	31294
辽　宁 Liaoning	2406	3667851	116	11314
吉　林 Jilin	160	66597	8	629
黑龙江 Heilongjiang	1003	394775	32	26806
上　海 Shanghai	4100	4952512	350	48738
江　苏 Jiangsu	7947	7866791	199	10890
浙　江 Zhejiang	3139	2566760	101	425483
安　徽 Anhui	830	612801	12	1726
福　建 Fujian	2414	1342246	55	9744
江　西 Jiangxi	1284	17466444	27	5053
山　东 Shandong	1350	2443920	90	5798
河　南 Henan	1112	2849198	18	2762
湖　北 Hubei	2597	2820125	47	1441
湖　南 Hunan	1492	2289304	22	1199
广　东 Guangdong	1262	2902945	73	2541
广　西 Guangxi	863	2206871	30	2346
海　南 Hainan	168	60837	39	5474
重　庆 Chongqing	748	5861993	60	50803
四　川 Sichuan	3055	2715333	349	8199
贵　州 Guizhou	1085	807618	12	2954
云　南 Yunnan	1203	1448193	27	14444
西　藏 Tibet	91	11499	0	0
陕　西 Shaanxi	1511	1729983	44	9406
甘　肃 Gansu	1862	1147918	38	3572
青　海 Qinghai	240	222735	28	3523
宁　夏 Ningxia	189	324616	5	56
新　疆 Xinjiang	2228	475238	14	420

附表 8-5 续表 Continued

地 区 Region	成立青少年科技兴趣小组 Teenage S&T interest groups		科技夏（冬）令营 Summer /winter science camps	
	兴趣小组数/个 Number of groups	参加人数/人次 Number of participants	举办次数/次 Number of camps held	参加人数/人次 Number of participants
全 国 Total	228161	17699854	14292	3551255
东 部 Eastern	113869	7732432	9002	2283120
中 部 Middle	56415	4197027	1796	405891
西 部 Western	57877	5770395	3494	862244
北 京 Beijing	3153	370798	1281	209839
天 津 Tianjin	5971	434488	297	96815
河 北 Hebei	11439	490727	369	87067
山 西 Shanxi	4957	145553	78	40104
内蒙古 Inner Mongolia	2374	207447	166	50769
辽 宁 Liaoning	16081	1051734	819	380226
吉 林 Jilin	944	84540	41	8419
黑龙江 Heilongjiang	4958	342259	118	18951
上 海 Shanghai	7726	546902	1602	391054
江 苏 Jiangsu	20079	1316116	1458	598401
浙 江 Zhejiang	14777	842487	1207	152300
安 徽 Anhui	5014	314339	238	29530
福 建 Fujian	4738	591756	977	134320
江 西 Jiangxi	5463	984124	236	62983
山 东 Shandong	15802	1137193	394	169198
河 南 Henan	7505	398999	262	65626
湖 北 Hubei	15288	1113255	380	70142
湖 南 Hunan	12286	813958	443	110136
广 东 Guangdong	12973	855357	549	59997
广 西 Guangxi	6488	919186	101	16443
海 南 Hainan	1130	94874	49	3903
重 庆 Chongqing	4660	532017	116	15377
四 川 Sichuan	13666	1564786	547	220797
贵 州 Guizhou	2422	563108	98	11015
云 南 Yunnan	5937	503606	409	143862
西 藏 Tibet	67	4465	55	1804
陕 西 Shaanxi	9978	538236	358	100036
甘 肃 Gansu	8171	514707	220	66268
青 海 Qinghai	262	54851	55	62985
宁 夏 Ningxia	1115	66811	42	13073
新 疆 Xinjiang	2737	301175	1327	159815

附表 8-5　续表　　　Continued

地　区 Region	科技活动周 Science & technology week		科研机构、大学向社会开放 Scientific institutions and universities open to public	
	科普专题活动次数/次 Number of S&T week held	参加人数/人次 Number of participants	开放单位数/个 Number of open units	参观人数/人次 Number of participants
全　国 Total	117506	157533643	7241	8312578
东　部 Eastern	55312	112148663	3970	4728731
中　部 Middle	22956	16766989	1541	2222840
西　部 Western	39238	28617991	1730	1361007
北　京 Beijing	6662	64057655	523	491895
天　津 Tianjin	7921	3470818	174	236759
河　北 Hebei	5174	3241458	306	216452
山　西 Shanxi	955	728883	134	138094
内蒙古 Inner Mongolia	2061	1677539	110	61467
辽　宁 Liaoning	4155	3938108	642	504597
吉　林 Jilin	707	320889	14	18660
黑龙江 Heilongjiang	3164	1157263	300	149006
上　海 Shanghai	5480	6798631	120	322228
江　苏 Jiangsu	9049	9419140	807	1223449
浙　江 Zhejiang	5478	4443366	319	322841
安　徽 Anhui	2736	1406172	126	139562
福　建 Fujian	4434	2257130	259	194625
江　西 Jiangxi	3082	2345759	148	132802
山　东 Shandong	3796	10025771	194	181583
河　南 Henan	3318	2959082	319	200957
湖　北 Hubei	5405	4679267	363	1084841
湖　南 Hunan	3589	3169674	137	358918
广　东 Guangdong	2127	3740558	572	910979
广　西 Guangxi	4552	5353382	135	100507
海　南 Hainan	1036	756028	54	123323
重　庆 Chongqing	2205	2393620	419	210380
四　川 Sichuan	5701	4735096	277	310235
贵　州 Guizhou	3670	2286029	44	62963
云　南 Yunnan	4470	3289226	199	87193
西　藏 Tibet	311	52499	28	14140
陕　西 Shaanxi	5215	2579735	196	326537
甘　肃 Gansu	4148	2297064	138	113581
青　海 Qinghai	661	705509	68	13820
宁　夏 Ningxia	1164	578582	55	20213
新　疆 Xinjiang	5080	2669710	61	39971

附表 8-5 续表 Continued

地区 Region	举办实用技术培训 Practical skill trainings		重大科普活动次数/次 Number of grand popularization activities
	举办次数/次 Number of trainings held	参加人数/人次 Number of participants	
全国 Total	726024	90940522	36428
东部 Eastern	205787	25697377	13720
中部 Middle	130751	18894522	9180
西部 Western	389486	46348623	13528
北京 Beijing	14307	811161	983
天津 Tianjin	12533	1128955	325
河北 Hebei	29689	4147718	1216
山西 Shanxi	10546	1241273	566
内蒙古 Inner Mongolia	22438	2402517	1016
辽宁 Liaoning	15488	2558912	1490
吉林 Jilin	10662	1535584	241
黑龙江 Heilongjiang	20893	3382414	1416
上海 Shanghai	14498	3103884	1169
江苏 Jiangsu	32647	3907887	1986
浙江 Zhejiang	26528	2906334	2072
安徽 Anhui	20459	5272401	1007
福建 Fujian	13876	1309648	1429
江西 Jiangxi	22534	1806404	533
山东 Shandong	23556	3737400	1616
河南 Henan	21943	2739130	762
湖北 Hubei	102	9375	1338
湖南 Hunan	23612	2907941	3317
广东 Guangdong	19035	1758411	982
广西 Guangxi	45179	4246239	2150
海南 Hainan	3630	327067	452
重庆 Chongqing	8904	1256068	1062
四川 Sichuan	50918	7036146	2044
贵州 Guizhou	14792	1781645	568
云南 Yunnan	72587	6755640	1405
西藏 Tibet	940	140266	44
陕西 Shaanxi	39831	4665200	1415
甘肃 Gansu	48268	4858389	1865
青海 Qinghai	5826	622762	511
宁夏 Ningxia	5699	1268091	289
新疆 Xinjiang	74104	11315660	1159

附表 8-6　2015 年创新创业中的科普
Appendix table 8-6: S&T popularization activities in innovation and entrepreneurship in 2015

地　区 Region	众创空间 Maker space			
	数量/个 Number of maker spaces	服务各类人员数量/人 Number of serving for people	获得政府经费支持/万元 Funds from government (10000 yuan)	孵化科技项目数量/个 Number of incubating S&T projects
全　国 Total	4471	370195	159772	38455
东　部 Eastern	3002	207343	89049	29952
中　部 Middle	637	76045	16422	3531
西　部 Western	832	86807	54301	4972
北　京 Beijing	274	6963	4194	821
天　津 Tianjin	204	10059	22881	3090
河　北 Hebei	192	25286	4346	1980
山　西 Shanxi	34	15124	882	240
内蒙古 Inner Mongolia	12	4938	815	107
辽　宁 Liaoning	95	18367	2815	1283
吉　林 Jilin	5	4848	330	106
黑龙江 Heilongjiang	78	3915	2747	252
上　海 Shanghai	982	49335	25297	14260
江　苏 Jiangsu	511	19178	8387	2938
浙　江 Zhejiang	133	31712	2233	1291
安　徽 Anhui	50	3528	2268	271
福　建 Fujian	288	14494	8837	1876
江　西 Jiangxi	65	19722	2504	621
山　东 Shandong	134	7600	3924	707
河　南 Henan	142	7426	3180	591
湖　北 Hubei	230	16604	3272	1023
湖　南 Hunan	33	4878	1239	427
广　东 Guangdong	182	23535	6115	1627
广　西 Guangxi	47	4190	1995	407
海　南 Hainan	7	814	20	79
重　庆 Chongqing	179	28224	15944	1373
四　川 Sichuan	236	15944	12724	1048
贵　州 Guizhou	46	7989	7128	171
云　南 Yunnan	214	15867	11251	1144
西　藏 Tibet	21	500	0	2
陕　西 Shaanxi	23	2044	645	162
甘　肃 Gansu	19	1327	1462	348
青　海 Qinghai	17	4782	1814	124
宁　夏 Ningxia	13	711	363	41
新　疆 Xinjiang	5	291	160	45

附表 8-6　续表　　　　Continued

地　区 Region	创新创业培训 Innovation and entrepreneurship trainings		创新创业赛事 Innovation and entrepreneurship competitions	
	培训次数/次 Number of trainings	参加人数/人次 Number of participants	赛事次数/次 Number of competitions	参加人数/人次 Number of participants
全　国 Total	45073	2786052	3383	1830111
东　部 Eastern	26448	1506861	1663	584446
中　部 Middle	6236	479153	721	458355
西　部 Western	12389	800038	999	787310
北　京 Beijing	1523	94504	210	54882
天　津 Tianjin	2207	71831	187	51548
河　北 Hebei	1195	91060	173	44552
山　西 Shanxi	429	42384	34	15738
内蒙古 Inner Mongolia	584	65545	23	4309
辽　宁 Liaoning	1461	103402	240	14993
吉　林 Jilin	210	10032	5	2920
黑龙江 Heilongjiang	676	61873	68	9330
上　海 Shanghai	6839	328340	141	64215
江　苏 Jiangsu	4222	230599	238	42156
浙　江 Zhejiang	1107	45079	137	29991
安　徽 Anhui	1072	45171	50	11414
福　建 Fujian	4270	77377	197	30598
江　西 Jiangxi	888	48888	149	29838
山　东 Shandong	2088	143009	99	114634
河　南 Henan	1058	91855	56	11884
湖　北 Hubei	1040	96157	231	146601
湖　南 Hunan	863	82793	128	230630
广　东 Guangdong	1458	319930	41	136847
广　西 Guangxi	2734	144193	228	547384
海　南 Hainan	78	1730	0	30
重　庆 Chongqing	2384	168443	255	26017
四　川 Sichuan	2938	157730	178	134606
贵　州 Guizhou	635	39722	46	4000
云　南 Yunnan	1211	74552	66	7825
西　藏 Tibet	12	120	9	1320
陕　西 Shaanxi	239	26195	19	6094
甘　肃 Gansu	628	49900	35	4570
青　海 Qinghai	359	16081	36	32205
宁　夏 Ningxia	185	28315	38	17805
新　疆 Xinjiang	480	29242	66	1175

附录9　2014年全国科普统计分类数据统计表

各项统计数据均未包括香港特别行政区、澳门特别行政区和台湾地区的数据。

科普宣传专用车、科普图书、科普期刊、科普网站与科普国际交流情况均由市级以上（含市级）填报单位的数据统计得出。

东部、中部和西部地区的划分：东部地区包括北京、天津、河北、辽宁、上海、江苏、浙江、福建、山东、广东和海南11个省和直辖市；中部地区包括山西、吉林、黑龙江、安徽、江西、河南、湖北和湖南8个省；西部地区包括内蒙古、广西、重庆、四川、贵州、云南、西藏、陕西、甘肃、青海、宁夏和新疆12个省、自治区和直辖市。

附表 9-1 2014 年各省科普人员

Appendix table 9-1: S&T popularization personnel by region in 2014

单位：人
Unit: person

地 区 Region	科普专职人员 Full time S&T popularization personnel		
	人员总数 Total	中级职称及以上或大学本科及以上学历人员 With title of medium-rank or above / with college graduate or above	女性 Female
全 国 Total	234982	137157	83782
东 部 Eastern	87066	54314	32845
中 部 Middle	75520	43375	25927
西 部 Western	72396	39468	25010
北 京 Beijing	7062	4915	3596
天 津 Tianjin	3179	2281	1457
河 北 Hebei	6517	3899	2696
山 西 Shanxi	7285	3657	2954
内蒙古 Inner Mongolia	9433	6113	3580
辽 宁 Liaoning	7448	4926	2869
吉 林 Jilin	2396	1699	1026
黑龙江 Heilongjiang	3461	2032	1505
上 海 Shanghai	7518	5233	3560
江 苏 Jiangsu	13721	9358	4948
浙 江 Zhejiang	6364	4129	2120
安 徽 Anhui	13574	7688	3386
福 建 Fujian	4004	2553	1237
江 西 Jiangxi	5940	3452	1989
山 东 Shandong	21520	11667	6807
河 南 Henan	15783	9089	6220
湖 北 Hubei	13972	8792	3989
湖 南 Hunan	13109	6966	4858
广 东 Guangdong	8702	4868	3149
广 西 Guangxi	4538	2721	1484
海 南 Hainan	1031	485	406
重 庆 Chongqing	3327	2250	1264
四 川 Sichuan	14071	7874	4933
贵 州 Guizhou	2862	1657	1008
云 南 Yunnan	11685	6281	3849
西 藏 Tibet	351	210	103
陕 西 Shaanxi	12854	5606	3996
甘 肃 Gansu	5890	3113	1767
青 海 Qinghai	975	620	383
宁 夏 Ningxia	1811	797	690
新 疆 Xinjiang	4599	2226	1953

附表 9-1　续表　　Continued

地　区　Region	科普专职人员 Full time S&T popularization personnel		
	农村科普人员 Rural S&T popularization personnel	管理人员 S&T popularization administrators	科普创作人员 S&T popularization creators
全　国　Total	84813	50651	12929
东　部　Eastern	24579	19828	6094
中　部　Middle	31232	15846	3699
西　部　Western	29002	14977	3136
北　京　Beijing	994	1580	1132
天　津　Tianjin	808	1118	269
河　北　Hebei	2149	1592	269
山　西　Shanxi	2627	1693	361
内蒙古　Inner Mongolia	3508	2295	392
辽　宁　Liaoning	1419	2001	253
吉　林　Jilin	996	532	68
黑龙江　Heilongjiang	971	836	203
上　海　Shanghai	908	1877	1256
江　苏　Jiangsu	3941	2556	772
浙　江　Zhejiang	1574	1639	321
安　徽　Anhui	7586	2556	509
福　建　Fujian	1129	980	287
江　西　Jiangxi	2117	1499	281
山　东　Shandong	9402	3805	949
河　南　Henan	5966	3450	752
湖　北　Hubei	6320	2814	874
湖　南　Hunan	4649	2466	651
广　东　Guangdong	2163	2339	540
广　西　Guangxi	1804	1068	144
海　南　Hainan	92	341	46
重　庆　Chongqing	1297	638	191
四　川　Sichuan	5893	2903	555
贵　州　Guizhou	1047	765	152
云　南　Yunnan	6595	1999	279
西　藏　Tibet	121	124	39
陕　西　Shaanxi	4484	2300	660
甘　肃　Gansu	2067	1139	232
青　海　Qinghai	112	237	73
宁　夏　Ningxia	514	543	57
新　疆　Xinjiang	1560	966	362

附表 9-1 续表 Continued

地 区 Region	科普兼职人员 Part time S&T popularization personnel		
	人员总数 Total	年度实际投入工作量/人月 Annual actual workload (person-month)	中级职称及以上或大学本科及以上学历人员 With title of medium-rank or above / with college graduate or above
全 国 Total	1777286	2410261	886086
东 部 Eastern	813848	1035941	432057
中 部 Middle	432489	641795	206325
西 部 Western	530949	732525	247704
北 京 Beijing	34677	48440	21456
天 津 Tianjin	38201	64038	19714
河 北 Hebei	51130	88526	35456
山 西 Shanxi	51396	50725	17200
内蒙古 Inner Mongolia	42317	41643	27211
辽 宁 Liaoning	67551	94794	36877
吉 林 Jilin	15574	25825	4859
黑龙江 Heilongjiang	19932	30734	12391
上 海 Shanghai	41013	68717	23136
江 苏 Jiangsu	200181	180303	122700
浙 江 Zhejiang	101431	111262	46219
安 徽 Anhui	77674	125982	41656
福 建 Fujian	65158	62558	32876
江 西 Jiangxi	38317	63796	20747
山 东 Shandong	141932	219744	54151
河 南 Henan	83184	153107	38140
湖 北 Hubei	70559	87815	35604
湖 南 Hunan	75853	103811	35728
广 东 Guangdong	65848	88782	37223
广 西 Guangxi	45678	76202	21040
海 南 Hainan	6726	8777	2249
重 庆 Chongqing	33189	52445	17345
四 川 Sichuan	110707	181511	46742
贵 州 Guizhou	41801	69115	20847
云 南 Yunnan	72451	96648	35192
西 藏 Tibet	4150	1465	1013
陕 西 Shaanxi	81495	102208	36684
甘 肃 Gansu	47960	50650	17680
青 海 Qinghai	11150	13189	6571
宁 夏 Ningxia	12972	14123	6352
新 疆 Xinjiang	27079	33326	11027

附表 9-1　续表　　Continued

地　区 Region	科普兼职人员 Part time S&T popularization personnel		注册科普志愿者 Registered S&T popularization volunteers
	女性 Female	农村科普人员 Rural S&T popularization personnel	
全　国 Total	652346	634913	3206102
东　部 Eastern	307087	250452	1659864
中　部 Middle	150921	178289	767127
西　部 Western	194338	206172	779111
北　京 Beijing	19014	3810	20676
天　津 Tianjin	22458	4312	54643
河　北 Hebei	21998	19660	53859
山　西 Shanxi	17630	21387	22211
内蒙古 Inner Mongolia	20199	14845	24288
辽　宁 Liaoning	29649	18482	63657
吉　林 Jilin	6772	8141	10055
黑龙江 Heilongjiang	8764	5821	329976
上　海 Shanghai	19228	4161	92524
江　苏 Jiangsu	66615	50348	946270
浙　江 Zhejiang	36373	27604	68850
安　徽 Anhui	24526	33112	44493
福　建 Fujian	18611	22328	20503
江　西 Jiangxi	13171	14229	26133
山　东 Shandong	46583	79251	160252
河　南 Henan	32083	34963	63707
湖　北 Hubei	24532	27535	115029
湖　南 Hunan	23443	33101	155523
广　东 Guangdong	24726	17796	172593
广　西 Guangxi	16290	17167	9021
海　南 Hainan	1832	2700	6037
重　庆 Chongqing	11753	10671	379270
四　川 Sichuan	41321	51808	58891
贵　州 Guizhou	13984	13507	21445
云　南 Yunnan	25989	31923	191625
西　藏 Tibet	814	2164	238
陕　西 Shaanxi	27263	29250	27599
甘　肃 Gansu	15867	15958	37512
青　海 Qinghai	4214	2498	3094
宁　夏 Ningxia	5763	5664	17701
新　疆 Xinjiang	10881	10717	8427

附表 9-2　2014 年各省科普场地

Appendix table 9-2: S&T popularization venues and facilities by region in 2014

地　区 Region	科技馆/个 S&T museums	建筑面积/平方米 Construction area (m^2)	展厅面积/平方米 Exhibition area (m^2)	当年参观人数/人次 Visitors
全　国 Total	409	3042399	1446056	41923115
东　部 Eastern	212	1875686	914425	26139992
中　部 Middle	130	617939	272503	8105431
西　部 Western	67	548774	259128	7677692
北　京 Beijing	31	319979	167501	4719603
天　津 Tianjin	1	18000	10000	643400
河　北 Hebei	11	69362	32258	560660
山　西 Shanxi	4	43900	11570	335500
内蒙古 Inner Mongolia	13	74574	32478	230019
辽　宁 Liaoning	17	213934	81234	668517
吉　林 Jilin	11	20927	5985	96600
黑龙江 Heilongjiang	10	51269	26704	934780
上　海 Shanghai	30	221156	123013	5363714
江　苏 Jiangsu	19	160519	92869	2109142
浙　江 Zhejiang	23	231038	93545	1798871
安　徽 Anhui	14	149872	73010	1088314
福　建 Fujian	18	100273	53415	1277230
江　西 Jiangxi	7	42449	23742	539000
山　东 Shandong	24	203313	106817	3893460
河　南 Henan	10	54448	31914	1799400
湖　北 Hubei	66	201320	69812	2449223
湖　南 Hunan	8	53754	29766	862614
广　东 Guangdong	29	288666	124328	3516008
广　西 Guangxi	5	61401	31683	1520670
海　南 Hainan	9	49446	29445	1589387
重　庆 Chongqing	5	94638	45330	2511000
四　川 Sichuan	8	73943	36453	1124880
贵　州 Guizhou	2	21275	10880	465000
云　南 Yunnan	8	44823	14388	160489
西　藏 Tibet	0	0	0	0
陕　西 Shaanxi	5	34130	19585	228124
甘　肃 Gansu	5	11281	3680	18902
青　海 Qinghai	3	38739	17507	690718
宁　夏 Ningxia	4	19320	12730	370136
新　疆 Xinjiang	9	74650	34414	357754

附表 9-2　续表　　　　Continued

地　区 Region	科学技术类博物馆/个 S&T related museums	建筑面积/平方米 Construction area (m^2)	展厅面积/平方米 Exhibition area (m^2)	当年参观人数/人次 Visitors	青少年科技馆站/个 Teenage S&T museums
全　国 Total	724	5178451	2398749	99146163	687
东　部 Eastern	447	3378027	1595118	60294885	288
中　部 Middle	131	728386	373350	16196192	199
西　部 Western	146	1072038	430281	22655086	200
北　京 Beijing	70	777777	308565	11221642	11
天　津 Tianjin	13	269784	137490	4725865	12
河　北 Hebei	19	146461	62984	2906080	40
山　西 Shanxi	6	25126	9071	347000	34
内蒙古 Inner Mongolia	15	148769	57675	3335988	30
辽　宁 Liaoning	49	376292	176874	6437079	61
吉　林 Jilin	8	35580	15950	570035	11
黑龙江 Heilongjiang	27	203627	104921	2381181	13
上　海 Shanghai	142	675377	412999	12551357	23
江　苏 Jiangsu	45	391862	174378	4895995	42
浙　江 Zhejiang	31	294080	127402	3793171	23
安　徽 Anhui	19	115330	57297	3682830	34
福　建 Fujian	26	104177	54404	4698896	27
江　西 Jiangxi	9	45846	29017	2008000	20
山　东 Shandong	20	141380	58031	4228220	28
河　南 Henan	14	98409	38299	3055712	15
湖　北 Hubei	35	150152	96525	2661965	36
湖　南 Hunan	13	54316	22270	1489469	36
广　东 Guangdong	31	200337	81791	4833580	14
广　西 Guangxi	11	120417	58141	3344979	8
海　南 Hainan	1	500	200	3000	7
重　庆 Chongqing	10	117175	44902	793106	6
四　川 Sichuan	21	131636	51567	2966235	40
贵　州 Guizhou	9	55814	17353	647399	11
云　南 Yunnan	27	166604	76856	6982378	21
西　藏 Tibet	2	21020	4300	7700	3
陕　西 Shaanxi	15	144417	37757	1856306	22
甘　肃 Gansu	10	57537	26910	331561	13
青　海 Qinghai	4	23950	8650	796260	10
宁　夏 Ningxia	8	24548	17601	1118194	4
新　疆 Xinjiang	14	60151	28569	474980	32

附表 9-2　续表　　Continued

地　区 Region	城市社区科普（技）专用活动室/个 Urban community S&T popularization rooms	农村科普（技）活动场地/个 Rural S&T popularization sites	科普宣传专用车/辆 S&T popularization vehicles	科普画廊/个 S&T popularization galleries
全　国 Total	85847	415747	1957	233869
东　部 Eastern	41364	190553	810	142632
中　部 Middle	24881	131527	370	46981
西　部 Western	19602	93667	777	44256
北　京 Beijing	1014	1839	82	3231
天　津 Tianjin	4745	6737	182	4650
河　北 Hebei	2014	19779	41	6388
山　西 Shanxi	1016	12372	67	4452
内蒙古 Inner Mongolia	1352	5027	96	2990
辽　宁 Liaoning	6762	14711	106	9575
吉　林 Jilin	722	7067	20	903
黑龙江 Heilongjiang	2201	4972	40	2072
上　海 Shanghai	3301	1580	67	6868
江　苏 Jiangsu	6792	26269	130	25126
浙　江 Zhejiang	3289	18032	26	17235
安　徽 Anhui	2548	13069	36	6827
福　建 Fujian	2662	9925	6	16478
江　西 Jiangxi	2382	9652	44	6290
山　东 Shandong	7365	73290	93	35401
河　南 Henan	3366	25727	30	5946
湖　北 Hubei	6187	27327	105	10831
湖　南 Hunan	6459	31341	28	9660
广　东 Guangdong	3280	16778	71	17219
广　西 Guangxi	2604	11357	38	4749
海　南 Hainan	140	1613	6	461
重　庆 Chongqing	1291	5300	165	5521
四　川 Sichuan	4202	21458	73	9182
贵　州 Guizhou	650	2882	21	1579
云　南 Yunnan	1254	12613	27	6083
西　藏 Tibet	113	1320	54	122
陕　西 Shaanxi	3721	16280	51	3524
甘　肃 Gansu	1574	7483	59	2344
青　海 Qinghai	171	830	51	649
宁　夏 Ningxia	768	1850	14	1002
新　疆 Xinjiang	1902	7267	128	6511

附表 9-3　2014 年各省科普经费　　单位：万元

Appendix table 9-3: S&T popularization funds by region in 2014　Unit: 10000 yuan

地　区 Region	年度科普经费筹集额 Annual funding for S&T popularization	政府拨款 Government funds		捐赠 Donates	自筹资金 Self-raised funds	其他收入 Others
		政府拨款 Government funds	科普专项经费 Special funds			
全　国 Total	1500290	1140391	640066	16034	272745	70956
东　部 Eastern	963104	736481	445679	12349	175887	38285
中　部 Middle	209635	157059	78321	1625	34129	16823
西　部 Western	327552	246852	116066	2060	62729	15848
北　京 Beijing	217381	149799	99009	9719	49775	8089
天　津 Tianjin	24233	19230	6640	91	4262	651
河　北 Hebei	26500	18203	6902	426	4638	3232
山　西 Shanxi	18522	13404	5888	6	1897	3214
内蒙古 Inner Mongolia	14208	11620	4594	125	2021	441
辽　宁 Liaoning	36161	24465	15709	216	8102	3298
吉　林 Jilin	4078	3421	991	33	562	62
黑龙江 Heilongjiang	12230	10349	2553	72	1445	364
上　海 Shanghai	258183	208610	169140	909	44385	4278
江　苏 Jiangsu	103743	72714	42866	336	21886	8815
浙　江 Zhejiang	118004	103349	25490	245	11299	3082
安　徽 Anhui	31813	25926	14840	94	4544	1249
福　建 Fujian	49117	42746	26632	46	5112	1214
江　西 Jiangxi	23029	15651	9027	288	5361	1728
山　东 Shandong	53823	39099	15438	227	13310	1188
河　南 Henan	25958	20650	9117	410	4120	782
湖　北 Hubei	55838	39524	22714	464	9145	6705
湖　南 Hunan	38168	28133	13191	258	7055	2718
广　东 Guangdong	69135	53873	35285	116	11297	3847
广　西 Guangxi	32147	23449	12787	229	6216	2260
海　南 Hainan	6823	4393	2570	19	1821	590
重　庆 Chongqing	38854	27707	16833	127	7942	3079
四　川 Sichuan	58071	40429	21547	126	15554	1963
贵　州 Guizhou	35357	28828	11835	407	4316	1807
云　南 Yunnan	68854	58169	20835	410	7219	3057
西　藏 Tibet	2173	1922	1003	4	138	110
陕　西 Shaanxi	27909	21740	11270	356	4548	1265
甘　肃 Gansu	12488	9634	5034	69	2318	467
青　海 Qinghai	6271	4957	1720	6	937	371
宁　夏 Ningxia	6528	4120	1346	42	2201	165
新　疆 Xinjiang	24691	14278	7261	159	9319	864

附表 9-3 续表 Continued

地　区 Region	科技活动周经费筹集额 Funding for S&T week	政府拨款 Government funds	企业赞助 Corporate donates	年度科普经费使用额 Annual expenditure	行政支出 Administrative expenditure	科普活动支出 Activities expenditure
全　国 Total	47447	34602	3339	1485017	193610	740981
东　部 Eastern	24018	18008	1674	936239	106177	440095
中　部 Middle	10604	6878	1046	229752	34817	129232
西　部 Western	12825	9717	620	319026	52616	171654
北　京 Beijing	2638	2092	136	205724	32930	112852
天　津 Tianjin	891	498	138	23969	3420	19217
河　北 Hebei	1054	772	69	24269	2132	12626
山　西 Shanxi	481	347	35	17612	2358	10231
内蒙古 Inner Mongolia	543	364	67	18267	3404	7787
辽　宁 Liaoning	1513	1172	134	34481	5132	22573
吉　林 Jilin	147	118	6	4056	1136	2516
黑龙江 Heilongjiang	420	326	75	11323	1189	6043
上　海 Shanghai	5000	3670	314	253456	8301	79053
江　苏 Jiangsu	4853	3803	300	96953	12598	55534
浙　江 Zhejiang	2631	2163	80	106100	12252	44977
安　徽 Anhui	1076	797	36	36388	4488	18253
福　建 Fujian	1250	856	73	50575	7621	17943
江　西 Jiangxi	1524	807	321	24294	5301	15044
山　东 Shandong	1290	898	179	65583	9341	25377
河　南 Henan	1088	861	75	37659	3488	17922
湖　北 Hubei	2518	1566	229	59936	8819	34847
湖　南 Hunan	3350	2056	270	38484	8039	24375
广　东 Guangdong	2280	1554	218	68255	11974	46618
广　西 Guangxi	2047	1806	46	25956	4665	15147
海　南 Hainan	618	531	33	6874	476	3327
重　庆 Chongqing	1193	891	88	37493	7453	19145
四　川 Sichuan	2199	1422	117	54183	7887	28048
贵　州 Guizhou	2356	2026	28	34243	10278	18161
云　南 Yunnan	1241	874	117	57620	6257	33320
西　藏 Tibet	101	74	9	2154	388	1650
陕　西 Shaanxi	1397	1048	38	28267	4261	18936
甘　肃 Gansu	561	400	39	14677	2960	10052
青　海 Qinghai	157	118	2	6675	1162	4962
宁　夏 Ningxia	166	108	3	6129	487	3410
新　疆 Xinjiang	864	587	67	33364	3415	11037

附表 9-3　续表　　　　Continued

地　区 Region	年度科普经费使用额 Annual expenditure				
	科普场馆基建支出 Infrastructure expenditures	政府拨款支出 Government expenditures	场馆建设支出 Venue construction expenditures	展品、设施支出 Exhibits & facilities expenditures	其他支出 Others
全　国 Total	456870	252441	218482	201051	98410
东　部 Eastern	321513	197455	154448	148133	73270
中　部 Middle	52690	19242	21709	27185	13011
西　部 Western	82667	35743	42325	25734	12129
北　京 Beijing	25692	8751	5496	17143	39049
天　津 Tianjin	521	1	249	225	812
河　北 Hebei	3753	379	1483	2060	5757
山　西 Shanxi	4179	3724	3522	388	845
内蒙古 Inner Mongolia	6667	4243	2634	1805	410
辽　宁 Liaoning	5263	2564	1399	1945	1514
吉　林 Jilin	295	71	136	73	109
黑龙江 Heilongjiang	819	240	547	668	3272
上　海 Shanghai	162612	144055	84243	77286	3491
江　苏 Jiangsu	22213	8712	10876	7423	6608
浙　江 Zhejiang	45811	3727	29182	15242	3066
安　徽 Anhui	11283	4353	5440	4699	2364
福　建 Fujian	20869	5131	7156	11656	4145
江　西 Jiangxi	3570	1045	2251	817	379
山　东 Shandong	27084	21269	12731	10960	3776
河　南 Henan	15590	6394	6128	5930	658
湖　北 Hubei	12765	1955	2117	8933	3505
湖　南 Hunan	4188	1461	1570	5676	1881
广　东 Guangdong	6047	2475	1055	3596	3629
广　西 Guangxi	4924	2828	1510	2565	1228
海　南 Hainan	1648	391	578	597	1424
重　庆 Chongqing	9828	4042	4669	1739	1068
四　川 Sichuan	15959	2672	7498	3971	2294
贵　州 Guizhou	4057	12	3924	133	1747
云　南 Yunnan	15381	11692	12063	3488	2688
西　藏 Tibet	103	3	4	25	14
陕　西 Shaanxi	4140	2105	856	1396	931
甘　肃 Gansu	1271	115	339	504	394
青　海 Qinghai	256	76	77	116	295
宁　夏 Ningxia	2089	714	1354	92	142
新　疆 Xinjiang	17993	7241	7399	9900	918

附表 9-4　2014 年各省科普传媒

Appendix table 9-4: S&T popularization media by region in 2014

地　区　Region	科普图书 Popular science books		科普期刊 Popular science journals	
	出版种数/种 Types of publications	出版总册数/册 Total copies	出版种数/种 Types of publications	出版总册数/册 Total copies
全　国 Total	8507	61600307	984	108258907
东　部 Eastern	6340	45511377	527	82661516
中　部 Middle	1133	9348365	195	16450648
西　部 Western	1034	6740565	262	9146743
北　京 Beijing	3605	27954275	68	13788300
天　津 Tianjin	225	681000	21	3864700
河　北 Hebei	69	818740	49	1955460
山　西 Shanxi	49	268400	18	228100
内蒙古 Inner Mongolia	120	284223	15	45853
辽　宁 Liaoning	80	749050	26	714500
吉　林 Jilin	130	409940	8	49210
黑龙江 Heilongjiang	49	128000	7	381000
上　海 Shanghai	1072	8079920	126	21381746
江　苏 Jiangsu	185	1110440	59	12844060
浙　江 Zhejiang	650	3120000	51	9183750
安　徽 Anhui	121	595130	29	6711108
福　建 Fujian	24	130200	14	387150
江　西 Jiangxi	531	5608275	42	5430150
山　东 Shandong	125	945600	37	7067300
河　南 Henan	25	400000	29	839180
湖　北 Hubei	194	1678400	39	1399100
湖　南 Hunan	34	260220	23	1412800
广　东 Guangdong	235	1589852	65	10397900
广　西 Guangxi	51	1039050	11	480439
海　南 Hainan	70	332300	11	1076650
重　庆 Chongqing	101	1192000	35	882700
四　川 Sichuan	143	854000	38	4451600
贵　州 Guizhou	14	102917	11	42260
云　南 Yunnan	147	775284	50	520408
西　藏 Tibet	19	192200	6	41000
陕　西 Shaanxi	166	815281	30	1251420
甘　肃 Gansu	104	897300	19	115912
青　海 Qinghai	43	73690	19	211000
宁　夏 Ningxia	16	147200	7	33000
新　疆 Xinjiang	110	367420	21	1071151

附表 9-4　续表　　　Continued

地　区 Region	科普（技）音像制品 Popularization audio and video products			科技类报纸年发行总份数/份 S&T newspaper printed copies
	出版种数/种 Types of publications	光盘发行总量/张 Total CD copies released	录音、录像带发行总量/盒 Total copies of audio and video publications	
全　国 Total	4473	6193823	719904	302296802
东　部 Eastern	1452	2689972	172479	219798590
中　部 Middle	1566	1908098	342883	47041475
西　部 Western	1455	1595753	204542	35456737
北　京 Beijing	71	244501	4385	21895600
天　津 Tianjin	80	376420	61100	3174076
河　北 Hebei	118	181106	6720	30312990
山　西 Shanxi	270	148013	72922	5148872
内蒙古 Inner Mongolia	205	128355	24100	3780528
辽　宁 Liaoning	347	488289	41811	10054679
吉　林 Jilin	22	78879	9377	355500
黑龙江 Heilongjiang	34	190779	452	9846810
上　海 Shanghai	133	526443	5655	19957649
江　苏 Jiangsu	143	188662	4568	46445634
浙　江 Zhejiang	153	230272	4610	45953405
安　徽 Anhui	363	90423	6168	5673905
福　建 Fujian	75	98996	1945	1987638
江　西 Jiangxi	158	454188	11805	11979987
山　东 Shandong	213	241591	37332	27897005
河　南 Henan	84	377751	74965	1091305
湖　北 Hubei	425	392878	140388	11115281
湖　南 Hunan	210	175187	26806	1829815
广　东 Guangdong	73	76356	4287	12116414
广　西 Guangxi	41	44045	1769	181880
海　南 Hainan	46	37336	66	3500
重　庆 Chongqing	43	83639	171	4425940
四　川 Sichuan	264	288650	29409	2494608
贵　州 Guizhou	54	84974	6997	93376
云　南 Yunnan	188	223048	5762	2165051
西　藏 Tibet	69	33889	50823	1540297
陕　西 Shaanxi	209	154304	4850	17803662
甘　肃 Gansu	169	122877	10592	639128
青　海 Qinghai	29	94293	1210	1645710
宁　夏 Ningxia	14	124510	30	242131
新　疆 Xinjiang	170	213169	68829	444426

附表 9-4 续表 Continued

地 区 Region	电视台播出科普（技）节目时间/小时 Broadcasting time of popular science programs on TV (h)	电台播出科普（技）节目时间/小时 Broadcasting time of popular science programs on radio (h)	科普网站数/个 S&T popularization websites (unit)	发放科普读物和资料/份 Number of S&T popularization books and materials
全 国 Total	201658	151334	2652	1026992112
东 部 Eastern	94067	80385	1432	430716650
中 部 Middle	45283	31867	546	186177929
西 部 Western	62308	39082	674	410097533
北 京 Beijing	8822	9885	184	34955966
天 津 Tianjin	5841	356	179	12067116
河 北 Hebei	12712	12409	74	36089217
山 西 Shanxi	6643	826	44	13606307
内蒙古 Inner Mongolia	6344	3637	61	13302435
辽 宁 Liaoning	22945	23173	97	23693735
吉 林 Jilin	832	781	18	5124850
黑龙江 Heilongjiang	1653	1557	37	14383670
上 海 Shanghai	4601	2435	240	35863333
江 苏 Jiangsu	4423	5631	132	138558965
浙 江 Zhejiang	11298	12332	119	39455982
安 徽 Anhui	4627	6171	121	26237223
福 建 Fujian	1136	1426	38	16920344
江 西 Jiangxi	3834	4553	46	15594645
山 东 Shandong	17215	8574	239	44610694
河 南 Henan	6028	6787	70	33728865
湖 北 Hubei	16652	8384	167	38084857
湖 南 Hunan	5014	2808	43	39417512
广 东 Guangdong	4962	3904	112	44583897
广 西 Guangxi	8742	2168	28	44388807
海 南 Hainan	112	260	18	3917401
重 庆 Chongqing	510	375	124	27792650
四 川 Sichuan	7518	2819	112	64016090
贵 州 Guizhou	6682	942	29	25472810
云 南 Yunnan	5909	4999	63	54270381
西 藏 Tibet	233	481	14	609032
陕 西 Shaanxi	5578	8211	104	38908510
甘 肃 Gansu	8097	5762	61	22620017
青 海 Qinghai	1004	529	11	8286963
宁 夏 Ningxia	762	554	23	5428260
新 疆 Xinjiang	10929	8605	44	105001578

附表 9-5　2014 年各省科普活动

Appendix table 9-5: S&T popularization activities by region in 2014

地　区 Region	科普（技）讲座 S&T popularization lectures		科普（技）展览 S&T popularization exhibitions	
	举办次数/次 Number of lectures held	参加人数/人次 Number of participants	专题展览次数/次 Number of exhibitions held	参观人数/人次 Number of participants
全　国 Total	899679	157233472	146390	240341884
东　部 Eastern	468087	72070774	68901	133238627
中　部 Middle	185780	37855648	35773	55886069
西　部 Western	245812	47307050	41716	51217188
北　京 Beijing	48898	5598585	4935	39685186
天　津 Tianjin	42394	4192034	15950	5428283
河　北 Hebei	27810	5238421	4892	8388129
山　西 Shanxi	16965	3095330	1651	1662620
内蒙古 Inner Mongolia	14218	1958409	2248	2476274
辽　宁 Liaoning	47242	6377680	5869	8622091
吉　林 Jilin	5355	1803735	2970	846596
黑龙江 Heilongjiang	15595	2790039	2036	1709129
上　海 Shanghai	69971	7290169	4591	20255320
江　苏 Jiangsu	70853	12640351	9970	16214034
浙　江 Zhejiang	48051	9507268	5841	7000890
安　徽 Anhui	28427	5212343	6000	10060556
福　建 Fujian	24816	3934765	4394	5009636
江　西 Jiangxi	14580	2764258	3622	3730156
山　东 Shandong	58125	10580953	5444	7044213
河　南 Henan	36388	8185030	5617	13283796
湖　北 Hubei	41916	9125027	8156	9392510
湖　南 Hunan	26554	4879886	5721	15200706
广　东 Guangdong	28470	6434934	5666	14310491
广　西 Guangxi	19489	4593449	4087	5548338
海　南 Hainan	1457	275614	1349	1280354
重　庆 Chongqing	29150	2796116	2481	4107969
四　川 Sichuan	34710	9007346	7822	11870554
贵　州 Guizhou	14559	2474453	3565	3007231
云　南 Yunnan	38513	7503372	6213	9323053
西　藏 Tibet	938	148447	265	106620
陕　西 Shaanxi	24276	5737499	5549	6149177
甘　肃 Gansu	26831	4838350	3124	3652682
青　海 Qinghai	5555	919580	1228	2123594
宁　夏 Ningxia	6202	819282	848	500068
新　疆 Xinjiang	31371	6510747	4286	2351628

附表 9-5 续表 Continued

地 区 Region	科普（技）竞赛 S&T popularization competitions		科普国际交流 International S&T popularization exchanges	
	举办次数/次 Number of competitions held	参加人数/人次 Number of participants	举办次数/次 Number of exchanges held	参加人数/人次 Number of participants
全 国 Total	48840	119613876	2223	331279
东 部 Eastern	26105	92212116	1382	122239
中 部 Middle	10229	14319592	227	52234
西 部 Western	12506	13082168	614	156806
北 京 Beijing	3035	64984132	356	33866
天 津 Tianjin	3389	3007756	76	4454
河 北 Hebei	1738	598582	72	7500
山 西 Shanxi	494	346897	36	31047
内蒙古 Inner Mongolia	650	251500	19	4805
辽 宁 Liaoning	2004	2805291	65	4459
吉 林 Jilin	220	131000	7	200
黑龙江 Heilongjiang	825	288819	47	8692
上 海 Shanghai	4017	4716152	345	41267
江 苏 Jiangsu	4019	4269622	181	14510
浙 江 Zhejiang	2786	3488808	110	5161
安 徽 Anhui	1153	1865342	20	2597
福 建 Fujian	1515	1607679	19	2057
江 西 Jiangxi	1080	2952990	29	1250
山 东 Shandong	1986	4316859	39	3091
河 南 Henan	1515	3209070	20	1813
湖 北 Hubei	3435	3225351	48	5257
湖 南 Hunan	1507	2300123	20	1378
广 东 Guangdong	1513	2349634	79	4473
广 西 Guangxi	808	2298170	146	15630
海 南 Hainan	103	67601	40	1401
重 庆 Chongqing	856	1432829	139	13206
四 川 Sichuan	2456	3115917	73	3784
贵 州 Guizhou	990	847819	3	3432
云 南 Yunnan	839	1192815	32	10878
西 藏 Tibet	101	24757	1	8
陕 西 Shaanxi	2030	2185035	143	96400
甘 肃 Gansu	1648	926855	18	970
青 海 Qinghai	586	226583	27	452
宁 夏 Ningxia	185	210903	4	6000
新 疆 Xinjiang	1357	368985	9	1241

附表 9-5　续表　　Continued

地　区 Region	成立青少年科技兴趣小组 Teenage S&T interest groups		科技夏（冬）令营 Summer /winter science camps	
	兴趣小组数/个 Number of groups	参加人数/人次 Number of participants	举办次数/次 Number of camps held	参加人数/人次 Number of participants
全　国 Total	237736	23305258	13114	3346791
东　部 Eastern	114572	7771888	8274	2028888
中　部 Middle	60355	4443113	2157	475518
西　部 Western	62809	11090257	2683	842385
北　京 Beijing	3310	350641	1058	135440
天　津 Tianjin	7967	494768	383	128827
河　北 Hebei	11740	561379	266	72315
山　西 Shanxi	5013	296925	85	36536
内蒙古 Inner Mongolia	2479	197730	220	78434
辽　宁 Liaoning	15448	982218	748	380364
吉　林 Jilin	1330	133378	54	35796
黑龙江 Heilongjiang	4401	173512	420	29904
上　海 Shanghai	7717	539410	1528	383018
江　苏 Jiangsu	18114	1261425	1976	388671
浙　江 Zhejiang	12217	669353	634	248300
安　徽 Anhui	7377	502869	342	60230
福　建 Fujian	5277	636191	612	76944
江　西 Jiangxi	3887	506163	177	43425
山　东 Shandong	18320	1253781	408	151436
河　南 Henan	12912	814606	287	84066
湖　北 Hubei	13580	1202255	361	75404
湖　南 Hunan	11855	813405	431	110157
广　东 Guangdong	13679	987143	634	55778
广　西 Guangxi	9959	5707506	79	15611
海　南 Hainan	783	35579	27	7795
重　庆 Chongqing	3938	284345	100	20679
四　川 Sichuan	16681	1888122	494	262741
贵　州 Guizhou	3577	900283	129	53251
云　南 Yunnan	4329	408690	363	133279
西　藏 Tibet	130	5114	22	2974
陕　西 Shaanxi	8474	709524	242	60693
甘　肃 Gansu	6644	552114	150	71562
青　海 Qinghai	2143	74941	71	12479
宁　夏 Ningxia	1393	122200	26	2984
新　疆 Xinjiang	3062	239688	787	127698

附表 9-5 续表 Continued

地 区 Region	科技活动周 Science & technology week		科研机构、大学向社会开放 Scientific institutions and universities open to public	
	科普专题活动次数/次 Number of S&T week held	参加人数/人次 Number of participants	开放单位数/个 Number of open units	参观人数/人次 Number of participants
全 国 Total	117238	157261024	6712	8317837
东 部 Eastern	50256	109806701	3772	5058695
中 部 Middle	26395	18882847	1216	1868151
西 部 Western	40587	28571476	1724	1390991
北 京 Beijing	3672	58411039	569	494183
天 津 Tianjin	5488	3807150	197	310371
河 北 Hebei	5199	3184473	228	166028
山 西 Shanxi	1538	1856872	62	36200
内蒙古 Inner Mongolia	2206	1182449	88	64828
辽 宁 Liaoning	4473	5171896	509	415529
吉 林 Jilin	509	374918	20	35246
黑龙江 Heilongjiang	1914	1443537	184	176451
上 海 Shanghai	5218	6601294	69	291938
江 苏 Jiangsu	10098	11512478	982	682214
浙 江 Zhejiang	4653	4238587	269	305080
安 徽 Anhui	3438	1671950	142	187778
福 建 Fujian	4299	2350628	145	189516
江 西 Jiangxi	2945	1805086	69	102278
山 东 Shandong	4423	10454211	279	465324
河 南 Henan	5942	3823632	78	54476
湖 北 Hubei	5976	4798080	508	896358
湖 南 Hunan	4133	3108772	153	379364
广 东 Guangdong	2006	3590643	513	680068
广 西 Guangxi	2838	4922199	116	51252
海 南 Hainan	727	484302	12	1058444
重 庆 Chongqing	2153	1698552	168	133043
四 川 Sichuan	9798	5824454	578	266264
贵 州 Guizhou	3310	1967846	67	230192
云 南 Yunnan	4569	2904260	194	90615
西 藏 Tibet	340	76156	34	13963
陕 西 Shaanxi	5495	4067496	169	93008
甘 肃 Gansu	2903	1966623	156	175931
青 海 Qinghai	787	783840	60	8333
宁 夏 Ningxia	1200	788672	37	20555
新 疆 Xinjiang	4988	2388929	57	243007

附表 9-5　续表　　Continued

地　区 Region	举办实用技术培训 Practical skill trainings		重大科普活动次数/次 Number of grand popularization activities
	举办次数/次 Number of trainings held	参加人数/人次 Number of participants	
全　国 Total	774189	104598101	29058
东　部 Eastern	249964	37302698	11120
中　部 Middle	134744	16492213	6596
西　部 Western	389481	50803190	11342
北　京 Beijing	18452	1013571	605
天　津 Tianjin	17629	1759256	377
河　北 Hebei	32097	4715490	1751
山　西 Shanxi	13439	1869808	637
内蒙古 Inner Mongolia	20363	2974540	638
辽　宁 Liaoning	22859	2911201	1555
吉　林 Jilin	9902	1004141	252
黑龙江 Heilongjiang	21029	2634760	771
上　海 Shanghai	13328	3006507	994
江　苏 Jiangsu	47634	12100274	1800
浙　江 Zhejiang	28574	2642702	977
安　徽 Anhui	22324	2417828	849
福　建 Fujian	16531	2287103	741
江　西 Jiangxi	20164	1942387	524
山　东 Shandong	33210	4904053	1257
河　南 Henan	24977	3711298	937
湖　北 Hubei	79	3850	1514
湖　南 Hunan	22830	2908141	1112
广　东 Guangdong	15119	1617132	962
广　西 Guangxi	38244	4772445	1106
海　南 Hainan	4531	345409	101
重　庆 Chongqing	9319	1535203	633
四　川 Sichuan	86215	13364893	2494
贵　州 Guizhou	21751	2636108	644
云　南 Yunnan	76122	7650750	1076
西　藏 Tibet	1305	129013	43
陕　西 Shaanxi	33275	4376080	1672
甘　肃 Gansu	42644	4862044	1238
青　海 Qinghai	7353	1633509	528
宁　夏 Ningxia	10474	725091	210
新　疆 Xinjiang	42416	6143514	1060

附录 10　2013 年全国科普统计分类数据统计表

各项统计数据均未包括香港特别行政区、澳门特别行政区和台湾地区的数据。

科普宣传专用车、科普图书、科普期刊、科普网站与科普国际交流情况均由市级以上（含市级）填报单位的数据统计得出。

东部、中部和西部地区的划分：东部地区包括北京、天津、河北、辽宁、上海、江苏、浙江、福建、山东、广东和海南 11 个省和直辖市；中部地区包括山西、吉林、黑龙江、安徽、江西、河南、湖北和湖南 8 个省；西部地区包括内蒙古、广西、重庆、四川、贵州、云南、西藏、陕西、甘肃、青海、宁夏和新疆 12 个省、自治区和直辖市。

附表 10-1　2013 年各省科普人员

Appendix table 10-1: S&T popularization personnel by region in 2013

单位：人
Unit: person

地　区 Region	科普专职人员 Full time S&T popularization personnel		
	人员总数 Total	中级职称及以上或大学本科及以上学历人员 With title of medium-rank or above / with college graduate or above	女性 Female
全　国 Total	242276	139439	87305
东　部 Eastern	82886	51413	32101
中　部 Middle	77484	43398	25605
西　部 Western	81906	44628	29599
北　京 Beijing	7727	4888	3880
天　津 Tianjin	3171	2195	1399
河　北 Hebei	5846	3545	2617
山　西 Shanxi	9171	4023	3274
内蒙古 Inner Mongolia	8247	5265	3286
辽　宁 Liaoning	7438	5003	3100
吉　林 Jilin	7662	4732	2997
黑龙江 Heilongjiang	3487	2244	1403
上　海 Shanghai	6965	4776	3215
江　苏 Jiangsu	12641	8422	4670
浙　江 Zhejiang	8892	5231	2629
安　徽 Anhui	8409	4566	2485
福　建 Fujian	4120	2497	1308
江　西 Jiangxi	5094	2908	1588
山　东 Shandong	14847	9130	5486
河　南 Henan	14813	8266	5559
湖　北 Hubei	13588	8403	3843
湖　南 Hunan	15260	8256	4456
广　东 Guangdong	9446	5060	3226
广　西 Guangxi	5098	3080	1782
海　南 Hainan	1793	666	571
重　庆 Chongqing	3216	2140	1195
四　川 Sichuan	17205	9545	6246
贵　州 Guizhou	2521	1427	888
云　南 Yunnan	12775	6785	4462
西　藏 Tibet	440	225	140
陕　西 Shaanxi	15964	7144	5262
甘　肃 Gansu	5580	3239	1916
青　海 Qinghai	1455	902	626
宁　夏 Ningxia	2772	1321	1117
新　疆 Xinjiang	6633	3555	2679

附表 10-1　续表　　　Continued

地　区	Region	科普专职人员 Full time S&T popularization personnel		
		农村科普人员 Rural S&T popularization personnel	管理人员 S&T popularization administrators	科普创作人员 S&T popularization creators
全　国	Total	84858	54088	14479
东　部	Eastern	22740	20195	6901
中　部	Middle	29811	17870	3976
西　部	Western	32307	16023	3602
北　京	Beijing	737	1768	1559
天　津	Tianjin	607	1079	264
河　北	Hebei	1521	1669	413
山　西	Shanxi	3342	1906	381
内蒙古	Inner Mongolia	3061	1940	356
辽　宁	Liaoning	1510	2170	863
吉　林	Jilin	3155	1871	425
黑龙江	Heilongjiang	1015	1010	175
上　海	Shanghai	864	1803	1173
江　苏	Jiangsu	4188	2891	759
浙　江	Zhejiang	3418	1617	363
安　徽	Anhui	3896	1952	374
福　建	Fujian	1012	1124	209
江　西	Jiangxi	1738	1312	333
山　东	Shandong	5811	3032	728
河　南	Henan	5078	3481	673
湖　北	Hubei	5962	2687	731
湖　南	Hunan	5625	3651	884
广　东	Guangdong	2550	2681	517
广　西	Guangxi	1894	1169	203
海　南	Hainan	522	361	53
重　庆	Chongqing	1289	657	189
四　川	Sichuan	7662	2793	486
贵　州	Guizhou	551	752	195
云　南	Yunnan	6294	2127	599
西　藏	Tibet	165	149	53
陕　西	Shaanxi	6224	2823	738
甘　肃	Gansu	1555	1489	291
青　海	Qinghai	153	340	77
宁　夏	Ningxia	1060	594	106
新　疆	Xinjiang	2399	1190	309

附表 10-1　续表　　Continued

地　区 Region	科普兼职人员 Part time S&T popularization personnel		
	人员总数 Total	年度实际投入工作量/人月 Annual actual workload (person-month)	中级职称及以上或大学本科及以上学历人员 With title of medium-rank or above / with college graduate or above
全　国 Total	1735911	2740170	844115
东　部 Eastern	766445	1141175	386805
中　部 Middle	462070	775566	216053
西　部 Western	507396	823429	241257
北　京 Beijing	41044	64258	25884
天　津 Tianjin	42002	53628	21527
河　北 Hebei	43242	76056	23146
山　西 Shanxi	54119	103614	18223
内蒙古 Inner Mongolia	40704	81988	22280
辽　宁 Liaoning	70922	105209	37118
吉　林 Jilin	44675	61009	17467
黑龙江 Heilongjiang	29796	43711	18128
上　海 Shanghai	39214	67956	21722
江　苏 Jiangsu	143531	210101	77595
浙　江 Zhejiang	120781	140165	57880
安　徽 Anhui	73426	133916	39177
福　建 Fujian	53586	60704	28300
江　西 Jiangxi	29181	56276	14824
山　东 Shandong	135771	250463	54044
河　南 Henan	75934	147409	36578
湖　北 Hubei	63257	90177	33731
湖　南 Hunan	91682	139454	37925
广　东 Guangdong	69026	104401	36340
广　西 Guangxi	39731	67610	19907
海　南 Hainan	7326	8234	3249
重　庆 Chongqing	32494	53044	16785
四　川 Sichuan	103704	191649	46501
贵　州 Guizhou	31179	47800	16127
云　南 Yunnan	72188	109841	35036
西　藏 Tibet	1413	1414	686
陕　西 Shaanxi	76885	110930	34452
甘　肃 Gansu	46741	64165	20657
青　海 Qinghai	10117	10678	5182
宁　夏 Ningxia	18186	24871	8127
新　疆 Xinjiang	34054	59439	15517

附表 10-1 续表 Continued

地 区 Region	科普兼职人员 Part time S&T popularization personnel		注册科普志愿者 Registered S&T popularization volunteers
	女性 Female	农村科普人员 Rural S&T popularization personnel	
全 国 Total	656790	666267	3372823
东 部 Eastern	308965	264896	1946281
中 部 Middle	162667	198780	610366
西 部 Western	185158	202591	816176
北 京 Beijing	22124	4755	50236
天 津 Tianjin	24233	4647	186699
河 北 Hebei	19473	14383	66727
山 西 Shanxi	20151	26404	41026
内蒙古 Inner Mongolia	17430	14362	26462
辽 宁 Liaoning	29192	22001	72857
吉 林 Jilin	18174	25877	59809
黑龙江 Heilongjiang	11677	9548	42999
上 海 Shanghai	18514	3948	83780
江 苏 Jiangsu	56860	54787	1033629
浙 江 Zhejiang	46781	38169	125482
安 徽 Anhui	24523	32481	43134
福 建 Fujian	17174	16959	26651
江 西 Jiangxi	9148	10769	16951
山 东 Shandong	48088	82585	141069
河 南 Henan	28814	30932	58880
湖 北 Hubei	22046	23230	118711
湖 南 Hunan	28134	39539	228856
广 东 Guangdong	24526	20254	155754
广 西 Guangxi	15043	15508	10330
海 南 Hainan	2000	2408	3397
重 庆 Chongqing	11317	11765	378696
四 川 Sichuan	34818	54697	121210
贵 州 Guizhou	11018	8907	15949
云 南 Yunnan	26817	28773	154881
西 藏 Tibet	429	354	136
陕 西 Shaanxi	26411	30629	30416
甘 肃 Gansu	15973	14885	44164
青 海 Qinghai	4000	2440	2059
宁 夏 Ningxia	5981	7365	19695
新 疆 Xinjiang	15921	12906	12178

附表 10-2 2013 年各省科普场地

Appendix table 10-2: S&T popularization venues and facilities by region in 2013

地 区 Region	科技馆/个 S&T museums	建筑面积/平方米 Construction area (m^2)	展厅面积/平方米 Exhibition area (m^2)	当年参观人数/人次 Visitors
全 国 Total	380	2631360	1238406	37341974
东 部 Eastern	194	1615576	798529	24293108
中 部 Middle	124	543810	228474	6812498
西 部 Western	62	471974	211403	6236368
北 京 Beijing	22	184852	106563	4082159
天 津 Tianjin	1	18000	10000	493600
河 北 Hebei	11	70107	35458	585200
山 西 Shanxi	4	38526	10750	280330
内蒙古 Inner Mongolia	13	38404	15741	392682
辽 宁 Liaoning	17	214567	62072	507517
吉 林 Jilin	11	16177	4930	87278
黑龙江 Heilongjiang	7	54561	29810	838250
上 海 Shanghai	27	201875	121814	4865956
江 苏 Jiangsu	17	132870	71233	1941119
浙 江 Zhejiang	23	205712	85957	2890935
安 徽 Anhui	15	142738	71131	998000
福 建 Fujian	17	106202	51235	1131230
江 西 Jiangxi	6	34280	20302	1591963
山 东 Shandong	23	144224	73450	3467067
河 南 Henan	11	57506	23934	1042950
湖 北 Hubei	63	177723	58152	1877911
湖 南 Hunan	7	22299	9465	95816
广 东 Guangdong	24	280850	147862	2622597
广 西 Guangxi	3	57777	24780	1138000
海 南 Hainan	12	56317	32885	1705728
重 庆 Chongqing	5	50738	25790	1306239
四 川 Sichuan	8	53050	29077	1095972
贵 州 Guizhou	4	23470	10230	293732
云 南 Yunnan	5	34784	11250	556006
西 藏 Tibet	0	0	0	0
陕 西 Shaanxi	4	34900	13952	124632
甘 肃 Gansu	5	10668	4500	24080
青 海 Qinghai	4	49859	18197	710352
宁 夏 Ningxia	3	45264	24601	453630
新 疆 Xinjiang	8	73060	33285	141043

附表 10-2 续表 Continued

地 区 Region	科学技术类博物馆/个 S&T related museums	建筑面积/平方米 Construction area (m^2)	展厅面积/平方米 Exhibition area (m^2)	当年参观人数/人次 Visitors	青少年科技馆站/个 Teenage S&T museums
全 国 Total	678	4661871	2328436	98210213	779
东 部 Eastern	434	3305906	1684403	63678276	303
中 部 Middle	120	547769	274024	14702281	247
西 部 Western	124	808196	370009	19829656	229
北 京 Beijing	67	798361	294832	13462189	16
天 津 Tianjin	13	247692	193568	2840738	12
河 北 Hebei	19	107813	62602	2076869	37
山 西 Shanxi	5	27768	10091	184000	34
内蒙古 Inner Mongolia	13	116946	53758	2825112	39
辽 宁 Liaoning	46	370730	172074	6563479	56
吉 林 Jilin	10	27510	14925	402000	25
黑龙江 Heilongjiang	19	154761	83228	2151587	22
上 海 Shanghai	139	632717	406333	11419941	18
江 苏 Jiangsu	43	276888	129840	6800333	61
浙 江 Zhejiang	33	312641	198057	8393723	31
安 徽 Anhui	14	65647	35922	4283819	44
福 建 Fujian	23	100603	54252	2517500	34
江 西 Jiangxi	9	32820	21061	1707103	10
山 东 Shandong	21	231091	88356	5208786	23
河 南 Henan	16	90942	30647	2818741	22
湖 北 Hubei	32	120785	63773	1647471	54
湖 南 Hunan	15	27536	14377	1507560	36
广 东 Guangdong	29	226295	83414	4392918	9
广 西 Guangxi	12	113582	51641	3249523	2
海 南 Hainan	1	1075	1075	1800	6
重 庆 Chongqing	9	115175	43442	744611	9
四 川 Sichuan	19	67914	45020	4643432	36
贵 州 Guizhou	9	54078	16780	297081	12
云 南 Yunnan	20	139254	68007	4788982	27
西 藏 Tibet	1	1020	300	1000	4
陕 西 Shaanxi	12	72238	24420	1496289	26
甘 肃 Gansu	10	51561	23551	365533	23
青 海 Qinghai	5	28010	10860	864000	10
宁 夏 Ningxia	3	9585	6418	230561	9
新 疆 Xinjiang	11	38833	25812	323532	32

附表 10-2　续表　　　Continued

地　区 Region	城市社区科普（技）专用活动室/个 Urban community S&T popularization rooms	农村科普（技）活动场地/个 Rural S&T popularization sites	科普宣传专用车/辆 S&T popularization vehicles	科普画廊/个 S&T popularization galleries
全　国 Total	83913	435916	2111	225069
东　部 Eastern	41280	209802	818	137268
中　部 Middle	24229	118507	540	46045
西　部 Western	18404	107607	753	41756
北　京 Beijing	974	2128	108	4165
天　津 Tianjin	4642	6643	210	4704
河　北 Hebei	1782	20031	37	6216
山　西 Shanxi	1553	14548	39	4685
内蒙古 Inner Mongolia	1692	5790	98	3172
辽　宁 Liaoning	6708	25055	173	9332
吉　林 Jilin	1717	11139	55	4529
黑龙江 Heilongjiang	2629	5019	70	2459
上　海 Shanghai	3150	1504	66	6674
江　苏 Jiangsu	6586	20373	67	25841
浙　江 Zhejiang	4067	22874	24	18099
安　徽 Anhui	2628	11954	87	7603
福　建 Fujian	2498	9891	18	17120
江　西 Jiangxi	2459	9885	62	6708
山　东 Shandong	7129	83191	41	24389
河　南 Henan	1526	4009	15	1394
湖　北 Hubei	4507	24963	74	7601
湖　南 Hunan	7210	36990	138	11066
广　东 Guangdong	3534	16239	64	19315
广　西 Guangxi	1475	12846	35	3003
海　南 Hainan	210	1873	10	1413
重　庆 Chongqing	1325	5717	180	5602
四　川 Sichuan	3235	22714	79	8614
贵　州 Guizhou	742	3734	20	1555
云　南 Yunnan	2540	16231	87	7327
西　藏 Tibet	115	721	25	120
陕　西 Shaanxi	3053	19545	51	4108
甘　肃 Gansu	1525	7931	26	4588
青　海 Qinghai	109	853	22	445
宁　夏 Ningxia	627	3042	42	846
新　疆 Xinjiang	1966	8483	88	2376

附表 10-3 2013 年各省科普经费

Appendix table 10-3: S&T popularization funds by region in 2013

单位：万元
Unit: 10000 yuan

地　区 Region	年度科普经费筹集额 Annual funding for S&T popularization	政府拨款 Government funds	科普专项经费 Special funds	捐赠 Donates	自筹资金 Self-raised funds	其他收入 Others
全　国 Total	1321903	922542	463989	9656	333179	57708
东　部 Eastern	770820	516354	278261	5495	221446	28113
中　部 Middle	187180	139038	71039	2324	37826	8584
西　部 Western	363903	267151	114689	1837	73908	21011
北　京 Beijing	203614	145157	84359	2612	51224	4629
天　津 Tianjin	24488	15384	5943	27	8523	555
河　北 Hebei	18180	11374	5327	266	4746	915
山　西 Shanxi	15389	13467	5420	107	1526	289
内蒙古 Inner Mongolia	15756	11413	5925	166	2439	1696
辽　宁 Liaoning	34452	23106	14720	167	7807	3373
吉　林 Jilin	10864	7496	3788	89	2770	510
黑龙江 Heilongjiang	13407	10978	3984	740	1370	320
上　海 Shanghai	159712	73509	38597	381	81565	4256
江　苏 Jiangsu	91378	65164	36797	315	22668	3231
浙　江 Zhejiang	87706	69529	30057	1099	13773	3319
安　徽 Anhui	26709	20314	11179	228	5001	1166
福　建 Fujian	42578	34083	15461	300	5926	2264
江　西 Jiangxi	19503	13723	7709	152	4295	1333
山　东 Shandong	36329	24725	14159	200	10094	1311
河　南 Henan	22416	16908	9153	353	4233	922
湖　北 Hubei	40998	29812	18462	440	8900	1847
湖　南 Hunan	37894	26339	11344	217	9731	2199
广　东 Guangdong	63566	47412	29935	126	12398	3630
广　西 Guangxi	45810	31371	15310	130	7469	6840
海　南 Hainan	8815	6912	2906	3	2724	629
重　庆 Chongqing	39915	30702	15694	153	6837	2223
四　川 Sichuan	50804	36573	16698	273	12798	1160
贵　州 Guizhou	50557	39153	12867	405	8370	2630
云　南 Yunnan	66847	55897	18369	306	7842	2800
西　藏 Tibet	3328	3163	1079	13	67	84
陕　西 Shaanxi	31588	20396	10687	306	9751	1176
甘　肃 Gansu	8159	6348	4492	21	1399	391
青　海 Qinghai	6439	5422	2657	8	777	233
宁　夏 Ningxia	6648	5209	2679	16	1082	341
新　疆 Xinjiang	38053	21504	8232	40	15075	1440

附表 10-3　续表　　　Continued

地　区 Region	科技活动周经费筹集额 Funding for S&T week	政府拨款 Government funds	企业赞助 Corporate donates	年度科普经费使用额 Annual expenditure	行政支出 Administrative expenditure	科普活动支出 Activities expenditure
全　国 Total	48817	35707	3541	1328047	193774	733462
东　部 Eastern	25441	19307	1768	748795	103038	415549
中　部 Middle	11032	7498	1213	203657	31620	117298
西　部 Western	12344	8902	561	375595	59115	200615
北　京 Beijing	2018	1603	151	180320	26911	105897
天　津 Tianjin	930	511	197	23894	3957	17133
河　北 Hebei	882	615	94	18241	2143	11687
山　西 Shanxi	603	491	39	15064	2285	8476
内蒙古 Inner Mongolia	606	424	31	38225	2796	10010
辽　宁 Liaoning	1686	1296	131	34154	4871	22666
吉　林 Jilin	469	323	74	11205	2021	6701
黑龙江 Heilongjiang	322	223	67	13052	1952	7266
上　海 Shanghai	4667	3640	295	158450	7497	75943
江　苏 Jiangsu	4952	3646	393	88504	13590	48378
浙　江 Zhejiang	3170	2607	122	79603	16513	44152
安　徽 Anhui	1030	753	65	43604	3197	15586
福　建 Fujian	1416	1046	54	47395	8903	19773
江　西 Jiangxi	1175	724	113	19012	4729	12370
山　东 Shandong	1341	1001	159	45542	7301	20446
河　南 Henan	1217	922	101	22193	2695	16372
湖　北 Hubei	3113	1886	444	42831	7098	26687
湖　南 Hunan	3102	2174	310	36696	7643	23840
广　东 Guangdong	3585	2629	143	63231	10221	44509
广　西 Guangxi	1760	1446	51	47185	6141	29725
海　南 Hainan	793	713	29	9462	1130	4965
重　庆 Chongqing	1187	865	81	38737	10470	18410
四　川 Sichuan	2141	1310	150	46487	8123	30705
贵　州 Guizhou	2072	1608	34	49262	11049	22012
云　南 Yunnan	1318	955	53	51450	4494	27659
西　藏 Tibet	156	143	0	2987	1203	1615
陕　西 Shaanxi	1323	892	103	38089	4451	24717
甘　肃 Gansu	567	369	40	10120	1330	6021
青　海 Qinghai	145	91	5	6539	1033	4961
宁　夏 Ningxia	219	127	0	7012	1801	3143
新　疆 Xinjiang	848	673	12	39502	6224	21637

附表 10-3 续表 Continued

地区 Region	年度科普经费使用额 Annual expenditure				
	科普场馆基建支出 Infrastructure expenditures	政府拨款支出 Government expenditures	场馆建设支出 Venue construction expenditures	展品、设施支出 Exhibits & facilities expenditures	其他支出 Others
全 国 Total	319094	134763	151813	99719	81927
东 部 Eastern	174867	66989	85874	62446	55344
中 部 Middle	46843	11990	27580	15335	8001
西 部 Western	97383	55785	38359	21938	18582
北 京 Beijing	22479	11506	7057	7123	25038
天 津 Tianjin	2026	292	935	948	777
河 北 Hebei	2919	1564	1762	625	1493
山 西 Shanxi	3817	3345	3754	1705	485
内蒙古 Inner Mongolia	24760	22795	1271	1007	676
辽 宁 Liaoning	4711	2071	1111	2304	1943
吉 林 Jilin	2189	905	1304	891	295
黑龙江 Heilongjiang	3612	161	1072	1462	222
上 海 Shanghai	71911	14583	41061	29765	3099
江 苏 Jiangsu	19268	9975	10434	5210	7238
浙 江 Zhejiang	14236	9699	8132	3863	4703
安 徽 Anhui	23958	2563	16151	6929	863
福 建 Fujian	13526	9458	5440	1834	5187
江 西 Jiangxi	985	281	349	413	927
山 东 Shandong	16053	6060	7230	6987	1737
河 南 Henan	2454	248	462	1375	672
湖 北 Hubei	7013	3631	3741	2004	2032
湖 南 Hunan	2814	854	747	558	2505
广 东 Guangdong	5610	1620	1595	2995	2891
广 西 Guangxi	9918	6072	4307	3144	1402
海 南 Hainan	2128	161	1118	793	1238
重 庆 Chongqing	8759	4045	3468	1941	1097
四 川 Sichuan	6103	1757	3506	1883	1581
贵 州 Guizhou	8527	2042	5324	3203	7674
云 南 Yunnan	16474	11838	12389	2515	2838
西 藏 Tibet	128	31	10	24	41
陕 西 Shaanxi	7911	4507	2331	2722	1046
甘 肃 Gansu	2448	86	237	144	322
青 海 Qinghai	84	4	0	71	461
宁 夏 Ningxia	1787	1230	381	1349	279
新 疆 Xinjiang	10484	1379	5137	3937	1166

附表 10-4　2013 年各省科普传媒

Appendix table 10-4: S&T popularization media by region in 2013

地　区 Region	科普图书 Popular science books		科普期刊 Popular science journals	
	出版种数/种 Types of publications	出版总册数/册 Total copies	出版种数/种 Types of publications	出版总册数/册 Total copies
全　国 Total	8423	88599760	1036	169695579
东　部 Eastern	5842	69013845	511	113487662
中　部 Middle	1593	12099781	188	11267642
西　部 Western	988	7486134	337	44940275
北　京 Beijing	3747	51585376	67	43550424
天　津 Tianjin	197	598000	21	1554104
河　北 Hebei	132	1063300	48	2708800
山　西 Shanxi	696	3771000	6	1568400
内蒙古 Inner Mongolia	92	1242260	20	212450
辽　宁 Liaoning	59	619300	20	707700
吉　林 Jilin	38	471430	16	101882
黑龙江 Heilongjiang	37	417340	7	58100
上　海 Shanghai	1046	7966967	119	26041599
江　苏 Jiangsu	190	826650	59	4637132
浙　江 Zhejiang	166	4501600	47	11490981
安　徽 Anhui	37	431501	23	174330
福　建 Fujian	50	197310	17	498700
江　西 Jiangxi	524	5452100	46	5587000
山　东 Shandong	86	635600	26	6883700
河　南 Henan	35	451000	25	853280
湖　北 Hubei	156	612600	35	1500500
湖　南 Hunan	70	492810	30	1424150
广　东 Guangdong	123	791392	79	14796572
广　西 Guangxi	48	269901	15	2301750
海　南 Hainan	46	228350	8	617950
重　庆 Chongqing	105	1494300	40	27332225
四　川 Sichuan	202	1477536	23	11600000
贵　州 Guizhou	25	172800	21	200800
云　南 Yunnan	130	651365	70	680120
西　藏 Tibet	27	71330	13	32550
陕　西 Shaanxi	83	404950	34	663000
甘　肃 Gansu	75	315400	32	129900
青　海 Qinghai	63	125900	19	110600
宁　夏 Ningxia	23	470200	6	45000
新　疆 Xinjiang	115	790192	44	1631880

附表 10-4 续表 Continued

地 区 Region	科普（技）音像制品 Popularization audio and video products			科技类报纸年发行总份数/份 S&T newspaper printed copies
	出版种数/种 Types of publications	光盘发行总量/张 Total CD copies released	录音、录像带发行总量/盒 Total copies of audio and video publications	
全 国 Total	5903	14416663	1777125	384774177
东 部 Eastern	2392	5730722	528565	295749366
中 部 Middle	1721	2509557	300807	53469054
西 部 Western	1790	6176384	947753	35555757
北 京 Beijing	66	720323	56	75023260
天 津 Tianjin	39	202915	62070	6296446
河 北 Hebei	101	214096	4902	43765030
山 西 Shanxi	429	155782	75563	25991139
内蒙古 Inner Mongolia	188	185221	43021	676228
辽 宁 Liaoning	376	345055	42929	3743001
吉 林 Jilin	112	394380	42114	203385
黑龙江 Heilongjiang	112	355584	1620	480532
上 海 Shanghai	115	510190	5570	19312876
江 苏 Jiangsu	903	255491	2818	38469399
浙 江 Zhejiang	123	127062	5906	64495689
安 徽 Anhui	128	72656	20489	4813648
福 建 Fujian	120	238649	7817	1828567
江 西 Jiangxi	134	566504	5736	9534265
山 东 Shandong	239	423449	63119	31233650
河 南 Henan	143	204512	17830	407814
湖 北 Hubei	453	579212	113800	8293023
湖 南 Hunan	210	180927	23655	3745248
广 东 Guangdong	242	2661170	332445	11552147
广 西 Guangxi	188	2825570	13218	1084362
海 南 Hainan	68	32322	933	29301
重 庆 Chongqing	38	79217	171	14424964
四 川 Sichuan	476	323129	31598	2095128
贵 州 Guizhou	18	37420	22034	1573969
云 南 Yunnan	288	170777	2918	2328786
西 藏 Tibet	12	12045	40	2448690
陕 西 Shaanxi	153	175376	9665	7082393
甘 肃 Gansu	166	125281	9413	627812
青 海 Qinghai	14	181776	91	2708801
宁 夏 Ningxia	46	48671	540	260178
新 疆 Xinjiang	203	2011901	815044	244446

附表 10-4　续表　　Continued

地　区 Region	电视台播出科普（技）节目时间/小时 Broadcasting time of popular science programs on TV (h)	电台播出科普（技）节目时间/小时 Broadcasting time of popular science programs on radio (h)	科普网站数/个 S&T popularization websites (unit)	发放科普读物和资料/份 Number of S&T popularization books and materials
全　国 Total	223610	181133	2430	954092138
东　部 Eastern	84587	87690	1192	415490604
中　部 Middle	79183	58265	512	203801464
西　部 Western	59840	35178	726	334800070
北　京 Beijing	9055	27450	234	36985586
天　津 Tianjin	6706	4414	102	15068052
河　北 Hebei	14253	10744	46	35468761
山　西 Shanxi	4889	3494	42	16968808
内蒙古 Inner Mongolia	3709	2327	44	18724148
辽　宁 Liaoning	13820	15195	79	24018856
吉　林 Jilin	3224	4518	43	18238641
黑龙江 Heilongjiang	2621	2865	27	10643525
上　海 Shanghai	4957	1926	202	33126700
江　苏 Jiangsu	3440	3801	134	122625422
浙　江 Zhejiang	6173	6996	91	44295255
安　徽 Anhui	14163	13771	87	24097384
福　建 Fujian	4180	4465	72	21654174
江　西 Jiangxi	8317	3918	59	17122390
山　东 Shandong	15934	8875	103	33731132
河　南 Henan	10268	12454	75	29701302
湖　北 Hubei	19834	7044	106	45421980
湖　南 Hunan	15867	10201	73	41607434
广　东 Guangdong	5615	3295	110	43723344
广　西 Guangxi	10772	3318	39	34749798
海　南 Hainan	454	529	19	4793322
重　庆 Chongqing	204	244	144	30988718
四　川 Sichuan	5744	2664	112	60771766
贵　州 Guizhou	5313	623	36	36079925
云　南 Yunnan	5111	8362	70	57354562
西　藏 Tibet	313	415	6	838528
陕　西 Shaanxi	9270	5309	91	34812649
甘　肃 Gansu	5543	3065	61	22455143
青　海 Qinghai	842	701	24	7016518
宁　夏 Ningxia	961	422	21	7046196
新　疆 Xinjiang	12058	7728	78	23962119

附表 10-5 2013 年各省科普活动

Appendix table 10-5: S&T popularization activities by region in 2013

地 区 Region	科普（技）讲座 S&T popularization lectures		科普（技）展览 S&T popularization exhibitions	
	举办次数/次 Number of lectures held	参加人数/人次 Number of participants	专题展览次数/次 Number of exhibitions held	参观人数/人次 Number of participants
全 国 Total	912111	164741540	161278	226370558
东 部 Eastern	444870	72481447	71429	126678991
中 部 Middle	213104	44961044	48830	45744378
西 部 Western	254137	47299049	41019	53947189
北 京 Beijing	50571	6540254	5939	33170228
天 津 Tianjin	31390	3631055	14932	6990330
河 北 Hebei	27407	5216065	4394	4110497
山 西 Shanxi	14730	3703109	3432	3148193
内蒙古 Inner Mongolia	14348	3089718	2147	3845225
辽 宁 Liaoning	50516	6948445	6033	10126573
吉 林 Jilin	20698	3822836	2318	2280208
黑龙江 Heilongjiang	21465	4171417	2547	2370630
上 海 Shanghai	66716	8036192	4589	20351360
江 苏 Jiangsu	76953	13234363	10583	14921695
浙 江 Zhejiang	48523	9260092	7873	12973879
安 徽 Anhui	27916	4118185	4652	3483084
福 建 Fujian	17159	3080378	5121	4519031
江 西 Jiangxi	16948	3691137	3180	3937696
山 东 Shandong	39103	8409150	4737	5133678
河 南 Henan	49285	8885194	6733	10358531
湖 北 Hubei	33720	11602708	18193	11752831
湖 南 Hunan	28342	4966458	7775	8413205
广 东 Guangdong	33454	7666487	5914	13366459
广 西 Guangxi	18240	4456242	2933	4680052
海 南 Hainan	3078	458966	1314	1015261
重 庆 Chongqing	29933	3171197	2104	3876446
四 川 Sichuan	41174	8572329	6174	9761527
贵 州 Guizhou	9441	1547971	2585	2774415
云 南 Yunnan	41829	7661059	7968	12697540
西 藏 Tibet	865	119212	331	116035
陕 西 Shaanxi	33275	6550602	6219	6191567
甘 肃 Gansu	27151	5150998	3919	4578656
青 海 Qinghai	4821	723533	828	1909363
宁 夏 Ningxia	5585	902850	850	944207
新 疆 Xinjiang	27475	5353338	4961	2572156

附表 10-5　续表　　Continued

地　区 Region	科普（技）竞赛 S&T popularization competitions		科普国际交流 International S&T popularization exchanges	
	举办次数/次 Number of competitions held	参加人数/人次 Number of participants	举办次数/次 Number of exchanges held	参加人数/人次 Number of participants
全　国 Total	61808	63960453	2540	455581
东　部 Eastern	32131	32177838	1553	147546
中　部 Middle	16626	16995534	221	27071
西　部 Western	13051	14787081	766	280964
北　京 Beijing	3302	5118885	351	24563
天　津 Tianjin	7050	2546766	318	6165
河　北 Hebei	1670	991941	32	11051
山　西 Shanxi	722	420047	30	5177
内蒙古 Inner Mongolia	679	446083	38	1600
辽　宁 Liaoning	2163	3417789	68	17116
吉　林 Jilin	591	281021	20	747
黑龙江 Heilongjiang	980	443377	32	4524
上　海 Shanghai	3920	4403340	335	44550
江　苏 Jiangsu	4907	5515733	192	25787
浙　江 Zhejiang	4131	2949919	56	6566
安　徽 Anhui	1144	3655844	11	1550
福　建 Fujian	1808	1866742	32	3356
江　西 Jiangxi	988	657641	28	6309
山　东 Shandong	1442	1158157	27	2114
河　南 Henan	2316	3377622	33	1450
湖　北 Hubei	7533	3591566	31	5230
湖　南 Hunan	2352	4568416	36	2084
广　东 Guangdong	1584	4124126	74	2558
广　西 Guangxi	811	1585801	80	2825
海　南 Hainan	154	84440	68	3720
重　庆 Chongqing	681	1747550	140	13053
四　川 Sichuan	2216	3777364	218	3617
贵　州 Guizhou	1016	668641	11	13737
云　南 Yunnan	1007	1599059	39	12919
西　藏 Tibet	106	12454	4	321
陕　西 Shaanxi	2791	2560407	155	64494
甘　肃 Gansu	1955	1047328	31	162427
青　海 Qinghai	157	667029	30	508
宁　夏 Ningxia	218	357265	8	5000
新　疆 Xinjiang	1414	318100	12	463

附表 10-5　续表　　Continued

地　区 Region	成立青少年科技兴趣小组 Teenage S&T interest groups		科技夏（冬）令营 Summer /winter science camps	
	兴趣小组数/个 Number of groups	参加人数/人次 Number of participants	举办次数/次 Number of camps held	参加人数/人次 Number of participants
全　国 Total	280425	20313272	15026	3445742
东　部 Eastern	119439	7569063	8057	2054037
中　部 Middle	92196	5463123	3165	595936
西　部 Western	68790	7281086	3804	795769
北　京 Beijing	5183	359439	738	109533
天　津 Tianjin	14566	634123	343	75163
河　北 Hebei	10515	574801	227	53658
山　西 Shanxi	7036	381166	69	16873
内蒙古 Inner Mongolia	2212	209354	243	28026
辽　宁 Liaoning	17439	900302	811	401064
吉　林 Jilin	5198	486120	790	100081
黑龙江 Heilongjiang	5724	334130	117	31932
上　海 Shanghai	7449	496728	1389	360655
江　苏 Jiangsu	19265	1417338	1648	429160
浙　江 Zhejiang	8793	665266	1403	298740
安　徽 Anhui	10004	486351	381	77288
福　建 Fujian	6540	483034	560	72062
江　西 Jiangxi	4696	503355	211	40793
山　东 Shandong	17073	1134540	434	181748
河　南 Henan	19801	587803	516	95610
湖　北 Hubei	19988	1554212	424	91235
湖　南 Hunan	19749	1129986	657	142124
广　东 Guangdong	11664	864966	474	55360
广　西 Guangxi	7519	1500404	98	15520
海　南 Hainan	952	38526	30	16894
重　庆 Chongqing	3980	393407	102	17420
四　川 Sichuan	15491	1521789	385	126700
贵　州 Guizhou	3008	464352	145	40438
云　南 Yunnan	6387	784251	309	160614
西　藏 Tibet	166	11313	46	2944
陕　西 Shaanxi	16408	1443565	280	63107
甘　肃 Gansu	8009	461547	856	84290
青　海 Qinghai	521	58441	39	1414
宁　夏 Ningxia	1376	159794	40	5413
新　疆 Xinjiang	3713	272869	1261	249883

附表 10-5　续表　　Continued

地　区 Region	科技活动周 Science & technology week		科研机构、大学向社会开放 Scientific institutions and universities open to public	
	科普专题活动次数/次 Number of S&T week held	参加人数/人次 Number of participants	开放单位数/个 Number of open units	参观人数/人次 Number of participants
全　国 Total	125045	105817458	6583	8010556
东　部 Eastern	57221	53647472	3256	4164471
中　部 Middle	28251	22111781	2030	2005651
西　部 Western	39573	30058205	1297	1840434
北　京 Beijing	3796	2668769	352	266804
天　津 Tianjin	9596	4235213	396	273148
河　北 Hebei	5054	3744307	207	136464
山　西 Shanxi	1879	1703097	70	24590
内蒙古 Inner Mongolia	2445	1811729	85	34535
辽　宁 Liaoning	4624	3570962	527	404352
吉　林 Jilin	1371	1384264	250	95469
黑龙江 Heilongjiang	1962	1997477	140	47083
上　海 Shanghai	5139	6286647	87	255406
江　苏 Jiangsu	13139	12457871	604	930273
浙　江 Zhejiang	4625	4168468	209	151132
安　徽 Anhui	3974	2188177	135	105484
福　建 Fujian	4304	2614721	119	85249
江　西 Jiangxi	3131	1762130	100	109464
山　东 Shandong	3747	10584324	193	474565
河　南 Henan	6176	3760307	334	141349
湖　北 Hubei	5543	5081506	719	957953
湖　南 Hunan	4215	4234823	282	524259
广　东 Guangdong	2135	2729515	499	871033
广　西 Guangxi	2479	3796840	135	829326
海　南 Hainan	1062	586675	63	316045
重　庆 Chongqing	2202	2176795	169	128017
四　川 Sichuan	8341	5842116	204	139756
贵　州 Guizhou	2597	1737131	40	16216
云　南 Yunnan	4188	3786189	115	83784
西　藏 Tibet	362	65951	18	1140
陕　西 Shaanxi	6439	4249862	211	172926
甘　肃 Gansu	3260	2300717	135	108178
青　海 Qinghai	563	341580	70	23102
宁　夏 Ningxia	1130	913544	16	6100
新　疆 Xinjiang	5567	3035751	99	297354

附表 10-5 续表 Continued

地 区 Region	举办实用技术培训 Practical skill trainings		重大科普活动次数/次 Number of grand popularization activities
	举办次数/次 Number of trainings held	参加人数/人次 Number of participants	
全 国 Total	875962	112987440	38801
东 部 Eastern	259777	32119988	16651
中 部 Middle	207966	27776775	9220
西 部 Western	408219	53090677	12930
北 京 Beijing	19113	1171002	4039
天 津 Tianjin	16556	1920287	712
河 北 Hebei	30231	4785038	1647
山 西 Shanxi	23070	2267615	768
内蒙古 Inner Mongolia	19334	2833284	708
辽 宁 Liaoning	33571	3309968	1563
吉 林 Jilin	31541	4123810	780
黑龙江 Heilongjiang	15199	2510744	941
上 海 Shanghai	12757	3009092	952
江 苏 Jiangsu	46124	7064843	1871
浙 江 Zhejiang	33191	2970564	1419
安 徽 Anhui	23134	2252776	1041
福 建 Fujian	16059	1316101	1034
江 西 Jiangxi	22051	1733067	501
山 东 Shandong	28895	4154439	1872
河 南 Henan	32787	5308751	658
湖 北 Hubei	37273	6454077	1729
湖 南 Hunan	22911	3125935	2802
广 东 Guangdong	18894	1898940	1120
广 西 Guangxi	32110	4061005	859
海 南 Hainan	4386	519714	422
重 庆 Chongqing	9347	1543529	647
四 川 Sichuan	82608	12575919	2979
贵 州 Guizhou	18105	2389079	547
云 南 Yunnan	90446	10059773	1686
西 藏 Tibet	1002	149223	89
陕 西 Shaanxi	34568	4452644	2098
甘 肃 Gansu	34820	3584879	1237
青 海 Qinghai	6078	602499	686
宁 夏 Ningxia	13141	1061965	264
新 疆 Xinjiang	66660	9776878	1130

附录 11　2012 年全国科普统计分类数据统计表

各项统计数据均未包括香港特别行政区、澳门特别行政区和台湾地区的数据。

科普宣传专用车、科普图书、科普期刊、科普网站与科普国际交流情况均由市级以上（含市级）填报单位的数据统计得出。

东部、中部和西部地区的划分：东部地区包括北京、天津、河北、辽宁、上海、江苏、浙江、福建、山东、广东和海南 11 个省和直辖市；中部地区包括山西、吉林、黑龙江、安徽、江西、河南、湖北和湖南 8 个省；西部地区包括内蒙古、广西、重庆、四川、贵州、云南、西藏、陕西、甘肃、青海、宁夏和新疆 12 个省、自治区和直辖市。

另外，在本年度的科普数据统计中，山西省与海南省由于收集、汇总的部分数据不规范，在本报告“2012 年全国科普统计分类数据统计表”中两省的数据主要采用了 2011 年度的数据，本报告的科普统计分析与比较也主要是按两省 2011 年度的数据进行的。

附表 11-1 2012 年各省科普人员

Appendix table 11-1: S&T popularization personnel by region in 2012

单位：人
Unit: person

地 区 Region	科普专职人员 Full time S&T popularization personnel		
	人员总数 Total	中级职称及以上或大学本科及以上学历人员 With title of medium-rank or above / with college graduate or above	女性 Female
全 国 Total	231086	133350	84343
东 部 Eastern	77597	48343	30066
中 部 Middle	76507	43842	26963
西 部 Western	76982	41165	27314
北 京 Beijing	6728	4581	3672
天 津 Tianjin	3748	2557	1484
河 北 Hebei	5881	3413	2490
山 西 Shanxi	11532	5399	4586
内蒙古 Inner Mongolia	7270	4351	2914
辽 宁 Liaoning	7397	4829	3025
吉 林 Jilin	7661	4732	2997
黑龙江 Heilongjiang	2636	1858	1215
上 海 Shanghai	6919	4103	2995
江 苏 Jiangsu	13321	8927	4964
浙 江 Zhejiang	7768	5499	2645
安 徽 Anhui	3682	2734	1439
福 建 Fujian	3965	2545	1288
江 西 Jiangxi	6017	3385	1872
山 东 Shandong	9166	5834	3124
河 南 Henan	15648	8760	5813
湖 北 Hubei	14166	8838	4072
湖 南 Hunan	15165	8136	4969
广 东 Guangdong	10370	5044	3644
广 西 Guangxi	5501	3440	1912
海 南 Hainan	2334	1011	735
重 庆 Chongqing	2775	1710	991
四 川 Sichuan	13702	7423	4899
贵 州 Guizhou	3941	2059	1369
云 南 Yunnan	10713	5906	3606
西 藏 Tibet	145	105	29
陕 西 Shaanxi	18136	8342	6121
甘 肃 Gansu	4917	2776	1723
青 海 Qinghai	2249	1237	773
宁 夏 Ningxia	1493	893	612
新 疆 Xinjiang	6140	2923	2365

附表 11-1　续表　　　　Continued

地　区 Region	科普专职人员 Full time S&T popularization personnel		
	农村科普人员 Rural S&T popularization personnel	管理人员 S&T popularization administrators	科普创作人员 S&T popularization creators
全　国 Total	80036	54567	14103
东　部 Eastern	20156	19751	6395
中　部 Middle	28933	18479	3968
西　部 Western	30947	16337	3740
北　京 Beijing	637	1556	1339
天　津 Tianjin	718	1247	214
河　北 Hebei	1495	1665	400
山　西 Shanxi	4114	2632	342
内蒙古 Inner Mongolia	2764	1839	370
辽　宁 Liaoning	1580	2124	852
吉　林 Jilin	3155	1870	425
黑龙江 Heilongjiang	767	798	169
上　海 Shanghai	842	1779	1078
江　苏 Jiangsu	4217	2931	709
浙　江 Zhejiang	2396	1763	326
安　徽 Anhui	931	1399	499
福　建 Fujian	931	977	258
江　西 Jiangxi	1792	1548	346
山　东 Shandong	2969	2351	535
河　南 Henan	5700	4039	712
湖　北 Hubei	6432	2976	810
湖　南 Hunan	6042	3217	665
广　东 Guangdong	3314	2905	576
广　西 Guangxi	2417	1433	257
海　南 Hainan	1057	453	108
重　庆 Chongqing	741	628	190
四　川 Sichuan	5996	2833	666
贵　州 Guizhou	1312	1149	209
云　南 Yunnan	4962	2096	389
西　藏 Tibet	60	36	34
陕　西 Shaanxi	8141	2936	910
甘　肃 Gansu	1127	1281	222
青　海 Qinghai	385	387	109
宁　夏 Ningxia	378	523	67
新　疆 Xinjiang	2664	1196	317

附表 11-1 续表 Continued

地 区 Region	科普兼职人员 Part time S&T popularization personnel		
	人员总数 Total	年度实际投入工作量/人月 Annual actual workload (person-month)	中级职称及以上或大学本科及以上学历人员 With title of medium-rank or above / with college graduate or above
全 国 Total	1726746	2586797	851448
东 部 Eastern	697658	978592	362923
中 部 Middle	490255	762525	234741
西 部 Western	538833	845680	253784
北 京 Beijing	36172	58422	22758
天 津 Tianjin	37354	65641	24017
河 北 Hebei	43459	68060	24651
山 西 Shanxi	61753	67922	24151
内蒙古 Inner Mongolia	42136	61682	19691
辽 宁 Liaoning	70372	106526	37403
吉 林 Jilin	44662	61008	17454
黑龙江 Heilongjiang	25097	41199	15498
上 海 Shanghai	37288	63765	19520
江 苏 Jiangsu	116848	165564	68395
浙 江 Zhejiang	118828	148378	53977
安 徽 Anhui	64063	97732	39306
福 建 Fujian	97408	100761	44733
江 西 Jiangxi	40721	71151	18685
山 东 Shandong	66187	92045	31813
河 南 Henan	104000	188563	51443
湖 北 Hubei	61054	85930	31276
湖 南 Hunan	88905	149020	36928
广 东 Guangdong	63913	97254	31498
广 西 Guangxi	50696	100124	23097
海 南 Hainan	9829	12176	4158
重 庆 Chongqing	30545	65761	16829
四 川 Sichuan	108716	183720	51054
贵 州 Guizhou	43209	60379	20675
云 南 Yunnan	75144	122264	36349
西 藏 Tibet	783	356	449
陕 西 Shaanxi	86728	118819	38780
甘 肃 Gansu	46984	59632	20142
青 海 Qinghai	10212	11207	5708
宁 夏 Ningxia	9026	16318	5866
新 疆 Xinjiang	34654	45418	15144

附表 11-1　续表　　Continued

地　区 Region	科普兼职人员 Part time S&T popularization personnel		注册科普志愿者 Registered S&T popularization volunteers
	女性 Female	农村科普人员 Rural S&T popularization personnel	
全　国 Total	651756	639566	2536162
东　部 Eastern	270789	220036	1143786
中　部 Middle	184292	215400	883577
西　部 Western	196675	204130	508799
北　京 Beijing	20302	4289	33348
天　津 Tianjin	16244	8495	187723
河　北 Hebei	19823	13413	51619
山　西 Shanxi	25405	26962	49736
内蒙古 Inner Mongolia	18023	17033	36955
辽　宁 Liaoning	30402	21838	64316
吉　林 Jilin	18169	25877	59809
黑龙江 Heilongjiang	10252	8612	69268
上　海 Shanghai	17918	3613	83260
江　苏 Jiangsu	45201	38481	299485
浙　江 Zhejiang	45069	39094	124469
安　徽 Anhui	28735	34203	214553
福　建 Fujian	26003	36256	73647
江　西 Jiangxi	12579	16811	6810
山　东 Shandong	23845	31999	96609
河　南 Henan	39605	37531	69711
湖　北 Hubei	20577	24362	108203
湖　南 Hunan	28970	41042	305487
广　东 Guangdong	22533	19408	121811
广　西 Guangxi	20526	20460	14861
海　南 Hainan	3449	3150	7499
重　庆 Chongqing	10108	10617	40519
四　川 Sichuan	36402	42719	144937
贵　州 Guizhou	15219	13581	36742
云　南 Yunnan	27726	30218	81902
西　藏 Tibet	233	183	39
陕　西 Shaanxi	29762	33603	35140
甘　肃 Gansu	14882	17401	28857
青　海 Qinghai	4262	2378	41632
宁　夏 Ningxia	3366	2429	32757
新　疆 Xinjiang	16166	13508	14458

附表 11-2 2012 年各省科普场地

Appendix table 11-2: S&T popularization venues and facilities by region in 2012

地 区 Region	科技馆/个 S&T museums	建筑面积/平方米 Construction area (m^2)	展厅面积/平方米 Exhibition area (m^2)	当年参观人数/人次 Visitors
全 国 Total	364	2354637	1094449	34224490
东 部 Eastern	184	1409939	673313	21200363
中 部 Middle	126	497682	207305	6333453
西 部 Western	54	447016	213831	6690674
北 京 Beijing	21	170509	98734	4214353
天 津 Tianjin	1	18000	10000	412100
河 北 Hebei	12	73687	37258	499900
山 西 Shanxi	4	19570	4700	237000
内蒙古 Inner Mongolia	10	43076	19980	236546
辽 宁 Liaoning	18	133033	42674	516617
吉 林 Jilin	11	16177	4930	87278
黑龙江 Heilongjiang	7	43095	28560	816000
上 海 Shanghai	25	176654	104694	4625553
江 苏 Jiangsu	11	133516	62553	1776600
浙 江 Zhejiang	19	136799	58902	728185
安 徽 Anhui	13	69237	40100	1342320
福 建 Fujian	17	108875	52235	1040058
江 西 Jiangxi	7	46608	20082	308000
山 东 Shandong	24	92957	53450	3606927
河 南 Henan	10	60956	24810	993660
湖 北 Hubei	66	190015	53937	1687195
湖 南 Hunan	8	52024	30186	862000
广 东 Guangdong	26	314320	121724	3013870
广 西 Guangxi	3	47388	19700	1054200
海 南 Hainan	10	51589	31089	766200
重 庆 Chongqing	4	51884	24839	1210000
四 川 Sichuan	8	76200	50900	2563300
贵 州 Guizhou	4	25105	10300	293470
云 南 Yunnan	3	18190	9450	59689
西 藏 Tibet	0	0	0	0
陕 西 Shaanxi	4	33862	15590	237256
甘 肃 Gansu	5	10984	4050	57350
青 海 Qinghai	3	45899	15790	744489
宁 夏 Ningxia	3	31764	17201	78800
新 疆 Xinjiang	7	62664	26031	155574

附表 11-2　续表　　Continued

地　区 Region	科学技术类博物馆/个 S&T related museums	建筑面积/平方米 Construction area (m^2)	展厅面积/平方米 Exhibition area (m^2)	当年参观人数/人次 Visitors	青少年科技馆站/个 Teenage S&T museums
全　国 Total	632	4246996	2040901	87868708	739
东　部 Eastern	403	3025204	1400118	64053985	285
中　部 Middle	111	504885	302997	12101022	209
西　部 Western	118	716907	337786	11713701	245
北　京 Beijing	60	819842	286100	12723971	14
天　津 Tianjin	13	256940	122334	7219792	10
河　北 Hebei	23	142764	53824	3248393	26
山　西 Shanxi	5	20168	10571	201200	18
内蒙古 Inner Mongolia	10	55633	18170	287200	34
辽　宁 Liaoning	42	351292	164398	6702208	54
吉　林 Jilin	10	27510	14925	402000	25
黑龙江 Heilongjiang	18	99518	50435	2293663	16
上　海 Shanghai	133	593734	383793	9731375	13
江　苏 Jiangsu	33	217237	105675	4761401	57
浙　江 Zhejiang	34	290997	121752	10015331	27
安　徽 Anhui	13	88800	82000	1049210	12
福　建 Fujian	21	82690	41752	2108620	34
江　西 Jiangxi	14	46187	22991	4230300	8
山　东 Shandong	18	76792	40577	3171100	21
河　南 Henan	13	65377	37810	1987600	45
湖　北 Hubei	27	106851	65365	926380	54
湖　南 Hunan	11	50474	18900	1010669	31
广　东 Guangdong	25	192063	79313	4358294	21
广　西 Guangxi	14	67328	41501	2231690	27
海　南 Hainan	1	853	600	13500	8
重　庆 Chongqing	6	100240	40742	218937	8
四　川 Sichuan	18	90469	47965	2195574	40
贵　州 Guizhou	7	25469	13273	145000	14
云　南 Yunnan	19	126968	63253	4461259	22
西　藏 Tibet	1	810	540	1500	2
陕　西 Shaanxi	14	86986	32292	1033802	27
甘　肃 Gansu	8	47072	23763	225977	21
青　海 Qinghai	4	27300	10600	180000	10
宁　夏 Ningxia	5	29837	15681	254674	10
新　疆 Xinjiang	12	58795	30006	478088	30

附表 11-2　续表　　　　Continued

地　区 Region	城市社区科普（技）专用活动室/个 Urban community S&T popularization rooms	农村科普（技）活动场地/个 Rural S&T popularization sites	科普宣传专用车/辆 S&T popularization vehicles	科普画廊/个 S&T popularization galleries
全　国 Total	92263	530566	2341	249248
东　部 Eastern	43609	215677	902	135887
中　部 Middle	28951	193751	539	70307
西　部 Western	19703	121138	900	43054
北　京 Beijing	1181	2033	91	3356
天　津 Tianjin	4695	6386	222	5120
河　北 Hebei	2057	20211	28	8107
山　西 Shanxi	2190	19448	43	7086
内蒙古 Inner Mongolia	1625	5847	96	2805
辽　宁 Liaoning	6170	24358	156	8530
吉　林 Jilin	1717	11139	55	4529
黑龙江 Heilongjiang	2590	5780	44	2045
上　海 Shanghai	3132	1417	61	5729
江　苏 Jiangsu	5763	18121	119	26908
浙　江 Zhejiang	4519	26765	42	17314
安　徽 Anhui	3807	25083	51	18799
福　建 Fujian	2585	10572	35	16220
江　西 Jiangxi	2382	13067	71	7263
山　东 Shandong	9645	84398	52	22633
河　南 Henan	6482	55686	92	12560
湖　北 Hubei	4469	31280	80	8816
湖　南 Hunan	5314	32268	103	9209
广　东 Guangdong	3538	19331	83	20831
广　西 Guangxi	1703	16075	119	5427
海　南 Hainan	324	2085	13	1139
重　庆 Chongqing	1314	6936	152	4145
四　川 Sichuan	5668	36778	83	10553
贵　州 Guizhou	709	2879	19	1386
云　南 Yunnan	2245	15608	101	7156
西　藏 Tibet	101	388	10	45
陕　西 Shaanxi	2526	15448	62	2534
甘　肃 Gansu	1359	10160	38	4634
青　海 Qinghai	170	1141	67	1053
宁　夏 Ningxia	498	2278	46	893
新　疆 Xinjiang	1785	7600	107	2423

附表 11-3　2012 年各省科普经费

单位：万元

Appendix table 11-3: S&T popularization funds by region in 2012

Unit: 10000 yuan

地　区 Region	年度科普经费筹集额 Annual funding for S&T popularization	政府拨款 Government funds	科普专项经费 Special funds	捐赠 Donates	自筹资金 Self-raised funds	其他收入 Others
全　国 Total	1228827	850359	447830	8169	307496	62892
东　部 Eastern	750560	492160	267407	4057	218586	35745
中　部 Middle	193823	142895	73978	1960	38539	10449
西　部 Western	284444	215304	106444	2152	50370	16699
北　京 Beijing	221402	132070	84035	1646	75663	12023
天　津 Tianjin	25076	14106	5792	27	10240	701
河　北 Hebei	25651	12181	5202	106	8334	5029
山　西 Shanxi	15474	12807	6230	41	2340	285
内蒙古 Inner Mongolia	16337	14112	7538	94	1593	613
辽　宁 Liaoning	32174	22039	14021	120	7262	2753
吉　林 Jilin	10834	7496	3788	89	2740	510
黑龙江 Heilongjiang	8931	6750	3205	56	1746	379
上　海 Shanghai	115751	66073	37893	737	44492	4449
江　苏 Jiangsu	93538	63843	33745	362	26598	2735
浙　江 Zhejiang	78251	61029	30295	571	12937	3714
安　徽 Anhui	25219	18802	10798	249	3673	2495
福　建 Fujian	37880	29452	14371	125	6831	1462
江　西 Jiangxi	21929	16094	5818	186	4500	1150
山　东 Shandong	51641	43550	12587	148	7219	724
河　南 Henan	31777	24257	13567	214	5885	1421
湖　北 Hubei	42494	30181	17042	576	9328	2410
湖　南 Hunan	37164	26508	13532	549	8328	1799
广　东 Guangdong	62430	43811	27878	169	16575	1876
广　西 Guangxi	41829	28658	13146	229	8275	4667
海　南 Hainan	6765	4006	1588	47	2435	277
重　庆 Chongqing	26700	19463	11471	414	5791	1032
四　川 Sichuan	44036	31585	16698	366	10534	1550
贵　州 Guizhou	38475	30348	9035	149	5927	2051
云　南 Yunnan	42846	31587	17907	372	7878	3009
西　藏 Tibet	1057	870	539	13	93	81
陕　西 Shaanxi	24766	18782	9750	290	4638	1062
甘　肃 Gansu	7809	5776	3553	75	1683	275
青　海 Qinghai	8373	7354	4868	2	846	171
宁　夏 Ningxia	7316	5700	2249	11	932	672
新　疆 Xinjiang	24900	21068	9691	136	2179	1518

附表 11-3 续表 Continued

地 区 Region	科技活动周经费筹集额 Funding for S&T week	政府拨款 Government funds	企业赞助 Corporate donates	年度科普经费使用额 Annual expenditure	行政支出 Administrative expenditure	科普活动支出 Activities expenditure
全 国 Total	52052	36797	5301	1256101	189573	694860
东 部 Eastern	26344	19596	2248	742349	110481	389918
中 部 Middle	11974	7874	1934	204909	34756	125146
西 部 Western	13734	9327	1118	308843	44335	179796
北 京 Beijing	2441	2011	177	213226	37218	94579
天 津 Tianjin	845	567	108	23669	3540	15669
河 北 Hebei	1039	806	62	25508	3666	10697
山 西 Shanxi	927	651	130	15969	3822	9168
内蒙古 Inner Mongolia	629	490	56	26165	3200	8362
辽 宁 Liaoning	1678	1340	127	31857	4993	20954
吉 林 Jilin	469	323	74	11174	2021	6671
黑龙江 Heilongjiang	339	267	35	8219	2786	4838
上 海 Shanghai	4296	3495	204	115155	6872	68726
江 苏 Jiangsu	5285	3448	535	87809	15409	48079
浙 江 Zhejiang	4131	3379	297	76436	13180	48984
安 徽 Anhui	2157	1346	783	33594	4795	18488
福 建 Fujian	1241	820	96	45542	8026	18526
江 西 Jiangxi	1076	624	114	20846	4430	13609
山 东 Shandong	1372	870	344	51704	5796	17522
河 南 Henan	1448	1052	111	31797	4248	20287
湖 北 Hubei	2658	1611	312	46113	6863	26740
湖 南 Hunan	2900	2000	375	37197	5792	25345
广 东 Guangdong	3449	2429	246	63175	10931	42542
广 西 Guangxi	2086	1662	89	44746	4420	32084
海 南 Hainan	567	431	52	8267	850	3641
重 庆 Chongqing	1579	939	114	26568	4503	14395
四 川 Sichuan	2898	1657	397	43296	5543	27141
贵 州 Guizhou	1718	1292	87	37826	10075	19519
云 南 Yunnan	1414	1006	150	50552	7197	30551
西 藏 Tibet	108	95	0	1015	124	807
陕 西 Shaanxi	1350	893	80	27793	3295	18988
甘 肃 Gansu	622	355	86	8331	1143	4945
青 海 Qinghai	177	140	11	8610	767	7308
宁 夏 Ningxia	224	156	1	7747	1523	4216
新 疆 Xinjiang	927	643	47	26194	2545	11481

附表 11-3　续表　　　　Continued

地　区 Region	年度科普经费使用额 Annual expenditure				
	科普场馆基建支出 Infrastructure expenditures	政府拨款支出 Government expenditures	场馆建设支出 Venue construction expenditures	展品、设施支出 Exhibits & facilities expenditures	其他支出 Others
全　国 Total	287000	132888	161848	79804	85672
东　部 Eastern	186511	80009	107093	55955	56289
中　部 Middle	36044	18040	21068	9664	9011
西　部 Western	64446	34839	33688	14185	20372
北　京 Beijing	51802	16096	34223	15609	29603
天　津 Tianjin	3094	0	3010	69	1367
河　北 Hebei	10312	2487	5633	989	833
山　西 Shanxi	2298	1424	1360	595	682
内蒙古 Inner Mongolia	14388	13480	3280	1698	312
辽　宁 Liaoning	4486	2130	1387	1831	1427
吉　林 Jilin	2188	905	1303	890	295
黑龙江 Heilongjiang	478	174	122	177	117
上　海 Shanghai	36996	12409	17366	18764	2562
江　苏 Jiangsu	18039	4648	10164	5230	6281
浙　江 Zhejiang	11091	4428	3908	3505	3181
安　徽 Anhui	8643	6889	6564	882	1668
福　建 Fujian	13231	9954	5855	2151	5758
江　西 Jiangxi	2063	170	1262	375	745
山　东 Shandong	28036	24604	22372	4500	1210
河　南 Henan	6116	1763	2975	2631	1146
湖　北 Hubei	9825	5179	5179	3398	2686
湖　南 Hunan	4434	1536	2303	717	1673
广　东 Guangdong	6592	2687	2596	2370	3122
广　西 Guangxi	2611	707	847	1254	5631
海　南 Hainan	2832	567	578	938	944
重　庆 Chongqing	5607	2009	3240	1425	2063
四　川 Sichuan	8906	2036	5010	2763	1693
贵　州 Guizhou	3305	2117	2714	593	4893
云　南 Yunnan	10893	394	8772	1377	1911
西　藏 Tibet	32	4	10	18	52
陕　西 Shaanxi	4699	3453	1560	1908	813
甘　肃 Gansu	2150	1041	588	1217	148
青　海 Qinghai	192	3	7	141	342
宁　夏 Ningxia	1720	1512	1306	292	288
新　疆 Xinjiang	9942	8086	6356	1499	2226

附表 11-4 2012 年各省科普传媒

Appendix table 11-4: S&T popularization media by region in 2012

地 区 Region	科普图书 Popular science books		科普期刊 Popular science journals	
	出版种数/种 Types of publications	出版总册数/册 Total copies	出版种数/种 Types of publications	出版总册数/册 Total copies
全 国 Total	7521	65705529	1007	139085388
东 部 Eastern	5308	47490576	462	113203154
中 部 Middle	1171	10340701	207	12595748
西 部 Western	1042	7874252	338	13286486
北 京 Beijing	2864	18882534	81	44517600
天 津 Tianjin	100	392600	19	1065700
河 北 Hebei	167	1364400	43	1913100
山 西 Shanxi	419	3407200	9	2158800
内蒙古 Inner Mongolia	285	1424600	17	202800
辽 宁 Liaoning	63	632700	20	631400
吉 林 Jilin	38	471430	16	101882
黑龙江 Heilongjiang	53	592380	11	90500
上 海 Shanghai	1021	14235506	102	25253426
江 苏 Jiangsu	140	4696400	61	10597576
浙 江 Zhejiang	468	4729262	41	6765760
安 徽 Anhui	22	282200	9	67600
福 建 Fujian	61	281400	31	1036680
江 西 Jiangxi	126	2761426	41	7000200
山 东 Shandong	83	280320	27	586500
河 南 Henan	73	671530	31	1504312
湖 北 Hubei	243	839135	42	587684
湖 南 Hunan	114	1035080	21	498270
广 东 Guangdong	164	1367223	43	19341212
广 西 Guangxi	65	671048	26	4289937
海 南 Hainan	260	908551	21	2080700
重 庆 Chongqing	113	1640300	44	897130
四 川 Sichuan	115	930548	52	4058200
贵 州 Guizhou	6	747000	9	44300
云 南 Yunnan	110	502565	73	1395859
西 藏 Tibet	25	56700	7	28400
陕 西 Shaanxi	65	366391	35	653100
甘 肃 Gansu	85	370700	18	66960
青 海 Qinghai	85	230600	19	110000
宁 夏 Ningxia	16	173600	4	37000
新 疆 Xinjiang	72	760200	34	1502800

附表 11-4　续表　　　Continued

地　区 Region	科普（技）音像制品 Popularization audio and video products			科技类报纸年发行总份数/份 S&T newspaper printed copies
	出版种数/种 Types of publications	光盘发行总量/张 Total CD copies released	录音、录像带发行总量/盒 Total copies of audio and video publications	
全　国 Total	12845	14727177	1408452	410951971
东　部 Eastern	3047	7451439	946340	237231410
中　部 Middle	2419	5535677	271157	127745655
西　部 Western	7379	1740061	190955	45974906
北　京 Beijing	1681	4981687	760340	56065606
天　津 Tianjin	28	72955	500	2833840
河　北 Hebei	162	211912	9099	31211256
山　西 Shanxi	323	105139	17215	30115668
内蒙古 Inner Mongolia	199	180145	19127	691829
辽　宁 Liaoning	284	378076	96465	3695609
吉　林 Jilin	110	394380	42114	203385
黑龙江 Heilongjiang	38	208590	966	291169
上　海 Shanghai	100	536649	6400	19290452
江　苏 Jiangsu	209	273524	7738	54656979
浙　江 Zhejiang	188	576368	42398	45034088
安　徽 Anhui	324	299915	69702	25088472
福　建 Fujian	102	170813	4452	5563457
江　西 Jiangxi	266	1643847	15181	36265620
山　东 Shandong	224	252064	29088	4685992
河　南 Henan	214	1793445	32107	18907613
湖　北 Hubei	647	452434	28577	9439920
湖　南 Hunan	273	385863	36207	2747816
广　东 Guangdong	156	91476	11884	18813553
广　西 Guangxi	185	65120	3389	27293250
海　南 Hainan	137	157979	7064	66570
重　庆 Chongqing	31	236403	3070	1107986
四　川 Sichuan	6061	458533	145383	4748468
贵　州 Guizhou	74	62132	47	531009
云　南 Yunnan	196	243235	1327	2776762
西　藏 Tibet	23	10886	237	3990
陕　西 Shaanxi	181	106852	9142	5628695
甘　肃 Gansu	210	31433	2883	876313
青　海 Qinghai	24	199035	55	1820101
宁　夏 Ningxia	29	62164	36	266066
新　疆 Xinjiang	166	84123	6259	230437

附表 11-4 续表 Continued

地　区 Region	电视台播出科普（技）节目时间/小时 Broadcasting time of popular science programs on TV (h)	电台播出科普（技）节目时间/小时 Broadcasting time of popular science programs on radio (h)	科普网站数/个 S&T popularization websites (unit)	发放科普读物和资料/份 Number of S&T popularization books and materials
全　国 Total	184446	162945	2443	1173280005
东　部 Eastern	61874	72935	1117	405925029
中　部 Middle	55667	53580	626	401706484
西　部 Western	66905	36430	700	365648492
北　京 Beijing	4947	11400	237	33912145
天　津 Tianjin	1542	1365	98	19024278
河　北 Hebei	10579	16331	70	38818843
山　西 Shanxi	3621	2551	31	26289772
内蒙古 Inner Mongolia	14870	6516	68	17660474
辽　宁 Liaoning	14760	15227	76	24600143
吉　林 Jilin	3224	4518	42	18238641
黑龙江 Heilongjiang	4371	2377	40	9425509
上　海 Shanghai	6950	2580	176	32913228
江　苏 Jiangsu	6798	3864	125	131429900
浙　江 Zhejiang	6607	6909	92	44164424
安　徽 Anhui	4323	8371	67	36537635
福　建 Fujian	3950	5016	84	22490796
江　西 Jiangxi	2887	3283	63	18430284
山　东 Shandong	8978	7794	79	20482521
河　南 Henan	6746	6983	124	115339277
湖　北 Hubei	9085	6831	89	44936906
湖　南 Hunan	12432	10872	91	112025939
广　东 Guangdong	5257	9975	132	48913196
广　西 Guangxi	10742	4956	61	47418098
海　南 Hainan	484	268	27	9658076
重　庆 Chongqing	599	398	75	27372025
四　川 Sichuan	6208	4915	112	88942662
贵　州 Guizhou	7333	1268	25	27999861
云　南 Yunnan	5216	3157	74	59954456
西　藏 Tibet	341	427	10	597234
陕　西 Shaanxi	6960	3656	87	30459879
甘　肃 Gansu	5727	4326	66	29743265
青　海 Qinghai	1257	1153	22	8674510
宁　夏 Ningxia	922	576	34	6785125
新　疆 Xinjiang	6730	5082	66	20040903

附表 11-5　2012 年各省科普活动

Appendix table 11-5: S&T popularization activities by region in 2012

地　区 Region	科普（技）讲座 S&T popularization lectures		科普（技）展览 S&T popularization exhibitions	
	举办次数/次 Number of lectures held	参加人数/人次 Number of participants	专题展览次数/次 Number of exhibitions held	参观人数/人次 Number of participants
全　国 Total	897462	171047231	160224	232698541
东　部 Eastern	451054	76753633	71448	119439772
中　部 Middle	210181	44852903	46419	51355992
西　部 Western	236227	49440695	42357	61902777
北　京 Beijing	63047	10429237	5339	29044527
天　津 Tianjin	32939	3823334	8906	8821038
河　北 Hebei	29626	5995133	4155	6067689
山　西 Shanxi	15777	3731851	3117	3215322
内蒙古 Inner Mongolia	14362	3355305	2380	2450927
辽　宁 Liaoning	51104	7267409	5917	8972309
吉　林 Jilin	20697	3822806	2318	2280208
黑龙江 Heilongjiang	20636	4090443	2878	3115597
上　海 Shanghai	65421	8220532	4261	14964201
江　苏 Jiangsu	75164	10809314	17618	15896120
浙　江 Zhejiang	47255	10920635	9108	10182824
安　徽 Anhui	19638	3034555	7683	10067117
福　建 Fujian	22409	4709348	5611	5806943
江　西 Jiangxi	17758	3424560	4087	3731562
山　东 Shandong	21057	4730885	2532	5437448
河　南 Henan	45369	10616467	9665	8811151
湖　北 Hubei	39624	11196216	10469	11373192
湖　南 Hunan	30682	4936005	6202	8761843
广　东 Guangdong	38611	9086244	6983	13235424
广　西 Guangxi	20015	5406431	3402	4848191
海　南 Hainan	4421	761562	1018	1011249
重　庆 Chongqing	10956	2141117	2941	6389795
四　川 Sichuan	42240	9088834	6918	13310510
贵　州 Guizhou	14748	2189708	3870	2992865
云　南 Yunnan	37818	6157271	7747	14065735
西　藏 Tibet	612	88881	241	82260
陕　西 Shaanxi	29501	8055353	5046	7315069
甘　肃 Gansu	27446	4479968	4258	4647957
青　海 Qinghai	4526	717969	1075	1912195
宁　夏 Ningxia	4973	2330277	679	677547
新　疆 Xinjiang	29030	5429581	3800	3209726

附表 11-5 续表 Continued

地 区 Region	科普（技）竞赛 S&T popularization competitions		科普国际交流 International S&T popularization exchanges	
	举办次数/次 Number of competitions held	参加人数/人次 Number of participants	举办次数/次 Number of exchanges held	参加人数/人次 Number of participants
全 国 Total	56666	114108930	2562	319993
东 部 Eastern	30483	86807219	1612	180105
中 部 Middle	13314	10910841	382	90535
西 部 Western	12869	16390870	568	49353
北 京 Beijing	3750	60743257	360	53040
天 津 Tianjin	4673	1977954	291	15754
河 北 Hebei	1750	1804320	33	6664
山 西 Shanxi	549	385659	31	6143
内蒙古 Inner Mongolia	801	404363	23	769
辽 宁 Liaoning	2078	3217614	63	16208
吉 林 Jilin	591	281021	19	600
黑龙江 Heilongjiang	1078	293946	43	7463
上 海 Shanghai	3890	4278021	342	44410
江 苏 Jiangsu	5060	4813478	237	20611
浙 江 Zhejiang	4786	3700553	60	9314
安 徽 Anhui	2986	1094252	64	38472
福 建 Fujian	1415	1108451	66	4160
江 西 Jiangxi	966	1206535	53	14459
山 东 Shandong	1225	1478073	24	1437
河 南 Henan	1895	2207520	66	11302
湖 北 Hubei	2406	2816554	67	10042
湖 南 Hunan	2843	2625354	39	2054
广 东 Guangdong	1487	3578939	77	5676
广 西 Guangxi	871	1989019	82	5352
海 南 Hainan	369	106559	59	2831
重 庆 Chongqing	783	1528440	101	17698
四 川 Sichuan	2729	3873275	36	4079
贵 州 Guizhou	1336	1390292	1	5
云 南 Yunnan	1065	1439742	91	3980
西 藏 Tibet	84	9656	4	321
陕 西 Shaanxi	2749	3632777	113	10464
甘 肃 Gansu	988	826658	38	1348
青 海 Qinghai	147	670921	54	295
宁 夏 Ningxia	261	183567	16	2920
新 疆 Xinjiang	1055	442160	9	2122

附表 11-5　续表　　Continued

地　区 Region	成立青少年科技兴趣小组 Teenage S&T interest groups		科技夏（冬）令营 Summer /winter science camps	
	兴趣小组数/个 Number of groups	参加人数/人次 Number of participants	举办次数/次 Number of camps held	参加人数/人次 Number of participants
全　国 Total	305042	25331437	17875	3879281
东　部 Eastern	121724	8074407	11130	2200448
中　部 Middle	89935	8424490	3999	925092
西　部 Western	93383	8832540	2746	753741
北　京 Beijing	3536	382935	1279	181761
天　津 Tianjin	11988	526670	302	60853
河　北 Hebei	13732	813790	356	101350
山　西 Shanxi	6362	322622	106	32585
内蒙古 Inner Mongolia	3079	247433	519	64206
辽　宁 Liaoning	18522	986384	710	374970
吉　林 Jilin	5198	486120	789	99950
黑龙江 Heilongjiang	5178	242199	189	39674
上　海 Shanghai	7101	457537	1269	292807
江　苏 Jiangsu	19182	1922214	4950	497219
浙　江 Zhejiang	11242	660766	704	210162
安　徽 Anhui	8300	886568	717	243661
福　建 Fujian	6593	418748	632	108612
江　西 Jiangxi	7216	689269	300	48419
山　东 Shandong	16250	1177944	460	227158
河　南 Henan	19500	1428751	650	207312
湖　北 Hubei	20832	3121301	426	117085
湖　南 Hunan	17349	1247660	822	136406
广　东 Guangdong	12504	653524	372	129931
广　西 Guangxi	11986	2118783	99	14398
海　南 Hainan	1074	73895	96	15625
重　庆 Chongqing	5817	541451	100	17142
四　川 Sichuan	35581	2815825	467	225172
贵　州 Guizhou	3493	579797	177	65326
云　南 Yunnan	8328	777393	436	171274
西　藏 Tibet	74	7580	15	871
陕　西 Shaanxi	9739	705156	264	60859
甘　肃 Gansu	8131	465455	127	35522
青　海 Qinghai	1973	57849	34	10256
宁　夏 Ningxia	1064	157236	35	13632
新　疆 Xinjiang	4118	358582	473	75083

附表 11-5 续表 Continued

地　区 Region	科技活动周 Science & technology week		科研机构、大学向社会开放 Scientific institutions and universities open to public	
	科普专题活动次数/次 Number of S&T week held	参加人数/人次 Number of participants	开放单位数/个 Number of open units	参观人数/人次 Number of participants
全　国 Total	121451	111622717	6495	6658484
东　部 Eastern	58535	57067066	3161	2858731
中　部 Middle	25291	24262657	1910	1812594
西　部 Western	37625	30292994	1424	1987159
北　京 Beijing	3287	3570104	345	115947
天　津 Tianjin	13220	4072744	251	198590
河　北 Hebei	5507	4143093	342	136168
山　西 Shanxi	1699	1290565	28	44090
内蒙古 Inner Mongolia	1812	1481067	125	64187
辽　宁 Liaoning	4097	3671997	418	313737
吉　林 Jilin	1371	1384264	250	95469
黑龙江 Heilongjiang	2030	1510202	147	54565
上　海 Shanghai	5143	6273730	82	217247
江　苏 Jiangsu	9483	17151008	472	640736
浙　江 Zhejiang	5491	4971872	199	152335
安　徽 Anhui	3248	1721262	241	506753
福　建 Fujian	4691	2537705	124	83046
江　西 Jiangxi	2416	3133945	98	62892
山　东 Shandong	3245	2996118	285	291851
河　南 Henan	5455	4928051	386	165055
湖　北 Hubei	5196	6645612	366	463915
湖　南 Hunan	3876	3648756	394	419855
广　东 Guangdong	2985	7113970	580	680068
广　西 Guangxi	2995	4141126	108	85678
海　南 Hainan	1386	564725	63	29006
重　庆 Chongqing	2677	1760831	139	69084
四　川 Sichuan	9398	6469733	340	233450
贵　州 Guizhou	2835	1851313	77	40853
云　南 Yunnan	4042	4463672	116	69335
西　藏 Tibet	228	67173	6	820
陕　西 Shaanxi	4535	3049802	150	258780
甘　肃 Gansu	2675	2379044	135	54841
青　海 Qinghai	972	1110737	87	865455
宁　夏 Ningxia	861	752436	44	70935
新　疆 Xinjiang	4595	2766060	97	173741

附表 11-5　续表　　Continued

地　区 Region	举办实用技术培训 Practical skill trainings		重大科普活动次数/次 Number of grand popularization activities
	举办次数/次 Number of trainings held	参加人数/人次 Number of participants	
全　国 Total	913855	122915797	32874
东　部 Eastern	293422	39631804	11629
中　部 Middle	207200	27647092	8527
西　部 Western	413233	55636901	12718
北　京 Beijing	18278	1645635	773
天　津 Tianjin	35919	2498306	558
河　北 Hebei	31948	4753763	1179
山　西 Shanxi	19551	2847591	700
内蒙古 Inner Mongolia	23190	5200598	641
辽　宁 Liaoning	31927	3864469	1636
吉　林 Jilin	31541	4123810	779
黑龙江 Heilongjiang	14742	2481426	1172
上　海 Shanghai	12607	2917517	897
江　苏 Jiangsu	78378	13824573	1961
浙　江 Zhejiang	30786	2656384	1149
安　徽 Anhui	17472	2174819	717
福　建 Fujian	16193	2537362	1030
江　西 Jiangxi	21386	1459955	495
山　东 Shandong	12795	2773750	1069
河　南 Henan	41529	5208668	1710
湖　北 Hubei	39353	6650963	1657
湖　南 Hunan	21626	2699860	1297
广　东 Guangdong	18081	1503880	1166
广　西 Guangxi	27334	4021986	1294
海　南 Hainan	6510	656165	211
重　庆 Chongqing	10046	1426738	580
四　川 Sichuan	70677	13369652	2808
贵　州 Guizhou	15809	1879058	671
云　南 Yunnan	110760	9636829	1552
西　藏 Tibet	791	118457	24
陕　西 Shaanxi	41332	5291210	1429
甘　肃 Gansu	35442	5164950	1537
青　海 Qinghai	8786	1022743	615
宁　夏 Ningxia	7891	848123	277
新　疆 Xinjiang	61175	7656557	1290

附录 12 国家科普基地名单

附表 12-1 国家科普示范基地

Appendix table 12-1: National demonstration base for S&T popularization

地区 Region	科普示范基地名称 Name of national demonstration base for S&T popularization
贵州	平塘天文科普文化园——500 米口径球面射电望远镜（FAST）

附表 12-2 国家特色科普基地

Appendix table 12-2: Nationalfeaturebase for S&T popularization

科普基地称号与数量/家 Title and number	特色科普基地名称 Name of national feature base for S&T popularization
国家生态环境科普基地（102）	北京排水科普馆
	上海市青少年校外活动营地—东方绿舟
	上海市浦东新区环境监测站
	杭州西溪国家湿地公园
	东北师范大学自然博物馆
	江苏省大丰麋鹿国家级自然保护区
	辽宁省沈阳生态环境监测中心
	辽宁蛇岛老铁山国家级自然保护区
	内蒙古达里诺尔国家级自然保护区
	宁夏沙坡头国家级自然保护区
	中国科学院新疆生态与地理研究所新疆自然博物馆
	浙江自然博物院
	奥林匹克森林公园
	赤水桫椤国家级自然保护区
	河北塞罕坝国家级自然保护区
	宁夏贺兰山国家森林公园
	山东黄河三角洲国家级自然保护区
	成都大熊猫繁育研究基地
	九寨沟国家级自然保护区
	中国科学院西双版纳热带植物园

附表 12-2　续表　　Continued

科普基地称号与数量/家 Title and number	特色科普基地名称 Name of national feature base for S&T popularization
国家生态环境科普基地（102）	甘肃祁连山国家级自然保护区
	广州市中学生劳动技术学校
	南通市中小学生素质教育实践基地
	江苏省泰州环境监测中心
	中国盐城环保科技城
	溱湖国家湿地公园
	宁夏沙湖生态旅游区
	青藏高原自然博物馆
	苏州河梦清园环保主题公园
	四川科技馆
	什邡大爱感恩环保科技有限公司
	邛海湿地
	四姑娘山国家级自然保护区
	国家环境宣传教育示范基地
	中国核工业科技馆
	张掖湿地博物馆
	广州市第一资源热力电厂
	南宁青秀山风景名胜旅游区
	柳州工业博物馆
	黑龙江省农业科学院土壤肥料与环境资源研究所
	连云港辐射环境监测管理站
	江苏省泗洪洪泽湖湿地国家级自然保护区
	无锡博物院
	光大环保能源（苏州）有限公司
	辽宁省环保科学园
	皇明太阳能股份有限公司
	上海新金桥环保有限公司
	成都市锦江区白鹭湾湿地
	中国杭州低碳科技馆
	雁荡山国家森林公园
	汉能清洁能源展示中心
	兰州市节能减排环境治理成果展示厅
	广西壮族自治区药用植物园
	美丽南方
	中原环保股份有限公司五龙口水务分公司

附表 12-2 续表 Continued

科普基地称号与数量/家 Title and number	特色科普基地名称 Name of national feature base for S&T popularization
国家生态环境科普基地（102）	文昌-太平污水处理厂 集贤县安邦河湿地自然保护区 江苏盐城湿地珍禽国家级自然保护区 光大环保能源（南京）有限公司 扬州凤凰岛生态旅游区 江西君子谷野生水果世界 大连市沙河口区中小学生科技中心 包头市科学技术馆 包头环境保护宣传教育馆 蒙草・草博园 山东核电科技馆 西安汉城湖 四川省辐射环境管理监测中心站 成都市祥福生活垃圾焚烧发电厂 西华师范大学 西双版纳原始森林公园 云南省生态环境科学研究院花红洞实验基地 重庆园博园 重庆丰盛三峰环保发电有限公司 北京鲁家山循环经济（静脉产业）基地 北京市朝阳循环经济产业园 福建戴云山国家级自然保护区 南海固废处理环保产业园 福田红树林生态公园 广西崇左白头叶猴国家级自然保护区 南宁市三峰能源有限公司 广西壮族自治区辐射环境监督管理站 海南兴科兴隆热带植物园 黑龙江扎龙国家级自然保护区 哈尔滨市双琦环保资源利用有限公司 格林美（武汉）城市矿产循环产业园 东台黄海国家森林公园 张家港市常阴沙现代农业示范园区 国家海洋环境监测中心 蒙树生态科技园

附表 12-2 续表 Continued

科普基地称号与数量/家 Title and number	特色科普基地名称 Name of national feature base for S&T popularization
国家生态环境科普基地（102）	光大水务（济南）有限公司
	济南市环境保护网络化监管中心
	山西地质博物馆
	广元市示范性综合实践基地
	天津自然博物馆
	天津泰达低碳经济促进中心
	西藏自然科学博物馆
	中国科学院昆明动物研究所昆明动物博物馆
	西双版纳野象谷景区
	九峰垃圾焚烧发电工程
	宁波明州环境能源有限公司
	重庆自然博物馆
国家科研科普基地（11）	中国科学院西双版纳热带植物园
	中国科学院动物研究所国家动物博物馆
	中国科学院国家天文台
	中国科学院武汉植物园
	中国科学院华南植物园
	中国科学院植物研究所
	中国科学院上海光学精密机械研究所
	中国科学报
	中国科学院合肥物质科学研究院
	中国科学院空间应用工程与技术中心
	中国科学院昆明动物研究所昆明动物博物馆
国家自然资源科普基地（32）	北京房山世界地质公园
	山西壶关峡谷国家地质公园
	内蒙古阿拉善沙漠世界地质公园
	内蒙古博物院
	内蒙古克什克腾世界地质公园
	辽宁古生物博物馆
	黑龙江嘉荫恐龙国家地质公园
	江苏常州中华恐龙园
	南京地质博物馆
	江苏太湖西山国家地质公园
	江苏省有色金属华东地勘局地质找矿虚拟实验室

附表 12-2 续表 Continued

科普基地称号与数量/家 Title and number	特色科普基地名称 Name of national feature base for S&T popularization
国家自然资源科普基地（32）	浙江雁荡山世界地质公园
	安徽黄山世界地质公园
	河南自然博物馆
	河南云台山世界地质公园
	河南王屋山-黛眉山世界地质公园
	湖北黄冈大别山世界地质公园
	中国雷琼世界地质公园（广东）
	中国雷琼世界地质公园（海南）
	重庆自然博物馆
	四川兴文世界地质公园
	四川自贡世界地质公园博物馆
	成都理工大学地质灾害防治与地质环境保护国家重点实验室
	云南石林世界地质公园
	西北农林科技大学博览园
	甘肃地质博物馆
	甘肃和政古生物化石国家地质公园
	宁夏地质博物馆
	中国地质科学院水文地质环境地质研究所
	中国地质调查局自然资源实物地质资料中心
	中国地质调查局青岛海洋地质研究所
	中国大地出版社（地质出版社）
国家防震减灾科普基地（140）	北京市海淀区东北旺中心小学
	北京人遗址防震减灾科普教育基地
	北京市朝阳区人民政府望京街道办事处应急指挥宣传教育中心
	北京市西城区人民政府德胜街道办事处民防宣教中心
	海淀公共安全馆
	北京市丰台区东高地青少年科技馆
	国家地震紧急救援训练基地（中国地震应急搜救中心）
	北京市地震与建筑科学教育馆
	天津市防震减灾宣传教育展室
	天津滨海地震台
	邯郸市防震减灾科普教育基地
	石家庄防震减灾科普教育宣传培训基地
	唐山抗震纪念馆
	河北省科技馆防震减灾展厅

附表 12-2　续表　　Continued

科普基地称号与数量/家 Title and number	特色科普基地名称 Name of national feature base for S&T popularization
国家防震减灾科普基地（140）	河北省唐山地震遗址纪念公园
	邢台地震资料陈列馆（邢台地震纪念碑）
	唐山地震遗址（遗迹三处）
	内蒙古自治区防震减灾科普教育基地
	阳泉市赛鱼小学防震减灾科普教育基地
	太原小店区防震减灾科普馆
	沈阳市实验学校
	沈阳科学宫
	吉林省科技馆
	吉林省长春市宽城区防震减灾科普示范学校
	长春市宽城区防震减灾科普展览馆
	长春市朝阳区防震减灾科普教育基地
	五大连池地震火山监测站
	黑龙江省防震减灾科普馆
	上海地震科普馆（佘山地震基准台）
	上海市青浦区青少年实践中心
	上海闵行区防震减灾科普馆
	苏州市第三中学
	连云港市防震减灾科普教育基地
	江苏省泗洪中学
	江苏省靖江中学
	张家港市青少年社会实践基地
	江苏省常州市防震减灾科普教育基地
	徐州市地震科普馆
	南京地震科学馆
	镇江防震减灾科普馆
	江苏省民防教育体验馆
	太仓市规划展示馆
	南京国防园
	南京溧水大金山庄国防园
	泰州防震减灾科普馆
	临安市交口少年科学院
	浙江省温岭市新河镇中学
	嘉兴市科技馆
	浙江东方地质博物馆

附表 12-2 续表 Continued

科普基地称号与数量/家 Title and number	特色科普基地名称 Name of national feature base for S&T popularization
	宁波雅戈尔动物园有限公司
	长兴“金钉子”国家级自然保护区管理处
	衢州市中小学素质教育实践学校
	温州市鹿城区学生实践学校
	淮南市青少年校外活动中心
	安徽省界首市防震减灾科普宣传教育中心
	芜湖科技馆
	铜陵市防震减灾科普教育基地
	安徽省合肥市地震监测中心/合肥市防震减灾科普教育馆
	安徽省宁国中学科普教育基地
	明光市校园地震科普馆
	全椒县地震科普馆
	宿州市地震科普馆
	滁州市地震科普馆
	淮北地震台
	宣城市防震减灾科普馆
	安庆市迎江区青少年校外活动中心（安庆市地震科普馆）
国家防震减灾科普基地（140）	蚌埠市怀远县地震科普馆
	宿州市萧县防震减灾科普教育基地
	厦门市地球科学普及教育基地
	泉州市中小学生防震减灾教育基地（丰泽）
	漳州市防震减灾科普馆
	泉州晋江市防震减灾科普教育基地
	福建省莆田市防震减灾科普教育基地
	泉州市科技馆地震科普专题展馆
	漳州科技馆
	南昌中心地震台
	瑞昌市“11·26”地震博物馆
	南昌市东湖区科普安全宣教中心
	济南市七星台地震科普教育中心
	安丘市青少年科技创新实践教育基地
	潍坊市科技馆
	济南市历城区青少年素质教育基地
	东平县防震减灾科普宣教中心
	泰山区防震减灾科普教育基地

附表 12-2　续表　　　　Continued

科普基地称号与数量/家 Title and number	特色科普基地名称 Name of national feature base for S&T popularization
国家防震减灾科普基地（140）	青岛市防震减灾科普教育基地
	济阳县青少年校外活动中心
	济南市地震监测中心
	潍坊市金宝防震减灾科普馆
	阳谷县青少年素质教育实践基地
	青岛市黄岛区防震减灾科普教育基地
	山东枣庄熊耳山-抱犊崮国家地质公园
	山东省滨州市大山地震台/大山地震台
	烟台地震科普教育基地
	山东省防震减灾科普馆
	青岛西海岸新区防震减灾科普训练基地
	邹城市地震科普教育馆
	临淄区青少年科技馆
	濮阳市防震减灾科普教育基地
	河南省洛阳市民防馆
	河南省清丰县地震局
	南阳市张衡博物馆
	焦作市地震台
	安阳市防震减灾科普教育基地
	武汉地震科普馆
	湖北省荆门市地震局
	武汉市妇女儿童活动中心
	黄冈市李四光纪念馆
	英山县中小学生综合实践基地
	武汉市江夏区防空防震科普馆
	红安县科技馆
	荆州市中小学生社会实践基地
	衡阳市防震减灾科普教育基地
	广东省广州市广州动物园
	广州市中学生劳动技术学校
	揭阳市素质教育培训中心
	广东省地震科普教育基地
	东莞地震科普馆
	广东省佛山市佛山地震台
	广东省从化市喜乐登青少年素质拓展训练中心

附表 12-2 续表 Continued

科普基地称号与数量/家 Title and number	特色科普基地名称 Name of national feature base for S&T popularization
国家防震减灾科普基地（140）	柳州地震科普馆
	海口石山火山群国家地质公园
	四川省青川县东河口地震遗址公园（四川青川地震遗迹国家地质公园管理局）
	四川省攀枝花市防震减灾科普教育基地
	北川地震遗址
	成都防震减灾科普教育基地·崇州馆
	昆明基准地震台
	中国地震局云南滇西地震预报实验场基地
	云南省普洱市地震局大寨观测站
	西安基准地震台
	陕西省高陵县防震减灾科普馆
	甘肃省金昌市防震减灾科普教育基地
	酒泉市防震减灾科普教育基地
	兰州市地震博物馆
	甘肃省地震局陆地搜寻与救护基地
	青海地震科普展厅
	海西州防震减灾科普教育基地
	宁夏地震局固原地震台
	新疆防震减灾科普教育基地
	巴楚抗震纪念馆
	巴州防震减灾科普教育基地
国家交通运输科普基地（30）	上海中国航海博物馆
	中国铁道博物馆
	桥梁博物馆
	大连海事大学校史馆及“育鲲”轮
	长安大学公路交通博物馆
	港珠澳大桥
	交通运输部天津水运工程科学研究所大型水动力实验中心（临港基地）
	北京交通大学交通运输科学馆
	人民交通出版社股份有限公司
	道路绿色照明与安全防灾新材料试验室
	宁波中国港口博物馆
	广州地铁博物馆

附表 12-2　续表　　Continued

科普基地称号与数量/家 Title and number	特色科普基地名称 Name of national feature base for S&T popularization
国家交通运输科普基地（30）	上海地铁博物馆
	中国民航大学博物馆
	广西交通设计科普馆
	厦门桥梁博物馆
	川藏公路博物馆
	东南大学道路交通工程科普馆
	哈尔滨工程大学船舶博物馆
	西南交通大学陆地交通防灾减灾科普基地
	甘肃公路博物馆
	中原地区交通运输安全警示教育基地
	江西省交通投资集团高速公路养护科普基地
	国能黄骅煤炭能源港口
	山东港口青岛港自动化集装箱码头
	贵州省数字交通创新基地
	中南大学轨道交通科普基地
	内蒙古自治区公路交通科普基地
	江西交通职业技术学院交通智能建造科普馆
	青岛·海底隧道博物馆
国家气象科普基地（16）	中国气象科技展馆及系列专题科普展区
	北京市气象探测中心（北京市观象台）
	长治市气象科技馆
	上海气象博物馆（徐家汇观象台旧址）
	中国北极阁气象博物馆
	中国台风博物馆
	叶笃正气象科普馆
	济南市气象科普馆
	驻马店市气象科普馆
	涂长望陈列馆
	东莞市气象天文科普馆
	重庆市铜梁区气象科普园
	嘉峪关市气象局雷达气象塔
	温泉县气象科普园
	厦门市青少年气象天文科普基地
	深圳市气象与天文科普园

附录13 中国公民科学素质基准

《中国公民科学素质基准》（以下简称《基准》）是指中国公民应具备的基本科学技术知识和能力的标准。公民具备基本科学素质一般指了解必要的科学技术知识，掌握基本的科学方法，树立科学思想，崇尚科学精神，并具有一定的应用它们处理实际问题、参与公共事务的能力。制定《基准》是健全监测评估公民科学素质体系的重要内容，将为公民提高自身科学素质提供衡量尺度和指导。《基准》共有26条基准、132个基准点，基本涵盖公民需要具有的科学精神、掌握或了解的知识、具备的能力，每条基准下列出了相应的基准点，对基准进行了解释和说明。

《基准》适用范围为18周岁以上，具有行为能力的中华人民共和国公民。

测评时从132个基准点中随机选取50个基准点进行考察，50个基准点需覆盖全部26条基准。根据每条基准点设计题目，形成调查题库。测评时，从500道题库中随机选取50道题目（必须覆盖26条基准）进行测试，形式为判断题或选择题，每题2分。正确率达到60%视为具备基本科学素质。

附表13-1 《中国公民科学素质基准》结构表

序号	基准内容	基准点序号	基准点
1	知道世界是可被认知的，能以科学的态度认识世界。	1~5	5个
2	知道用系统的方法分析问题、解决问题。	6~9	4个
3	具有基本的科学精神，了解科学技术研究的基本过程。	10~12	3个
4	具有创新意识，理解和支持科技创新。	13~18	6个
5	了解科学、技术与社会的关系，认识到技术产生的影响具有两面性。	19~23	5个
6	树立生态文明理念，与自然和谐相处。	24~27	4个

续表

序号	基准内容	基准点序号	基准点
7	树立可持续发展理念，有效利用资源。	28~31	4 个
8	崇尚科学，具有辨别信息真伪的基本能力。	32~34	3 个
9	掌握获取知识或信息的科学方法。	35~38	4 个
10	掌握基本的数学运算和逻辑思维能力。	39~44	6 个
11	掌握基本的物理知识。	45~52	8 个
12	掌握基本的化学知识。	53~58	6 个
13	掌握基本的天文知识。	59~61	3 个
14	掌握基本的地球科学和地理知识。	62~67	6 个
15	了解生命现象、生物多样性与进化的基本知识。	68~74	7 个
16	了解人体生理知识。	75~78	4 个
17	知道常见疾病和安全用药的常识。	79~88	10 个
18	掌握饮食、营养的基本知识，养成良好生活习惯。	89~95	7 个
19	掌握安全出行基本知识，能正确使用交通工具。	96~98	3 个
20	掌握安全用电、用气等常识，能正确使用家用电器和电子产品。	99~101	3 个
21	了解农业生产的基本知识和方法。	102~106	5 个
22	具备基本劳动技能，能正确使用相关工具与设备。	107~111	5 个
23	具有安全生产意识，遵守生产规章制度和操作规程。	112~117	6 个
24	掌握常见事故的救援知识和急救方法。	118~122	5 个
25	掌握自然灾害的防御和应急避险的基本方法。	123~125	3 个
26	了解环境污染的危害及其应对措施，合理利用土地资源和水资源。	126~132	7 个

基准点（132 个）

1. 知道世界是可被认知的，能以科学的态度认识世界。

（1）树立科学世界观，知道世界是物质的，是能够被认知的，但人类对世界的认知是有限的。

（2）尊重客观规律能够让我们与世界和谐相处。

（3）科学技术是在不断发展的，科学知识本身需要不断深化和拓展。

（4）知道哲学社会科学同自然科学一样，是人们认识世界和改造世界的重要工具。

（5）了解中华优秀传统文化对认识自然和社会、发展科学和技术具有重要作用。

2. 知道用系统的方法分析问题、解决问题。

（6）知道世界是普遍联系的，事物是运动变化发展的、对立统一的；能用普遍联系的、发展的观点认识问题和解决问题。

（7）知道系统内的各部分是相互联系、相互作用的，复杂的结构可能是由很多简单的结构构成的；认识到整体具备各部分之和所不具备的功能。

（8）知道可能有多种方法分析和解决问题，知道解决一个问题可能会引发其他的问题。

（9）知道阴阳五行、天人合一、格物致知等中国传统哲学思想观念，是中国古代朴素的唯物论和整体系统的方法论，并具有现实意义。

3. 具有基本的科学精神，了解科学技术研究的基本过程。

（10）具备求真、质疑、实证的科学精神，知道科学技术研究应具备好奇心、善于观察、诚实的基本要素。

（11）了解科学技术研究的基本过程和方法。

（12）对拟成为实验对象的人，要充分告知本人或其利益相关者实验可能存在的风险。

4. 具有创新意识，理解和支持科技创新。

（13）知道创新对个人和社会发展的重要性，具有求新意识，崇尚用新知识、新方法解决问题。

（14）知道技术创新是提升个人和单位核心竞争力的保证。

（15）尊重知识产权，具有专利、商标、著作权保护意识；知道知识产权保护制度对促进技术创新的重要作用。

（16）了解技术标准和品牌在市场竞争中的重要作用，知道技术创新对标准和品牌的引领和支撑作用，具有品牌保护意识。

（17）关注与自己的生活和工作相关的新知识、新技术。

（18）关注科学技术发展。知道“基因工程”“干细胞”“纳米材料”“热核聚变”“大数据”“云计算”“互联网+”等高新技术。

5. 了解科学、技术与社会的关系，认识到技术产生的影响具有两面性。

（19）知道解决技术问题经常需要新的科学知识，新技术的应用常常会促进科学的进步和社会的发展。

（20）了解中国古代四大发明、农医天算，以及近代科技成就及其对世界的贡献。

（21）知道技术产生的影响具有两面性，而且常常超过了设计的初衷，既能造福人类，也可能产生负面作用。

（22）知道技术的价值对于不同的人群或者在不同的时间，都可能是不同的。

（23）对于与科学技术相关的决策能进行客观公正的分析，并理性表达意见。

6. 树立生态文明理念，与自然和谐相处。

（24）知道人是自然界的一部分，热爱自然，尊重自然，顺应自然，保护自然。

（25）知道我们生活在一个相互依存的地球上，不仅全球的生态环境相互依存，经济社会等其他因素也是相互关联的。

（26）知道气候变化、海平面上升、土地荒漠化、大气臭氧层损耗等全球性环境问题及其危害。

（27）知道生态系统一旦被破坏很难恢复，恢复被破坏或退化的生态系统成本高、难度大、周期长。

7. 树立可持续发展理念，有效利用资源。

（28）知道发展既要满足当代人的需求，又不损害后代人满足其需求的能力。

（29）知道地球的人口承载力是有限的；了解可再生资源和不可再生资源，知道矿产资源、化石能源等是不可再生的，具有资源短缺的危机意识和节约物质资源、能源意识。

（30）知道开发和利用水能、风能、太阳能、海洋能和核能等清洁能源是解决能源短缺的重要途径；知道核电站事故、核废料的放射性等危害是可控的。

（31）了解材料的再生利用可以节省资源，做到生活垃圾分类堆放，以及可再生资源的回收利用，减少排放；节约使用各种材料，少用一次性用品；了解建筑节能的基本措施和方法。

8. 崇尚科学，具有辨别信息真伪的基本能力。

（32）知道实践是检验真理的唯一标准，实验是检验科学真伪的重要手段。

（33）知道解释自然现象要依靠科学理论，尊重客观规律，实事求是，对尚不能用科学理论解释的自然现象不迷信、不盲从。

（34）知道信息可能受发布者的背景和意图影响，具有初步辨识信息真伪的能力，不轻信未经核实的信息。

9. 掌握获取知识或信息的科学方法。

（35）关注与生活和工作相关知识和信息，具有通过图书、报刊和网络等途径检索、收集所需知识和信息的能力。

（36）知道原始信息与二手信息的区别，知道通过调查、访谈和查阅原始文献等方式可以获取原始信息。

（37）具有初步加工整理所获的信息，将新信息整合到已有的知识中的能力。

（38）具有利用多种学习途径终身学习的意识。

10. 掌握基本的数学运算和逻辑思维能力。

（39）掌握加、减、乘、除四则运算，能借助数量的计算或估算来处理日常生活和工作中的问题。

（40）掌握米、千克、秒等基本国际计量单位及其与常用计量单位的换算。

（41）掌握概率的基本知识，并能用概率知识解决实际问题。

（42）能根据统计数据和图表进行相关分析，做出判断。

（43）具有一定的逻辑思维的能力，掌握基本的逻辑推理方法。

（44）知道自然界存在着必然现象和偶然现象，解决问题讲究规律性，避免盲目性。

11. 掌握基本的物理知识。

（45）知道分子、原子是构成物质的微粒，所有物质都是由原子组成，原子可以结合成分子。

（46）区分物质主要的物理性质，如密度、熔点、沸点、导电性等，并能用它们解释自然界和生活中的简单现象；知道常见物质固、液、气三态变化的条件。

（47）了解生活中常见的力，如重力、弹力、摩擦力、电磁力等；知道大气压的变化及其对生活的影响。

（48）知道力是自然界万物运动的原因；能描述牛顿力学定律，能用它解释生活中常见的运动现象。

（49）知道太阳光由 7 种不同的单色光组成，认识太阳光是地球生命活动所需能量的最主要来源；知道无线电波、微波、红外线、可见光、紫外线、X 射线都是电磁波。

（50）掌握光的反射和折射的基本知识，了解成像原理。

（51）掌握电压、电流、功率的基本知识，知道电路的基本组成和连接方法。

（52）知道能量守恒定律，能量既不会凭空产生，也不会凭空消灭，只会从一种形式转化为另一种形式，或者从一个物体转移到其他物体，而总量保持不变。

12. 掌握基本的化学知识。

（53）知道水的组成和主要性质，举例说出水对生命体的影响。

（54）知道空气的主要成分；知道氧气、二氧化碳等气体的主要性质，并能列举其用途。

（55）知道自然界存在的基本元素及分类。

（56）知道质量守恒定律，化学反应只改变物质的原有形态或结构，质量总和保持不变。

（57）能识别金属和非金属，知道常见金属的主要化学性质和用途；知道金属腐蚀的条件和防止金属腐蚀常用的方法。

（58）能说出一些重要的酸、碱和盐的性质，能说明酸、碱和盐在日常生活中的用途，并能用它们解释自然界和生活中的有关简单现象。

13. 掌握基本的天文知识。

（59）知道地球是太阳系中的一颗行星，太阳是银河系内的一颗恒星，宇宙是由大量星系构成的；了解“宇宙大爆炸”理论。

（60）知道地球自西向东自转一周为一日，形成昼夜交替；地球绕太阳公转一周为一年，形成四季更迭；月球绕地球公转一周为一月，伴有月圆月缺。

（61）能够识别北斗七星，了解日食月食、彗星流星等天文现象。

14. 掌握基本的地球科学和地理知识。

（62）知道固体地球由地壳、地幔和地核组成，地球的运动和地球内部的各向异性产生各种力，造成自然灾害。

（63）知道地球表层是地球大气圈、岩石圈、水圈、生物圈相互交接的层面，它构成与人类密切相关的地球环境。

（64）知道地球总面积中陆地面积和海洋面积的百分比，能说出七大洲、四大洋。

（65）知道我国主要地貌特点、人口分布、民族构成、行政区划及主要邻国，能说出主要山脉和水系。

（66）知道天气是指短时段内的冷热、干湿、晴雨等大气状态，气候是指多年气温、降水等大气的一般状态；看懂天气预报及气象灾害预警信号。

（67）知道地球上的水在太阳能和重力作用下，以蒸发、水汽输送、降水和径流等方式不断运动，形成水循环；知道在水循环过程中，水的时空分布不均造成洪涝、干旱等灾害。

15. 了解生命现象、生物多样性与进化的基本知识。

（68）知道细胞是生命体的基本单位。

（69）知道生物可分为动物、植物与微生物，识别常见的动物和植物。

（70）知道地球上的物种是由早期物种进化而来，人是由古猿进化而来的。

（71）知道光合作用的重要意义，知道地球上的氧气主要来源于植物的光合作用。

（72）了解遗传物质的作用，知道 DNA、基因和染色体。

（73）了解各种生物通过食物链相互联系，抵制捕杀、销售和食用珍稀野生动物的行为。

（74）知道生物多样性是生物长期进化的结果，保护生物多样性有利于维护生态系统平衡。

16. 了解人体生理知识。

（75）了解人体的生理结构和生理现象，知道心、肝、肺、胃、肾等主要器官的位置和生理功能。

（76）知道人体体温、心率、血压等指标的正常值范围，知道自己的血型。

（77）了解人体的发育过程和各发育阶段的生理特点。

（78）知道每个人的身体状况随性别、体重、活动，以及生活习惯而不同。

17. 知道常见疾病和安全用药的常识。

（79）具有对疾病以预防为主、及时就医的意识。

（80）能正确使用体温计、体重计、血压计等家用医疗器具，了解自己的健康状况。

（81）知道蚊虫叮咬对人体的危害及预防、治疗措施；知道病毒、细菌、真菌和寄生虫可能感染人体，导致疾病；知道污水和粪便处理、动植物检疫等公共卫生防疫和检测措施对控制疾病的重要性。

（82）知道常见传染病（如传染性肝炎、肺结核病、艾滋病、流行性感冒等）、慢性病（如高血压、糖尿病等）、突发性疾病（如脑梗死、心肌梗死等）的特点及相关预防、急救措施。

（83）了解常见职业病的基本知识，能采取基本的预防措施。

（84）知道心理健康的重要性，了解心理疾病、精神疾病基本特征，知道预防、调适的基本方法。

（85）知道遵医嘱或按药品说明书服药，了解安全用药、合理用药及药物不良反应常识。

（86）知道处方药和非处方药的区别，知道对自身有过敏性的药物。

（87）了解中医药是中国传统医疗手段，与西医相比各有优势。

（88）知道常见毒品的种类和危害，远离毒品。

18. 掌握饮食、营养的基本知识，养成良好生活习惯。

（89）选择有益于健康的食物，做到合理营养、均衡膳食。

（90）掌握饮用水、食品卫生与安全知识，有一定的鉴别日常食品卫生质量的能力。

（91）知道食物中毒的特点和预防食物中毒的方法。

（92）知道吸烟、过量饮酒对健康的危害。

（93）知道适当运动有益于身体健康。

（94）知道保护眼睛、爱护牙齿等的重要性，养成爱牙护眼的好习惯。

（95）知道作息不规律等对健康的危害，养成良好的作息习惯。

19. 掌握安全出行基本知识，能正确使用交通工具。

（96）了解基本交通规则和常见交通标志的含义，以及交通事故的救援方法。

（97）能正确使用自行车等日常家用交通工具，定期对交通工具进行维修和保养。

（98）了解乘坐各类公共交通工具（汽车、轨道交通、火车、飞机、轮船等）的安全规则。

20. 掌握安全用电、用气等常识，能正确使用家用电器和电子产品。

（99）了解安全用电常识，初步掌握触电的防范和急救的基本技能。

（100）安全使用燃气器具，初步掌握一氧化碳中毒的急救方法。

（101）能正确使用家用电器和电子产品，如电磁炉、微波炉、热水器、洗衣机、电风扇、空调、冰箱、收音机、电视机、计算机、手机、照相机等。

21. 了解农业生产的基本知识和方法。

（102）能分辨和选择食用常见农产品。

（103）知道农作物生长的基本条件、规律与相关知识。

（104）知道土壤是地球陆地表面能生长植物的疏松表层，是人类从事农业生产活动的基础。

（105）农业生产者应掌握正确使用农药、合理使用化肥的基本知识与方法。

（106）了解农药残留的相关知识，知道去除水果、蔬菜残留农药的方法。

22. 具备基本劳动技能，能正确使用相关工具与设备。

（107）在本职工作中遵循行业中关于生产或服务的技术标准或规范。

（108）能正确操作或使用本职工作有关的工具或设备。

（109）注意生产工具的使用年限，知道保养可以使生产工具保持良好的工作状态和延长使用年限，能根据用户手册规定的程序，对生产工具进行诸如清洗、加油、调节等保养。

（110）能使用常用工具来诊断生产中出现的简单故障，并能及时维修。

（111）能尝试通过工作方法和流程的优化与改进来缩短工作周期，提高劳动效率。

23. 具有安全生产意识，遵守生产规章制度和操作规程。

（112）生产者在生产经营活动中，应树立安全生产意识，自觉履行岗位职责。

（113）在劳动中严格遵守安全生产规定和操作手册。

（114）了解工作环境与场所潜在的危险因素，以及预防和处理事故的应急措施，自觉佩戴和使用劳动防护用品。

（115）知道有毒物质、放射性物质、易燃或爆炸品、激光等安全标志。

（116）知道生产中爆炸、工伤等意外事故的预防措施，一旦事故发生，能自我保护，并及时报警。

（117）了解生产活动对生态环境的影响，知道清洁生产标准和相关措施，具有监督污染环境、安全生产、运输等的社会责任。

24. 掌握常见事故的救援知识和急救方法。

（118）了解燃烧的条件，知道灭火的原理，掌握常见消防工具的使用和在火灾中逃生自救的一般方法。

（119）了解溺水、异物堵塞气管等紧急事件的基本急救方法。

（120）选择环保建筑材料和装饰材料，减少和避免苯、甲醛、放射性物质等对人体的危害。

（121）了解有害气体泄漏的应对措施和急救方法。

（122）了解犬、猫、蛇等动物咬伤的基本急救方法。

25. 掌握自然灾害的防御和应急避险的基本方法。

（123）了解我国主要自然灾害的分布情况，知道本地区常见自然灾害。

（124）了解地震、滑坡、泥石流、洪涝、台风、雷电、沙尘暴、海啸等主要自然灾害的特征及应急避险方法。

（125）能够应对主要自然灾害引发的次生灾害。

26. 了解环境污染的危害及其应对措施，合理利用土地资源和水资源。

（126）知道大气和海洋等水体容纳废物和环境自净的能力有限，知道人类污染物排放速度不能超过环境的自净速度。

（127）知道大气污染的类型、污染源与污染物的种类，以及控制大气污染的主要技术手段；能看懂空气质量报告；知道清洁生产和绿色产品的含义。

（128）自觉地保护所在地的饮用水源地；知道污水必须经过适当处理达标后才能排入水体；不往水体中丢弃、倾倒废弃物。

（129）知道工业、农业生产和生活的污染物进入土壤，会造成土壤污染，不乱倒垃圾。

（130）保护耕地，节约利用土地资源，懂得合理利用草场、林场资源，防止过度放牧，知道应该合理开发荒山、荒坡等未利用土地。

（131）知道过量开采地下水会造成地面沉降、地下水位降低、沿海地区海水倒灌；选用节水生产技术和生活器具，知道合理利用雨水、中水，关注公共场合用水的查漏塞流。

（132）具有保护海洋的意识，知道合理开发利用海洋资源的重要意义。

附录 14　2021 年全国科普讲解大赛优秀讲解人员名单

为全面贯彻落实党的十九大和十九届二中、三中、四中、五中全会精神，深入实施创新驱动发展战略，普及科学知识、弘扬科学精神，根据 2021 年全国科技活动周安排，科技部举办了“2021 年全国科普讲解大赛”。

大赛以习近平新时代中国特色社会主义思想为指导，全面贯彻党的十九大和十九届二中、三中、四中、五中全会精神，深入实施《中华人民共和国科学技术普及法》，以“百年回望：中国共产党领导科技发展”为主题，通过讲解大赛在全社会广泛普及科学知识、倡导科学方法、传播科学思想、弘扬科学精神，激发全社会创新创业活力，营造良好的创新文化氛围，动员全社会积极投身创新驱动发展战略的伟大实践，让科技发展成果更多更广泛地惠及全体人民，服务于人民群众对美好生活的向往，聚焦科技帮扶，提高人民生活质量和健康水平，坚定科技自立自强信心和决心，助力实现中华民族伟大复兴的中国梦。

来自各地方各部门的 77 个代表队、249 名科普工作者从近千场预赛中晋级决赛。

一等奖

祝一航（陆军炮兵防空兵学院郑州校区，军队代表队）
周爱军（海军大连舰艇学院航海系，军队代表队）
孙禹卿（陆军炮兵防空兵学院，军队代表队）
林月琦（河北省计量监督检测研究院，市场监管总局代表队）
虞　挺（上海科技馆，上海代表队）
唐　斌（重庆市气象局，重庆代表队）
李　雪（广东科学中心，广州代表队）
魏健生（迪庆州哈巴雪山省级自然保护区管护局，云南代表队）

李　佳（中国船舶集团第七〇八研究所，上海代表队）
王　锐（天津市气象局，天津代表队）

二等奖

庞煜铭（广东省科学院，广州代表队）
彭　尧（天津科学技术馆，天津代表队）
吴颖莹（厦门市气象局，厦门代表队）
龙梦琦（陕西中科大西科普文化发展有限公司，陕西代表队）
何子航（铜川市自然资源局耀州分局，陕西代表队）
轩文婷（黑龙江省鹤岗市兴山公安分局沟南派出所，公安部代表队）
虞嘉诚（中国商用飞机有限责任公司，上海代表队）
刘音心（杭州市气象局，浙江代表队）
谢秋泓（广东科学中心，广东代表队）
陈慧然（自贡恐龙博物馆，自然资源部代表队）
刘　昊（广西中医药大学附属瑞康医院，广西代表队）
施寒雪（绍兴科技馆，地震局代表队）
周梦楚（杭州海关，海关总署代表队）
窦　嵩（武汉市气象局，武汉代表队）
刘佳莉（宜都市第一人民医院，湖北代表队）
常　远（重庆医科大学附属第二医院，重庆代表队）
矫一平（南开大学，天津代表队）
霍子琪（复旦大学附属上海市第五人民医院，上海代表队）
李　媛（中关村国家自主创新示范区展示交易中心，北京代表队）
白晨宇（中央民族大学，国家民委代表队）

三等奖

黄　莉（聂荣臻元帅陈列馆，重庆代表队）
陈　汶（福建省宁德市气象局，福建代表队）
孙文文（河北地质职工大学，河北代表队）
张志友（海军大连舰艇学院航海系，军队代表队）

刘　硕（公安部第一研究所，公安部代表队）
程绍博（中核集团海南核电有限公司，国防科工局代表队）
丁一伦（中国科学院大连化学物理研究所，中科院代表队）
羊　芳（“5·12”汶川特大地震纪念馆，地震局代表队）
黄麟词（海南省气象服务中心，海南代表队）
刘阳阳（安徽省地质博物馆，安徽代表队）
祁　麟（武警警官学院，军队代表队）
李旭炯（兰州资源环境职业技术学院，甘肃代表队）
高芫赫（北京空间技术飞行器总体设计部，北京代表队）
肖战说（中国中医科学院广安门医院，中医药局代表队）
吴　照（中国航天空气动力技术研究院，航天局代表队）
郭令铭（铅山县武夷山镇中心小学，江西代表队）
钟政轩（杭州市气象服务中心，浙江代表队）
姜永斌（广东韶关市气象天文科普馆，广东代表队）
陈文沛（重庆红岩革命历史博物馆，文物局代表队）
盛倩茹（广东省突发事件预警信息发布中心，广州代表队）
金晨路（南京市气象局，气象局代表队）
祖贵嘉（黑龙江省气象服务中心，黑龙江代表队）
刘　海（北方民族大学，国家民委代表队）
黄思程（黑龙江省消防救援总队，哈尔滨代表队）
董韩苏玉（武警第一机动总队某特战支队，军队代表队）
许佩郡（内蒙古自治区乌兰察布市气象局，内蒙古代表队）
洪　彧（西南交通大学，四川代表队）
邱获翼（红岩联线文化发展管理中心，重庆代表队）
王红雷（中国南水北调集团中线有限公司，水利部代表队）
刘建军（成都工业职业技术学院，成都代表队）
丁小祥（武警警官学院，军队代表队）
温　馨（北京市海淀科技中心，北京代表队）
王旌尧（中科院长春光机所，中科院代表队）
王司轶（天津市肿瘤医院空港医院，天津代表队）

宋若隐（重庆江北大数据应用发展有限公司，重庆代表队）

柴　媛（宁夏气象局，宁夏代表队）

王雅彬（上海科技馆，上海代表队）

龙文勤（桂林博物馆，文物局代表队）

王　伟（中国南水北调集团中线公司，水利部代表队）

谢卓君［四川大学华西口腔医学院（华西口腔医院），成都代表队］

郭小琴（山西省气象服务中心，山西代表队）

左　什（中国铁道博物馆，铁路局代表队）

卢雅琳［广东省科学院测试分析研究所（中国广州分析测试中心），广州代表队］

祁绪龙（青海省果洛藏族自治州玛多县气象局，青海代表队）

吴　超（应急管理部，应急部代表队）

附录15　2021年全国优秀科普微视频作品名单

为深入贯彻习近平新时代中国特色社会主义思想，落实党的十九大和十九届历次全会精神，深入实施创新驱动发展战略，大力普及科学知识、弘扬科学精神、提高全民族科学文化素养，加强社会主义精神文明建设，践行社会主义核心价值观，讲科学文明，树道德新风，科技部、中科院决定联合举办2021年度全国科普微视频大赛。在各地方、部门、有关团体和个人推荐基础上，经形式审查、专家评审，评选出2021年度全国优秀科普微视频作品100部。

1. 《勇闯万米，“海斗一号”》（北京市）
2. 《最高能量光子是怎么回事？》（北京市）
3. 《炭疽离我们有多远》（内蒙古自治区）
4. 《风雨中，你该懂的自救技巧》（内蒙古自治区）
5. 《吉牛说牛事》（吉林省）
6. 《“追光逐梦”第三季系列科普微视频之〈天问不惑〉》（上海市）
7. 《如何使用救命神器AED》（浙江省）
8. 《农产品全程管控之草莓熟了》（浙江省）
9. 《为什么纸箱板这么坚固呢？》（福建省）
10. 《度量历史的距离》（福建省）
11. 《江西鄱阳湖南矶国际重要湿地》（江西省）
12. 《核宝的铁布衫》（山东省）
13. 《“碳达峰”“碳中和”那些事儿》（湖北省）
14. 《抗生素危机》（湖北省）
15. 《散裂中子诞生记-散裂中子源科普视频》（广东省）
16. 《不再流泪的八角》（广西壮族自治区）

17. 《桫椤》（海南省）

18. 《8D 魔幻山城单轨探秘》（重庆市）

19. 《〈你不知道的大熊猫〉系列科普微视频之熊猫冬眠吗？》（四川省）

20. 《蛙在飞！你逗我？不信你看看！揭秘黑蹼树蛙飞行的奥秘》（四川省）

21. 《大木天工栋梁匠心——川地建筑的“大木作”》（四川省）

22. 《奇奇怪怪、可可爱爱的古生物化石系列——埃迪卡拉生物群》（云南省）

23. 《热带雨林——伪装者》（云南省）

24. 《千年宝塔神合之谜》（陕西省）

25. 《漫话地震安全小常识〈上课时遇到地震怎么办？〉》（陕西省）

26. 《认识兰州重离子加速器》（甘肃省）

27. 《脑与认知》（宁夏回族自治区）

28. 《棉小白的故事——转基因棉花的前世今生》（哈尔滨市）

29. 《守护深蓝——拒绝塑料海洋》（宁波市）

30. 《节水微课堂——海绵城市：让城市更有“弹性”》（武汉市）

31. 《用毒蛇的毒毒毒蛇，毒蛇会被毒死吗》（成都市）

32. 《认识肺功能检查》（广州市）

33. 《中国天眼的“追星人”》（教育部）

34. 《宁乡小哥哥 Rap 撕开新型毒品伪装》（公安部）

35. 《探奇奇与了了之溶洞探险记》（自然资源部）

36. 《地脉空调》（自然资源部）

37. 《寻找下一个传承人 2：文物的修复》（交通运输部）

38. 《“洪涝共治”让城市不再“看海”》（水利部）

39. 《秸秆清洁供暖技术》（农业农村部）

40. 《追光者第二季：奋斗的青春：海上牧渔师》（农业农村部）

41. 《新冠肺炎疫情期间科学消毒》（国家卫生健康委）

42. 《穿越高层“火”险》（应急管理部）

43. 《地震，如果发生在你身边……》（应急管理部）

44. 《从“单干”走向“抱团”的智慧能源》（国务院国资委）

45. 《绿色的脉动》（海关总署）

46.《谁才是真正的防晒衣之王？》（市场监管总局）

47.《老年人防跌倒》（体育总局）

48.《这一次和“天问一号”一起去火星》（新华社）

49.《文物里的化学—影响瓷器颜色的铁离子》（新华社）

50.《从二氧化碳到淀粉的人工合成》（中国科学院）

51.《代码窥天人》（中国科学院）

52.《中国“慧眼”证认快速射电暴来自于磁星》（中国科学院）

53.《中国科学家揭示氯胺酮快速抗抑郁的分子机制》（中国科学院）

54.《智能隔离护栏》（中央广播电视总台）

55.《总台 IMR 带你到月亮上去看一看丨到月亮上取快递有多难？》（中央广播电视总台）

56.《金杖——古蜀王的法器》（中央广播电视总台）

57.《气候变化中的海洋》（中国气象局）

58.《雨的“香味”有哪几种配料？》（中国气象局）

59.《拉尼娜》（中国气象局）

60.《台风来了怎么办？》（中国气象局）

61.《天问一号到达火星后要开展哪些工作？》（国家国防科技工业局）

62.《核能供暖科普相声剧〈我的冬天〉》（国家国防科技工业局）

63.《〈导弹那些事儿〉第一期〈为什么制导武器能转弯儿？〉》（国家国防科技工业局）

64.《走进“探极神器”，读懂“冰雪蛟龙”》（国家国防科技工业局）

65.《中国熊猫》（国家林草局）

66.《小鸳鸯成长记》（国家林草局）

67.《推动绿色发展　促进人与自然和谐共生》（国家林业和草原局）

68.《“科普中国一防震减灾科普系列视频〈初识地震〉”一集》（中国地震局）

69.《“天宫教室”离你多远？》（中国科学技术协会）

70.《农业科研也很酷！玉米地里有大作为》（中国科学技术协会）

71.《地球上的物种这么多，少一种会怎么样？》（中国科学技术协会）

72.《候鸟旅行指南》（中国科学技术协会）

73.《探秘“复兴号”》（共青团中央）

74.《高速铁路自动驾驶系统》（全国总工会）

75.《走吧，去火星》（全国总工会）

76.《〈家风故事汇成长之约〉“遨游太空王亚平”》（全国妇联）

77.《飞机上的人机工效》（中国航空工业集团有限公司）

78.《果皮与气球的碰撞》（中央广播电视总台国家应急广播中心）

79.《120秒看懂中国空间站》（中国宇航出版有限责任公司）

80.《伪装的奶块——鹅口疮》（北京大学口腔医学院）

81.《健康52110》（首都医科大学）

82.《灭活疫苗是怎么工作的？》（河北省药品医疗器械检验研究院）

83.《健康用眼，睛彩无限》（山西爱尔眼科医院有限公司）

84.《计量与环境健康——解密您身边的神秘数字》（上海市计量测试技术研究院）

85.《指尖博物馆之奇虾》（上海广播电视台纪录片中心）

86.《首个细胞增殖锁定“录像机”，揭开肝细胞新生源头！》（上海科申信息技术有限公司）

87.《降温喷雾有何危害？》（扬州市消防救援支队）

88.《种子的远行》[杭州植物园（杭州西湖园林科学研究院）]

89.《看看中国标准地铁列车咋刹车》（中车制动系统有限公司）

90.《植物保护有奇兵》（广州市林业和园林科学研究院）

91.《白鹭与生态环境》（白鹭与生态环境）

92.《西部花卉王国》[成都市植物园（成都市公园城市植物科学研究院）]

93.《全球首位数字航天员：你的好奇心带给我动力》（山旭）

94.《乳牙正确清洁方式》（阳琳）

95.《如何分辨蝗虫、螽斯、蚱蜢、蟋蟀、蝈蝈、蛐蛐、纺织娘？》（袁单炜）

96.《海鸟的死因》（吴晶平）

97.《秘境之眼——用镜头与数据丈量世界》（李佳丽）

98.《拿什么拯救你我的体重？》（阮伟清）

99.《预防地中海贫血》（吴双）

100.《高山上的精灵》（李果）

附录 16　全国优秀科普作品名单

根据《科技部办公厅关于开展 2022 年全国优秀科普作品推荐工作的通知》（国科办才〔2022〕100 号），科技部组织开展了全国优秀科普作品推荐活动。各地方、部门共推荐 484 部（套）作品，经形式审查、专家评审，评选出全国优秀科普作品 100 部（套）。

1. 《“共和国脊梁”科学家绘本丛书》（8 册）（张藜、任福君主编）
2. 《儿童过敏公开课》（向莉著）
3. 《酷想：令孩子惊奇的 100 个科学异想》（高格著）
4. 《家庭急救知识图解手册》（李静梅主编）
5. 《目瞪口呆看地球》（[法]尼古拉斯・科尔蒂斯、[法]罗曼・乔利维、[法]让-亚瑟・奥利维等著，西希译）
6. 《小细菌　大世界》丛书（《揭秘人体菌群》《走进双歧杆菌的世界》）（2 册）（丛斌总主编，贾娴娴、高翔、靳晶主编）
7. 《耕地质量提升 100 题》（徐明岗、卢昌艾、杨帆、李玲等编著）
8. 《博物馆里的奇妙中国》（4 册）（王可著，姜波、孙雨萌、戴鹤绘）
9. 《马小跳爱科学珍藏版》（4 册）（杨红樱主编）
10. 《快乐宝贝成长记》（6 册）（黄春辉、曾桂香、乔冰编）
11. 《最后的渔猎部落典藏》（上下册）（曹保明著）
12. 《垃圾分类知多少？》（10 册）（张晓慧编著，张子剑编绘）
13. 《疫苗简史（典藏版）》（张文宏、王新宇主编）
14. 《0～6 岁小儿养育手册》（第三版）（于广军主编，黄敏、吕志宝副主编）
15. 《诗意星空——画布上的天文学》（罗方扬著）
16. 《小小农学家》（李德新编著）

17. 《诗词里的科学》（上下册）（江苏省科学传播中心编）

18. 《倪海龙医生漫画谈近视防控》（倪海龙主编）

19. 《半小时漫画宇宙大爆炸》（陈磊·半小时漫画团队著）

20. 《量子信息简话：给所有人的新科技革命读本》（袁岚峰著）

21. 《坐着时间去飞行：互动探索自然奥秘的科学之旅》数字化互动读物（张燕翔等）

22. 《趣南极》（孙立广著）

23. 《科技“星”光：这才是我们应该追的星》（边东子总撰稿，侯艺兵总摄影）

24. 《新材料科普丛书》（2 册）（韩雅芳、潘复生主编）

25. 《八闽茶韵》（12 册）（福建省人民政府新闻办公室编）

26. 《点赞中国超级工程 3D 立体互动百科》（李成君编著）

27. 《家门外的自然课系列》（10 册）（《看！草儿》，[俄罗斯]撒沙、冯骐著，[俄罗斯]撒沙绘；《看！树木》，[俄罗斯]撒沙、冯骐著，[俄罗斯]撒沙绘；《看！蜗牛》，[俄罗斯]撒沙、何慧颖著，[俄罗斯]撒沙绘；《看！蚯蚓》，撒沙、姬云婷著，撒沙绘；《哇！大熊猫》，邱振菡著/绘；《哇！水母》，贾丽娟著，[俄罗斯]柳达米拉·纳吉娜绘；《看！蚂蚁》，孙煜尧著，孙文新绘；《哇！萤火虫》，付新华文/摄影，冯莺、赖振辉绘；《噢！中草药》，徐建明著、孙文新绘；《看！蘑菇》，刘撒沙著/绘）

28. 《诗话桥》（何旭辉、杨雨主编）

29. 《神奇的新能源》（8 册）（郑永春主编）

30. 《第一次发现·神奇手电筒·探秘地球》（10 册）（法国伽利玛少儿出版社编，[法]于特·菲尔、[法]拉乌尔·索泰等绘，曹杨译）

31. 《万物有化学》（5 册）（胡杨、刘圆圆、吴丹、王凯著）

32. 《溪流的神秘居民——哈佛博士蝾螈寻访记》（吴耘珂著）

33. 《你不知道的大熊猫》（金双著）

34. 《复杂生命的起源》（[英]尼克·莱恩著，严曦译）

35. 《画说云南野生菌》（孙达锋、华蓉、顾建新编著）

36. 《农村牧区雷电灾害防御手册（汉藏蒙文对照）》（马海玲主编）

37. 《正在消失的美丽——中国濒危动植物寻踪》（植物卷、动物卷）（管

开云、郭忠仁、朱建国主编）

38. 《魏世杰科普丛书》（8 册）（魏世杰著）

39. 《嘉卉——百年中国植物科学画》（张寿洲、马平主编，刘启新、杨建昆副主编）

40. 《钢结构是怎样“炼”成的》（小学版、初中版）（中建科工集团有限公司、中建钢构工程有限公司、深圳中国钢结构博物馆编）

41. 《绘本中国：科普启蒙》（10 册）（英童书坊编纂中心主编）

42. 《垃圾王国历险记》（4 册）（《环境生态学》杂志主编）

43. 《儿童探索奥秘小百科》（8 册）（瑾蔚编著）

44. 《小笨熊这就是数理化》（12 册）（崔钟雷主编）

45. 《影响世界的中国植物》（《影响世界的中国植物》主创团队著）

46. 《萌医生科学孕育在家庭》（怀孕卷、婴儿卷、幼儿卷）（毛萌著）

47. 《中国科技史图画书》（4 册）（张先勇、艾嘉著，颜冶光绘，刘浚译）

48. 《量子科技公开课》（叶朝辉审定，蔡恒进、施磊、冯芒、姚雍著）

49. 《追随昆虫》（杨小峰著）

50. 《“我爱大自然”环保系列》（2 册）（杨小阳、肖肖文，阿蒙、姜楠图）

51. 《乘风破浪去远洋》（徐小龙著）

52. 《幼儿爱牙护齿绘本》（4 册）（郑黎薇著，言九九绘）

53. 《北大植物书系》（3 册）（邓兴旺主编）

54. 《翟双庆解读〈黄帝内经〉》（6 册）（翟双庆著）

55. 《走近桥梁》（秦顺全编著）

56. 《探秘疫苗——新叶的神奇之旅》（5 册）（中国生物技术发展中心编著，杨晓明科学顾问）

57. 《走进低碳青少年系列科普丛书》（4 册）（中国杭州低碳科技馆主编）

58. 《向太空进发·星球探测系列》（3 册）（徐蒙著，金星绘）

59. 《托起明天的太阳》（中核集团核工业西南物理研究院编著）

60. 《身边的科学：和你想的不一样》（张宇识著）

61. 《全民应急避险科普丛书》（5 册）（中国安全生产科学研究院编）

62. 《建设海洋强国书系》（4 册）（赵建东、王自堃、杨威、刘永虎、

陈佳邑编著）

63. 《看不见的室内空气污染》（侯立安主编，张林、张寅平副主编）

64. 《建筑与艺术》（郑时龄编著）

65. 《农村供水管水员知识问答》[中国灌溉排水发展中心（水利部农村饮水安全中心）编]

66. 《蔬菜病害诊断手记》（李宝聚编著）

67. 《漫话农作物》（赵广才、王艳杰主编）

68. 《乡村振兴农民科学素质读本》（中国科协科学技术普及部、农业农村部科技教育司、中国农学会编著）

69. 《我要去故宫》（20册）（果美侠主编，故宫博物院宣传教育部编著）

70. 《中国传统建筑文化》（楼庆西著）

71. 《中国高血压患者健康教育指南（2021）》（国家心血管病中心、中国医学科学院阜外医院编著）

72. 《杨甲三精准取穴全图解》（刘乃刚主编）

73. 《人体泌尿科学惊奇》（宋刚著，郭应禄审）

74. 《青少年冰雪运动推广丛书》（7册）（哈尔滨体育学院组编，朱志强总主编）

75. 《科学家如何做科普》（秦川主编，杨师执行主编）

76. 《科普中国书系·前沿科技》丛书（4册）（周琪主编，丁奎岭、黄少胥、葛航铭著，陈佳洱、张闯著，戎嘉余、周忠和主编）

77. 《国家地理珍稀鸟类全书》《珍稀动物全书：国家地理“影像方舟”》（2册）（《国家地理珍稀鸟类全书》，[美]乔尔·萨托（JoelSartore）摄影，[美]诺亚·斯特瑞克（NoahStrycker）著，胡晗、王维译；《珍稀动物全书：国家地理“影像方舟”》，乔尔·萨托著，王维、胡晗译）

78. 《院士给孩子的地球生命课》（8册）（戎嘉余、周忠和主编）

79. 《不可思议的科学世界》丛书（4册）（赵序茅著，左文文主编，段云峰著，李辉主编）

80. 《碳达峰、碳中和100问》（陈迎、巢清尘等编著）

81. 《地图上的全景中国史》（2册）（任灵兰编写）

82. 《新时代新思想标识性概念丛书》（14册）（辛向阳、贺新元、戴立

兴、杨静、任洁、尚伟等著）

83. 《故宫知时节：二十四节气　七十二候》（宋英杰著，王琎摄影）

84. 《气候：历史的推手系列丛书》（2册）（李威、巢清尘编著）

85. 《国之重器：舰船科普丛书》（19册）（中国船舶及海洋工程设计研究院、上海市船舶与海洋工程学会、上海交通大学主编）

86. 《发仔带你去历险》（2册）（中国航空发动机集团新闻中心编）

87. 《带我去月球》航天科普绘本丛书（3册）（郭丽娟著，酒亚光绘）

88. 《“院士谈减轻自然灾害”系列》（6册）（陈颙著）

89. 《医话血液》（新桥医院血液病医学中心组编，张曦、高蕾、熊静康主编，张诚、张云芳、杜欣、刘耀副主编）

90. 《月背征途》（北京航天飞行控制中心著）

91. 《中国超级工程丛书》（4册）（聂震宁总顾问，陈馈、王江卡、周蓓主编）

92. 《“协和名医”系列丛书》（3册）（郎景和、朱兰、樊庆泊主编）

93. 《孩子，你在想什么》[英]塔妮思·凯里著，大J译）

94. 《用爱守护——儿童生命安全教育》（中国妇女儿童博物馆编）

95. 《医学的温度》（韩启德著）

96. 《中国轨道号》（吴岩著）

97. 《山川纪行》（臧穆著）

98. 《深海浅说》（汪品先著）

99. 《辉煌中国　科技强国梦》（《辉煌中国》编写组编）

100. 《出发去火星》（钱航、何巍、马熙玲主编）

附录 17　2021 年全国科学实验展演汇演获奖名单

2021 年全国科学实验展演汇演活动以“百年回望：中国共产党领导科技发展”为主题，深入贯彻落实习近平新时代中国特色社会主义思想和党的十九大、十九届二中、三中、四中、五中全会精神，动员全国科技工作者、科普工作者、社会各界人士积极投身创新驱动发展战略的伟大实践，展示百年来科技事业发展对国家经济社会发展的重要促进作用，展示科技创新在全面建成小康社会、满足人民群众美好生活需要、美丽中国建设等领域的显著成效，助力实现中华民族伟大复兴中国梦。活动由科学技术部、中国科学院主办，中国科学技术大学承办。

一等奖

绍兴科技馆　《盘月摆鱼》

安徽省科学技术馆　《飞天梦》

中国食品药品检定研究院　《去伪存真》

北京市北海公园管理处　《匠人的神仙水》

宁波科学探索中心　《一决高下》

中国科学院上海光学精密机械研究所　《智慧之光》

厦门科技馆　《断“椅”》

南京航空航天大学　《一杯热水的魔力》

西安交通大学　《冻结的烟—世界上最轻的固体材料》

广东科学中心　《那些实验教会我的事儿》

二等奖

浙江省科技馆　《神秘大力士》

内蒙古科学技术馆　《“隐形”大力士》

中央民族大学　《身边的荧光》
湖南师范大学　《光影艺术展》
江苏省科学技术馆　《刀尖上的平衡》
中国医学科学院北京协和医院　《一试便知》
上海市计量测试技术研究院　《“磁”上谈兵》
中央民族大学　《神奇的自清洁材料》
上海科技馆　《一波三折》
山西科学文化艺术有限公司　《声生不息》
广东省气象局　《台风来了》
武汉中科先进材料科技有限公司　《微胶囊的奇幻世界》
东莞市科学技术博物馆　《如果乌鸦懂科学》
黑龙江省科学技术馆　《“摩”力四射》
重庆科技馆　《“看见”空气》
包头市科学技术馆　《崔老师的爆“皮”气》
宁夏科技馆　《寻迹声音》
哈尔滨魔力机器人科技有限公司　《人工智能的生活攻略》
天津师范大学　《北斗破苍穹》
中国医学科学院生物医学工程研究所　《移形幻影》

三等奖

中国科学院海洋研究所　《赤潮也怕“吃土”》
天津中德应用技术大学　《神奇的无线充电》
慈溪科技馆　《科学的奇迹》
北京市第五十四中学　《第一堂网课》
南开大学　《艾化学穿越记》
阿拉善盟科技馆　《四两拨千斤》
陕西省地质调查院　《兔子警官的科学课：特工朱迪的毕业考试》
上海自然博物馆　《新·庄周梦蝶》
大庆石油科技馆　《孔明的新发现》
广州博疆一生物科技有限公司　《缤纷的科学秀》

中国科学院动物研究所　《发光现象—生物之光》
郑州科学技术馆　《动听的光》
长春中国光学科学技术馆　《钢铁侠激光装备发布会》
济宁科技馆　《五彩斑斓的酸碱性》
广东科学中心　《直“玻”》
武汉光谷为明实验学校　《神奇的水科学》
北京工业大学　《光栅间谍》
中国科学院物理研究所　《宏观量子现象—超导磁悬浮》
宝鸡市石油中学　《谁动了我的奶酪》
河北省科学技术馆　《球球大作战》
佛山市南海区德胜学校　《趣玩声音》
江西省科学技术馆　《看！视觉多奇妙》
南开大学　《手持式蓄电池的秘密》
吉林省科技馆　《快乐乐器》
北京科技大学　《电磁弹射新兵训练营》
宁波科学探索中心　《如何科学“抬杠”》
中南民族大学　《“姹紫嫣红”的奥秘——神奇的花青素》
中国科学院银川科技创新与产业育成中心　《阿拉丁神灯圆梦记》
国家广播电视总局二〇二四台　《无线广播信号的旅程》
中华人民共和国合肥海关　《检疫新兵第一课》